复杂地质钻进过程智能控制

吴　敏　曹卫华　陈　鑫
陈略峰　陆承达　甘　超　著

科学出版社
北　京

内 容 简 介

本书结合作者多年来的研究工作和实践经验，系统阐述复杂地质钻进过程智能控制方法与技术及其在实际工程中的应用。主要内容包括：地层可钻性智能建模、井壁稳定性判别；钻进轨迹优化设计；钻压控制和钻柱黏滑振动抑制；钻进轨迹控制；钻进状态预测、钻进过程智能协调优化；钻进工况识别与状态评估、钻进过程异常检测与预警、钻进过程故障诊断；钻进过程智能控制系统与实验系统及工程应用。

本书可作为控制科学与工程、地质资源与地质工程等理工科专业的研究生和高年级本科生的参考书，也可作为自动化、地质钻探及石油钻井等领域相关工程人员的参考书。

图书在版编目(CIP)数据

复杂地质钻进过程智能控制/吴敏等著. —北京：科学出版社, 2022.12

ISBN 978-7-03-074063-2

Ⅰ. ①复… Ⅱ. ①吴… Ⅲ. ①复杂地层钻进-智能控制-研究 Ⅳ. ①P634.5

中国版本图书馆 CIP 数据核字(2022)第 227924 号

责任编辑：朱英彪　李　娜 / 责任校对：任苗苗

责任印制：师艳茹 / 封面设计：蓝正设计

科学出版社 出版

北京东黄城根北街 16 号

邮政编码：100717

http://www.sciencep.com

河北鹏润印刷有限公司 印刷

科学出版社发行　各地新华书店经销

*

2022 年 12 月第　一　版　开本: 720 × 1000　B5

2022 年 12 月第一次印刷　印张: 21 1/4

字数：428 000

定价: 168.00 元

(如有印装质量问题，我社负责调换)

作者简介

吴敏，1963 年生，广东化州人。中国地质大学(武汉)未来技术学院院长，人工智能研究院院长，自动化学院教授，博士生导师。教育部“长江学者”特聘教授(2006 年)，国家杰出青年科学基金获得者(2004 年)，首批“新世纪百千万人才工程”国家级人选(2004 年)，国家政府特殊津贴专家(2006 年)，教育部青年教师奖获得者(2001 年)。IEEE Fellow，中国自动化学会会士。1986 年获中南工业大学(现中南大学)工业自动化专业硕士学位后留校任教；1989~1990 年在日本东北大学进修；1994 年任中南工业大学(现中南大学)教授；1996~1999 年在东京工业大学进行国际合作研究，获东京工业大学控制工程专业博士学位；2001~2002 年得到英国皇家学会资助，在诺丁汉大学进行国际合作研究；2014 年调至中国地质大学(武汉)自动化学院工作至今。获国家自然科学奖二等奖 1 项，国家科技进步奖二等奖 1 项，省部级科技奖励 11 项。2014~2016 年和 2020 年入选科睿唯安(汤森路透)全球高被引科学家名单。1999 年与中野道雄教授和佘锦华教授共同获得国际自动控制联合会控制工程实践优秀论文奖，2009 年获中国过程控制学术贡献奖。研究领域为过程控制、鲁棒控制和智能系统。

曹卫华，1972 年生，河南淮阳人。中国地质大学(武汉)自动化学院院长，教授，博士生导师。1997 年获中南工业大学(现中南大学)硕士学位后留校任教，2007 年获中南大学博士学位，2009 年任教授。1996~1997 年在日本金泽大学进修；2007~2008 年国家公派赴加拿大阿尔伯塔大学进行交流访问。2014 年调至中国地质大学(武汉)自动化学院工作，2021 年任自动化学院党委副书记、院长。获省部级科技奖励 4 项。发表学术论文 87 篇；出版专著 2 部。研究领域为过程控制、智能系统和机器人技术。

陈鑫，1977 年生，湖南长沙人。中国地质大学(武汉)自动化学院副院长，未来技术学院常务副院长，教授，博士生导师。湖北省“楚天学者”特聘教授。1999 年获中南工业大学(现中南大学)学士学位；2002 年获中南大学硕士学位；2007 年获澳门大学博士学位，毕业后在中南大学任教。2014 年调至中国地质大学(武汉)自动化学院任教。2018~2019 年国家公派赴加拿大阿尔伯塔大学进行交流访问。发表学术论文 66 篇，授权发明专利 21 项，通过湖南省科技成果鉴定 1 项。研究领域为多智能体系统、智能控制和机器学习。

陈略峰，1986 年生，广东台山人。中国地质大学(武汉)自动化学院副院长，副教授，博士生导师。湖北省“楚天学子”，中国地质大学(武汉)“地大学者—青年拔尖人才”，湖北省自动化学会副秘书长。分别于 2009 年和 2012 年获中南大学学士学位和硕士学位，2015 年获日本东京工业大学博士学位。发表学术论文 34 篇，2 篇论文被评为 ESI 高被引论文，在 Springer 出版专著 1 部，授权国家发明专利 11 项。现担任国际计算智能领域权威期刊 *Information Sciences* 编委，2017 年获国际模糊系统协会合作期刊 JACIII 最佳论文奖。研究领域为计算智能、情感计算、智能系统和智能机器人。

陆承达，1991 年生，湖北咸宁人。中国地质大学(武汉)自动化学院副教授，硕士生导师，未来技术学院未来智能技术研究所所长。湖北省“楚天学子”，中国地质大学(武汉)“地大学者—青年优秀人才”。中国自动化学会、中国地质学会会员。中国地质大学(武汉)第三届青年科技工作者协会委员。2012 年获武汉科技大学学士学位，2015 年获中国地质大学(武汉)硕士学位，2019 年获澳大利亚斯威本科技大学博士学位。发表学术论文 20 篇。研究领域为过程控制、鲁棒控制、时滞系统和地球探测智能化技术等。

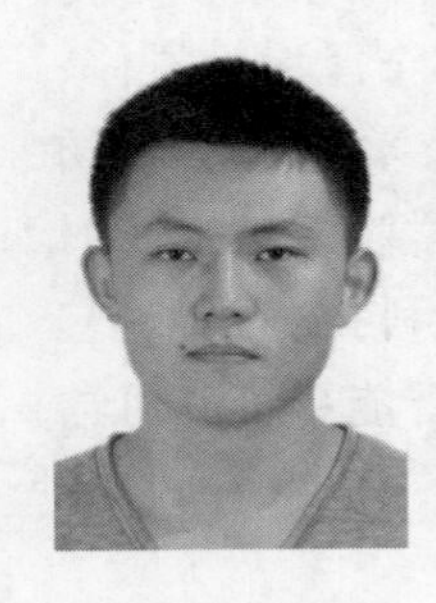

甘超，1990 年生，湖北黄石人。中国地质大学(武汉)自动化学院副教授，硕士生导师。中国地质大学(武汉)“地大学者—青年优秀人才”，《钻探工程》青年编委，IEEE 会员，国际石油工程师协会、中国自动化学会、中国人工智能学会会员。2014 年获武汉轻工大学学士学位；2018~2019 年受国家建设高水平大学公派研究生项目奖学金资助赴日本千叶大学进行联合培养；2019 年获中国地质大学(武汉)博士学位后留校任教。发表学术论文 24 篇，授权国家发明专利 4 项。研究领域为机器学习、智能优化和过程控制。

前　言

资源能源是实现国民经济可持续发展的重要基础。我国已连续多年成为世界第一资源能源消费国，需求增速持续维持高位。然而，随着地表浅层资源的日益枯竭，我国面临的资源能源供需矛盾、自给率低等问题日渐突出，金属矿物、石油等大宗产品的对外依存度均超过 50%，资源供给存在风险，深部资源的勘探开发势在必行。同时，我国在“十四五”规划中将碳达峰、碳中和作为国家战略目标，深部非常规能源的开采利用将有力推动“双碳目标”的实现。

地质钻探是实现深部地质资源和非常规能源勘探与开发的重要手段。目前，地质钻探行业正面临着前所未有的机遇和挑战。一方面，深部资源储量丰富，开发潜力大；另一方面，地质钻探面临地层软硬交替、地质力学环境复杂、钻进口径小等问题，导致钻进过程中强干扰、非线性、强耦合问题更加突出，在线决策和控制困难，易发生钻孔坍塌、钻进轨迹偏离等事故。因此，亟须发展新的面向复杂地质条件的钻进智能决策与控制方法，开发智能化地质钻探装备技术，实现深部地质钻探的高安全性和高效益。

本书针对复杂地质钻进过程中的建模、控制与优化问题，总结作者多年来的研究工作和体会，结合大量的国内外文献资料，系统阐述复杂地质钻进过程智能控制方法与技术及其在实际工程中的应用。全书共 9 章。第 1 章为绪论，主要说明复杂地质钻进过程智能控制的研究背景与意义，以及需要着力突破的关键科学技术问题。第 2 章阐述地质环境建模，为钻进轨迹优化设计和钻进过程智能控制提供基础。第 3 章介绍钻进轨迹优化设计，包括针对几何特性的钻进轨迹优化设计和考虑地层特性的钻进轨迹优化设计。第 4 章和第 5 章论述地质钻进过程控制问题，开展钻压控制、钻柱黏滑振动抑制、定向钻进轨迹控制及垂钻轨迹纠偏控制的研究。第 6 章和第 7 章分别讨论钻进过程智能优化和钻进过程状态监测，阐述钻进状态预测、钻进过程智能协调优化、钻进工况识别与状态评估等方面的工作。第 8 章讨论钻进过程智能控制系统设计，以及钻进过程智能控制实验系统搭建。第 9 章介绍钻进过程智能控制系统工程应用，以襄阳市、丹东市、保定市等实际钻探工程为例，分析与讨论系统的工程应用及效果。

在本书撰写过程中，日本东京工业大学广田薰教授，千叶大学刘康志教授，东京工科大学大山恭弘教授、佘锦华教授和福岛 E. 文彦教授，东京都立产业技术大学院大学川田诚一教授，美国北卡罗来纳州立大学吴奋教授，澳大利亚斯威本科技大学韩清龙教授给予了指导；中国地质大学 (武汉) 张晓西教授、段隆臣教授、胡郁乐教授、文国军教授、宁伏龙教授和高辉副教授给予了大力支持；山东省第三地质矿产勘查院、湖北省城市地质工程院、湖北省地质局第七和第八地质大队、中国地质调查局勘探技术研究所、中国地质装备集团有限公司和河北省地矿局第三水文工程地质大队提供了多方面协助；研究生蔡振、张典、周洋、黄雯蒂、陈茜、马斯科、范海鹏、张正、黎育朋、徐佳丰、杨傲雪、吴潇、黄恒宇、何昭庆、汪祥、彭磊等承担了本书文字整理、录入与校对工作，在此深表感谢。

本书内容得益于国家自然科学基金重点项目 (61733016)、国家重点研发计划课题 (2018YFC0603405)、国家自然科学基金面上项目 (62173313) 和青年科学基金项目 (62003317，62003318)、教育部高等学校学科创新引智计划项目 (B17040)、中央高校基本科研业务费专项资金项目 (CUG160705，CUGCJ1812)、湖北省技术创新专项重大项目 (2018AAA035) 和湖北省自然科学基金创新群体项目 (2020CFA031) 等的研究成果，感谢有关专家对本书的推荐和鼓励，并向书中所有参考文献的作者表示感谢。

由于作者水平有限，书中难免存在不妥之处，恳请广大专家和读者批评指正，对此不胜感激。

作　者

2022 年 7 月

目　录

符 号 说 明

符号	意义
$\mathbb{R}^n$	n 维实数列向量集合
$\mathbb{R}^{n\times m}$	n 行 m 列实数矩阵的集合
$\mathbb{S}_+^n$	n 维对称正定矩阵的集合
A^{T}	矩阵 A 的转置
A^{-1}	矩阵 A 的逆
$\mathrm{rank}(A)$	矩阵 A 的秩
$\mathrm{col}\{\cdot\}$	列向量
$\mathrm{diag}\{\cdot\}$	块对角矩阵
$\mathrm{Sym}\,\{A\}$	$\mathrm{Sym}\,\{A\} = A + A^{\mathrm{T}}$
$\lVert\cdot\rVert_2$	2 范数
$\lVert\cdot\rVert_\infty$	无穷范数
$:=$	定义为
$\sup$	上确界（即最小上界）
$\oplus$	Minkowski 集和
$\ominus$	Pontryagin 集差
$\square$	证明结束
BKH	游车高度
HKL	大钩载
MFI	入口流量
MFO	出口流量
MPV	总池体积
MTI	入口温度
MTO	出口温度
MC	泥浆电导率
MW	泥浆密度
Q	泵量
RPM	转速
ROP	钻速

SPP	立管压力
TRQ	扭矩
WOB	钻压
α	轨迹井斜角
φ	轨迹方位角
θ	钻具井斜角
ϕ	钻具方位角
$\varOmega$	井眼曲率
ψ	工具面向角
$\tilde{\theta}_{\mathrm{tf}}$	磁工具面向角
ω_{SR}	导向率
ν	泊松比
E	杨氏模量
C	内聚力
$\varPhi$	内摩擦角
s_x，s_y，s_z	井底东向偏移，井底北向偏移，井底垂深
σ_v，σ_H，σ_h	垂向应力，水平最大应力，水平最小应力
P_p，P_b，P_f，P_{ECD}	孔隙压力，坍塌压力，破裂压力，钻井液压力
V_s	横波速度
V_p	纵波速度
g	重力加速度
T	抗拉强度

第 1 章　绪　　论

资源能源是人类赖以生存的基础，地质钻探是实现资源能源勘探开发的必要手段，也是推动深部地质构造研究、完善地球系统科学理论体系的重要支撑。在当前信息化、智能化时代背景下，为实现向地球深部进军、勘探深部资源能源的目标，亟须在地质钻探工程中发展钻进过程的先进控制技术、钻探装备的智能化技术，解决深部复杂地质条件下钻进过程智能控制与优化难题，推动我国资源能源勘探技术的转型升级与发展。

1.1　复杂地质钻进过程分析

复杂地质钻进是利用钻探装备与技术穿越多套复杂地层到达设计深度，完成地下岩心全孔取样任务，并通过分析岩心反映目标区域的真实地质状况，为资源能源开发、地球科学研究等提供重要信息支撑。本节在钻进过程描述的基础上，分析钻进过程的特点，为后续的理论研究和工程实践奠定基础。

1.1.1　钻进过程描述

我国在利用钻探技术开发地下资源能源方面历史悠久，在两千多年前的盐井钻凿过程中创造了冲击式顿钻凿井法，清朝年间利用这种方法钻成了深达千米的火井 (天然气井)，成为当时世界上最深的井 [1]。冲击式顿钻凿井法钻进速度慢、效率低，随着勘探深度的增加，已无法满足深部复杂地质环境下的钻探需求。在第一次工业革命后，钻探装备与技术逐步进入科学化发展阶段，21 世纪以来全面迈入自动化、信息化和智能化发展的新时期 [2-4]。表 1.1 为钻探装备在各个发展阶段的主要技术创新。

现代钻机按回转器形式可分为立轴式、转盘式、顶驱式等类型 [5]，其中转盘式电驱动钻机钻进过程如图 1.1 所示。钻机机械设备主要包括井架、大钩、钻柱、转盘、绞车、泥浆泵、井下钻具组合、钻头等，依靠这些设备构成钻柱系统、旋转系统和循环系统三个子系统。钻柱系统由大钩、绞车、钻柱、井下钻具组合等组成，利用部分钻柱的重力向钻头施加压力，实现钻柱轴向运动；旋转系统由转盘 (顶驱)、钻柱、钻头等组成，由转盘或者顶驱驱动井下钻柱与钻头旋转，实现钻柱扭转运动，并结合钻柱轴向运动，实现正常进尺；循环系统由泥浆泵、泥浆池等组成，通过循环钻井液流动将钻进过程产生的岩屑从井底携带到地表，保证钻头清洁，避免钻头堵塞造成井下事故。三个子系统之间相互配合、协作，保证复杂地质钻进过程的有序进行。

表 1.1　钻探装备在各个发展阶段的主要技术创新

发展阶段	钻探装备与技术
手工经验阶段 (20 世纪前)	蒸汽钻机 基于人工经验操作的钻探技术
半自动化阶段 (20 世纪 40 年代)	自动化钻杆排放系统等装备 平衡钻井等技术
自动化阶段 (20 世纪 90 年代)	自动垂直钻进 (简称垂钻) 系统、随钻测量系统、聚晶金刚石复合片钻头等装备 旋转钻探、水平井钻探、地质导向钻探等技术
信息化阶段 (21 世纪)	顶驱钻机、井下钻具组合等装备 CoPilot、PowerDrive 等钻进过程决策支持一体化钻探技术

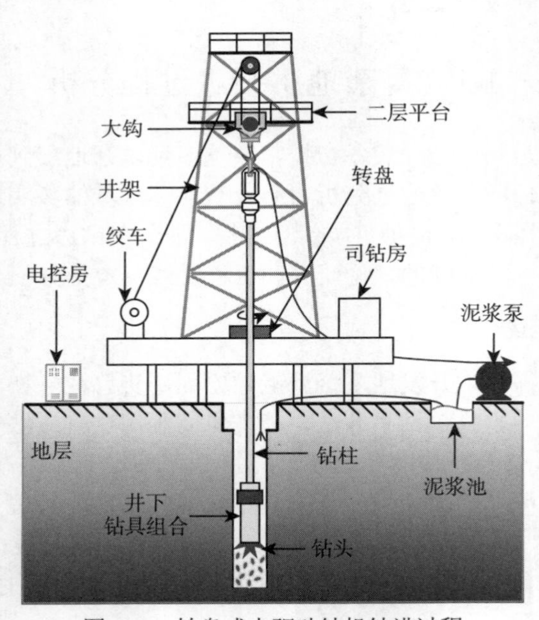

图 1.1　转盘式电驱动钻机钻进过程

钻机信息化与电气化设备由司钻房和电控房组成。司钻房实现钻进过程参数的实时监测、钻进操作参数的设定下发、钻杆的起下钻操作，以及井口、绞车、二层平台等设备工作情况的视频监控，在具有完备录井系统的情况下，还可以监测碳含量、硫化氢含量等表征油气储层的参数。电控房配置钻进底层控制系统，执行司钻房的下发指令，主要由工控机、变频器和可编程逻辑控制器等组成。

钻井可分为直井和定向井两大类型，分别采用垂钻和定向钻进两种方式 [6]，如图 1.2 所示。直井是指从井口开始始终保持垂直向下钻进至设计深度的钻井方法，理论上直井轨迹应严格垂直于水平面，但由于地质环境及钻具结构等因素的影响，实际钻进轨迹通常会发生井眼偏斜，工程上称为井斜 [7]。当井斜超出工程设计范围时，井眼质量达不到地质勘探开发要求，往往需要通过开窗侧钻甚至填井重钻 [8] 来解决，造成钻进成本的巨大提高，因此垂钻中控斜问题突出。定向井是指井眼轨迹按照预先设计的井斜和方位钻至目标地层的钻井方法，主要应用于石油勘探与开发过程 [9]。定向钻进由特殊井下工具、测量仪器和工艺技术有效控制井眼轨迹，使钻头沿着特定方向钻至地下预定目标，因此其重点在于轨迹分段设计与跟踪控制。

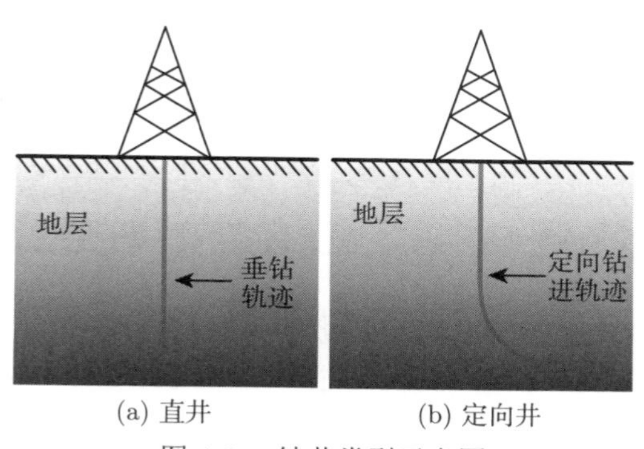

(a) 直井 (b) 定向井

图 1.2 钻井类型示意图

两种钻井类型的基本钻进工艺包括旋转钻进、提钻、下钻、扫孔、接单根、倒划眼等操作。同时，考虑各自独特的工程需求和工艺特点，针对不同类型的钻井研创了其他重要钻进工艺，其中取心钻进便是地质钻进过程中关键的钻进工艺之一 [10]。通过取心钻进方式将地下岩心钻取到地表，可获取钻进地层的第一手岩性资料，为实现地质矿产勘查和地球科学研究提供了重要基础。取心钻进过程需要将专用的取心工具放置于钻杆内管，会占据有限的钻杆内部空间；同时，每进尺至一定深度，需要将装满岩心的取心工具提升至地面，取出地质岩心。随着反复地下放、打捞取心工具，实现取心钻进。

1.1.2 钻进过程信息

钻进过程信息是实现钻进过程智能控制与决策的重要基础，根据先后顺序可分为钻前信息、钻中信息和钻后信息三类，如表 1.2 所示。其中，钻前信息是指开钻前获取的信息；钻中信息是指钻进过程中获取的随钻信息；钻后信息是指对已钻井段进行探测得到的信息 [11]。

1. 钻前信息

钻前信息主要有开钻前获取的地震参数和邻井地质资料，它们是井身结构设计、井眼轨迹设计等的重要参考资料。地震参数通过观测和分析待钻地层对人工激发地震波的响应得到，主要有地震层速度、地震波时间和地震波阻抗等，常被用于推断地层性质、定位油气矿产资源、获取地质信息。邻井地质资料主要有地质柱状图、区域构造图和邻井地层剖面图等。其中，地质柱状图是将地层按其时代顺序、接触关系及层位厚度大小编制的图件，记录了地层层序、厚度和岩性简述等内容，对钻进过程具有重要指导意义。

表 1.2　钻进过程信息种类及来源

钻进过程信息	类别	名称
钻前信息	地震参数	地震层速度、地震波时间、地震波阻抗等
	邻井地质资料	地质柱状图、区域构造图、邻井地层剖面图等
钻中信息	钻进参数	钻压、转速、泵量、钻速、扭矩、立管压力、井深等
	岩心/岩屑录井	岩屑返回量、迟到时间、岩屑颗粒、柱状岩心等
	泥浆录井	钻井液密度、黏度、总池体积、出口/入口流量等
钻后信息	测井参数	自然伽马、电阻率、声波时差、轨迹井斜角、方位角等
	地层特征参数	地层可钻性、地层压力、单轴抗压强度等

目前，地震勘探所用震源中应用较多的是可控震源，可控震源车中携带的激振器向地层发出激励，分布在地表的多个检波器接收到反射波并将其传输到仪器车中的数据处理系统，对地震波阻抗、地震层速度等数据进行分析和处理。邻井地质资料通常由各地质队、钻井公司等进行归档和保存。另外，中国地质调查局主持开发的“地质云”综合性地质信息服务系统上线，可实时地在线获取遥感数据、钻孔数据、馆藏资料和地学文献等信息资源。

2. 钻中信息

钻中信息涵盖在钻进过程中产生、记录、采集的各类数值数据、图片、报表等信息，也是最直接、最重要的钻进过程信息，其中与钻进过程控制关联性较强的主要有钻进参数、岩心/岩屑录井、泥浆录井三种。

(1) 钻进参数，主要包括钻压、转速、泵量、钻速、扭矩、立管压力、井深等，可在司钻房中的人机交互屏幕进行实时监测。其中，钻压、转速和泵量是钻进操作参数，常常作为钻进过程优化控制的主要操作变量。

(2) 岩心/岩屑录井，在钻进过程中，通过对岩心/岩屑进行观察和分析，可获取地层的各项地质资料，恢复原始地层剖面。

(3) 泥浆录井，对钻井液密度、黏度、总池体积等相关数据进行实时采集，并根据返还的钻井液了解地层状况。其中，钻井液密度、黏度直接影响井壁稳定性，钻井液总池体积是判断井漏/井涌事故的重要依据。

钻中信息种类多、涵盖范围广、实时性强，在评价地层状况和指导钻进施工等方面具有重要作用。

3. 钻后信息

钻后信息是在钻进形成井眼后，通过下放专业仪器或者进行岩心实验，利用岩层的声学、电化学、放射性、导电性等地球物理特性获取的信息，反映地层声速、岩性及孔隙度等方面的性质，主要包括测井参数和地层特征参数。

(1) 测井参数，如自然伽马、电阻率、声波时差、轨迹井斜角、方位角等，是反映地球物理特性和钻进轨迹的重要参数。常规的测井方法主要是电缆测井，将测井仪器下放至井底再上提，记录测井曲线。近年来，随着传感器、信息技术的提高，现有部分公司也采用随钻测井方法。这种方法虽然成本高，但是能够随钻测量井下地层信息，对实时更新地层模型、降低钻进风险、提高钻进效率具有重大作用。

(2) 地层特征参数，主要指地层可钻性、地层压力、单轴抗压强度等。这类参数难以直接测量获得，一般需要通过岩心实验或建立预测模型并利用软测量方式得到，是表征岩石力学性质的参数，也是钻进过程地质环境的定量描述。

钻前信息、钻中信息、钻后信息是区域地质结构的综合反映，具有一定的相关性。然而这三种信息在检测方法、存储结构、表现形式等方面不统一，存在多源异构、价值密度低、信息不完备等环境感知和信息处理方面的难题。

1.1.3 钻进过程特点分析

地质钻进过程需要利用多种设备、钻具、钻头、材料进行联合作业，同时也是多系统紧密配合、多环节环环相扣的连续工业过程。为实现钻进过程的智能控制、达到安全高效钻进的目的，必须对钻进过程在复杂地质条件下呈现出的过程特点进行探讨，在此基础上开展钻进过程建模、优化和控制研究。

1. 三高一扰动

三高一扰动，即高地温、高地层压力、高陡构造和钻进扰动。随着钻进过程的深入，地温和地层压力逐渐升高。通常，地温梯度为 1 ~ 3℃/100m、地层压力梯度为 1MPa/100m 左右，但是在某些地区存在地温、地层压力异常的情况，例如，东北徐家围子地区的地温梯度在 4 ~ 5℃/100m [12]。以徐家围子地区一口 5000m 深的井为例，井底地温超过 200℃，地层压力也在 50MPa 左右。高地温和高地层压力将给钻进过程的安全和效率带来巨大挑战。另外，由于地层自然造斜效应的影响，复杂地质钻进过程还存在高陡构造和钻进扰动等特点。

2. 钻柱柔性特性

钻柱连接地面驱动装置和井底钻头，通常长达几千米甚至十几千米。相比于钻柱的整体长度，作为基本单元的钻杆的直径非常小 (从几十毫米到几百毫米)，并且壁厚很薄。为了使钻柱能承受更大的钻压而不发生弯曲，破岩钻进时通常需要在钻柱底部搭载直径和壁厚更大的重型钻杆、钻铤或者它们的组合，取心钻进时一般为钻杆接扶正器。即使如此，由于长径比极大，钻柱系统仍呈现出明显的柔性特征。

3. 控制回路耦合

钻柱系统、旋转系统、钻井液循环系统互相制约，使得钻进轨迹控制、钻压转速控制、井底压力控制等控制回路相互耦合。在复杂地质条件下，各个控制回路存在时变非线性、参数不确定性等特征，同时面临欠驱动、完整/非完整约束以及多扰动叠加等难题。

4. 钻进信息多源异构、价值密度低、信息不完备

在钻进过程中，钻进信息来源丰富，各类信息结构不尽相同，具有多源异构特点；各类信息采样周期不同，时间尺度与数据粒度多样；由于地面和井下监测传感器之间的距离长达数百米甚至数千米，采集的测井、录井及地震等数据存在传输时延、噪声污染等问题，具有价值密度低、信息不完备等特点。

上述特点使得复杂地质钻进过程中安全性差、钻进效率低等问题突出。在中国大陆科学钻探工程科钻一井、深部探测技术与实验研究专项、汶川地震深孔等系列工程实践中，均出现多轮次孔内复杂情况 [13]，如钻进偏斜、钻进坍塌、钻井液漏失等钻进事故，并且存在钻进效率低、井眼质量差等问题。为保障深部地质钻进过程的高安全性和高效率，需要形成面向复杂地质条件的钻进过程智能决策与先进控制方法；在此基础上，开发智能化的地质钻探装备和工程技术。

以下将针对现有的地质钻进过程建模、优化和控制方法进行总结，并简述本书主要内容。

1.2 地质钻进过程建模、优化与控制研究现状

传统地质钻探行业自动化、智能化水平较低，依赖经验的操作方式占据主导地位，缺乏实时优化与智能决策的先进控制手段。近年来，旋转导向、随钻测量以及控压钻井等先进工艺技术的兴起，为实现钻进过程自动化、信息化、智能化提供了强力支撑。如何有效利用多源过程信息，建立可靠的地质环境和钻进过程模型，实现对钻进过程的在线优化和高适应性控制，同时对过程运行状态进行实时监测与评估，是复杂地质钻进过程装备技术发展亟待解决的关键问题。

1.2.1 地质钻进过程建模

地质钻进过程常钻遇松散层、破碎带、水敏性环境等复杂变质岩地层，地层可钻性差、钻速慢、钻进成本高，迫切需要提高钻进安全和效率。然而，由于井

下地质环境存在不可见性和不确定性，钻进过程中难以实时获取有效的地质环境信息。因此，如何利用有限的钻进过程信息进行地质环境建模，计算地层特征参数、描述地层结构特征，是保障钻探工程安全、高效实施的关键。

地层特征参数通常包括地层可钻性、地层岩性、岩石力学参数等。其中，地层可钻性表征地层被钻的难易程度，是实现钻进过程效率优化的重要基础；地层岩性描述岩石物理化学属性；岩石力学参数表征钻进过程的安全窗口，是实现钻进过程井壁稳定性判别的关键参数。

1. 地层可钻性建模

地层可钻性与实钻地层的结构和物理化学属性 (硬度、研磨性、弹塑性等) 密切相关 [14,15]，依据可钻性选择合适的钻进工艺、钻头类型、钻进操作参数，有利于保障钻进过程的效率和安全。根据地层可钻性在空间维度呈现形式的不同，可分为钻进点地层可钻性场、二维地层可钻性场和三维地层可钻性场三个方面。

在研究初期，主要通过分析从井底返到地面的岩屑研究地层特性，包括矿物组分、组织结构、物理化学属性等。然后，采用传统统计分析方法建立机理模型或者经验方程，描述地层可钻性与测井参数、录井参数和钻进参数之间的关系，建立钻进点可钻性和二维地层可钻性场模型，主要有 dc 指数法 [16]、分形理论法 [17] 和通用钻速方程反求法 [18] 等。其中，dc 指数法综合考虑了钻头磨损系数、钻进操作参数、地层属性参数等对地层可钻性的影响，可实现较高程度的检测；但是该方法对于未钻地层的适应性不强、预测精度不高，可取其长处应用于随钻参数软测量。分形理论法通过描述岩石破碎过程研究地层可钻性，在实际工程中得到了广泛应用，但是其建模机理相对复杂。通用钻速方程反求法揭示了地层可钻性与钻进参数间的内在联系，应用范围广且不易受地区限制。然而，由于地质环境参数、钻进参数、录井参数之间存在强耦合关系，上述方法难以建立理想的机理模型，并且难以有效适应不同地层变化。

为了降低模型复杂度、提高模型预测精度，大量基于数据驱动的智能建模方法被用于预测地层可钻性，在推广应用中取得了良好的效果。人工神经网络 (artificial neural network, ANN) 可逼近任意非线性函数，自学习与大规模并行处理能力强、容错性好，在地层可钻性建模中备受青睐。但是，神经网络存在易受初始权值和阈值影响、泛化能力差等缺点，通过利用智能优化算法优化网络结构，可有效改善神经网络性能。Bappa 等 [19] 分析了地层可钻性与测井、录井参数间的相关性，提出了基于自适应双链量子遗传算法优化反向传播神经网络 (back propagation neural network, BPNN) 结构的地层可钻性建模方法，实现了可钻性的有效预测。面向复杂地质钻进过程，Gan 等 [20] 综合运用皮尔逊 (Pearson) 相关性分析、极限学习机 (extreme learning machine, ELM) 和改进的自适应集成学

习 (adaptive boosting, Adaboost) 算法，建立了地层可钻性预测模型，取得了较好的预测效果。因此，通过融合数据驱动建模方法和智能优化算法，能够有效解决复杂地质钻进过程中的地层可钻性建模问题。

相比于钻进点地层可钻性场和二维地层可钻性场，三维地层可钻性场对地层的描述范围更广、更完整、更准确，是对区域地层可钻性的描述，主要采用地统计方法进行建模分析，具体可分为地震反演和解释模型法 [21]、分形插值和解释模型法 [22]、滑动最小二乘和球形空间域法 [23] 以及空间插值法 [24]。地震反演和解释模型法利用测井约束地震反演技术对三维地震数据进行反演，结合室内岩心可钻性实验，形成区域三维地层可钻性预测方法。分形插值和解释模型法利用声波测井参数分形插值得到声波测井分布场，然后代入声波与地层可钻性的解释模型中得到地层可钻性分布场。滑动最小二乘和球形空间域法利用滑动最小二乘法原理，结合测井资料和球形空间域理论，实现三维可钻性场建模。空间插值法通过对同一区域内多口地质井的地层可钻性数据进行空间插值获得可钻性场。这些建模方法主要针对单一测井或地震信息，运用反演解释或空间插值等方法建立地层可钻性场，缺乏对测井、录井、地震和钻进参数等多源信息的综合运用，在实际工程应用中有待进一步发展。

2. *地层岩性识别建模*

地层岩性识别依据岩石的不同特征和属性，将储集岩分类成不同单元。准确识别地层岩性，是地质钻进过程井壁稳定性分析的重要基础，同时是保障安全、高效钻进过程和实现深部矿产资源勘查突破的关键。

地层岩性识别主要应用地质测井数据进行建模分析，建模方法主要有人工绘图方法和智能建模方法。人工绘图方法包括交会图法、蜘蛛网图法、阶梯图法等，其中交会图法应用范围最广泛，在检查测井数据质量、识别地层岩性等方面发挥着重要作用 [25,26]。交会图法通过优选出对地层岩性反应敏感的测井物理量，将两种或多种测井数据在平面图上交会，根据交会点的坐标确定岩性参数的数值或范围。但是，该方法在进行交会分析时，一般采用粗略描述或人工勾绘的方式划分交会图内的区域，存在效率低、误差大等问题。因此，交会图法不适用于钻前和钻中的岩性预测，且难以进行实时更新，直接应用于复杂地质钻进过程具有较大的局限性。

随着数据驱动、智能建模技术的发展，基于现场测井数据，采用监督式机器学习方法进行地层岩性识别，已成为重要研究方向和发展趋势。学者应用神经网络方法在岩性识别领域进行了大量研究 [27-29]，为未开钻地层、邻井地层的岩性识别提供了可靠参考。在此基础上，结合遗传算法等智能优化算法对神经网络的结构进行优化，提升岩性识别准确率及模型泛化能力 [30]。但是，神经网络往往需要训练大量现场数据以保证模型性能，对小样本测井数据的识别效果不佳，存在网络收敛速度慢、容易陷入局部最优等问题。

支持向量机 (support vector machine, SVM)是建立在统计学理论和结构风险最小化准则基础上的小样本机器学习方法，能较好地解决小样本、非线性、高维度的实际问题，为解决小样本条件下的地层岩性识别问题提供了有效方案[31,32]。有学者通过多源信息融合技术对地震参数、测井参数等地层信息进行处理，提出了基于智能优化算法优化 SVM 的地层岩性识别建模方法，提高了识别准确率，且识别效果优于概率神经网络 (probabilistic neural network, PNN)等方法[33,34]。针对实际钻进过程含岩性标签测井数据较少的情况，Li 等[35]提出了一种基于拉普拉斯 SVM 的半监督岩性识别模型，利用少量的有标签样本和大量的无标签样本提高岩性识别准确率，并取得了较好的效果。

上述岩性识别方法难以有效处理复杂地质环境中存在的大量不确定信息，实际工程应用达不到预期效果。为了降低不确定性的影响，学者运用模糊学方法建立了岩性识别模型，主要包括模糊逻辑[36,37]和自适应神经模糊推理系统(adaptive network-based fuzzy inference system, ANFIS)[38,39]等。模糊逻辑通过模糊化输入的测井参数，基于专家知识建立模糊推理系统来预测岩性。模糊推理系统中 If-Then 规则数据库的建立依赖专家经验，在很大程度上是过于主观的。为了降低主观因素的影响，ANFIS 则是将模糊逻辑和神经元网络进行有机结合，实现了 If-Then 规则的自动生成。虽然这些方法取得了一定效果，但是由于隶属度函数难以依据实际钻进现场确定，所以很难达到理想的应用效果。

然而，复杂地质钻进过程钻遇地层多、岩性变化大、厚度不一，导致地层岩性对应的测井参数存在明显的样本不均衡问题，进而严重影响上述岩性识别方法的分类准确性。因此，为提高模型识别准确率和泛化能力，需要综合利用测井、录井数据等多源信息，考虑过程参数间的相关性以及数据分布特征，融合多种不同的智能建模方法建立模型，为解决实际钻进难题提供了有效方法。

3. 岩石力学参数计算

岩石力学参数表征岩层的强度和弹性等特性，是储层地质力学建模、井壁稳定性分析和风险管理的关键参数。钻进过程中常涉及的岩石力学参数主要包括杨氏模量 (E)、泊松比 (ν) 和单轴抗压强度 (uniaxial compressive strength，UCS) 等，它们的连续参数剖面在实际钻进现场主要采用经验模型估计获得[40-43]，如表 1.3 所示，表中相关参数 V_p、V_s、Δt、ρ_g 分别表示纵波速度、横波速度、纵波时差、地层密度。这些参数往往需要通过实验室进行测量校准，以确保其地质力学分析的可靠性，并且仅针对特定岩性和特定地层有效，对其他区域不具有普适性。

针对复杂地质钻进过程中存在的不确定性、强非线性，基于数据驱动的智能建模方法被用于估计岩石力学参数，以解决室内实验法与统计学方法适用性较差的问题。He 等 [44] 引入深度卷积神经网络来估计岩石力学参数，结果表明，比其他统计学模型具有更高的精度，且可以快速建立参数剖面。Anemangely 等 [45] 提出了一种基于布谷鸟优化算法的多层感知器神经网络，通过自动优化神经网络参数提高模型精度和可靠性，实现了更为准确的岩石力学参数估计。

表 1.3　岩石力学参数经验模型

公式	岩石力学参数	适用岩层
$E=4.972V_p-7151$	E /MPa, V_p /(km/s)	煤层
$E=83707\mathrm{e}^{-0.045\Delta t/\rho_g}$	E /MPa, Δt /(μs/ft①), ρ_g /(g/cm^3)	砾岩
$E=10.672V_p-1.7528$	E /GPa, V_p /(km/s)	碳酸盐岩
$E=0.169^{3.324}V_p$	E /GPa, V_p /(km/s)	石灰岩
$E=10^{-6}\rho_g V_s^2\left(\dfrac{3V_p^2-4V_s^2}{V_p^2-V_s^2}\right)$	E /GPa, V_p /(km/s), V_s /(km/s), ρ_g /(g/cm^3)	石灰岩
$\nu=0.0014\Delta t+0.2138$	ν, Δt /(μs/ft)	橄榄岩
$\nu=\dfrac{V_s^2-2V_p^2}{V_s^2+V_p^2}$	ν, V_s /(km/s), V_p/(km/s)	石灰岩
$\nu=0.0476-0.046V_s$	ν, V_s /(km/s)	橄榄岩
$\nu=0.085V_p-0.29$	ν, V_p /(km/s)	花岗岩

注：1ft=3.048×10^{-1}m。

此外，模糊神经推理系统也广泛应用于岩石力学参数预测中，建立测井数据与岩石力学参数间的关系模型，为井壁稳定性分析提供了较为准确的岩石力学参数剖面 [46,47]，但这些参数都需要大量取心样本和实验数据以确保模型精度。针对实际样本稀少问题，引入适合小样本模型训练的支持向量回归 (support vector regression, SVR) 算法建立岩石单轴抗压强度预测模型，取得了较好的预测结果 [48]。在实际钻进工程中，岩心三轴压力实验的高成本、低效率使得获得的岩石力学参数数量较少，导致模型精度受限。

1.2.2　钻进过程优化

为了实现复杂地质条件下的安全、高效钻进，需要攻克钻进轨迹优化设计和钻进效率优化两大关键技术问题，这是实现钻进过程控制与优化的重要基础。面向复杂地质钻进过程，如何综合分析和利用钻进过程机理、钻进工艺约束、钻遇地层信息以及钻进过程数据，针对研究对象提出关键科学问题，制定和研究行之有效的科学方法和技术，是地质钻进过程优化的关键。

1. 钻进轨迹优化设计

钻进轨迹模型是钻进过程智能控制的基准，不合适的钻进轨迹可能导致钻进过程效率低下，甚至是钻进事故、脱靶等严重问题，从而大大提高了时间成本和经济成本。如何利用地层信息、钻进过程参数信息，设计满足约束条件、工程需求和最优性能指标的空间曲线，是钻进轨迹优化需要解决的问题。面向复杂地质钻进过程，钻进轨迹优化要求满足少钻时、低事故率、高井壁安全性等多样化的工程需求，通过设计轨迹优化指标和约束函数，建立轨迹多目标优化模型，运用智能优化算法获得最优轨迹的决策参数，能够有效提高钻进效率和安全性。

1) 单目标钻进轨迹优化设计

在钻进过程中，一条钻进轨迹由轨迹上有限个离散点或者无数个连续点来确定，点通常由井斜角、方位角、测量井深三个基本参数描述。这些参数的变化会影响钻柱摩擦阻力、钻柱扭矩、钻进轨迹长度等轨迹优化指标，对钻进轨迹优化设计有着直接影响。由于实测轨迹参数为有限个离散点，而轨迹优化指标均沿钻进轨迹连续分布，所以需要对实测轨迹数据进行连续化处理。

在钻探工程早期，主要采用均角全距法 [49]、平均角法 [50]、平衡正切法 [51] 等直线法，将小段的井眼中心线作为折线来连续化处理实际钻进轨迹，以此建立轨迹模型。然而，钻进过程中实测轨迹点间距离较大，轨迹点连接形成的弧线与弦线之间存在较大差别，导致上述方法生成的轨迹与实际钻进轨迹间存在较大误差。为了提高轨迹模型的准确性，曲线法逐渐得到应用，主要有圆柱螺线模型 [52]、空间圆弧模型 [53]、自然参数模型 [54]、恒工具面模型 [55]、悬链线模型 [56] 等。

基于连续化处理的轨迹模型，通常考虑最小化轨迹长度作为轨迹优化指标，这是减少钻进时间和经济成本最直观的手段。为解析优化模型获得最短钻进轨迹，早期方法主要应用序列无约束极小化方法 [57]、变分原理求解泛函极值 [58] 等经典数值优化算法。鲁港等 [59] 建立了多靶井眼轨迹的非线性约束模型，利用数论序贯优化算法优化井斜角、方位角、井段曲率等参数获得了最小轨迹长度，但该方法需要放宽不等式约束条件。然而，在复杂的非线性模型和多参数、多约束情况下，上述传统优化算法有一定的局限性，不如智能优化算法有效。Shokir 等 [60] 应用遗传算法对钻进轨迹的稳斜角 (直线段)、方位角、狗腿度、垂深等 17 个参数进行了优化，获得了满足约束条件的最短钻进轨迹；对比基于序列无约束极小化方法的钻进轨迹优化设计，该算法获得了更短的轨迹长度和更合理、更保守的轨迹控制参数。王志月等 [61] 采用进化算法优化了侧钻绕障井轨迹模型，获得了满足最大井斜变化率、最大井眼曲率等约束条件的最短钻进轨迹。与进化算法相比，经典数值优化算法使用确定的规则在搜索空间内移动，进化算法则使用概率转移规则，且能够实现并行搜索；经典数值优化算法通常使用搜索空间的导数信息来搜索最优点，而进化算法通常只需要目标函数值指导搜索，因此进化算法在目标函数不能求导或难以求导的钻进轨迹优化问题上更具有适用性。

进化算法是模拟自然生态系统适应性生存过程的随机搜索方法，具有极强的自适应性和自组织性，经典进化算法有基因算法、差分进化算法等 [62]。粒子群优化 (particle swarm optimization, PSO) 算法[63]、人工蜂群优化算法 [64] 等也被认为属于进化算法，它们都是受到社会生物群体的集体行为启发而建立的计算模型。其中，PSO 算法常被应用于最小化轨迹长度和最小化钻柱摩擦扭矩的钻进轨迹优化问题中 [65,66]。全局寻优能力更强的智能优化算法则能够得到更好的优化结果 [67]，如计算复杂度更低的基于斐波那契数列的量子遗传算法通过并行过程快速寻找到高质量的全局最优解，有效减小了轨迹长度，降低了钻进成本 [68]。

然而，上述研究均未充分考虑更小轨迹长度是否会给钻进过程带来井身结构复杂度增加、钻进安全性降低等问题，未能综合考虑多方面的轨迹优化性能。另外，随着钻进轨迹优化问题愈发复杂，需要更全面地考虑实际工程的约束条件和优化指标，而单一优化算法可能仅针对某一特定问题具有良好的有效性。因此，针对智能优化算法结构开放、不易受优化问题所局限的特性，需要融合不同智能优化算法进一步改善算法性能，更好地处理复杂的钻进轨迹优化问题。

2) 多目标钻进轨迹优化设计

在地质钻进过程中，钻进轨迹长度受造斜点位置、井眼曲率、井斜角和方位角变化率等参数的直接影响；同时，这些参数对井身结构的复杂程度、井壁稳定性等有着重要影响。通常，更小的轨迹长度意味着更低的钻进成本、更复杂的井身结构；而随着井身结构复杂度的提高，井壁稳定性降低，更容易对钻进安全和效率造成不利影响。另外，使井壁稳定的井斜角、方位角也不一定是最快到达目标靶区的方向。因此，要实现复杂地质条件下安全、高效的钻进过程，就必须解决这样一个多目标优化问题：如何在最小化轨迹长度、最高井壁稳定性、最小化中靶误差等多个优化目标中取得平衡，选择适当的决策参数来优化钻进轨迹。

不同于单目标优化，在多目标优化问题中，通常不存在一个绝对最优解能够同时满足多个可能互相冲突的优化目标。因此，Koopmans 在 1951 年提出了帕累托 (Pareto) 最优解的概念，表明多目标优化算法总是希望能在搜索空间中找到优化问题的 Pareto 最优解集 [69]。经典的多目标优化算法可分为直接法和间接法。直接法即直接求解多目标优化问题的数学模型，获得 Pareto 最优解集；间接法则是将多目标优化问题转化为单目标优化问题，进行间接求解，主要通过线性加权法、主要目标函数法、理想点法等进行转化。但是，间接法在转化过程中往往会损失原优化问题的部分重要信息，导致需要决策者提供新信息来做出最终决策，且不能通过单次运算获得整个 Pareto 最优解集。

在多目标钻进轨迹优化设计研究中，Guo 等 [70] 建立了三维水平井轨迹最优控制模型，以最小轨迹长度和中靶误差为优化目标，以井眼曲率、工具面向角、井段终点处总弧长为控制变量，应用改进的 Hooke-Jeeves 方法求得最优解，并在多口侧钻水平井进行了实际应用。结果指出，其目标函数是多峰、局部凸的，表明实际钻进轨迹优化问题难以用传统优化算法求得全局最优解。针对该问题，学者基于该最优控制模型开展了研究，采用均匀设计方法设置不同性能优化指标的对应权重，将其转化为单目标优化问题进行间接求解 [71]。考虑到该非线性多级最优控制问题的性能指标函数非凸，不仅属于动态规划问题，还是一个 NP 完全、拓扑优化问题，故可运用均匀设计算法结合改进 Hooke-Jeeves 算法、改进单纯形算法 [72] 求解该问题，或通过变换使该最优化问题能够应用基于梯度的优化算法进行求解 [73]。

上述研究方法均是将钻进轨迹多目标优化问题转化为单目标优化问题进行间接求解的，但受限于实际钻进过程，转化后的优化结果可能难以直接应用于实际工程。随着多目标优化算法的不断发展，基于进化算法的多目标优化算法广泛用于直接求解钻进轨迹多目标优化问题。早期多目标进化算法未能采用精英保留策略，如多目标遗传算法 [74]、小生境 Pareto 遗传算法 [75]、非支配排序遗传算法 [76] 等，导致搜索 Pareto 前沿面的性能并不理想。在采用精英保留策略后，多目标进化算法的收敛性、鲁棒性和适用性获得提升，例如，非支配排序遗传算法-II(non-dominated sorting genetic algorithm-II, NSGA-II)[77]、改进的强度 Pareto 进化算法 2 (strength Pareto evolutionary algorithm 2，SPEA2)[78]、基于分解的多目标进化算法 (multi-objective evolutionary algorithm based on decomposition, MOEA/D)[79] 等。其中，NSGA-II 被应用于求解以最大井深、最小钻时、最小成本为优化目标，以泥浆等效循环密度、钻头转速、钻头压力等过程参数为时变决策变量的多目标最优化问题 [77]。

但是，以上研究仅处理了一些钻进操作参数的范围约束，并且所采用的多目标优化算法的约束处理能力有限。事实上，钻进轨迹优化问题还存在井壁稳定性、目标靶区等约束。对于特殊的钻进轨迹，如水平井、绕障井等，其对轨迹切线的方向、与障碍物间距离均有所要求，因此约束处理是钻进轨迹多目标优化必须要解决的问题。一般来说，处理约束的方法有罚函数法 [80]、ε 约束法 [81]、混合算法 [82] 等。Wang 等 [83] 以轨迹长度、轨迹轮廓能量和中靶精度为目标函数，在钻进操作参数、邻井防撞、中靶误差等非线性不等式或等式约束下，通过线性加权和法将三个目标函数融合成一个无量纲的目标函数，利用结合动态惩罚函数法的差分搜索算法进行优化。如前文所述，子目标函数的权重调整需要经过反复计算来最终确定，且惩罚函数中惩罚因子的设置也较为主观。

因此，在实际工程中，需要根据所建立模型的特征选择对应的优化算法，以获得更为理想的优化结果。决策空间复杂、目标空间复杂是复杂地质钻进过程轨迹优化问题的特点，如何结合地层信息、钻具组合信息和钻进操作参数信息来解决该类复杂的多目标优化问题，是钻进轨迹优化设计亟待解决的问题。

2. 钻进效率优化

钻进效率优化是钻进过程优化中最直接、最有效的手段，主要通过优化钻压、转速、泵量等钻进操作参数的组合设定值来提高钻进效率，进而达到减少钻进时间和钻进成本的目的。面向复杂地质钻进过程，如何利用复杂过程机理、地层信息以及过程参数之间的相关性，建立满足工艺约束和工程需求的钻进效率优化模型，并针对钻进过程特性确定合适、有效的约束处理和模型优化算法，是钻进效率优化亟待解决的关键问题。

在实际钻进过程中，钻进效率优化最直观、经济的手段是钻速优化；建立精度高、泛化能力强的钻速预测模型，是实现钻速优化的重要前提和关键，同时也是实现钻进过程智能控制的重要基础。因此，研究复杂地质钻进过程钻速预测与优化方法，已成为国内外钻进过程控制与优化的研究重点。

目前，钻速预测模型主要包括基于机理分析的传统物理模型、基于统计回归方法的统计模型和基于机器学习的数据驱动模型，均在实际工程应用中取得了良好的预测效果。其中，基于机器学习的数据驱动模型能更准确地预测钻速，具有更高的模型泛化能力，并且可为后续的钻速实时优化实现优化时间和优化成本的有效降低，是钻速预测建模的研究热点和发展趋势 [84,85]。

基于机理分析的传统物理模型是通过研究钻头破岩机制的复杂特性，结合力平衡原理分析钻头切削作用所建立的钻速经验方程 [86-88]。这类方程需要针对不同类型的钻头分别建立钻速预测模型，才能在工程应用中取得较为良好的预测效果。然而，在复杂地质钻进过程中使用的钻头种类较多、材料各异，如牙轮钻头、聚晶金刚石复合片 (polycrystalline diamond compact, PDC) 钻头、金刚石取心钻头等；另外，同类型钻头的尺寸和牙齿数量也存在较大差异，同样会对钻速预测模型的精度造成影响。因此，机理分析方法难以直接应用于复杂地质钻进过程的钻速预测模型，存在建模工作繁杂、精度不高等问题。

基于统计回归方法的统计模型是运用多元回归 (multiple regression, MR) 等统计方法，以经典的 Bourgoyne & Youngs 钻速方程为基础建立的钻速与地层属性参数、钻进过程参数之间的关系模型 [89-92]。Nascimento 等 [89] 综合考虑了地层可钻性、地层压力、钻压、转速等八个因素的影响，建立了钻速与它们的多元回归模型，并将模型应用于碱性地层，取得了不错的预测效果。这类模型考虑的钻速影响因素较为全面，且具有一定的普适性，能在线性或者非线性程度不高的情况下取得较好的预测效果，并得到了广泛应用。但是，面向强非线性、多变量耦合的复杂地质钻进过程，这类模型同样存在预测精度不高的问题，实际工程应用有所受限。

在复杂地质钻进过程中，钻遇地层软硬交替、岩性复杂多变，整个过程存在强非线性、强不确定性、强耦合性等复杂特性；另外，随着钻进深度的增加，往往需要更换、搭配不同类型的钻头等钻具组合。因此，上述传统钻速预测模型存在建模工作繁杂、模型精度低等问题，难以有效满足实际工程需要。随着新一代信息技术和人工智能技术的不断发展并被应用于建立钻速预测模型，钻速预测精

度得到了有效提升 [93]。ANN[94]、SVR[95]、ANFIS[96,97] 等机器学习方法被应用于建立钻速预测模型，能更有效地映射出钻速与钻进过程参数之间的复杂非线性关系。相比于传统物理模型，基于机器学习的数据驱动模型具有自学习、自适应等良好性能，在预测精度和泛化能力方面均得到了很大程度的提升；但是，在复杂地质条件下，精确预测钻速及其变化趋势，仍是当前极具挑战的难题。

在建立钻速预测模型的基础上，通过处理钻进过程约束、优化钻进操作参数等可实现钻进过程效率的有效提升 [98,99]。在研究初期，基于最优化理论和网格搜索的传统优化算法被应用于求解钻速优化问题，获得了最优的钻进操作参数组合，主要有经典极值法 [100] 和鲁棒优化算法 [101,102] 等。经典极值法运用最优化数学理论，结合各类钻进约束条件，寻求优化目标函数的极值点，进而选择满足极值点条件的自变量组合作为最大化钻速下的钻进参数组合。鲁棒优化算法基于建立的非线性动态模型，采用网格搜索算法优化钻速，获得了最优钻进参数组合。

在复杂地质钻进过程中，井底地质环境复杂多变，容易产生扰动，使得上述传统钻速优化算法的效果还存在较大提升空间。因此，进化计算、群智能优化等智能优化算法被应用于求解钻速优化问题 [103]，在很大程度上克服了传统优化算法的不足，能提供更为精准、合理的钻进参数优化组合，且计算效率高，能有效满足钻进效率实时优化的工程需求。Arabjamaloei 等 [104] 基于 ANN 建立了钻速预测模型，并运用遗传算法得到了最优的钻压、转速等钻进操作参数。Kumar 等 [105] 基于“Warren”模型建立了钻速与钻压、转速、泵量、井深之间的关系模型，然后采用混合蛙跳算法得到了最优的钻压、转速和泵量，结果表明，优化后的钻速相比于传统“Warren”模型获得的钻速整体上提高了 4% ~ 32%。

在群智能优化算法应用方面，Jiang 等 [106] 运用结合贝叶斯正则化的 BPNN 建立了钻速与钻压、转速、泵量、伽马射线、深度之间的关系模型，并运用蚁群优化算法获得了最优的钻压、转速和泵量，结果表明，该算法优于先前的混合蛙跳算法。Moraveji 等 [107] 基于响应面法建立了钻速与六种钻进参数之间的关系模型，然后运用蝙蝠算法 (bat algorithm, BA)优化钻速模型获得了钻压、转速、钻头射流冲击力的优化组合。Duan 等 [108] 基于改进的 BPNN 建立了钻速与地层可钻性、井底压差、钻进操作参数之间的关系模型，并运用 PSO 算法求解钻速模型，该模型在四川元坝气田 104 井进行了工程应用，结果表明实际钻速提高了约 25%。

上述优化算法虽然在钻速优化方面取得了一定效果，通过设定优化后的钻进操作参数来指导实际钻进过程，使钻进效率得到了不错的提升，但是在面对复杂地质钻进过程中存在的强非线性约束、非凸的钻速模型时，实现钻速的有效提升仍然具有相当大的难度。

另外，由于钻井液的流量、密度、黏度等属性对钻速提升有着不可忽视的间接影响，上述方法理应重视钻进效率优化对钻井液循环系统的作用。钻井液被誉为钻井工程的“血液”，在钻进过程中起到冷却和清洗井底钻头、平衡地层压力以及维持井壁稳定等重要作用 [109-112]，对钻进效率和安全均有重要影响。孙强等 [113] 采用地层可钻性等级为 10 级的完整花岗岩进行了地面钻进实验，观测了冲锤质量、泵量等对钻速的影响，实验结果表明，增大泵量有利于提高钻速。战启帅等 [114] 在鲁页参 1 井钻进过程中，针对其井眼大、钻速快的特点，在保证钻井液排量与井壁稳定的前提下，尽量控制钻井液保持低黏度、低密度，实现了钻速的有效提升。李学明 [115] 综合考虑了钻进轨迹控制、钻进操作参数优化、PDC 钻头优选和钻井液性能优化等四个方面对钻进过程的影响，并在水平井上进行了工程应用，实现了安全、高效钻进。

因此，综合考虑钻柱系统和钻井液循环系统对实际钻进过程的协调作用，对两个子系统的钻进操作参数进行协调优化，可进一步提升钻进效率，同时保障钻进安全，这是复杂地质钻进过程钻进效率优化的重要研究基础和发展趋势。

1.2.3　钻进过程控制

在地质钻进过程中，钻机通过转盘、绞车、井下动力钻具和导向系统等钻进设备驱动由“钻杆-钻铤-钻头”构成的钻柱系统，带动井下钻柱和钻头旋转，实现破岩钻进并到达目标区域。在此过程中，多个控制系统相互协作完成工程任务，主要包括钻压控制、黏滑振动抑制、钻进轨迹控制等。

复杂地质钻进过程控制的发展与控制理论、仪器仪表、计算机以及相关学科的发展紧密相关，已由早期的机械化阶段进入到自动化阶段。由于国内地质钻探装备技术起步较晚，自动化和智能化水平还有待进一步发展。在钻进过程控制的研究中，目前得到广泛应用的控制方法主要包括比例积分微分 (proportional plus integral plus derivative，PID) 控制、鲁棒控制等经典控制方法和状态反馈控制等现代控制方法，以及自适应控制等先进控制方法；另外，模糊控制、专家控制、神经网络控制等智能控制方法也有相关尝试。

1. 钻压控制

在钻进过程中，电驱绞车恒钻压控制的工作原理是：通过检测大钩绳上的拉力并结合绳系数量来计算实际钩载，用钻柱未接触井底时的钩载减去正常钻进时的钩载计算实际钻压，再通过比较测量钻压与给定钻压间的偏差来控制绞车转速，使钢丝绳带动钻具按照需要的速度向孔底运动，从而将钻压维持在期望值附近 [116]。

钻压控制所面临的问题主要是钻头-岩石作用的不确定性问题。由于影响钻头-岩石作用的因素众多，且过程机理复杂，通常将钻头所受的钻压简单地看作在地层中给进的阻尼力，而阻尼系数会受到上述因素的影响，具有大范围不确定的变化，导致钻进过程存在很强的参数不确定性。工业上常用的 PID 控制器在复杂地质钻进过程中存在参数难以整定的问题。不恰当的控制器参数会导致系统不稳定，容易误导操作工人，造成事故误报。目前，钻机中使用更多的是带有死区的开关控制，牺牲系统性能来提高稳定性，存在控制精度不高、钻速低下等问题 [117]。目前，学者主要针对地层变化问题开展了如下几个方面的研究。

1) 基于模型的钻压控制

现有的大多数系统都依赖基本的一阶动力学模型，并采用 Bang-Bang 控制或 PID 控制器实现钻压控制。这些控制策略没有考虑钻具组合、钻柱与井壁的摩擦作用、钻井液阻尼和钻头-岩石作用等影响钻进过程本身的因素，而是仅停留在钻机控制的层面，导致在进行深部钻探时需要经常调整控制器参数以提供可靠的控制性能。为了更深入地研究钻柱运动行为，部分学者开始研究建立钻进系统模型，并基于钻进系统模型设计钻压控制器。

设计基于模型的钻压控制方法，首先要建立钻柱的轴向和扭转运动模型 [118]。通常利用集总参数模型来描述钻柱系统动态，使用鲁棒极点配置的方法设计闭环系统的状态反馈，实现钻压与转速的稳定控制 [119]。在此基础上，针对钩载测量不确定性的问题，依靠井上测量，利用非线性估计技术估计系统状态，如井底钻压，再将估计量作为反馈。有学者针对井下钻压开发了基于滑模控制 (sliding mode control, SMC)技术的非线性嵌套控制器，使得在系统参数发生变化时，能保持良好的控制器性能 [120]。

上述方法没有直接考虑复杂地层变化的影响，大多基于固定的钻头-岩石作用模型进行控制器设计，通过后续人工整定控制器参数来适应复杂地层的变化。另外，上述方法对钻进系统数学模型的精度有较高的要求，而相关研究很少对所建立模型的准确性进行验证。

2) 考虑地层变化的钻压控制

基于 PID 控制器实现钻压控制，其控制效果由 PID 控制器的三个控制参数决定 [121]，恒定的 PID 控制器参数难以有效适应复杂地层的变化。针对复杂地层变化的影响，通常基于钻进系统的数学模型，在钻前依据相关地层的先验知识调整 PID 控制器参数，实现正常钻进时的参数自整定。该方法在一定程度上实现了控制器参数对不同地层的自适应调节，改善了钻压控制效果。然而，实际钻进过程中钻遇地层岩性、钻头工作性能通常是未知的，随着钻进越深，深部地层岩性甚至与先验知识产生很大差距，因此难以以此为依据进行控制器参数的精确预设。

另外，复杂地层不确定性使得深部地质环境的先验知识不够充分，即使在初始岩层中进行了控制器参数校正，控制器也可能无法满足后续钻遇地层的控制需求。在工程实践中，控制器参数保持固定或不适当的更新，可能导致系统响应缓慢或者出现振荡，进而导致钻进效率低下，引起钻柱黏滑振动抑制等副作用，甚至对钻头造成严重损伤。为了应对参数不确定性问题，在 PID 控制器的基础上结合增益调度思想 [122]，在钻前，针对不同地层、不同工况预先设计好不同的控制器参数；在钻进时，通过判别当前钻进状态，依据钻前设计的参数表来调整控制器参数，实现针对不同地层的自适应控制。基于该方法，美国埃克森美孚公司的研究团队开发了一种钻压控制器参数自动整定系统 [123]，通过自动检测钻压 PID 控制器的不良性能，适当调整其增益来改善控制器性能，以适应地层变化。

目前，控制器增益整定方法的设计主要依赖人工经验，采用工况表的形式整定控制器增益需要大量先验知识；但是在复杂地质钻进过程中，这些先验知识往往并不充分，导致这种开环自适应控制方法在钻遇未知地层时的控制效果大大降低。

3) 基于专家经验的智能控制

在复杂地质钻进过程中，实际钻压控制不仅受地层变化和钻柱加长等时变因素的影响，还受到钻头磨损、钻井液水力参数、复杂地应力等不确定性因素的影响，加上井上动力传递时滞的影响，难以建立精确的钻进系统模型。针对这些问题，相关学者致力于采用模糊控制的方法与思想来实现有效的钻压控制。

根据实际送钻过程中司钻工人的手动控制策略的大量操作经验，确定模糊控制器的模糊规则，利用模糊算法进行钻柱下放操作的推理与决策，实现模糊控制在钻压控制自动送钻系统中的应用 [124]。针对石油钻机的永磁直驱绞车，基于司钻专家经验和现场反复实验，设计误差隶属度函数，拟定了二十五条控制规则，实现对钻压的模糊控制 [125]。针对实际油缸直驱式微钻系统，构建了钻压环、速度环、流量环的串级控制系统，并设计了模糊控制器进行恒钻压控制。由于模糊控制器的设计需要大量专家经验，而司钻工人的手动控制策略是经过长期的学习与经验累积形成的一种知识与技术相结合的产物，在稳定地层往往会有较好的效果，但是在进行深部复杂地层钻进时，这些经验往往有所不足，经验匮乏导致控制效果不佳。

当钻遇地层变化时，预先设定的模糊规则与当前地层的实际操作精度不匹配，可能导致控制性能降低。针对此问题，运用自适应模糊控制方法和技术，通过自学习实时修正控制器参数，实现了不同地层条件下送钻电机转速的自适应控制 [126]。然而，由于钻柱系统具有大惯量的特性，在地层参数或期望钻压发生较大变化时，需要一定时间才能达到稳定状态。另外，为了改进模糊控制器设计过于依赖专家经验的问题，有学者采用 PSO 算法整定控制器参数的模糊规则 [127]，在一定程度上降低了对大量现场专家经验的依赖。

由于模糊控制的规则源于与实际操作经验相关的先验知识，而在复杂地层钻进过程中总结出来的操作经验知识有限，当采用模糊控制方法进行钻压控制时，往往控制精度不高，但相较于 PID 控制更加稳定。

2. 黏滑振动抑制

在复杂地质钻进过程中，钻柱系统面临着复杂多变的地质环境，且在井底钻头-岩石作用、钻柱-井壁摩擦、钻井液阻尼等的影响下，钻柱会产生严重的扭转黏滑振动现象。该振动包括黏滞和滑脱两个阶段：在黏滞阶段，井底钻头停止转动，而钻柱顶部在电机的驱动下仍持续运动，钻柱中扭转势能不断积累，当积蓄能量足以破坏岩层时，钻头开始滑脱；在滑脱阶段，钻柱积蓄的能量快速释放，使得钻头速度快速增加，甚至达到顶部钻柱速度的两倍及以上，随着能量释放完毕，钻头重新进入黏滞阶段。这两个阶段交替出现，构成了极限环形式的周期运动。这种剧烈的扭转黏滑振动会加速钻具的老化和失效、降低钻进效率、增大钻进成本，甚至损毁钻柱，严重威胁钻进过程安全。

为了减弱或者彻底消除钻柱系统的黏滑振动，大量振动抑制方法相继被提出。根据是否引入主动控制器，现有振动抑制方法可分为被动抑制控制方法与主动抑制控制方法两种。被动抑制控制方法是借助硬件设备进行减振，过去几十年已得到广泛应用，主要包括底部钻具组合的优化设计 [128]、钻头的优选与设计及应用井下工具 [129,130]。然而，被动抑制控制方法存在较多不足，如底部钻具组合优化设计需要耗费大量钻进成本和时间、井下工具增加钻柱系统复杂度等，限制了其工程应用范围。

受限于钻进工艺，现有主动抑制控制方法主要通过调节钻压或者转速来消除钻柱黏滑振动；相比被动抑制控制方法，主动抑制控制方法不需要增加额外钻进成本和钻柱系统复杂度，调节钻进操作参数的方式更为灵活、便利，能更好地满足实际钻进过程的工程需求。国内外学者主要围绕以下几个方面展开主动抑制控制研究。

1) 基于转速的主动抑制控制

早在 20 世纪 80 年代，Halsey 等 [131] 就提出了主动抑制控制方法来抑制黏滑振动，通过控制旋转速度和扭矩使得钻柱进行更为平滑的运动，其中扭矩反馈控制器通过减小转盘处的扭转能量反射系数来改善黏滑振动的持续激励。在此基础上，发展了广泛应用于工业实践中的主动阻尼控制系统，通过控制驱动电流和电压达到被动阻尼减振器的效果，使得闭环系统中的整体阻尼最大化 [132]。

(1) 改进 PID 控制器。基于钻柱系统模型，设计 PID 控制器来调节顶部转盘转速，以此控制井底钻头转速，进而抑制钻柱黏滑振动 [133]；由于 PID 控制器设计简单方便，所以该类方法在主动抑制控制研究中受到广泛关注。然而，受地质环境复杂多变、钻头-岩石作用机理复杂等不确定性因素的影响，传统 PID 控制器难以在工程应用中获得满意效果。

针对 PID 控制器的控制性能缺陷，通过改进钻柱系统模型和控制器结构设计，学者研究了改进 PID 控制器，实现了更有效的钻柱黏滑振动抑制。基于空间分布式钻杆模型，学者提出一种“扭转反射”方法，通过引入补偿驱动力矩校正钻柱的上行扭转波，进而监测钻柱与转盘之间的接触力矩，在此基础上设计 PI 控制器来消除黏滑振动 [134]。另外，通过整合 PID 控制器和其他控制方法，来提高控制器的稳定性和跟踪性能。Shi 等 [135] 提出了一种基于自适应 PID 控制器的控制方法来抑制黏滑振动，包括两部分：用于补偿非线性黏滑振动的线性输入控制器和用于提高系统性能的自适应 PID 控制器。Abdulgalil 等 [136] 提出了基于滑模面的 PID 控制器，同时结合输入状态控制器，以获得能够处理具有非线性、不确定性的系统的控制器。

(2) 先进控制方法。由于复杂地质钻进过程存在强不确定性、强非线性、强变量耦合性等复杂特性，传统 PID 控制器难以有效应用于工程实践；为了改善控制器的控制性能，自适应控制、滑模控制、鲁棒控制等先进控制方法被应用于钻柱黏滑振动抑制。

考虑井底钻头-岩石作用不确定性的影响，有学者将其视为控制器的不确定外部干扰，结合自适应控制方法和反步法设计一种输出反馈控制器，进行钻柱黏滑振动抑制 [137]。该方法有效降低了钻头-岩石作用对钻柱振动扰动的影响，具有良好的鲁棒性能。Yigit 等 [138] 设计了基于扭转动力学的状态反馈控制器，结合线性二次型调节器得到顶部驱动电机的最优控制电压。

考虑钻柱系统为欠驱动系统，有学者试图仅通过调节井上扭矩来控制整个系统的转速，并设计滑模控制器来抑制钻柱黏滑振动 [139]。该方法在钻柱系统物理特性不确定的情况下，可保证钻柱系统的固定转速，同时有效抑制黏滑振动。基于滑模控制思想，Navarro-Lopez 等 [140] 基于钻柱四自由度扭转模型提出了黏滑振动抑制方法，结果表明其控制效果明显优于 PID 控制器，更适用于实际工程应用。

结合鲁棒控制方法与思想，Vromen 等 [141] 基于有限元方法建立了高阶钻柱扭转振动模型，并分别设计了鲁棒输出反馈控制器与基于非线性观测器的状态反馈控制器。该方法假设只有顶部测量可行，且考虑了钻柱黏滑振动的高阶模态。数值仿真结果表明，所设计的控制器不仅优于现有工业控制器，而且对于不同的参考转速、钻头-岩石作用模型等均具有很好的鲁棒性，能够更好地适应实际钻进过程的复杂变化。此外，基于底部扰动的先验知识，包括钻柱黏滑振动的大致频率与幅值等，Serrarens 等 [142] 应用 H_∞ 控制策略来抑制黏滑振动，并且通过选择适当的动态加权函数使得闭环控制系统对于底部扰动的不确定性具有较好的鲁棒性。

除此以外，通过将外部扰动等价到控制输入，Lu 等 [143] 提出了一种基于等价输入干扰 (equivalent input disturbance, EID) 方法的钻柱黏滑振动抑制方法，针对外界干扰，如钻头-岩石作用，进行等价主动补偿处理，实验结果表明，该方法具有良好的扰动抑制能力，能够有效抑制黏滑振动。在此基础上，针对钻进过程中时变时延、钻头-岩石作用不确定的问题，Lu 等设计了一种时滞依赖主动抑制方法，提供了一套有效的解决方案。

2) 基于钻压的主动抑制控制

不同于基于转速的主动抑制控制，Omojuwa 等 [144] 研究基于钻压的主动抑制控制，仿真结果表明，通过主动调节钻压可有效抑制黏滑振动；Canudas-de-Wit 等 [145,146] 针对钻柱黏滑振动问题，提出了使用钻压作为额外的控制变量来消除黏滑极限环，并以“振动杀手”来命名所提出的自适应控制率，仿真结果表明，该控制方法可以使得闭环系统渐近稳定，能够有效消除黏滑振动，且不需要重新设计转盘速度控制器。Monteiro 等 [147] 以基于 PI 控制器的转速控制为基础，设计钻压的动态整定方案，从而试图扩大系统的稳定域。

除了上述介绍的主动抑制控制策略，一些先进的控制方法相继被提出，如反步法 [148]、动态规划法 [149] 等，用于消除钻柱黏滑振动。

3. 钻进轨迹控制

钻进轨迹控制以实现设计钻进轨迹的高精度跟踪及纠偏控制为目的，保证整个钻进过程按照设计轨迹进动，是定向钻进面临的关键问题。由于钻进过程存在复杂多变的地质环境、井下工况，钻进过程轨迹跟踪控制面临时滞、扰动、耦合等复杂问题，是一个多目标、多扰动的复杂动态控制过程 [150]。

实现高精度的钻进轨迹控制，首先，需要弄清楚钻具在井下的运动机制，建立钻具运动模型；然后，在钻具运动模型的基础上进行钻具姿态控制，实现对井底钻头方位的控制；最后，将钻具姿态控制参数转换为钻进轨迹设计姿态参数，通过控制姿态参数实现对钻进轨迹的纠偏操作。

钻进轨迹具有井深、井斜角和方位角三大要素，依据三大要素实现对钻进轨迹点的空间坐标描述。钻进轨迹控制通过控制钻具按照设计轨迹的方位钻进，确保钻进轨迹在可控范围内。现有钻进轨迹控制方法主要围绕以下几个方面展开研究。

1) 钻进轨迹几何处理

在研究初期，大多数轨迹控制方法偏向于采用几何处理手段，获得钻进轨迹的方位控制参数。传统方法基于最小曲率法计算设计轨迹，通过几何处理得到一系列轨迹参数方程，然后采用数学解析方法直接计算获得任意轨迹点的空间坐标、瞬时工具面向角、井斜角变化率和方位角变化率等参数，进而控制钻进轨迹按照设定参数行进 [151]。该方法不仅可用于计算钻进轨迹，还可为轨迹设计、轨迹预测和轨迹控制的结果优化提供新的思路。

定向钻进中的钻进轨迹与设计控制目标之间往往存在误差，误差的定量分析对轨迹调整与精度控制至关重要。依据定向钻进矢量控制原理 [152]，分析造斜工具的矢量与设计轨迹的矢量之间的误差，根据实际钻进轨迹参数得出一种误差定量化分析、产生误差综合作用方向角度和强度的简便计算方法 [153]。该方法在地质勘探、浅层定向钻进中应用效果良好，能快速准确调整随钻测量的定向钻进轨迹。

上述钻进轨迹控制方法基于几何处理获得工具面向角等轨迹方位控制参数，结合误差矢量分析方法来讨论方位控制参数对轨迹变化的影响，确定相关轨迹参数，实现实际钻进轨迹的有效控制和快速调整。但是这些方法的应用限定了相关前提条件，直接应用于复杂地质钻进过程具有较大的局限性。

2) 钻进轨迹预测控制

通过预测钻进轨迹的未来趋势，可提高轨迹跟踪控制的精度与性能。早期研究基于传统几何模型，通过数学变换对轨迹趋势进行预测，进而实现轨迹控制 [154]。齐瑞忱 [155] 运用球面三角理论建立了钻孔轨迹空间位置预测方法，即根据已施工孔段的偏斜趋势来预测后继施工孔段的空间位置，为确定后继施工孔段的施工是否需要采取相应的控制措施提供了重要依据。在后续的方法改进中，运用拉格兰图解原理建立轨迹预测方法，该类方法在滑动导向系统中使用比较普遍。

进一步考虑地层变化影响，结合地层参数、钻具组合参数和钻进工艺参数等相关钻进信息，建立数学模型对钻进轨迹进行预测控制。张幼振 [156] 采用 D-S 证据理论对瓦斯抽采钻孔施工中上述钻进信息进行融合，并应用于实际现场进行钻进轨迹的推理、预测，解决了定向长钻孔轨迹预测问题。考虑软硬交接地层的影响，采用有限元分析方法获得钻头在钻进该地层时的横向偏移与纵向偏移随钻进深度的变化趋势，实现了对钻进轨迹修正的指导 [157]。

此外，有学者依靠底部钻具组合 (bottom hole assembly, BHA) 进行钻进轨迹预测控制 [158]，但成本相对较高。基于钻头-岩石作用机理，Rafie 等 [159] 建立了底部钻具组合的有限元模型，用于轨迹预测控制，但该模型需假设钻进轨迹分步完成，且每一步的力和动量均要求为常量，导致工程应用受限。为了降低钻进成本，Dogay 等 [160] 通过分析没有安装稳定器的滑动钻具组件和单个稳定器钻具组件，找到了一种更简洁、经济的定向井钻进轨迹控制方法，运用偏移井数据预测类似钻进条件下新钻孔的轨迹变化趋势。

上述研究的思想集中在通过构建底部钻具组合动力学模型预测钻进轨迹的变化趋势，实现轨迹控制。然而，由于复杂地质钻进过程中钻具组合形式不尽相同，且地层不确定性、工况多变等问题突出，这些方法普适性不强，难以取得良好效果。

3) 钻进轨迹智能控制

为了提高系统控制的性能，有学者引入了智能控制算法。Sun 等 [161] 提出了一种自适应控制器，用于在不确定性和干扰的情况下根据操作者的命令驱动系统的输出 (即钻孔传播角度) 来改善闭环系统响应。同时，在转向力、输入延迟、测量噪声和测量延迟出现变化的情况下，Sun 等 [162] 将该自适应控制器应用在定向钻进系统中，有效降低了这些不确定因素对正常钻进过程的不利影响。由此可知，自适应控制器的出现改善了轨迹跟踪控制系统的稳定性。

基于旋转导向系统，Song 等 [163] 提出了一种基于工具面向角定位跟踪的控制器设计方法，仿真结果表明，控制器在各种运行条件下具有一定的有效性，但目前该方法在实际控制系统中的效果未知。Xue 等 [164] 考虑到旋转导向钻进轨迹控制的复杂性和井下环境的不确定性，引入了趋势角的概念，结合偏差矢量作为联合控制变量，采用模糊控制算法建立旋转导向钻进轨迹模糊控制模型。这种采用智能控制技术的轨迹控制方法不依赖物理模型，应用条件有所放宽，但目前还停留在数值仿真层面，尚未应用于实际钻进过程。

在直井钻进过程中，当实际钻进轨迹偏离井口垂直向下的铅垂线时，需要进行轨迹纠偏控制。Liu 等 [165] 使用最小精准能量标准，设计了一种新的轨迹控制模型，实现直井轨迹控制。在定向井钻进过程中，为最大限度地减小井身弯曲度，避免与其他邻井碰撞，需要提高轨迹跟踪控制力度。Panchal 等 [166] 基于最小能量的思想，在定向钻进广义姿态控制的基础上，开发了一种几何 Hermite 空间曲线的路径跟踪算法，作为从瞬时工具位置到井平面生成校正路径的手段。但是仅对轨迹跟踪提出新方法，缺乏考虑井下钻进几何对轨迹控制的约束。

针对参数不确定、建模不准确等情况，智能控制方法不用考虑具体参数，也能很好地解决井下扰动的问题，是一种比较好用的控制方法，但智能控制方法的缺点在于必须建立严格的闭环控制回路。然而，目前多数钻进系统仍处于半闭环控制或人在环控制的阶段，该类方法在实际应用方面还需进一步完善。

综合上述分析，上述轨迹控制方法都是直接与规划轨迹、实测轨迹和轨迹优化相关的轨迹控制方法，无法反映钻具运动、轨迹变化、钻头与地层接触以及钻具调整与轨迹之间关系等情况。需要理清地质钻进过程中钻具模型、钻头-岩石作用、钻具运动与轨迹之间的几何关系，才能建立更全面、更准确的地质钻进轨迹模型，以及更具针对性的轨迹控制方法。

1.2.4 钻进过程状态监测

地质钻进过程状态监测是地质钻进过程智能控制的重要组成部分。钻进过程状态监测技术能够对钻进参数、地层特性、孔内参数等海量现场数据进行可信性判断和信息融合，通过对钻进状态的动态变化进行建模、预测和评估，可获得实时的钻进工况信息。其主要包括钻进工况识别、钻进过程故障诊断与预警两部分。

1. 钻进工况识别

安全生产与系统性能优化重要性的提升，对钻进系统的可靠性、安全性提出了更高的要求。准确识别钻进工况不但可以提高设备安全性，而且可以为系统运行优化提供依据。运行品质的改进一方面取决于更先进的控制策略，另一方面取决于被控对象状态信息与系统实时工况的准确获取。因此，发展状态监测与工况识别技术可以提高钻进过程的效率，节约钻进成本 [167]。

近年来，随着信息化、智能化技术在钻探领域的快速应用，钻进过程数据质量和利用率得到了极大提升，基于机器学习与统计分析的状态监测技术越发受到地质钻探行业重视。Payette 等 [168] 建立了一个钻进过程运行工况监督和优化平台，可实时获取钻进工况、评价运行性能，并为司钻工人提供操作参数调整建议。在钻进时效分析过程中，针对常见运行工况的识别问题，通过分析工况切换过程中参数变化趋势，建立基于专家经验与特征提取的工况识别专家系统，在工程现场取得了良好的应用效果 [169]。为了克服人为主观因素的影响，实现对钻进工况实时准确的自动判别，有学者采用以 SVM 为代表的小样本分类器，建立工况识别模型。在井场的工况识别与失效分析表明，钻进过程中应用工况识别结果，缩短了不可见非生产时间 [170]。同时，以 SVM 为代表的数据驱动方法，实现了钻进工况的实时智能识别，提高了钻进时效，符合井场数字化和智能化发展的要求 [171]。

复杂地质钻进过程中地层结构不确定、压力体系复杂、岩石类型多变，形成了具有高低温、高地应力、高陡构造及钻进扰动的复杂地质力学环境，这些特性导致过程运行工况不稳定与频繁切换，容易诱发事故。钻进设备通常以非平稳、变工况方式运行，在不同工况下都可能存在异常情况。同时，钻进过程数据多源异构、价值密度低，难以被充分利用。因此，有必要结合专家经验与数据驱动方法，融合实时测井、录井等多源数据，研究建立智能钻进工况识别模型，为解决钻进过程中多变量作用、多工况切换的运行状态监测问题提供解决方案。

2. 钻进过程故障诊断与预警

目前，石油天然气领域获得公认的钻进过程故障诊断与预警系统有斯伦贝谢公司的 NDS、挪威科技工业研究所的 eDrilling 和 Verdande Technology 公司的 DrillEdge，已在国内外油气田进行了大量工程应用。NDS、eDrilling 系统依赖精确的地质模型和孔隙压力预测技术来进行钻进过程事故预警，且需与先进的随钻测量系统配合使用，以实时获取随钻数据来更新地质模型。然而，在地质钻探领域，受小口径限制，随钻测量系统研制起步较晚，测量参数少、传输速度慢，尚无法满足实际工程应用需求。另外，DrillEdge 系统采用案例推理技术，通过实时监控和定量分析钻进参数，检索相关案例库并计算当前案例与历史案例的相似度，及时利用相似案例信息进行事故预警，并提供操作指导。但是，由于地质钻探领域邻井资料、事故案例通常较为稀缺，案例推理技术的有效性还有待考证。

在地质钻进过程中，地质环境的复杂性和不确定性使得难以有效采集过程运行数据，进而造成状态信息的缺失，增大故障发生概率。同时，钻机、钻杆、钻头等钻进设备的磨损和自然老化也会诱发故障。若不能及时对故障进行预警和诊断，并采取适当的处理措施来消除故障的影响，轻则中断钻进过程、拖慢工程进度，重则导致钻孔报废，甚至引发人身安全事故。因此，国内外学者主要围绕实时钻进参数分析和钻进设备寿命预测两个方面展开钻进过程故障诊断与预警研究。

在早期研究中，国内外学者通过分析钻进过程的水力学、热力学或钻杆动力学特性，建立相应的机理模型；然后通过模型参数或状态的估计进行实时钻进参数变化的检测与分析，从而实现故障诊断与预警。Willersrud 等 [172,173] 通过建立钻进过程水力学模型，设计自适应状态观测器对故障相关钻进参数进行估计，并引入多变量 t 分布和统计变化检测进行钻进过程的故障检测与诊断。考虑到观测器设计复杂，利用解析冗余关系进行残差生成，为检测与隔离过程故障和执行器、传感器故障提供了可能，针对仅有井上测量以及同时存在井上测量和井下测量两种情况，基于 1400m 中型水平环流测试装置对所提方法进行了验证 [174]。

在此基础上，考虑孔内温度对钻进事故检测的影响，通过建立瞬时压力温度耦合模型，利用无迹卡尔曼滤波器估计压力系数和流量系数，并基于广义似然比检验检测各系数变化，实现早期事故检测 [175]。Zhao 等 [176] 通过建立动态水力学模型估计了钻进参数在故障发生时的变化趋势，从中提取了标准故障模式，然后利用分段逼近的自适应模式识别算法对实时钻进数据进行监测，采用综合概率分析进行故障检测。然而，上述机理模型方法受限于水力学模型的精确性，模型建立时的假设条件，如钻井液密度、地层参数恒定等，限制了其工程适用范围。另外，复杂地质钻进过程存在更复杂的流-固-热耦合反应和地层环境不确定性，导致难以建立精确的机理模型，工程应用效果降低。

随着计算机控制和信息技术的发展、大数据时代的到来，工业过程数据得到了有效收集、存储和分析。通过建立海量过程数据与实际工业过程之间的密切联系，数据驱动方法在工业过程安全领域显现出巨大的潜力与优势。区别于机理模型方法，数据驱动方法不需要利用专家知识进行复杂的过程机理分析，仅需要分析历史过程数据直接建立状态检测模型，实现故障诊断与预警。在钻进过程应用方面，国外理论方法和技术相对成熟，例如，Stavanger 国际研究所和 Apache 公司综合井上录井参数、钻井水力学模型和相关文本信息，基于贝叶斯网络 (BayesNet)对钻杆刺漏、泥浆泵失效等事故进行检测与预警，已应用在逾 100 个北美陆上钻井工程项目，应用效果验证了数据驱动方法的有效性和适用性，提高了故障检测准确率。

为了检测、识别不同类型的钻进过程故障，分类器方法和技术得到了广泛应用。考虑到单个分类器分类精度和鲁棒性的局限性，结合多种分类器设计集成分类器，有效提高了不同类型故障的识别率，并在不同井深下具有更强的泛化能力 [177]。Geng 等 [178] 基于集成学习方法，利用 3D 地震数据分别训练多个分类器，根据多数表决机制进行故障预测，在钻前为工程师提供了相应指导。基于集成学习方法的思想，考虑多个钻进参数、参数变化区间的不同影响，廖明燕 [179]

将多个钻进参数分为参数子空间，建立子神经网络，并基于证据理论进行了多证据体融合，以此降低网络复杂度并提高故障检测准确性。

上述方法忽视了钻进过程诸多不确定性、不同钻进工况的影响，在一定程度上降低了钻进过程故障诊断与预警的准确率，在实际工程应用上受到限制。针对钻进过程的模糊性和随机性，有学者设计了利用专家经验确定钻进参数的模糊隶属度函数，设计模糊多层风险评估系统进行井漏风险预测与评估，提高了故障检测准确率 [180]。考虑正常工况切换的影响，Li 等 [181] 基于钻进参数信号幅值变化检测提取了变化趋势特征，通过分析序列的相似性，识别工况正常切换与故障发生导致的信号变化。在此基础上，考虑到早期故障时钻进参数变化难以识别，而数据分布可能存在更为显著的偏差，通过估计正常钻进状态下实时数据分布与历史数据分布之间的距离，设计适应钻进深度变化的报警阈值来实现钻进过程早期故障检测，实现故障诊断 [182]。

因此，数据驱动方法能有效提高钻进过程故障诊断与预警的准确率，且鲁棒性更强，在实际钻进过程中得到了广泛应用。但是，该方法容易受数据质量、故障数据稀少等因素的影响，对工程数据的需求和要求较高；同时，钻进过程中工况复杂性、地质环境不确定性也对该方法的适用性带来了挑战。

1.3 本书主要内容

本书以复杂地质钻进过程为研究对象，从建模、控制和优化等方面对复杂地质钻进过程进行深入研究。

第 1 章，绪论。主要说明复杂地质钻进过程智能控制的研究背景与意义，分析现有研究存在的不足，指出亟须解决的难点问题。后续章节安排如下：

第 2 章，地质环境建模。首先分析描述地质环境的特征参数，包括地层可钻性、地层三压力、地层岩性等；然后分别针对钻进点和钻进轨迹周围区域，开展钻进点地层可钻性和可钻性场建模研究，同时通过岩性识别和地层三压力预测实现井壁稳定性判别；最后应用实际钻进数据对方法效果进行分析和总结。

第 3 章，钻进轨迹优化设计。首先分析钻进轨迹的几何特性，包括井身轮廓能量和参数不确定性，针对几何特性进行钻进轨迹优化设计；然后考虑井壁稳定性等地层特性，实现基于最高井壁稳定性的钻进轨迹优化设计；最后分析设计轨迹在实际钻进过程中的应用情况。

第 4 章，钻压控制和钻柱黏滑振动抑制。针对影响钻进安全的控制问题开展研究，包括钻压偏差控制、钻柱黏滑振动抑制控制。首先对各控制问题的特点和控制目标进行分析，建立相关模型；然后考虑不同特性，设计控制方法；最后分析实际应用过程中的控制效果。

第 5 章，钻进轨迹控制。主要开展定向钻进轨迹控制和垂钻轨迹纠偏控制研究，针对定向钻井，研究井底钻具姿态控制方法，分别提出基于观测器和基于鲁棒控制器的轨迹跟踪控制策略；针对垂钻轨迹纠偏过程，建立垂钻轨迹延伸模型，根据工艺需求提出两种垂钻轨迹纠偏控制方法，最后应用实际数据对所提方法进行验证。

第 6 章，钻进过程智能优化。首先针对钻柱系统和钻井液系统，分别建立钻速和泥浆体积两个关键钻进状态参数的预测模型；然后实现钻柱系统钻速优化以及钻柱系统和循环系统间的协调优化；最后对实际应用效果进行分析。

第 7 章，钻进过程状态监测。首先考虑钻进过程多工况特性，实现钻进过程智能工况识别以及运行性能评估；然后根据钻进事故特性建立钻进异常预警与故障诊断模型；最后将所提方法应用于实际钻进现场，分析状态监测效果。

第 8 章，钻进过程智能控制系统与实验系统。介绍钻进过程智能控制系统的设计与实现，以及基于工程应用需求的钻进过程智能控制实验系统的搭建。

第 9 章，钻进过程智能控制系统工程应用。针对襄阳市、丹东市、保定市等实际钻探现场，讨论钻进过程智能控制系统的工程应用效果。

参 考 文 献

[1] 楼一珊, 李琪, 龙芝辉, 等. 钻井工程 [M]. 北京: 石油工业出版社, 2013.

[2] 周亲宗, 谭颖, 卢春阳, 等. 传统立轴岩心钻机的智能升级 [J]. 地质装备, 2019, 20(5): 15-16.

[3] 姚克. 煤矿井下智能化钻机及问题探讨 [J]. 探矿工程 (岩土钻掘工程), 2020, 47(10): 48-52, 71.

[4] 于兴军, 景佐军, 智庆杰, 等. 自动化钻机向智能化发展的关键技术分析 [J]. 石油矿场机械, 2020, 49(5): 1-7.

[5] 朱江龙. 地质深孔电动顶驱钻进系统的研究与应用 [D]. 北京: 中国地质大学 (北京), 2015.

[6] 高德利. 复杂井工程力学与设计控制技术 [M]. 北京: 石油工业出版社, 2018.

[7] 范翔宇. 复杂钻井地质环境描述 [M]. 北京: 石油工业出版社, 2012.

[8] 房全堂, 卢世庆. 开窗侧钻技术 [M]. 北京: 石油工业出版社, 1997.

[9] 魏学敬, 赵相泽. 定向钻井技术与作业指南 [M]. 北京: 石油工业出版社, 2012.

[10] 朱恒银. 深部岩心钻探技术与管理 [M]. 北京: 地质出版社, 2014.

[11] 甘超. 复杂地层可钻性场智能建模与钻速优化 [D]. 武汉: 中国地质大学 (武汉), 2019.

[12] Li J, Liu W, Song L. A study of hydrocarbon generation conditions of deep source rocks in Xujiaweizi fault depression of the Songliao basin[J]. Natural Gas Industry, 2006, 26(6): 21-24.

[13] 汪建国, 夏天果, 何思龙, 等. 碳酸盐岩超深水平井分段改造完井井眼准备技术 [J]. 钻采工艺, 2015, 38(5): 96-98.

[14] Li G, Yang M, Meng Y F, et al. The assessment of correlation between rock drillability and mechanical properties in the laboratory and in the field under different pressure conditions[J]. Journal of Natural Gas Science and Engineering, 2016, 30: 405-413.

[15] Gan C, Cao W H, Wu M, et al. An online modeling method for formation drillability based on OS-Nadaboost-ELM algorithm in deep drilling process[J]. IFAC-PapersOnLine, 2017, 50(1): 12886-12891.

[16] 何龙, 朱澄清. 川西地层可钻性级值研究 [J]. 钻采工艺, 2006, 29(3): 98-99.

[17] 王培义, 翟应虎, 王克雄, 等. 分形理论及其在地层可钻性预测中的应用 [J]. 石油钻采工艺, 2005, 27(6): 21-23.

[18] 艾池, 王洪英, 张亚范. 长岭断陷深层气井岩石可钻性计算方法 [J]. 天然气工业, 2008, 28(10): 67-69.

[19] Bappa M, Kalachand S. Vertical lithological proxy using statistical and artificial intelligence approach: A case study from Krishna-Godavari basin, offshore India[J]. Marine Geophysical Research, 2021, 42(3): 1-23.

[20] Gan C, Cao W H, Wu M, et al. Intelligent Nadaboost-ELM modeling method for formation drillability using well logging data[J]. Journal of Advanced Computational Intelligence and Intelligent Informatics, 2016, 20(7): 1103-1111.

[21] 耿智, 樊洪海, 陈勉, 等. 区域三维空间岩石可钻性预测方法研究与应用 [J]. 石油钻探技术, 2014, 42(5): 80-84.

[22] Zhang X, Zhai Y H, Xue C J, et al. A study of the distribution of formation drillability[J]. Petroleum Science and Technology, 2011, 29(2): 149-159.

[23] 杨明合, 翟应虎, 夏宏南. 区域地层可钻性场数值模拟计算方法研究 [J]. 石油地质与工程, 2008, 22(3): 82-84.

[24] Zhu H Y, Deng J G, Xie Y H, et al. Rock mechanics characteristic of complex formation and faster drilling techniques in western south China sea oilfields[J]. Ocean Engineering, 2012, 44(1): 33-45.

[25] 徐德龙, 李涛, 黄宝华, 等. 利用交会图法识别国外 M 油田岩性与流体类型的研究 [J]. 地球物理学进展, 2012, 27(3): 1123-1132.

[26] Li H, Yan W, Wang G, et al. Well logging identification methods for volcanic lithofacies in the north of Songliao basin[J]. Advanced Materials Research, 2013, 734-737: 224-234.

[27] Konate A A, Pan H, Fang S, et al. Capability of self-organizing map neural network in geophysical log data classification: Case study from the CCSD-MH[J]. Journal of Applied Geophysics, 2015, 118: 37-46.

[28] 瞿晓婷, 张蕾, 冯宏伟, 等. 面向复杂储层的非均衡测井数据的岩性识别 [J]. 地球物理学进展, 2016, 31(5): 2128-2132.

[29] Karavul C, Karaman H, Demir A S, et al. Estimation of the presence of coal using ANN method by employing the geophysical log parameters at the Soma basin[J]. Proceedings of the National Academy of Sciences, India Section A: Physical Sciences, 2016, 86(1): 113-123.

[30] Sahoo S, Jha M K. Pattern recognition in lithology classification: Modeling using neural networks, self-organizing maps and genetic algorithms[J]. Hydrogeology Journal, 2017, 25(2): 311-330.

[31] Mou D, Wang Z, Huang Y, et al. Lithological identification of volcanic rocks from SVM well logging data: Case study in the eastern depression of Liaohe basin[J]. Chinese Journal of Geophysics—Chinese Edition, 2015, 58(5): 1785-1793.

[32] Sebtosheikh M A, Motafakkerfard R, Riahi M A, et al. Support vector machine method, a new technique for lithology prediction in an Iranian heterogeneous carbonate reservoir using petrophysical well logs[J]. Carbonates and Evaporites, 2015, 30(1): 59-68.

[33] Al-Anazi A, Gates I D. A support vector machine algorithm to classify lithofacies and model permeability in heterogeneous reservoirs[J]. Engineering Geology, 2010, 114(3-4): 267-277.

[34] Sebtosheikh M A, Salehi A. Lithology prediction by support vector classifiers using inverted seismic attributes data and petrophysical logs as a new approach and investigation of training data set size effect on its performance in a heterogeneous carbonate reservoir[J]. Journal of Petroleum Science and Engineering, 2015, 134: 143-149.

[35] Li Z R, Kang Y, Feng D Y, et al. Semi-supervised learning for lithology identification using Laplacian support vector machine[J]. Journal of Petroleum Science and Engineering, 2020, 195: 107510.

[36] Bosch D, Ledo J, Queralt P. Fuzzy logic determination of lithologies from well log data: Application to the KTB project data set (Germany)[J]. Surveys in Geophysics, 2013, 34(4): 413-439.

[37] Hsieh B Z, Lewis C, Lin Z S. Lithology identification of aquifers from geophysical well logs and fuzzy logic analysis: Shui-Lin area, Taiwan[J]. Computers & Geosciences, 2005, 31(3): 263-275.

[38] Singh U K. Fuzzy inference system for identification of geological stratigraphy off Prydz Bay, east Antarctica[J]. Journal of Applied Geophysics, 2011, 75(4): 687-698.

[39] Yegireddi S, Bhaskar G U. Identification of coal seam strata from geophysical logs of borehole using adaptive neuro-fuzzy inference system[J]. Journal of Applied Geophysics, 2009, 67(1): 9-13.

[40] Yasar E, Erdogan Y. Correlating sound velocity with the density, compressive strength and Young's modulus of carbonate rocks[J]. International Journal of Rock Mechanics and Mining Sciences, 2004, 41(5): 871-875.

[41] Najibi A R, Ghafoori M, Lashkaripour G R, et al. Reservoir geomechanical modeling: In-situ stress, pore pressure, and mud design[J]. Journal of Petroleum Science and Engineering, 2017, 151: 31-39.

[42] Asef M R, Najibi A R. The effect of confining pressure on elastic wave velocities and dynamic to static Young's modulus ratio[J]. Geophysics, 2013, 78(3): 135-142.

[43] Wang Q, Ji S, Sun S, et al. Correlations between compressional and shear wave velocities and corresponding Poisson's ratios for some common rocks and sulfide ores[J]. Tectonophysics, 2009, 469: 61-72.

[44] He M M, Zhang Z Q, Ren J, et al. Deep convolutional neural network for fast determination of the rock strength parameters using drilling data[J]. International Journal of Rock Mechanics and Mining Sciences, 2019, 123: 104084.

[45] Anemangely M, Ramezanzadeh A, Behboud M M. Geomechanical parameter estimation from mechanical specific energy using artificial intelligence[J]. Journal of Petroleum Science and Engineering, 2019, 175: 407-429.

[46] Kainthola A, Singh P K, Verma D, et al. Prediction of strength parameters of himalayan rocks: A statistical and ANFIS approach[J]. Geotechnical and Geological Engineering, 2015, 33(5): 1255-1278.

[47] Singh R, Kainthola A, Singh T N. Estimation of elastic constant of rocks using an ANFIS approach[J]. Applied Soft Computing, 2012, 12: 40-45.

[48] Aladejare A E, Akeju V O, Wang Y. Data-driven characterization of the correlation between uniaxial compressive strength and Youngs' modulus of rock without regression models[J]. Transportation Geotechnics, 2022, 32: 100680.

[49] 刘励慎. 受控定向钻孔设计 [J]. 探矿工程, 1986,(1): 36-40.

[50] Helmy M W, Khalaf F, Darwish T A. Well design using a computer model[J]. SPE Drilling & Completion, 1998, 13(1): 42-46.

[51] Poli S, Donati F, Oppelt J, et al. Advanced tools for advanced wells: Rotary closed-loop drilling system-results of prototype field testing[J]. SPE Drilling & Completion, 1998, 13(2): 67-72.

[52] Wilson G J. An improved method for computing directional surveys[J]. Journal of Petroleum Technology, 1968, 20(8): 871-876.

[53] Zaremba W A. Directional survey by the circular arc method[J]. Society of Petroleum Engineers Journal, 1973, 13(1): 38-54.

[54] 刘修善. 井眼轨道几何学 [M]. 北京: 石油工业出版社, 2006.

[55] 王立波, 鲁港. 三维定向井轨道设计新方法——恒装置角法 [J]. 石油钻采工艺, 2009, 31(1): 18-21.

[56] 刘修善. 三维悬链线轨道的设计方法 [J]. 石油钻采工艺, 2010, 32(6): 7-10.

[57] 张焱, 李骥, 刘坤芳, 等. 定向井井眼轨迹最优化设计方法研究 [J]. 天然气工业, 2000, 20(1): 57-60.

[58] 刘绘新, 孟英峰. 定向井最优井身轨迹研究 [J]. 天然气工业, 2004, 24(2): 64-67.

[59] 鲁港, 佟长海, 邢玉德. 基于约束优化方法的三维多靶井眼轨迹设计模型 [J]. 石油学报, 2005,(6): 93-95.

[60] Shokir E M, Emera M K, Wally A W. A new optimization model for 3D well design[J]. Oil & Gas Science and Technology, 2004, 59(3): 255-266.

[61] 王志月, 高德利, 秦星. 从式井侧钻绕障水平井优化设计方法 [J]. 西安石油大学学报 (自然科学版), 2017, 32(4): 55-60.

[62] Storn R, Price K. Differential evolution—A simple and efficient heuristic for global optimization over continuous spaces[J]. Journal of Global Optimization, 1997, 11(4): 341-359.

[63] Kennedy J, Eberhart R. Particle swarm optimization[C]. Proceedings of IEEE International Conference on Neural Networks, Perth, 1995: 1942-1948.

[64] Karaboga D, Basturk B. A powerful and efficient algorithm for numerical function optimization: Artificial bee colony (ABC) algorithm[J]. Journal of Global Optimization, 2007, 39(3): 459-471.

[65] Hosseini S, Ghanbarzadeh A, Hashemi A. Optimization of dogleg severity in directional drilling oil wells using particle swarm algorithm[J]. Journal of Chemical and Petroleum Engineering, 2014, 48(2): 139-151.

[66] 沙林秀, 潘仲奇. 基于 NPSO 的三维复杂井眼轨迹控制转矩的优选 [J]. 石油机械, 2017, 45(10): 5-10.

[67] Atashnezhad A, Wood D A, Fereidounpour A, et al. Designing and optimizing deviated wellbore trajectories using novel particle swarm algorithms[J]. Journal of Natural Gas Science and Engineering, 2014, 21: 1184-1204.

[68] Sha L X, Pan Z Q. FSQGA based 3D complexity wellbore trajectory optimization[J]. Oil & Gas Science and Technology, 2018, 73(79): 1-8.

[69] Koopmans T C. Activity Analysis of Production and Allocation[M]. New York: Wiley, 1951.

[70] Guo Y Z, Feng E M. Nonlinear dynamical systems of trajectory design for 3D horizontal well and their optimal controls[J]. Journal of Computational and Applied Mathematics, 2008, 212(2): 179-186.

[71] Gong Z H, Liu C Y. Optimization for multiobjective optimal control problem and its application in 3D horizontal wells[C]. Proceedings of 6th IEEE World Congress on Intelligent Control and Automation, Dalian, 2006: 1110-1113.

[72] Gong Z H, Liu C Y, Feng E M. Optimal control and properties of nonlinear multistage dynamical system for planning horizontal well paths[J]. Applied Mathematical Modelling, 2009, 33(7): 2992-3001.

[73] Li A, Feng E M, Gong Z H. An optimal control model and algorithm for the deviated well's trajectory planning[J]. Applied Mathematical Modelling, 2009, 33(7): 3068-3075.

[74] Fonseca C M, Fleming P J. Genetic algorithms for multiobjectvie optimization: Formulation, discussion and generalization[C]. Proceedings of International Conference on Genetic Algorithms, Urbana-Champaign, 1993: 416-423.

[75] Horn J, Nafpliotis N, Goldberg D E. A niched Pareto genetic algorithm for multiobjective optimization[C]. Proceedings of IEEE Conference on Evolutionary Computation, Orlando, 1994: 82-87.

[76] Srinivas N, Deb K. Multiobjective optimization using nondominated sorting in genetic algorithms[J]. Evolutionary Computation, 1994, 2(3): 221-248.

[77] Deb K, Pratap A, Agarwal S, et al. A fast and elitist multiobjective genetic algorithm: NSGA-II[J]. IEEE Transactions on Evolutionary Computation, 2002, 6(2): 182-197.

[78] Mifa K, Tomoyuki H, Mitsunori M, et al. SPEA2+: Improving the performance of the strength pareto evolutionary algorithm 2[C]. Proceedings of International Conference on Parallel Problem Solving from Nature, Birmingham, 2004: 742-751.

[79] Zhang Q, Li H. MOEA/D: A multiobjective evolutionary algorithm based on decomposition[J]. IEEE Transactions on Evolutionary Computation, 2007, 11(6): 712-731.

[80] Woldesenbe Y G, Yen G G, Tessema B G. Constraint handling in multiobjective evolutionary optimization[J]. IEEE Transactions on Evolutionary Computation, 2009, 13(3): 514-525.

[81] Takahama T, Sakai S. Constrained optimization by the ε constrained differential evolution with gradient-based mutation and feasible elites[C]. Proceedings of IEEE International Conference on Evolutionary Computation, Vancouver, 2006: 1-8.

[82] Qu B Y, Suganthan P N. Constrained multi-objective optimization algorithm with an ensemble of constraint handling methods[J]. Engineering Optimization, 2011, 43(4): 403-416.

[83] Wang Z Y, Gao D L. Multi-objective optimization design and control of deviation-correction trajectory with undetermined target[J]. Journal of Natural Gas Science and Engineering, 2016, 33: 305-314.

[84] Hegde C, Daigle H, Gray K, et al. Analysis of rate of penetration (ROP) prediction in drilling using physice-based and data-driven models[J]. Journal of Petroleum Science and Engineering, 2017, 159: 295-306.

[85] Barbosa L F F M, Nascimento A, Mathias M H, et al. Machine learning methods applied to drilling rate of penetration prediction and optimization—A review[J]. Journal of Petroleum Science and Engineering, 2019, 183: 106332.

[86] 李玮, 李亚楠, 陈世春, 等. 井底牙轮钻头的钻速方程及现场应用 [J]. 中国石油大学学报 (自然科学版), 2013, 37(3): 74-77.

[87] 皱德永, 王家骏, 卢明, 等. 定向钻井 PDC 钻头三维钻速预测方法 [J]. 中国石油大学学报 (自然科学版), 2015, 39(5): 82-85.

[88] 刘军波, 韦红术, 赵景芳, 等. 考虑钻头转速影响的新三维钻速方程 [J]. 石油钻探技术, 2015, 43(1): 52-57.

[89] Nascimento A, Kutas D T, Elmgerbi A, et al. Mathematical modeling applied to drilling engineering: An application of Bourgoyne and Young ROP model to a presalt case study[J]. Mathematical Problems in Engineering, 2015, 2015(20): 631290.

[90] Soares C, Daigle H, Gray K. Evaluation of PDC bit ROP models and the effect of rock strength on model coefficients[J]. Journal of Natural Gas Science and Engineering, 2016, 34: 1225-1236.

[91] Abduljabbar A, Abdelgawad K, Mahmoud M, et al. A robust rate of penetration model for carbonate formation[J]. Journal of Energy Resources Technology, 2019, 141: 42-50.

[92] 张华, 李皋, 郭富凤, 等. 修正 B-Y 机械钻速预测模型在气体钻井中的应用 [J]. 重庆科技学院学报 (自然科学版), 2010, 12(6): 52-54.

[93] Mohammadian A, Molaghab A, Anemangely M, et al. Drilling rate prediction from petrophysical logs and mud logging data using an optimized multilayer perceptron neural network[J]. Journal of Geophysics and Engineering, 2018, 15(4): 1146-1159.

[94] Ahmed A A, Ariffin S, Omogbolahan S A. Computational intelligence based prediction of drilling rate of penetration: A comparative study[J]. Journal of Petroleum Science and Engineering, 2019, 172: 1-12.

[95] Ramezanzadeh A, Esmaeil S M, Bezminabadi S N, et al. Effect of rock properties on ROP modeling using statistical and intelligent methods: A case study of an oil well in southwest of Iran[J]. Archives of Mining Sciences, 2017, 62(1): 131-144.

[96] Karpuz C, Basarir H, Tutluoglu L. Penetration rate prediction for diamond bit drilling by adaptive neuro-fuzzy inference system and multiple regressions[J]. Engineering Geology, 2014, 173: 1-9.

[97] Kahraman S. Estimating the penetration rate in diamond drilling in laboratory works using the regression and artificial neural network analysis[J]. Neural Processing Letters, 2016, 43(2): 523-535.

[98] Hegde C, Gray K. Evaluation of coupled machine learning models for drilling optimization[J]. Journal of Natural Gas Science and Engineering, 2018, 56: 397-407.

[99] Gan C, Cao W H, Wu M, et al. A new hybrid bat algorithm and its application to the ROP optimization in drilling process[J]. IEEE Transactions on Industrial Informatics, 2019, 16(12): 7338-7348.

[100] Rahman A M, Irawan S, Tunio S Q. Optimization of weight on bit during drilling operation based on rate of penetration model[J]. Research Journal of Applied Sciences, Engineering and Technology, 2012, 4(12): 1690-1695.

[101] Bertsimas D, Litvinov E, Sun X A, et al. Adaptive robust optimization for the security constrained unit commitment problem[J]. IEEE Transactions on Power Systems, 2013, 28(1): 52-63.

[102] Soize C, Sampaio R, Ritto T G. Robust optimization of the rate of penetration of a drill-string using a stochastic nonlinear dynamical model[J]. Computational Mechanics, 2010, 45(5): 415-427.

[103] Mahmoud M A, Elkatatny S M, Tariq Z. Optimization of rate of penetration using artificial intelligent techniques[J]. American Rock Mechanics Association, 2017, 28: 40-68.

[104] Arabjamaloei R, Shadizadeh S. Modeling and optimizing rate of penetration using intelligent systems in an Iranian southern oil field (Ahwaz oil field)[J]. Petroleum Science and Technology, 2011, 29(16): 1637-1648.

[105] Kumar A, Yi P, Samuel R. Realtime rate of penetration optimization using the shuffled frog leaping algorithm[J]. Journal of Energy Resources Technology, 2015, 23: 137-160.

[106] Jiang W, Samuel R. Optimization of rate of penetration in a convoluted drilling framework using ant colony optimization[C]. Proceedings of IADC/SPE Drilling Conference and Exhibition, Fort Worth, 2016: 1-14.

[107] Moraveji M K, Naderi M. Drilling rate of penetration prediction and optimization using response surface methodology and bat algorithm[J]. Journal of Natural Gas Science and Engineering, 2016, 137(3): 032902.

[108] Duan J, Zhao J, Li X, et al. A ROP prediction approach based on improved BP neural network[C]. Proceedings of International Conference on Cloud Computing and Intelligence Systems, Shenzhen, 2015: 668-671.

[109] Rooki R, Ardejani F D, Moradzadeh A. Hole cleaning prediction in foam drilling using artificial neural network and multiple linear regression[J]. Geomaterials, 2014, 4: 47-53.

[110] Rooki R, Rakhshkhorshid M. Cuttings transport modeling in underbalanced oil drilling operation using radial basis neural network[J]. Egyptian Journal of Petroleum, 2017, 26(2): 541-546.

[111] Agwu O E, Akpabio J U, Dosunmu A. Modeling the downhole density of drilling muds using multigene genetic programming[J]. Upstream Oil and Gas Technology, 2021, 6: 100030.

[112] Werner B, Myrseth V, Saasen A. Viscoelastic properties of drilling fluids and their influence on cuttings transport[J]. Journal of Petroleum Science and Engineering, 2017, 156: 845-851.

[113] 孙强, 杨冬冬, 彭枧明, 等. 高能射流式液动锤在花岗岩中的钻进研究 [J]. 探矿工程 (岩土钻掘工程), 2016, 43(8): 39-43.

[114] 战启帅, 杨卫东, 王天放, 等. 鲁页参 1 井钻井液技术 [J]. 探矿工程 (岩石掘土工程), 2014, 41(9): 27-31.

[115] 李学明. 辽河油田冷家区块水平井钻井提速工艺研究 [D]. 大庆: 东北石油大学, 2017.

[116] 冉恒谦, 张金昌, 谢文卫, 等. 地质钻探技术与应用研究 [J]. 地质学报, 2011, 85(11): 1806-1822.

[117] Pastusek P, Owens M, Barrette D, et al. Drill rig control systems: Debugging, tuning, and long term needs[C]. Proceedings of SPE Annual Technical Conference and Exhibition, Dubai, 2016: 1-28.

[118] Yigit A S, Christoforou A P. Stick-slip and bit-bounce interaction in oil-well drill-strings[J]. Journal of Energy Resources Technology, 2006, 128(4): 268-274.

[119] Sairafi F A A, Ajmi K E A, Yigit A S. Modeling and control of stick slip and bit bounce in oil well drill strings[C]. Proceedings of SPE/IADC Middle East Drilling Technology Conference and Exhibition, Dubai, 2016: 1-12.

[120] Pournazari P. Self-learning control of automation drilling operation[D]. Austin: The Universtiy of Texas at Austin, 2018.

[121] Hancke G P, Harmelen G L V. The modelling and control of a deep hole drilling rig[J]. IFAC Proceedings Volumes, 1995, 28(17): 59-65.

[122] Losoya E Z, Gildin E, Noynaert S F. Real-time rate of penetration optimization of an autonomous lab-scale rig using a scheduled-gain PID controller and mechanical specific energy[J]. IFAC-PapersOnLine, 2018, 51(8): 56-61.

[123] Badgwell T, Pastusek P, Kumaran K. Auto-driller automatic tuning[C]. Proceedings of SPE Annual Technical Conference and Exhibition, Dallas, 2018: 1-7.

[124] 刘建, 张力, 马武. 模糊控制器在石油钻机自动送钻系统中的应用 [J]. 机械与电子, 2013, 1: 40-43.

[125] 张炳义, 刘凯, 陈亚千, 等. 石油钻机绞车永磁直驱电机智能送钻控制研究 [J]. 石油矿场机械, 2016, 45(1): 1-5.

[126] 郭芙琴, 华鹏涛. 参数自适应模糊控制的自动送钻技术研究 [J]. 西南石油大学学报 (自然科学版), 2012, 34(6): 153-160.

[127] 吴泽兵, 王文娟, 吕澜涛, 等. 基于粒子群算法的自动送钻控制器仿真优化 [J]. 石油矿场机械, 2019, 48(6): 1-8.

[128] Bailey J R, Remmert S M. Managing drilling vibrations through BHA design optimization[J]. SPE Drilling & Completion, 2010, 25(4): 458-471.

[129] Pelfrene G, Sellami H, Gerbaud L. Mitigating stick-slip in deep drilling based on optimization of PDC bit design[C]. Proceedings of SPE/IADC Drilling Conference and Exhibition, Amsterdam, 2011: 1-12.

[130] Selnes K S, Clemmensen C C, Reimers N. Drilling difficult formations efficiently with the use of an antistall tool[J]. SPE Drilling & Completion, 2008, 24(4): 531-536.

[131] Halsey G, Kyllingstad A, Kylling A. Torque feedback used to cure slip-stick motion[C]. Proceedings of SPE Annual Technical Conference and Exhibition, Houston, 1988: 277-282.

[132] Jansen J D, van den Steen L. Active damping of self-excited torsional vibrations in oil well drillstrings[J]. Journal of Sound and Vibration, 1995, 179(4): 647-668.

[133] Navarro-Lopez E M, Suarez R. Practical approach to modelling and controlling stick-slip oscillations in oilwell drillstrings[C]. Proceedings of IEEE International Conference on Control Applications, Taipei, 2004: 1454-1460.

[134] Tucker W R, Wang C. On the effective control of torsional vibrations in drilling systems[J]. Journal of Sound and Vibration, 1999, 224(1): 101-122.

[135] Shi F B, Sha L X, Li L, et al. Adaptive PID control of rotary drilling system with stick slip oscillation[C]. Proceedings of International Conference on Signal Processing Systems, Dalian, 2010: 289-292.

[136] Abdulgalil F, Siguerdidjane H. PID based on sliding mode control for rotary drilling system[C]. Proceedings of International Conference on Computer as a Tool, Belgrade, 2005: 262-265.

[137] Wang J, Tang S X, Krstic M. Adaptive output-feedback control of torsional vibration in off-shore rotary oil drilling systems[J]. Automatica, 2020, 111: 108640.

[138] Yigit A S, Christoforou A P. Coupled torsional and bending vibrations of actively controlled drillstrings[J]. Journal of Sound and Vibration, 2000, 234(1): 67-83.

[139] Liu Y. Suppressing stick-slip oscillations in underactuated multibody drill-strings with parametric uncertainties using sliding-mode control[J]. IET Control Theory & Application, 2015, 9(1): 91-102.

[140] Navarro-Lopez E M, Cortes D. Sliding-mode control of a multi-DOF oilwell drill-string with stick-slip oscillations[C]. Proceedings of American Control Conference, New York, 2007: 3837-3842.

[141] Vromen T, Dai C, Oomen T, et al. Mitigation of torsional vibrations in drilling systems: A robust control approach[J]. IEEE Transactions on Control Systems Technology, 2019, 27(1): 249-265.

[142] Serrarens A, van de Molengraft M, Kok J J, et al. H_∞ control for suppressing stick-slip in oil well drillstrings[J]. IEEE Control Systems, 1998, 18(2): 19-30.

[143] Lu C D, Wu M, Chen X, et al. Torsional vibration control of drill-string systems with time-varying measurement delays[J]. Information Science, 2018, 467: 528-548.

[144] Omojuwa E, Osisanya S, Ahmed R. Dynamic analysis of stick-slip motion of drill-string while drilling[C]. Proceedings of Nigeria Annual International Conference and Exhibition, Abuja, 2011: 1-10.

[145] Canudas-de-Wit C, Rubio F R, Corchero M A. D-OSKIL: A new mechanism for controlling stick-slip oscillations in oil well drillstrings[J]. IEEE Transactions on Control Systems Technology, 2008, 16(6): 1177-1191.

[146] Lu H C, Dumon J, Canudas-de-Wit C. Experimental study of the D-OSKIL mechanism for controlling the stick-slip oscillations in a drilling laboratory testbed[C]. Proceedings of IEEE International Conference on Control Applications, Saint Petersburg, 2009: 1551-1556.

[147] Monteiro H L S, Trindade M A. Performance analysis of proportional-integral feedback control for the reduction of stick-slip-induced torsional vibrations in oil well drillstrings[J]. Journal of Sound and Vibration, 2017, 398: 28-38.

[148] Sagert C, Di Meglio F, Krstic M, et al. Backstepping and flatness approaches for stabilization of the stick-slip phenomenon for drilling[J]. IFAC Proceedings Volumes, 2013, 46(2): 779-784.

[149] Feng T H, Zhang H D, Chen D M. Dynamic programming based controllers to suppress stick-slip in a drilling system[C]. Proceedings of American Control Conference, Seattle, 2017: 1302-1307.

[150] MacPherson J D, Florence F, Chapman C D, et al. Drilling systems automation: Current state, initiatives, and potential impact[J]. SPE Drilling & Completion, 2013, 28(4): 296-308.

[151] 曹传文, 薄珉. 最小曲率法井眼轨迹控制技术研究与应用 [J]. 石油钻采工艺, 2012, 34(3): 1-6.

[152] Li Q, Du C, Zhang S. Well trajectory control theory for rotary steering drilling system and applied techniques[J]. Acta Petrolei Sinica, 2005, 26(4): 97-101.

[153] 吴翔, 王天放, 贺冰新, 等. 定向钻进轨迹控制误差矢量分析方法及工程应用 [J]. 地质与勘探, 2012, 48(4): 835-839.

[154] Ho H S. Prediction of drilling trajectory in directional wells via a new rock-bit interaction model[C]. Proceedings of SPE Annual Technical Conference and Exhibition, Dallas, 1987: 83-95.

[155] 齐瑞忱. 钻孔轨迹空间位置的预测方法 [J]. 成都地质学院学报, 1992, 19(3): 113-120.

[156] 张幼振. 基于 Dempster-Shafler 信息融合的井下定向钻孔轨迹预测 [J]. 煤矿安全, 2009, 40(4): 31-33.

[157] 彭旭, 胡文礼, 艾志久, 等. 软硬交接地层导向孔钻进轨迹预测 [J]. 石油矿场机械, 2013, 42(7): 19-22.

[158] 苏义脑. 螺杆钻具研究及应用 [M]. 北京: 石油工业出版社, 2001.

[159] Rafie S, Ho H S, Chandra U. Applications of a BHA analysis program in directional drilling[C]. Proceedings of IADC/SPE Drilling Conference, Dallas, 1986: 345-354.

[160] Dogay S, Ozbayoglu E, Kok M V. Trajectory estimation in directional drilling using bottom hole assembly analysis[J]. Energy Sources, Part A: Recovery, Utilization, and Environmental Effects, 2009, 31(7): 553-559.

[161] Sun H, Li Z, Hovakimyan N, et al. $\mathcal{L}_1$ adaptive controller for a rotary steerable system[C]. Proceedings of IEEE International Symposium on Intelligent Control, St. Louis, 2011: 1020-1025.

[162] Sun H, Li Z Y, Hovakimyan N, et al. $\mathcal{L}_1$ adaptive control for directional drilling systems[J]. IFAC Proceedings Volumes, 2012, 45(8): 72-77.

[163] Song X Y, Vadali M, Xue Y Z, et al. Tracking control of rotary steerable toolface in directional drilling[C]. Proceedings of IEEE Internarional Conference on Advanced Intelligent Mechatronics, Banff, 2016: 1210-1215.

[164] Xue Q L, Wang R H, Song W Q, et al. Simulation study on fuzzy control of rotary steering drilling trajectory[J]. Research Journal of Applied Sciences, Engineering and Technology, 2012, 4(13): 1862-1867.

[165] Liu Z C, Samuel R. Wellbore-trajectory control by use of minimum well-profile-energy criterion for drilling automation[J]. SPE Journal, 2016, 21(2): SPE-170861-PA.

[166] Panchal N, Bayliss M T, Whidborne J F. Minimum strain energy waypoint following controller for directional drilling using OGH curves[C]. Proceedings of IEEE International Conference on Control Applications, St. Louis, 2011: 887-892.

[167] 薛倩冰, 张金昌. 智能化自动化钻探技术与装备发展概述 [J]. 探矿工程 (岩土钻掘工程), 2020, 47(4): 9-14.

[168] Payette G S, Pais D, Spivey B, et al. Mitigating drilling dysfunction using a drilling advisory system: Results from recent field applications[C]. Proceedings of International Petroleum Technology Conference, Doha, 2015: 1-23.

[169] Yin Q S, Yang J, Zhou B, et al. Improve the drilling operations efficiency by the big data mining of real-time logging[C]. Proceedings of SPE/IADC Middle East Drilling Technology Conference and Exhibition, Dhabi, 2018: 1-12.

[170] 孙挺, 赵颖, 杨进, 等. 基于支持向量机的钻井工况实时智能识别方法 [J]. 石油钻探技术, 2019, 47(5): 28-33.

[171] Yin Q, Yang J, Hou X, et al. Drilling performance improvement in offshore batch wells based on rig state classification using machine learning[J]. Journal of Petroleum Science and Engineering, 2020, 192: 107306.

[172] Willersrud A, Blanke M, Imsland L, et al. Fault diagnosis of downhole drilling incidents using adaptive observers and statistical change detection[J]. Journal of Process Control, 2015, 30: 90-103.

[173] Willersrud A, Blanke M, Imsland L, et al. Drillstring washout diagnosis using friction estimation and statistical change detection[J]. IEEE Transactions on Control Systems Technology, 2015, 23(5): 1886-1900.

[174] Willersrud A, Blanke M, Imsland L. Incident detection and isolation in drilling using analytical redundancy relations[J]. Control Engineering Practice, 2015, 41: 1-12.

[175] Jiang H L, Liu G H, Li J, et al. Numerical simulation of a new early gas kick detection method using UKF estimation and GLRT[J]. Journal of Petroleum Science and Engineering, 2019, 173: 415-425.

[176] Zhao Y P, Liu S J, Wang Z Y, et al. An adaptive pattern recognition method for early diagnosis of drillstring washout based on dynamic hydraulic model[J]. Journal of Natural Gas Science and Engineering, 2019, 70: 102947.

[177] Jiang H L, Liu G H, Li J, et al. Drilling fault classification based on pressure and flowrate responses via ensemble classifier in managed pressure drilling[J]. Journal of Petroleum Science and Engineering, 2020, 190: 107126.

[178] Geng Z, Wang H Q, Fan M, et al. Predicting seismic-based risk of lost circulation using machine learning[J]. Journal of Petroleum Science and Engineering, 2019, 176: 679-688.

[179] 廖明燕. 基于神经网络和证据理论集成的钻井过程状态监测与事故检测 [J]. 中国石油大学学报 (自然科学版), 2007, 31(5): 136-140.

[180] Liang H B, Zou J L, Li Z L, et al. Dynamic evaluation of drilling leakage risk based on fuzzy theory and PSO-SVR algorithm[J]. Future Generation Computer Systems, 2019, 95: 454-466.

[181] Li Y P, Cao W H, Wu M, et al. Detection of downhole incidents for complex geological drilling processes using amplitude change detection and dynamic time warping[J]. Journal of Process Control, 2021, 102: 44-53.

[182] Li Y P, Cao W H, Wu M, et al. Incipient fault detection for geological drilling processes using multivariate generalized Gaussian distributions and Kullback-Leibler divergence[J]. Control Engineering Practice, 2021, 117: 104937.

第 2 章　地质环境建模

在钻进过程中，井下地质环境复杂多变且难以检测，准确计算地层特征参数并建立地质环境模型，是进行复杂地质钻进过程效率优化与安全预警的重要前提。针对传统地层可钻性建模精度不高等问题，本章提出基于数据驱动的钻进点地层可钻性智能建模方法 [1,2]，以及基于地统计和机器学习的三维地层可钻性场空间建模方法 [3]，实现区域地层环境信息的准确描述，为钻进过程效率优化奠定重要基础；针对井下环境安全问题，提出地层岩性识别方法与岩石力学参数计算方法 [4,5]，在此基础上分析钻进过程井壁稳定性，优化调整钻井液性能，提升钻进过程的安全性。

2.1　基于数据驱动的钻进点地层可钻性智能建模方法

地层可钻性是表征地层被钻难易程度的综合指标，是合理选择钻进方法、钻头类型和结构、钻进操作参数以及决定钻进效率的基本因素 [6]。本节在对钻进点地层可钻性国内外研究现状、复杂地质钻进过程特点和钻进点地层可钻性机理模型等多方面进行详细分析的基础上，提出两种基于数据驱动的钻进点地层可钻性智能建模方法，包括钻进点地层可钻性融合建模方法和钻进点地层可钻性在线建模方法，实现钻进点地层可钻性的高精度在线计算，为建立三维地层可钻性场空间计算模型奠定重要基础。

2.1.1　钻进点地层可钻性融合建模方法

测井参数与地层可钻性具有较强的相关性，它们都是反映岩石力学特性的参数，因此许多学者建立了测井参数与地层可钻性之间的关系模型。但是测井参数种类多且相互之间存在耦合，若直接作为模型的输入参数，则将影响模型的预测精度，因此有必要分析测井参数与地层可钻性之间的相关性，确定与地层可钻性相关性较强的输入参数。

1. 钻进点地层可钻性融合计算模型

本节针对测井参数之间存在耦合、数据精度受地层变化影响大等问题，提出钻进点地层可钻性融合建模方法。首先通过 Pearson 相关性分析方法确定与地层可钻性相关性较强的输入参数，然后设计新型自适应集成学习和极限学习机 (new adaptive boosting-extreme learning machine, Nadaboost-ELM) 融合建模方法建立若干弱模型，通过调整上述弱模型到强模型的权值参数，可以实现钻进点地层可钻性的高精度融合建模 [1]。

1) 参数相关性分析

研究表明，声波时差、地层密度、泥质含量、电阻率和钻进深度这五个测井参数与地层可钻性之间存在一定的相关性 [6]。通过相关性分析方法定量计算测井参数与地层可钻性之间相关性的大小，选择与地层可钻性相关性较强的测井参数作为模型输入，这有利于进一步提高模型预测精度。本节通过 Pearson 相关性分析得到测井参数与地层可钻性之间相关性的大小，在此基础上设计钻进点地层可钻性融合计算模型结构。

Pearson 相关性分析方法常被用于分析两个样本集合之间的相关性，方法实现如式 (2.1) 所示：

$$r = \frac{N\sum x_i y_i - \sum x_i \sum y_i}{\sqrt{N\sum x_i^2 - \left(\sum x_i\right)^2}\sqrt{N\sum y_i^2 - \left(\sum y_i\right)^2}} \tag{2.1}$$

式中，r 为相关度；N 为样本个数；x_i 和 y_i 为两个样本集合。

2) 新型自适应集成学习和极限学习机融合建模方法

近年来，针对单一模型建模精度不高的问题，多模型融合建模方法得到学者的广泛关注 [7]。本节基于测井参数与地层可钻性的相关性分析和研究多模型融合建模思想，提出一种新型自适应集成学习和极限学习机融合建模方法 [1]。

ELM 是由 Huang 等 [8,9] 提出的一种单隐含层前馈神经网络。其特点是隐含层参数随机给定且不需要进行迭代更新，因此模型的学习速度快。Adaboost 是由 Freund 等 [10] 提出的一种集成学习算法，算法的基本思想在于：通过调整样本权重和弱学习机权值，将多个弱学习机集成为一个强学习机。该算法的优势是可以在原弱学习机模型的基础上进一步提升算法预测精度。

传统自适应集成学习算法没有设置表现较差的弱学习机到强学习机的权值下限，导致训练时表现较好的弱学习机模型占据了大部分权值比重，因此常出现训练精度高、预测精度差的“过学习现象”。针对上述现象，本节提出新型自适应集成学习和极限学习机 (Nadaboost-ELM) 融合建模方法，设置自适应集成学习算法弱学习机 (即极限学习机模型) 到强学习机的权值范围，使强学习机尽量多地学习到各弱学习机的特征，以此提升模型的泛化能力。钻进点地层可钻性融合计算模型结构如图 2.1 所示。

五个测井参数 (声波时差、地层密度、泥质含量、电阻率和钻进深度) 经过 Pearson 相关性分析后，得到与地层可钻性相关性较强的测井参数，将其确定为模型的输入参数。将极限学习机模型作为弱学习机模型，并将若干弱学习机模型融合为一个强学习机模型，强学习机模型的输出即为地层可钻性。

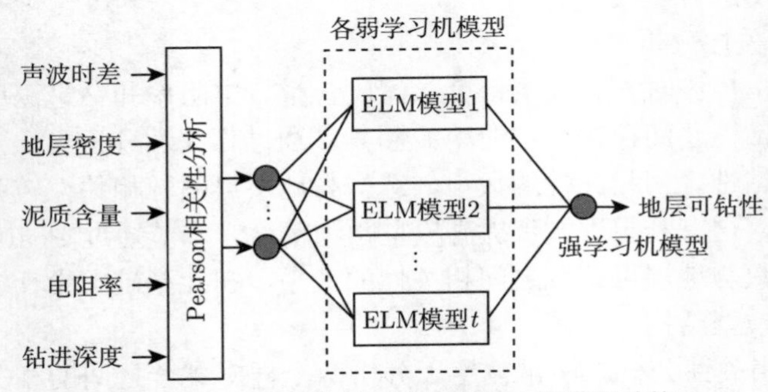

图 2.1　钻进点地层可钻性融合计算模型结构

2. 实验验证

选取四川某油田 22 组数据为样本集，分别使用式 (2.1) 进行 Pearson 相关性分析，相关度的绝对值越接近 1，两者的相关性越强，同时显著性小于 0.05，代表结果在统计学上具有显著性。该油田测井参数与地层可钻性相关性的分析结果表明，声波时差、地层密度、泥质含量、电阻率、钻进深度这五个测井参数与地层可钻性的相关度分别为 −0.52、0.523、−0.083、0.015、−0.257，显著性计算结果分别为 0.013、0.013、0.712、0.948、0.249。

声波时差和地层密度与地层可钻性之间的相关度分别为 −0.52 和 0.523，显著性分别为 0.013 和 0.013，即声波时差、地层密度与地层可钻性之间的相关性较强；其他三个测井参数 (泥质含量、电阻率、钻进深度) 与地层可钻性之间的相关度分别为 −0.083、0.015、−0.257，且结果不显著。因此，本节选择声波时差和地层密度作为地层可钻性模型的输入。

选取 22 组数据进行测试，其中 15 组为训练集，剩下 7 组为测试集。为了验证本节所提 Nadaboost-ELM 方法的性能，与其他四种方法进行对比，分别为 MR、灰色模型(gray model, GM)、粒子群优化反向传播神经网络 (particle swarm optimization-back propagation neural network, PSO-BPNN) 以及融合自适应集成学习和极限学习机 (adaptive boosting-extreme learning machine, Adaboost-ELM) 方法。将均方误差 (mean squared error, MSE)和平均相对误差绝对值 (average absolute relative deviation, AARD)作为评价指标，它们的计算公式为

$$\mathrm{MSE} = \frac{1}{n}\sum_{i=1}^{n}\left(\hat{y}_i - y_i\right)^2 \tag{2.2}$$

$$\mathrm{AARD}=\frac{1}{n}\sum_{i=1}^{n}\frac{|\hat{y}_i-y_i|}{y_i}\times 100\% \tag{2.3}$$

式中，$\hat{y}_i$ 和 y_i 分别为模型预测值和实际值。

经过大量试错实验，模型参数设置如下：隐含层神经元个数为 2，弱学习机个数为 30，各弱学习机的训练权值上限为 0.5。

上述五种方法的建模精度对比结果如表 2.1 所示，可以看到，有 Pearson 相关性分析的模型预测结果绝大部分优于无 Pearson 相关性分析的模型预测结果，这证明了增加 Pearson 相关性分析这一步骤确定模型输入参数对提升模型预测精度是有效的。

表 2.1　五种方法的建模精度对比结果

方法	AARD/%		MSE	
	无 Pearson 相关性分析	有 Pearson 相关性分析	无 Pearson 相关性分析	有 Pearson 相关性分析
MR	16.2	7.1	1.524	0.243
GM	101.8	11	79.160	0.572
PSO-BPNN	16.9	14.4	1.383	0.976
Adaboost-ELM	4.9	4.6	0.243	0.219
Nadaboost-ELM	4.8	5.3	0.234	0.163

对比本节所提出的 Nadaboost-ELM 方法与其他四种方法的建模精度，可以看出本节所提出的 Nadaboost-ELM 方法的平均相对误差绝对值和均方误差在有无 Pearson 相关性分析的情况下结果分别为：5.3%/4.8%，0.163/0.234，优于其他四种方法，实验结果表明所提 Nadaboost-ELM 方法在预测钻进点地层可钻性方面的优越性。

2.1.2　钻进点地层可钻性在线建模方法

随着信息检测技术的发展，随钻测量方法在钻进过程中得到越来越多的应用，使得利用随钻信息更新地层可钻性模型成为可能。建立钻进点地层可钻性在线计算模型将极大地提升复杂地质条件下的地层可钻性预测精度，为提高钻进过程的安全性和效率奠定基础。

1. 钻进点地层可钻性在线计算模型

目前，建立钻进点地层可钻性预测模型的方法大多是离线方法，在复杂地质环境下地层可钻性数据常出现尖峰与突变，传统的离线建模方法较难准确预测地层可钻性突变等情况。

针对上述问题，本节提出一种钻进点地层可钻性在线计算模型，其结构如图 2.2 所示 [2]。建模过程包括离线建模部分和模型参数在线更新部分，具体可以分为以下三个阶段：Pearson 相关性分析阶段、多模型融合阶段和模型参数在线更新阶段，其中 Pearson 相关性分析阶段和多模型融合阶段是离线建模部分，而第三阶段是模型参数在线更新部分。离线建模部分已在 2.1.1 节具体介绍，第二阶段的模型参数提取和第三阶段的模型参数在线更新是实现钻进点地层可钻性在线建模的关键。

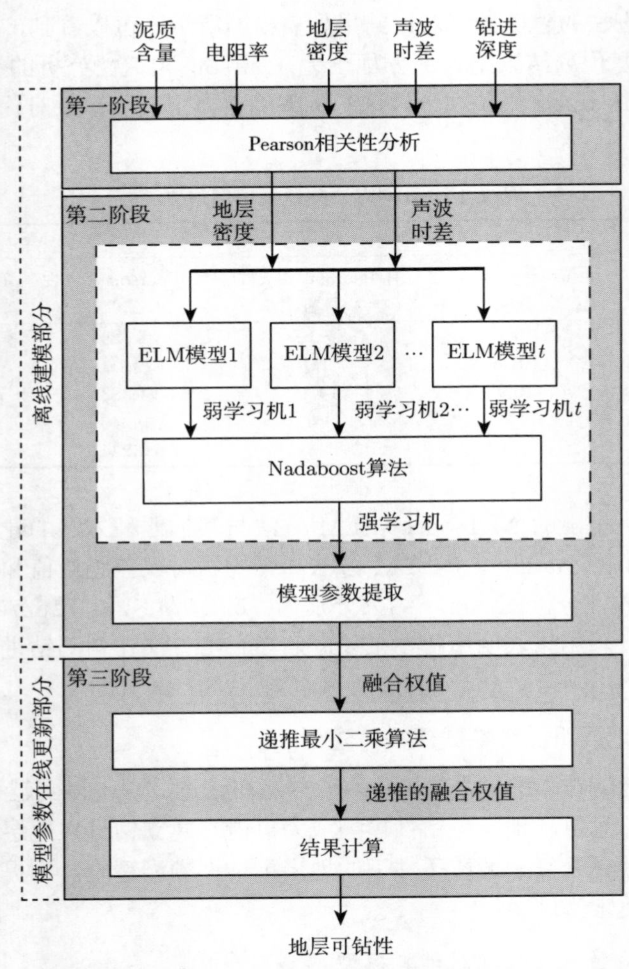

图 2.2　钻进点地层可钻性在线计算模型结构

1) 多模型融合

模型参数提取主要是为了得到强学习机隐含层到输出层的融合权值，它由各弱学习机隐含层到输出层的权值计算得到，在第三阶段利用递推最小二乘算法对该融合权值进行在线更新。钻进点地层可钻性的模型参数提取过程如图 2.3 所

示 [2]，由于各弱学习机是线性加权得到强学习机的，可将各弱学习机的权值进行线性加权得到强学习机的融合权值。

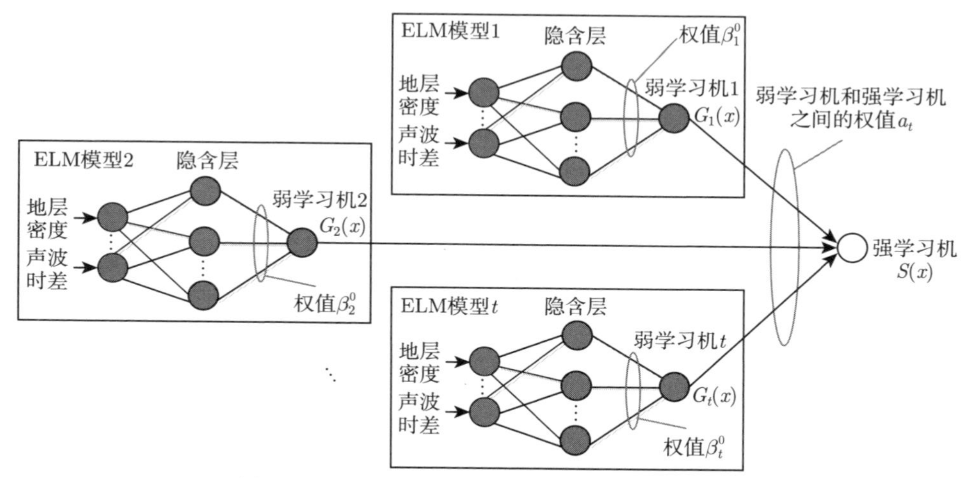

图 2.3　钻进点地层可钻性的模型参数提取过程

2) 递推最小二乘算法

为实现钻进点地层可钻性实时更新的目标，本节提出在线顺序新型自适应集成学习和极限学习机 (online sequential-new adaptive boosting-extreme learning machine, OS-Nadaboost-ELM) 方法，该方法能够根据上一时刻的模型参数与当前时刻的模型参数在线更新地层可钻性预测模型，如式 (2.4) 和式 (2.5) 所示：

$$P_{k+1} = P_k - P_k H_{k+1}^{\mathrm{T}} \left(I + H_{k+1} P_k H_{k+1}^{\mathrm{T}}\right)^{-1} H_{k+1} P_k \tag{2.4}$$

式中，$P_k = \left(H_k^{\mathrm{T}} H_k\right)^{-1}$ 为中间参数矩阵，H_k 为 k 时刻的输入参数矩阵；H_{k+1} 为 k+1 时刻的输入参数矩阵；H_{k+1}^{T} 为 k+1 时刻的输入参数矩阵的转置。

$$\beta_{k+1} = \beta_k + P_{k+1} H_{k+1}^{\mathrm{T}} \left(S_{k+1} - H_{k+1}\beta_k\right) \tag{2.5}$$

式中，β_k 为 k 时刻的模型参数；β_{k+1} 为 k+1 时刻的模型参数；S_{k+1} 为 k+1 时刻的模型输出。

2. 实验验证

本节同样选取四川某油田 22 组数据为总样本集。总样本集分为三份，前 5 组为初始训练样本集，接下来的 10 组为在线训练样本集，最后 7 组为测试样本集。选择均方误差和训练时间作为模型评价指标。

为了验证本节所提钻进点地层可钻性在线建模方法的性能，选取五种方法进行对比实验。这五种方法分别为 MR、GM、BPNN、Nadaboost-ELM 方法、在线顺序极限学习机 (online sequential-extreme learning machine, OS-ELM) 方法。

经过大量试错实验，模型参数设置如下：隐含层神经元个数为 2，弱学习机个数为 20，各弱学习机训练权值 $D_t(j) = 1/m\ (j = 1, 2, \cdots, m)$ 的上限为 0.5。使用上述六种方法分别训练好模型，并对测试样本进行测试。各模型的均方误差分别为 MR (0.243)、GM (0.572)、BPNN (0.404)、Nadaboost-ELM (0.163)、OS-ELM (0.177) 以及 OS-Nadaboost-ELM (0.124)。

本节所提 OS-Nadaboost-ELM 方法的均方误差是 0.124，在所有方法中是最小的。所提方法的训练时间为 0.141s，在实际工程中一般模型更新时间间隔为 10min 或者钻进 9m (一根钻杆) 所需时间 [11]，在计算时间方面上述六种方法均能满足实际需要。总结分析可得，本节所提 OS-Nadaboost-ELM 方法在钻进点地层可钻性在线计算精度和训练时间方面性能最优。

2.2 基于地统计和机器学习的三维地层可钻性场空间建模方法

三维地层可钻性场是对区域地层可钻性的描述，对三维地层可钻性场进行空间建模能够为钻进轨迹优化、碰撞检测和钻进效率优化等提供区域地层环境信息。传统三维地层可钻性场空间建模多采用克里金插值、分形插值等地统计方法，使用具有强大拟合能力的机器学习方法进行建模的研究较少。地统计方法较难准确预测地层突变导致的地层可钻性数据变化，在模型精度方面有待提升。将地统计和机器学习方法进行对比分析研究，可进一步提高三维地层可钻性场的空间模型精度。

1. 三维地层可钻性场空间计算模型

本节提出基于地统计和机器学习的三维地层可钻性场空间建模方法 [3]，并对比四种方法的空间建模性能，包括克里金插值 (Kriging)、散点插值 (scatter interpolation，SI)、随机森林(random forest，RF) 和支持向量回归 (SVR)。首先，通过互信息分析得到三维坐标与地层可钻性之间的空间相关性；然后，运用上述四种方法并结合十折交叉验证和三维建模，实现地层可钻性信息的三维空间描述。

1) 三维坐标与地层可钻性空间相关性分析

分析模型输入和输出之间的相关性对空间建模十分重要，相关性越强，模型的计算精度越高，反之亦然。三维坐标与地层可钻性空间之间具有不确定性和非线性关系，传统灰色关联度等相关性分析方法很难测量各个参数之间的非线性关系。互信息相关性分析方法能够测量上述非线性关系，在建模领域得到了广泛

应用 [12,13]。

本节引入互信息相关性分析方法，深入分析三维坐标与地层可钻性之间的空间相关性。参数间的互信息定义为

$$I(X;Y)=\sum_{y\in Y}\sum_{x\in X}p(x,y)\log_2\left(\frac{p(x,y)}{p(x)p(y)}\right) \tag{2.6}$$

式中，$p(x,y)$ 为 x 和 y 之间的联合概率密度；$p(x)$ 和 $p(y)$ 分别为 x 和 y 的边缘概率密度。另外，互信息还可以定义为

$$I(X;Y)=H(X)+H(Y)-H(X,Y) \tag{2.7}$$

式中，$H(X,Y)$ 为 X 和 Y 之间的联合熵；$H(X)$ 和 $H(Y)$ 分别为 X 和 Y 的边缘熵 [14]。

为了方便进行对比研究，一般会对上述互信息的定义进行归一化处理，归一化后互信息的定义如式 (2.8) 所示：

$$I_N(X;Y)=\frac{I(X;Y)}{H(X)+H(Y)} \tag{2.8}$$

$I_N(X;Y)$ 的数值越大，代表 X 和 Y 之间的相关性越强，当相关性大于 $1/k$ (k 等于模型输入变量的个数) 时，两者之间的相关性较强。

2) 三维地层可钻性场空间建模方法

目前，常用的三维地层可钻性场空间建模方法主要是利用多口钻井数据建立三维坐标 (X 方向、Y 方向、深度) 与地层可钻性之间的数学关系。本节基于上述四种地统计和机器学习方法，提出一种新型三维地层可钻性场空间计算模型结构，如图 2.4 所示 [3]。所建立的三维地层可钻性场空间计算模型的输入为三维坐标，输出为地层可钻性。分别利用地统计方法和机器学习分法建立三维地层可钻性场空间计算模型，通过对比分析确定模型方法、结构和参数。

以下分析克里金插值、散点插值、随机森林、支持向量回归四种基于地统计和机器学习的地层可钻性空间建模方法。

(1) 地统计空间建模。在空间建模领域，地统计方法因能够减小计算误差而得到广泛应用 [15]，但是该方法在处理小样本数据时预测结果存在不确定性，且较难预测由地层各向异性和空间随机性导致的地层可钻性突变。这里主要概括克里金插值和散点插值两种地统计空间建模方法。

克里金插值：由法国统计学家乔治斯 • 马瑟伦 [16] 提出，主要是为了纪念南非金矿工程师丹尼 • 克里格使用回归方法对空间场预测方面的开创性研究。克里金插值根据协方差函数对随机场进行空间建模，能给出最优线性无偏估计。在多

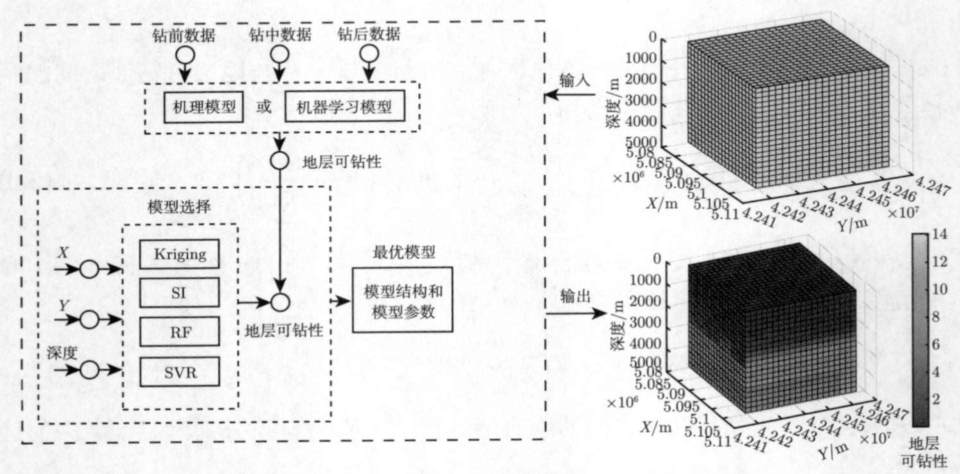

图 2.4　新型三维地层可钻性场空间计算模型结构

种地统计方法中，克里金插值应用最为广泛。但是，克里金插值方法存在如下不足：不能较好地预测地层可钻性突变等情况，而且需要合理选择克里金插值的超参数，这对模型预测精度十分关键。

散点插值：基于 Delaunay 三角剖分的一种空间建模方法，利用最近邻点、自然邻点、线性函数等方式实现空间内插和外推。利用插值样本点生成函数模型，可以方便地进行空间计算。

(2) 机器学习空间建模。机器学习方法的优点在于，拟合能力较强，因此常被学者用于解决回归和分类问题。这里主要概括随机森林和支持向量回归两种机器学习方法。

随机森林：一种新兴起的高度灵活的机器学习方法，通过结合多棵决策树以获得更准确和更稳定的预测，体现了集成学习的特点 [17,18]。这种方法参考了多个单一模型的优点，在地层可钻性建模领域，预测精度会有较大提升。在机器学习方法中，经常存在过拟合现象，即模型训练集计算精度高，但测试集计算精度低。如果能保证随机森林中存在较多的树 (单一模型)，则有较大可能减少过拟合现象的出现。

支持向量回归：一种基于结构风险最小化规则的机器学习方法，主要是对映射后的样本进行回归求解 [12]。支持向量回归的优点是，处理小规模样本时预测效果好，且模型泛化能力比较强；缺点是，上述性能比较依赖三个模型超参数 (正则化因子、核函数因子、阈值) 的调整。

2. 实验验证

本节利用地统计方法和机器学习方法建立三维地层可钻性场空间计算模型，

实验使用的数据来自东北松辽盆地徐家围子地区的九口井，共 891 组三维坐标和地层可钻性数据。

研究区域位于徐家围子地区宋站至兴城一带，该地区经历了多种复杂的构造运动，形成了中央地区凹陷的二级构造单元，在早白垩世地层凹陷沉积的趋势是西北偏北至东北偏北 [19]。用于研究的八口井的深度达 4000m，通常地层地温梯度为 1 ~ 3℃/100m，而该地区存在异常地温梯度 (5℃/100m)，这导致 4000m 深的地温将高于 200℃，该地层环境的地层密度大，可钻性差，且钻进过程的钻速低。

实验中所用到的训练集、验证集和测试集的数据选择如下：徐深 401 井的 103 组数据被选为测试集，另外八口井 (徐深 3 井、徐深 4 井、徐深 5 井、徐深 6 井、徐深 602 井、徐深 7 井、徐深 8 井、徐深 9 井) 共 788 组数据被选为训练集和验证集。选择均方根误差 (root mean square error, RMSE)和归一化均方根误差 (normalized root mean squared error, NRMSE)作为模型评价指标：

$$\mathrm{RMSE}=\sqrt{\frac{1}{n}\sum_{i=1}^{n}\left(\hat{y}_i-y_i\right)^2} \tag{2.9}$$

$$\mathrm{NRMSE}=\frac{\sqrt{\frac{1}{n}\sum_{i=1}^{n}\left(\hat{y}_i-y_i\right)^2}}{\frac{1}{n}\sum_{i=1}^{n}y_i}\times 100\% \tag{2.10}$$

式中，n 为验证集的样本数；$\hat{y}_i$ 和 y_i 分别为模型预测值和实际值。

通常情况下，在建模过程中会将数据集分为训练集、验证集和测试集三部分，并分别进行两阶段模型建立和测试实验。第一阶段利用训练集数据和验证集数据进行十折交叉验证实验，以此确定模型超参数；第二阶段使用测试集数据测试第一阶段建立好的模型，并分析最终模型的测试效果。

1) 十折交叉验证实验

机器学习方法存在的问题之一是容易出现过拟合现象，为此通常利用十折交叉验证方法确定模型超参数，以减少模型训练误差小、预测误差大的过拟合情况。十折交叉验证实验首先将训练集和验证集随机分为十份，其中九份作为训练集，一份作为验证集，并记录模型均方根误差。然后交替迭代训练集和验证集十次，记录每次迭代的模型均方根误差，并求得模型均方根误差平均值。最后改变模型超参数的数值，对模型进行若干轮训练，直至得到最小的模型均方根误差平均值，以此确定模型超参数。

经过若干轮十折交叉验证实验后，四种地统计和机器学习方法的模型超参数设置如下。

(1) 克里金插值：回归函数、相关函数和 θ 分别设置为零阶多项式回归、指数相关函数、[0.13 0.08 0.1]，其中，θ 的下界和上界分别设置为 [0.01 0.01 0.1] 和 [0.3 0.3 0.3]。

(2) 散点插值：从最近邻法、线性法、自然法中选择最近邻法作为散点插值的核心方法。

(3) 随机森林：树的数量、每个分类的特征数、每个节点的实例数、每棵树的最大节点数分别为 500、3、10、200。

(4) 支持向量回归：正则化因子、核函数因子、阈值均为 1。

2) 三维建模和最终测试实验

本节利用四种地统计和机器学习方法进行三维地层可钻性场空间建模和最终测试实验，首先将测试集数据和三维网格场代入由十折交叉验证实验确定的模型中，然后基于图 2.4 的新型三维地层可钻性场空间计算模型结构，将三维场空间划分为 9261($21 \times 21 \times 21$) 个长方体，实验结果如图 2.5 所示 [3]。

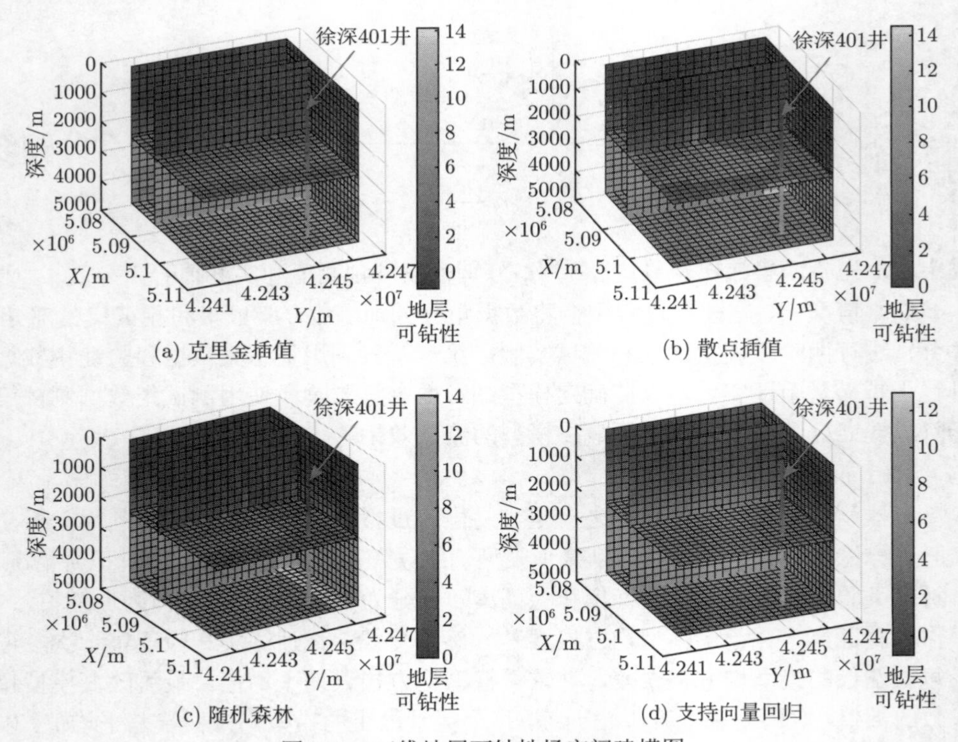

(a) 克里金插值　(b) 散点插值

(c) 随机森林　(d) 支持向量回归

图 2.5　三维地层可钻性场空间建模图

克里金插值、散点插值、随机森林和支持向量回归四种方法在测试集上的均方根误差分别为 1.36、1.52、1.21、1.94，归一化均方根误差分别为 26.40%、29.38%、23.35%、37.60%。随机森林的实验误差最小，克里金插值、散点插值和支持向量回归分别排在第 2 ～ 4 位。实验结果表明，随机森林在三维地层可钻性场空间建模方面具有更高的精度和更强的泛化能力。

2.3　井壁稳定性判别

在井眼被钻开之前，地层岩石所受的地应力处于平衡状态。在井眼形成后，被钻掉岩石所承受的应力转移至井壁围岩，应力重新分布。如果井内的钻井流体压力不能支撑井壁围岩的稳定，或者岩石所受拉应力与剪应力大于岩石本身的强度，则有可能发生井壁失稳。

部分易坍塌、易破碎的敏感岩层，以及异常高压井段或窄压力窗口井段，相对于其他岩层或井段更容易发生井壁失稳现象，如井坍塌多发生在泥页岩地层，占 90%以上，需要特别调整泥浆密度来保证井壁不受破坏。岩石力学参数也是井壁稳定性判别的关键参数，地层强度越大，地层越稳定，钻进过程越安全。因此，研究地层岩性识别与岩石力学参数的计算方法，从而进行实时、准确的井壁稳定性分析，是实现安全钻进的重点。

2.3.1　考虑数据不均衡特性的地层岩性识别方法

岩性是指岩石特征的一些属性，如颜色、成分、结构、构造等。岩性识别是根据岩石存在的不同特征和属性，把储集岩分类成不同单元的过程。进行岩性识别是井壁稳定性判别的第一步，是准确识别地下岩层、实现深部矿产资源勘查突破的关键。利用测井数据进行岩性识别是油气勘探中最常用的岩性识别手段，测井数据分布与地层岩性存在紧密关系。复杂地质钻进过程钻遇地层岩性变化大、厚度不一，导致各地层岩性所对应的测井数据样本数量具有明显的不平衡特征。同时，岩性识别是一个多分类过程，地层岩性间相似的地质特性导致不同岩性对应的测井数据存在相互重叠的问题。

为提高地层岩性的预测精度，本节通过融合优化删减纠错输出编码与核费舍尔判别分析 [4](reducing error correcting output code with the kernel Fisher discriminant analysis，RECOC-KFDA) 的集成学习算法，提出一种考虑测井数据分布特征的岩性识别方法。其中，纠错输出编码为一种具有自纠错能力的集成算法，能将少数类集成到其他类中以降低数据不平衡程度 [20]，但冗余编码会大大降低岩性识别的准确率和效率，因此如何构建最佳组合的编码矩阵是编码策略的关键。针对冗余编码问题，本节提出优化删减纠错输出编码算法，这种算法综合考虑集成分类器的准确性和基分类器间的差异性，从初始代码矩阵中去除冗余列，得到最佳组合编码。另外，选择核费舍尔判别分析 (kernel Fisher discriminant analysis，KFDA) 方法作为基分类器。经过优化删减纠错输出编码后，KFDA 只需要进行二分类，各类别的选择由组合编码矩阵列中的数值决定，在得到多个基分类器的岩性分类标签矩阵后，利用汉明解码得到最终的岩性标签，实现地层岩性识别。

1. 核费舍尔判别分析

核费舍尔判别分析通过核函数 $k(x_u, x_v)$ 将样本从低维空间映射到高维空间来处理非线性问题，再将高维空间的点降维到一条直线或低维空间上，实现样本最大限度的区分 [21]。

核费舍尔判别分析的目的是在最大化不同类之间分散度 S_b^ϕ 的同时最小化类内分散度 S_w^ϕ。设 m 为样本总数，c 为类别数，m_j 为每一类样本个数，K_b^ϕ 和 K_w^ϕ 分别为降维后不同类之间的分散度和类内的分散度，则核费舍尔判别分析目标函数可以由式 (2.11) 和式 (2.12) 进行描述 [22, 23]：

$$\max J(v) = \max \frac{v^{\mathrm{T}} S_b^\phi v}{v^{\mathrm{T}} S_w^\phi v} = \max \frac{\alpha^{\mathrm{T}} K_b \alpha}{\alpha^{\mathrm{T}} K_w \alpha} = \max J(\alpha) \tag{2.11}$$

$$\begin{cases} K_b = \sum_{j=1}^{c} \frac{m_j}{m} (u_i - u_0)(u_i - u_0)^{\mathrm{T}} \\ K_w = \frac{1}{m} \sum_{j=1}^{c} \sum_{i=1}^{m_j} (\xi_{xi} - u_i)(\xi_{xi} - u_i)^{\mathrm{T}} \end{cases} \tag{2.12}$$

式中，ξ_{xi}、u_i、u_0 可以分别表示为

$$\begin{cases} \xi_{xi} = \left[k(x_1, x_i^j), k(x_2, x_i^j), \cdots, k(x_m, x_i^j)\right]^{\mathrm{T}} \\ u_i = \left[\frac{1}{m_j} \sum_{i=1}^{m_j} k(x_1, x_i^j), \cdots, \frac{1}{m_j} \sum_{i=1}^{m_j} k(x_m, x_i^j)\right]^{\mathrm{T}} \\ u_0 = \left[\frac{1}{m} \sum_{i=1}^{m} k(x_1, x_i), \cdots, \frac{1}{m} \sum_{i=1}^{m} k(x_m, x_i)\right]^{\mathrm{T}} \end{cases} \tag{2.13}$$

对于新的输入数据 x_0，只需要计算样本在最优方向上的投影即可得到样本的分类结果，如式 (2.14) 所示：

$$y = (\alpha_1, \cdots, \alpha_m)^{\mathrm{T}} [k(x_1, x_0), \cdots, k(x_m, x_0)]^{\mathrm{T}} \tag{2.14}$$

2. 优化删减纠错输出编码算法

删减纠错输出编码(reducing error correcting output code，RECOC) 算法是一种集成学习算法，能将一个多类分类问题分解为若干个二类分类问题，利用多

个单分类器的融合模型处理多类分类问题 [24]。利用纠错输出编码本身具有纠错能力的特性，可以提高监督学习算法的预测精度。

不同的编码算法纠错效果不同，如何构建最佳组合的编码矩阵是编码算法确定的关键。针对此问题，本节提出优化删减纠错输出编码算法。这种算法通过 Metric_i 评分量化基分类器自身分类准确率及其在集合分类器中的贡献，同时考虑基分类器间的差异性建立集成模型，所提出的编码策略能够在保证算法准确率的情况下提高算法的计算效率。优化删减纠错输出编码算法说明性示意图如图 2.6 所示。D_j 为基分类器编码之间的分离度，$D_j = \sqrt{H_1 H_2 \cdots H_j}$。$H_{ij}$ 为基分类器间的汉明距离，$H_{ij} = \sum (h^i \oplus h^j)$。

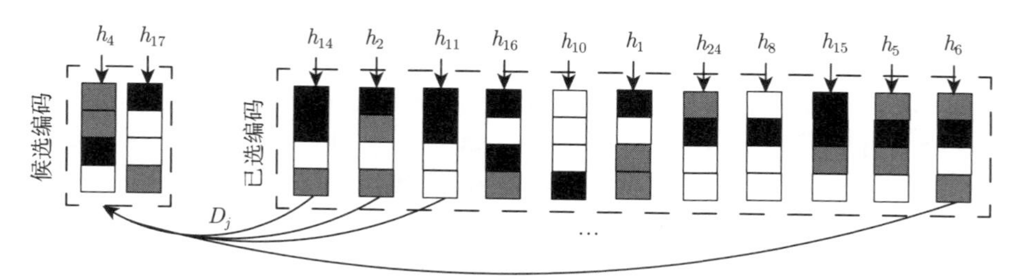

图 2.6 优化删减纠错输出编码算法说明性示意图

优化删减纠错输出编码算法的步骤如下：

步骤 1 初始化。设定初始 Metric_0。列出纠错输出编码的所有组合个数 M_{init} 和最终所需的集合个数 M_{fina}，设定初始 $\text{Metric}_0 = 0$。

步骤 2 训练每个基分类器及含 M_{init} 个基分类器的集成分类器，设定算法：

如果组合分类器分类错误且基分类器分类错误，则 $\text{Metric}_i = \text{Metric}_i - 2$。

如果组合分类器分类错误但基分类器分类正确，则 $\text{Metric}_i = \text{Metric}_i + 2$。

如果组合分类器分类正确且基分类器分类正确，则 $\text{Metric}_i = \text{Metric}_i + 1$。

步骤 3 根据 Metric_i 值进行排序，选择 Metric_i 值最大的基分类器作为选定的第一个基分类器。

步骤 4 按照步骤 3 排好的顺序，将剩下前 b 个基分类器作为候选，计算与选定的基分类器之间的分离度 D_j。

步骤 5 对 D_j 值进行排序，选择 D_j 值最大的基分类器作为选定的下一个基分类器。

步骤 6 判断是否达到基分类器的最终个数循环直至选定的基分类器达到指定个数 M_{fina}。

步骤 7 判断是否达到基分类器最终个数 M_{fina}，若否，则返回步骤 2。

算法中，参数 $b = l/a$，l 为每轮迭代后剩下的基分类器个数，$l = M_{\text{init}} - i$。

考虑到评分的重要度，a 的取值一般设定为 3，代表选择排序中前 1/3 的基分类器作为候选。

3. 岩性识别

本节选取松辽盆地某井的 154 组测井数据与岩性数据进行建模分析。岩性数据的比例分别为 35∶52∶50∶17，各岩性数据具有明显的地不平衡特征。选取包含深侧向测井、浅侧向测井、自然伽马测井、声波测井、自然电位测井、微梯度幅度测井、微电位测井在内的七种与地层岩性相关的测井参数作为模型输入。

为了分析模型性能，将所提算法与八种经典编码算法进行对比，包括一对一纠错输出编码 (one vs one error correcting output code, OVO-ECOC)[25]、一对多纠错输出编码 (one vs all error correcting output code, OVA-ECOC)[26]、密集随机纠错输出编码 (dense random error correcting output code, DR-ECOC)[27]、稀疏随机纠错输出编码 (sparse random error correcting output code, SR-ECOC)[28]、判别式纠错输出编码 (discriminant error correcting output code, Dis. ECOC)[29]、最小数据复杂度纠错输出编码 (minimizing data complexity error correcting output code, MDC-ECOC)[30]、并发稀疏纠错输出编码(concurrency thinning error correcting output code, CTECOC)[24] 及优化节点嵌入纠错输出编码 (error correcting output code one, ECOC-ONE)[31]。这九种算法均以 KFDA 为基分类器。

图 2.7 是按 Metric 值排列的编码矩阵和应用 RECOC 算法所得到的最佳 ECOC。在图 2.7(a) 中，Metric 值在编码矩阵中从左到右递减，代表基分类器对总体分类器的贡献排序。RECOC 算法同时考虑了基分类器的准确性和分类器之间的差异性，算法的编码排序如图 2.7(b) 所示。

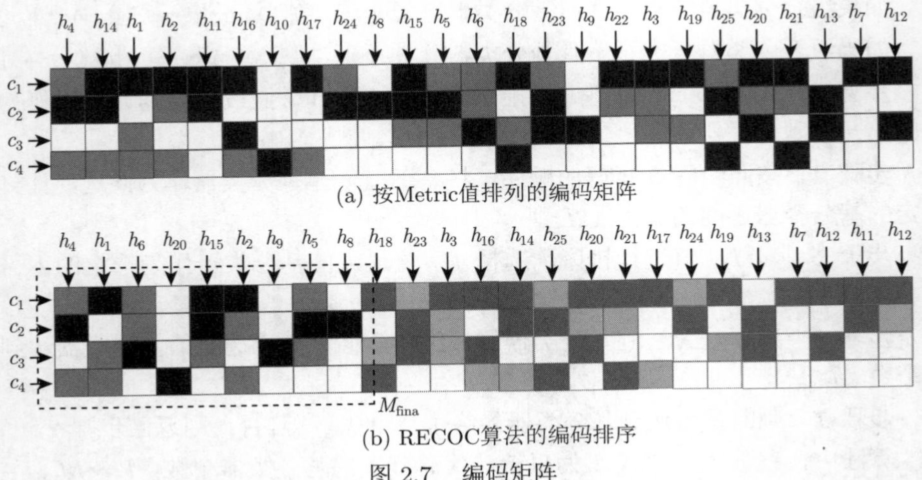

(a) 按Metric值排列的编码矩阵

(b) RECOC算法的编码排序

图 2.7　编码矩阵

为了直观地展示各对比算法的岩性识别准确率，表 2.2 展现了不同编码算法和 KFDA 对岩性的识别准确率。其中所提出的 RECOC 算法的识别准确率为 92.5%，在所有算法中是最高的。

表 2.2　岩性识别准确率　(单位: %)

算法	OVO-ECOC	OVA-ECOC	DR-ECOC	SR-ECOC	Dis. ECOC
识别准确率	89.4	85.8	85.1	88.8	88.0
算法	ECOC-ONE	MDC-ECOC	CTECOC	RECOC	KFDA
识别准确率	90.8	76.0	88.0	92.5	82.0

岩性识别准确率随编码矩阵长度变化的趋势如图 2.8 所示，CTECOC 算法考虑基分类器和集成分类器的准确率进行编码选择，本节所提出的 RECOC 算法同时考虑分类器的准确率和基分类器之间的差异性进行编码选择。由图 2.8 可以看出，在利用 RECOC 算法进行岩性识别时，其准确率随着基分类器个数先迅速上升，再缓慢下降。与 CTECOC 算法相比，本节所提出的 RECOC 算法能够利用少量的基分类器，在提高岩性识别效率的同时，增加了岩性识别准确率。

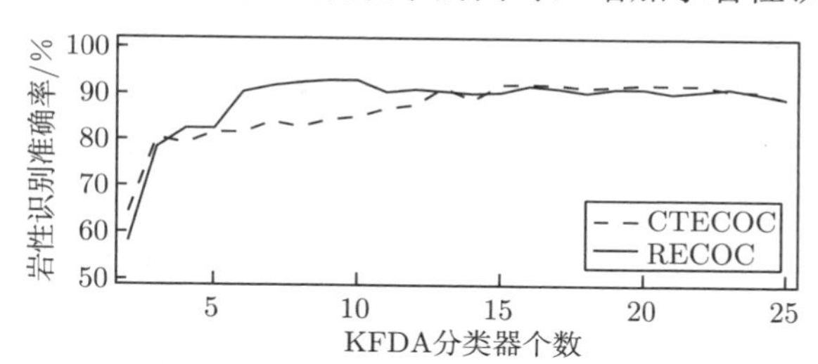

图 2.8　岩性识别准确率随编码矩阵长度变化的趋势

2.3.2　基于半监督学习的岩石力学参数计算

岩石力学参数表征岩石在不同物理环境和应力状态下变形和受破坏的特征参数。在钻进过程中常涉及的岩石力学参数包括杨氏模量 (E) 和泊松比 (ν)，用于描述岩层的强度和弹性特性，是地质力学建模、井筒稳定性分析和钻井工程风险管理的关键参数 [32]。

岩石力学参数可以通过岩心三轴实验获得，但取心测试过程耗时大且成本高，获取的岩石力学参数集是有限的、不连续的。此外，由于在实验过程中的人为操作因素，样本中可能存在异常值。由于室内实验样本的限制，随着钻进深度的增加，智能建模方法在岩石力学参数计算中的适用性受到影响。

半监督学习框架可以在有标签样本有限时，利用大量的无标签数据强化模型。其中，标签指的是样本数据对应的输出。在实际钻进过程中，随着钻进深度的增加，会收集到大量无标签样本，如与岩石力学参数高度相关的测井数据、岩性数据。如何利用大量的无标签样本提高岩石力学参数的计算精度是本节研究的重点。

针对上述问题，本节提出考虑数据相似性的岩石力学参数半监督计算方法[5]。该方法的创新点有以下三点：① 考虑标签样本存在异常值的问题，在样本个数有限时，样本异常值会导致模型预测性能下降，针对这种现象，提出一种适用于回归样本的标签样本异常值检测方法。② 针对岩石力学参数计算中相似岩性对应相似的岩石力学参数分布和变化趋势的特点，设计一种针对不同岩性的数据相似性衡量方法，通过衡量不同岩性的有标签样本和每组测试样本之间的相似性来选择数据训练模型。③ 考虑到在实际钻井工程中岩石力学参数的数量有限，提出一种半监督学习框架，同时利用少量有标签样本和大量无标签样本来强化训练模型，提高了整体预测精度。

1. 基于半监督学习的岩石力学参数计算模型

设输入矩阵 X 由有标签样本 $L=\{(x_1,y_1),(x_2,y_2),\cdots,(x_l,y_l)\}$ 和无标签样本 $U=\{x_1',x_2',\cdots,x_u'\}$ 共同组成，所提出的半监督学习方法通过建立函数关系 $f\colon X\rightarrow Y$ 计算伪标签 y_1' 及其可信度，将可信度高的标签投入模型中进行模型训练和更新。l 和 u 分别代表有标签样本和无标签样本的数量。

基于半监督学习的岩石力学参数计算模型框架如图 2.9 所示，主要包含三个部分：删减最小生成树支持向量回归 (detecting minimum spanning tree-support vector regression, DMTree-SVR) 子模型、相似性支持向量回归 (dissimilarity support vector regression, DSVR) 子模型和标签可信度评估部分。其中，DSVR 子模型计算样本数据对应的标签，DMTree-SVR 子模型在识别异常值的同时估计这些标签贡献。由标签可信度评估部分评估样本标签可信度，选择可信度高的无标签样本，生成伪标签并添加到有标签样本集中，迭代选择样本以扩大训练样本的规模，从而提高 DSVR 子模型的计算性能。

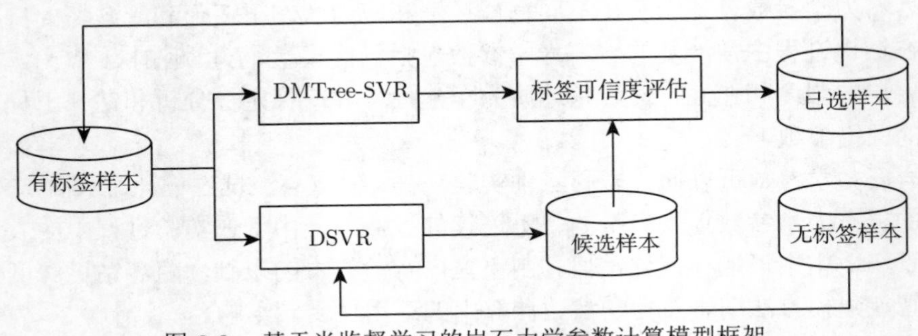

图 2.9　基于半监督学习的岩石力学参数计算模型框架

1) 删减最小生成树支持向量回归子模型

在标签样本数量较少的情况下，各类岩性数据中异常值的存在可能导致模型泛化能力下降。针对这一问题，提出删减最小生成树 (detecting minimum spanning tree，DMTree) 算法来识别异常值。在经典分类问题中，异常值可以定义为输入数据接近但属于不同类别的样本，但该定义不适用于回归问题。有研究按照分类问题的思路，将回归问题的异常值定义为在输入空间中彼此接近，但是在输出空间中有很大差值的样本。对于岩石力学参数的计算，相同的岩性特征一般意味着样本在输入空间和输出空间都彼此接近，即在同一类岩性中，输入相似、输出相差较大的值更有可能是异常值。在本节中，这种关系的度量被定义为样本紧凑度 d_i，$d_i = d_{\text{out}}/d_{\text{in}}$。其中，$d_{\text{in}}$ 表示在输入空间内最小生成树生成的各边所对应的权重，d_{out} 表示在输出空间内最小生成树生成的各边所对应的权重。

考虑到在钻进过程中地质环境具有不同程度的非均质特性，DMTree 算法在识别异常值时，选择 K 近邻迭代识别同类岩性中的异常值，所提出的 DMTree-SVR 算法的步骤如下：

步骤 1　设置允许的最大异常值数目 $M_{\max}$。

步骤 2　针对每个样本选择 K 个近邻，在输入空间选择建立该 K 个近邻的最小生成树 T_1，计算 T_1 中所有边的样本紧凑度的均值与方差。

步骤 3　利用样本 x_i 及其 K 个近邻建立最小生成树 T_2，选择连接 x_i 的最大边 d，计算其样本紧凑度 d_i。

步骤 4　计算每个样本异常度 Z_i，其中 $Z_i = \left|\dfrac{d_i - \mu_i}{\delta_i}\right|$。

步骤 5　判断 Z_i 是否大于 3，若是，则删除最高 Z_i 对应的样本点；若否，则跳至步骤 7。

步骤 6　判断已删除的异常值样本总量是否达到阈值 $M_{\max}$，若是，则继续步骤 7；若否，则返回步骤 2。

步骤 7　生成最终样本集。

在 DMTree-SVR 算法中，Z-score 法用来衡量点的异常程度，其原理是依据随机误差大部分都符合正态分布的假设，根据正态分布特点判定 $Z_i > 3$ 时出现了异常值。此方法计算简单，可以有效筛选出各类岩性数据中的异常值。在筛选并删除各类岩性数据中的异常值之后，用最终样本集训练并优化支持向量回归学习器，将得到的岩石力学参数预测结果作为评估样本标签可信度的依据。

2) 相似性支持向量回归子模型

针对同一岩性具有相似的岩石力学性质，对应相似的数据分布和变化趋势的特点，本节提出 DSVR 子模型，其目的在于动态选择与测试数据 U_j (或无标签样本) 相似性高的训练数据 L_i (或有标签样本) 来迭代训练模型。DSVR 子模型的核心是 DISSIM 算法，这种算法能够通过定量定义相似性指数 D 来衡量两组数据间的相似性 [33]，其表达式为

$$D=\frac{4}{J}\sum_{j=1}^{J}\left(\lambda_j-0.5\right)^2 \tag{2.15}$$

式中，λ_j 为新构建的协方差矩阵的第 j 个特征值。λ_j 的值越接近 0.5，两个不同的数据集越相似。所提出的 DSVR 子模型结构如图 2.10 所示。令 D_i^j 代表 i 类有标签样本集与 j 次迭代无标签样本集的相似性指数。DSVR 子模型的具体设计步骤如下：

步骤 1　计算无标签样本集 U 与有标签样本集 L 在各岩性类别的相似性指数 D_i^j；

步骤 2　根据计算得到的 D_i^j 值进行排序，选择相似性指数高的有标签样本集；

步骤 3　训练 SVR 模型，得到测试数据伪标签；

步骤 4　在进行标签可信度评估后，选择可信度高的样本加入有标签样本集中，更新标签样本集。

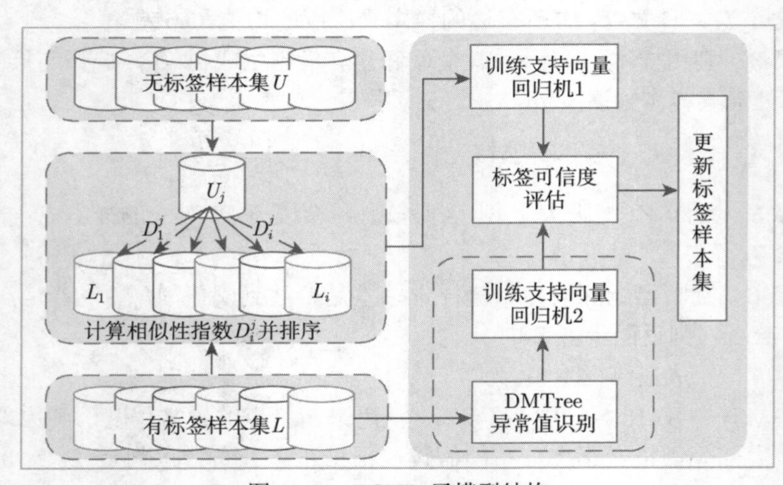

图 2.10　DSVR 子模型结构

3) 标签可信度评估

评估标签的可信度对于半监督回归非常重要，因为可信度高的样本会生成伪标签并加入有标签样本集中训练模型，直接影响模型性能。在分类问题中，通过计算无标签样本被标记到不同类别的概率，可以直接进行样本标签的判定；但在回归问题中，样本标签是连续的，分类问题的标签概率估计方法很难适用于回归问题。

针对上述问题，本节提出一种针对回归问题的标签可信度评估方法，在钻进过程中，通过比较无标签样本添加到有标签样本后对模型性能的影响来估计标签的可信度，即可信度高的无标签样本应有利于提升模型性能。标签可信度评估通过 MSE 表征为

$$\Delta_{u1} = \sum_{i=1}^{L} \left[(y_i - h(x_i))^2 - (y_i - h_j(x_i))^2 \right] \tag{2.16}$$

$$\Delta_{u2} = \sum_{i=1}^{L} \left[(y_i - h_{j-1}(x_i))^2 - (y_i - h_j(x_i))^2 \right] \tag{2.17}$$

式中，h_{j-1} 和 h_j 分别为模型第 $j-1$ 次和第 j 次的迭代预测结果；$\Delta_{ui}(i=1,2)$ 为不同轮次迭代的 MSE 相减的结果，Δ_{ui} 值越大，可信度越高。若同时满足 Δ_{u1} 和 Δ_{u2}，则意味着模型在第 j 次迭代中的 MSE 不仅要小于上一次迭代中的 MSE，而且要小于模型原始的 MSE。设置这两个约束是为了防止在添加伪标签样本后模型预测性能恶化。

2. 实验验证

选取两口勘查井约 400 组岩石样本，对半监督岩石力学参数模型进行训练和测试。样本由辉绿岩、辉长岩、片麻岩、砂岩等组成。每组样本集分为两个子集：有标签样本和无标签样本。在每组训练集中，有标签样本和无标签样本按照不同的比例 p 划分，$p=\{25\%, 35\%, 45\%\}$。例如，假设训练集包含 200 个样本，当标签率为 25% 时，将 50 个样本划分为有标签样本，其余 150 个样本划分为无标签样本。此外，考虑到训练过程中的过拟合问题，采取五折交叉验证方法进行实验，取误差平均值作为最终误差。

为了验证所提方法的有效性，选择平均绝对误差 (mean absolute error, MAE) 作为模型性能的评价指标，MAE 越小，意味着预测效果越好。选择五种监督方法以及三种半监督方法与所提出的半监督方法 (N3) 进行对比，五种监督方法包括 ANFIS[32]、K 最近邻(K-nearest neighbor, KNN) 回归、粒子群优化-支持向量回归 (particle swarm optimization-support vector regression, PSO-SVR)[34]、DMTree-SVR(N1) 和 DSVR(N2) 方法，三种半监督方法包括帮助学习的偏最小二乘支持向量回归 (help-training-least squares-support vector regression, HTLS-SVR)[35]、安全回归 (safe regression, SAFER)[36] 和协同回归 (co-regression, COREG)[37] 方法。其中，SAFER 和 COREG 方法使用 KNN 计算岩石力学参数和评估标签可信度；HTLS-SVR 方法使用 SVR 计算岩石力学参数，使用 KNN 评估标签可信度。为了便于展示模型性能，通过箱形图显示泊松比和杨氏模量的 MAE 的分散情况。各方法的评价指标对比如表 2.3 和表 2.4 所示。

表 2.3　井 A 与井 B 井壁围岩泊松比的 MAE 均值　(单位: %)

方法	井 A 泊松比			井 B 泊松比		
	25%	35%	45%	25%	35%	45%
N3	**2.38**	**1.75**	**1.79**	**5.78**	**5.29**	**4.63**
N2	2.44	1.84	1.93	6.19	5.69	5.65
N1	2.56	2.14	2.30	6.05	6.06	5.89
PSO-SVR	2.79	2.09	2.57	6.28	7.74	6.43
ANFIS	4.60	3.72	3.15	6.16	6.37	6.07
KNN	10.12	5.11	4.75	6.54	6.38	5.66
HTLS-SVR	2.85	3.57	1.93	8.86	6.41	5.73
SAFER	4.84	4.66	5.15	7.22	7.28	6.65
COREG	5.06	4.98	5.17	7.57	7.53	6.54

注：加粗表明该方法的均值最小，说明效果最好。

表 2.4　井 A 与井 B 井壁围岩杨氏模量的 MAE 均值　(单位: %)

方法	井 A 杨氏模量			井 B 杨氏模量		
	25%	35%	45%	25%	35%	45%
N3	**6.43**	**6.85**	**6.85**	6.31	**6.56**	5.01
N2	7.16	7.02	7.00	**5.36**	7.11	6.67
N1	8.89	7.50	7.77	6.47	7.83	**4.58**
PSO-SVR	10.46	8.87	8.00	7.95	9.26	9.27
ANFIS	8.06	7.53	7.71	6.27	6.83	6.36
KNN	10.99	11.10	10.99	10.25	12.39	11.24
HTLS-SVR	9.48	7.11	7.11	7.40	7.01	6.08
SAFER	9.71	9.35	8.18	11.54	10.60	9.92
COREG	10.82	10.90	10.64	9.81	10.59	9.00

注：加粗表明该方法的均值最小，说明效果最好。

从井 A 和井 B 井壁围岩泊松比与杨氏模量的 MAE 均值可以看出，与 PSO-SVR 方法相比，N1 方法在大多数指标上的测试集实验误差更小，这说明所提出的 DMTree 算法能够有效地识别异常值。此外，N2 方法也能在 PSO-SVR 方法的基础上有效提高预测性能。N3 方法通过融合 N1 与 N2，预测误差要小于其他五种监督方法和三种半监督方法，能够较好地预测和捕捉岩石力学参数的变化趋势，这表明 N3 方法可以利用无标签样本有效提高模型性能。

2.3.3　井壁稳定性分析

在钻进过程中井眼被钻开前后，井壁围岩所受的地应力会发生相应变化，当地层岩石所受的地应力达到岩石剪切或者拉伸应力极限时，很有可能导致岩石破碎，从而发生井壁失稳的情况。因此分析井壁稳定性，实际上是分析井周应力分布、岩石力学性质与岩石破坏准则间的关系。

实际钻进过程中，地层稳定性三压力是井壁稳定性判别的核心。地层稳定性三压力包括地层压力、地层破裂压力与地层坍塌压力，其随深度变化的曲线构成钻井液密度窗口 (也称压力窗口)，是井身结构和钻井液设计的主要依据。根据地层受力及岩石力学特性，地层稳定性三压力的计算涉及岩性特征、岩石力学参数、地层压力。本节综合以上参数，针对某地热井 A 进行了井壁稳定性分析，并选取某一深度的井段进行实验。

1. 地应力分布计算

地应力分布计算是井壁稳定性分析的基础。地应力一般通过垂向应力 σ_v、水平最大应力 σ_H、水平最小应力 σ_h 进行描述。σ_v 也代表上覆地层压力，通过集成密度测井 (用岩心数据校准) 计算得到，计算公式为

$$\sigma_v = \overline{\rho}_g h_0 g + \int_{h_0}^{h} \rho_g g \mathrm{d}h \tag{2.18}$$

式中，$\overline{\rho}_g$ 为无密度测井值井段的平均密度；g 为重力加速度。利用式 (2.19) 计算水平最大应力和水平最小应力：

$$\begin{cases} \sigma_h = \dfrac{\nu}{1-\nu}\left(\sigma_v - b_{\text{iot}} P_p\right) + \left(\varepsilon_h + \nu\varepsilon_H\right)\dfrac{E}{1-\nu^2} + b_{\text{iot}} P_p \\ \sigma_H = \dfrac{\nu}{1-\nu}\left(\sigma_v - b_{\text{iot}} P_p\right) + \left(\varepsilon_H + \nu\varepsilon_h\right)\dfrac{E}{1-\nu^2} + b_{\text{iot}} P_p \end{cases} \tag{2.19}$$

式中，σ_v 为上覆地层压力；E 为杨氏模量；ν 为泊松比；P_p 为孔隙压力；ε_H 和 ε_h 分别为最大应力、最小应力对应的应变；b_{iot} 为有效应力系数，b_{iot} 的取值为 $0 < b_{\text{iot}} \leqslant 1$，一般确定为 $0.5 \sim 0.8$。地层压力可由 Eaton 公式计算得到。在深度大约为 7020ft 时，地层压力突然增加，其地层压力梯度为 10.3kPa/m，一般情况下，正常的地层压力梯度为 $9.81 \sim 10.4$kPa/m，此深度段仍为正常地层压力段。

经过微液压分析与诊断性断裂注入测试分析，获得了 7420ft 井深处水平最大应力与最小应力范围。由上述参数值计算得到的地应力分布如图 2.11 所示。其中，实线和虚线分别代表计算得到的水平最小应力和水平最大应力，这两个压力的计算值位于实际测量范围之内。

2. 坍塌压力与破裂压力计算

坍塌压力是指维持井壁不坍塌、不缩径的最小井内钻井液柱压力。破裂压力是指使地层产生水力裂缝或张开原有裂缝时的井底流体压力。要保证钻进过程中井壁围岩稳定，必须将泥浆密度控制在地层压力、坍塌压力与破裂压力之间。对于直井井壁坍塌压力计算，采用莫尔-库仑破坏准则，表达式为

$$P_b = \frac{(\eta 3\sigma_H - \sigma_h) + \alpha P_p\left(K^2 - 1\right) - 2CK}{K^2 + 1} \tag{2.20}$$

$$K = \cot\left(\frac{\pi}{4} - \frac{\Phi}{2}\right) \tag{2.21}$$

式中，C 为岩石内聚力；η 为应力修正参数；Φ 为岩石内摩擦角。

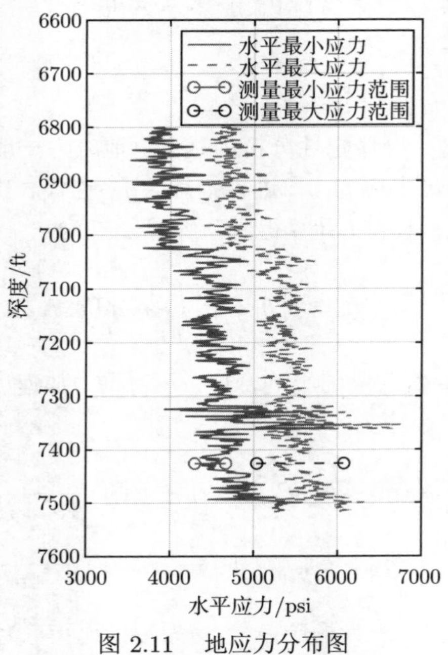

图 2.11　地应力分布图

研究井段的岩性为花岗岩和花岗闪长岩，经过岩心实验，井段平均摩擦角为 50.27°，内聚力确定为 4500psi (1psi=6.89476×10^{3}Pa)，抗拉强度 T 为 2793psi，岩石摩擦系数范围为 [0.4, 0.8]，一般取为 0.6[38]。

对于井壁破裂压力计算，按照最大拉应力理论，其最终表达式为

$$P_f = 3\delta_h - \delta_H - P_p + T \tag{2.22}$$

式中，T 为岩石抗拉强度，实验井段平均抗拉强度为 4500psi。

地层稳定性三压力随地层深度变化图如图 2.12 所示，将其换算成相应的钻井液当量密度，可以得到如图 2.13 所示的当量密度曲线。

实验井段以花岗岩和花岗闪长岩为主，存在天然裂缝以及钻进形成的诱导性裂缝，易发生漏失和井壁垮塌，钻井中应注意防塌、防漏失。本节结合地层环境及岩性条件，提出了泥浆安全裕度的概念。泥浆安全裕度是测量中总的不确定度的允许值，主要由测量器具的不确定度允许值及测量条件引起。

在井壁稳定分析中，安全裕度代表钻井液密度的不确定值，即针对易坍塌地层，适当提高钻井液上限，针对易破裂地层，适当降低钻井液上限。安全裕度的大小与

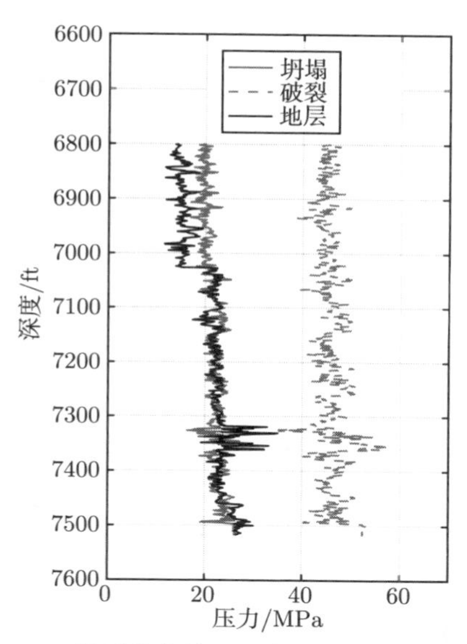

图 2.12　地层稳定性三压力随地层深度变化图

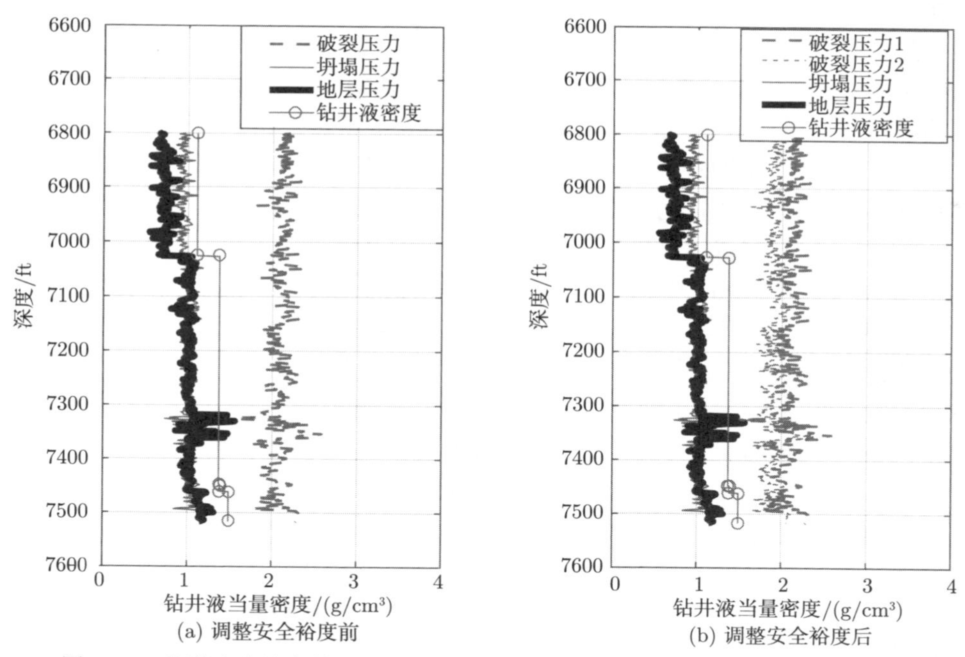

(a) 调整安全裕度前　(b) 调整安全裕度后

图 2.13　调整安全裕度前后地层稳定性三压力钻井液当量密度与钻井液密度分布

钻井液上下限之差的大小相关，为了保证井壁安全性，取钻井液上下限之差的 20% 作为钻井液安全裕度。调整安全裕度后的破裂压力当量密度如图 2.13 (b) 所示。从实际操作过程中的泥浆密度曲线也可以看出，操作员应尽量考虑地层裂缝对实际钻井液上下限的影响，入井的钻井液密度靠近坍塌压力钻井液当量密度和地层压力钻井液当量密度构成的钻井液密度下限，这是保证井壁稳定性的关键。

2.4 本章小结

本章通过分析复杂钻进过程的地质环境特征，通过地层特征参数计算建立地质环境模型，为复杂地质钻进过程效率优化与安全预警提供可靠依据。

2.1 节针对复杂地质钻进过程地层可钻性这一描述地层被钻难易程度的综合指标存在机理复杂、参数间相互耦合的特点，提出两种基于数据驱动的钻进点地层可钻性预测方法。第一种是钻进点地层可钻性融合建模方法，首先运用 Pearson 相关性分析方法确定与地层可钻性相关性最强的输入参数，然后分别采用极限学习机和新型自适应集成学习算法建立地层可钻性融合模型，实验结果表明所提算法在预测精度方面的优越性。第二种是钻进点地层可钻性在线建模方法，在融合模型的基础上，提取模型参数并采用递推最小二乘算法实现该参数的在线更新，实验结果表明该算法能有效提升地层可钻性的预测精度，为在复杂地质条件下实时预测并捕捉地层可钻性变化、在线更新地层可钻性模型提供了有效的解决方案。

2.2 节分别运用四种地统计和机器学习方法 (克里金插值、散点插值、随机森林和支持向量回归) 建立了三维地层可钻性场空间计算模型，提出了一种新型三维地层可钻性场空间计算模型结构。首先，引入互信息分析方法确定三维坐标与地层可钻性之间的空间相关性。然后，分别对四种地统计和机器学习方法进行十折交叉验证实验、三维建模和最终测试实验，结果表明散点插值 (地统计) 在十折交叉验证实验中获得的模型精度最高，而随机森林 (机器学习) 在三维建模和最终测试实验中的模型精度最高。三维地层可钻性场空间计算模型的建立将为钻进轨迹设计和优化提供可靠的三维地层环境描述。

2.3 节建立了地层岩性识别模型与岩石力学参数计算模型，以此为基础进行了井壁稳定性判别。首先，针对现有测井数据不均衡、不同岩性对应的测井数据相互重叠的问题，提出了一种融合优化删减纠错输出编码的集成学习算法，通过优化删减纠错输出编码组合建立集成模型。这种算法能够有效提高岩性识别准确率和识别效率。其次，在钻进过程中，岩石力学参数是进行井壁稳定性评估的重要参数，然而获得该参数耗时且昂贵，为了提高岩石力学参数的预测精度，本章提出了一种基于数据相似性的岩石力学参数半监督计算方法，此方法选择与测试数据集相似度最高的样本数据来动态训练模型，不断选择可信度高的数据加入模型数据集中，实验结果表明所提出方法的有效性。最后，在上述地层特征参数计算模型的基础上，以典型复杂地层条件下的实际地质钻进过程为对象，综合分析了某井段的井壁稳定性。

参考文献

[1] Gan C, Cao W H, Wu M, et al. Intelligent Nadaboost-ELM modeling method for formation drillability using well logging data[J]. Journal of Advanced Computational Intelligence and Intelligent Informatics, 2016, 20(7): 1103-1111.

[2] Gan C, Cao W H, Wu M, et al. An online modeling method for formation drillability based on OS-Nadaboost-ELM algorithm in deep drilling process[J]. IFAC-PapersOn Line, 2017, 50(1): 12886-12891.

[3] Gan C, Cao W H, Liu K Z, et al. Spatial estimation for 3D formation drillability field: A modeling framework[J]. Journal of Natural Gas Science and Engineering, 2020, 84: 103628.

[4] Chen X, Cao W H, Gan C, et al. A hybrid reducing error-correcting output code for lithology identification[J]. IEEE Transactions on Circuits and Systems II: Express Briefs, 2020, 67(10): 2254-2258.

[5] Chen X, Cao W H, Gan C, et al. Semi-supervised support vector regression based on data similarity and its application to rock-mechanics parameters estimation[J]. Engineering Applications of Artificial Intelligence, 2021, 104: 104317.

[6] 汤凤林, 加里宁 A F, 段隆臣. 岩心钻探学 [M]. 2 版. 武汉：中国地质大学出版社, 2009.

[7] Hu J, Wu M, Chen X, et al. Multi-model ensemble prediction model for carbon efficiency with application to iron ore sintering process[J]. Control Engineering Practice, 2019, 88: 141-151.

[8] Huang G, Zhu Q, Siew C. Extreme learning machine: Theory and applications[J]. Neurocomputing, 2006, 70(1-3): 489-501.

[9] Huang G, Zhou H, Ding X, et al. Extreme learning machine for regression and multiclass classification[J]. IEEE Transactions on Systems Man and Cybernetics, Part B: Cybernetics, 2012, 42(2): 513-529.

[10] Freund Y, Schapire R E. A decision-theoretic generalization of on-line learning and an application to boosting[J]. Journal of Computer and System Sciences, 1997, 55(1): 119-139.

[11] Soares C, Gray K. Real-time predictive capabilities of analytical and machine learning rate of penetration (ROP) models[J]. Journal of Petroleum Science and Engineering, 2019, 172: 934-959.

[12] Gan C, Cao W H, Wu M, et al. Prediction of drilling rate of penetration (ROP) using hybrid support vector regression: A case study on the Shennongjia area, central China[J]. Journal of Petroleum Science and Engineering, 2019, 181: 106200.

[13] Gan C, Cao W H, Wu M, et al. Two-level intelligent modeling method for the rate of penetration in complex geological drilling process[J]. Applied Soft Computing, 2019, 80: 592-602.

[14] Gao W F, Hu L, Zhang P. Class-specific mutual information variation for feature selection[J]. Pattern Recognition, 2018, 79: 328-339.

[15] Pouladi N, Miller A B, Tabatabai S, et al. Mapping soil organic matter contents at field level with cubist, random forest and Kriging[J]. Geoderma, 2019, 342: 85-92.

[16] Mohammadi H, Seifi A, Foroud T. A robust Kriging model for predicting accumulative outflow from a mature reservoir considering a new horizontal well[J]. Journal of Petroleum Science and Engineering, 2012, 82-83: 113-119.

[17] Hegde C, Gray K E. Use of machine learning and data analytics to increase drilling efficiency for nearby wells[J]. Journal of Natural Gas Science and Engineering, 2017, 40: 327-335.

[18] Mercadier M, Lardy J P. Credit spread approximation and improvement using random forest regression[J]. European Journal of Operational and Research, 2019, 277: 351-365.

[19] Zeng H S, Li J K, Huo Q L. A review of alkane gas geochemistry in the Xujiaweizi fault-depression, Songliao basin[J]. Marine and Petroleum Geology, 2013, 43: 284-296.

[20] Liu M X, Zhang D Q, Chen S C, et al. Joint binary classifier learning for ECOC-based multi-class classification[J]. IEEE Transactions on Pattern Analysis and Machine Intelligence, 2016, 38 (11): 2335-2341.

[21] Luo D, Liu A. Kernel Fisher discriminant analysis based on a regularized method for multiclassification and application in lithological identification[J]. Mathematical Problems in Engineering, 2015, 6: 1-8.

[22] Dong S Q, Wang Z Z, Zeng L B. Lithology identification using kernel Fisher discriminant analysis with well logs[J]. Journal of Petroleum Science and Engineering, 2016, 143: 95-102.

[23] Dong S Q, Zeng L B, Du X Y, et al. Lithofacies identification in carbonate reservoirs by multiple kernel Fisher discriminant analysis using conventional well logs: A case study in A oilfield, Zagros basin, Iraq[J]. Journal of Petroleum Science and Engineering, 2021, 210: 110081.

[24] Hatami N. Thinned-ECOC ensemble based on sequential code shrinking[J]. Expert Systems with Applications, 2012, 39(1): 936-947.

[25] Galar M, Fernández A, Barrenechea E, et al. NMC: Nearest matrix classification—A new combination model for pruning one-vs-one ensembles by transforming the aggregation problem[J]. Information Fusion, 2017, 36: 26-51.

[26] Zhong G Q, Zheng Y C, Zhang P, et al. Deep error-correcting output codes[C]. Proceedings of International Conference on Learning Representations, Toulon, 2017: 1-11.

[27] Cramme K, Singer Y. On the learnability and design of output codes for multiclass problems[J]. Machine Learning, 2002, 47: 201-233.

[28] Dua D, Graff C. UCI machine learning repository[EB/OL]. https://archive.ics.uci.edu/ml/index.php, 2017.

[29] Pujol O, Radeva P, Vitria J. Discriminant ECOC: A heuristic method for application dependent design of error-correcting output codes[J]. IEEE Transactions on Pattern Analysis and Machine Intelligence, 2006, 28(6): 1007-1012.

[30] Sun M X, Liu K H, Wu Q Q, et al. A novel ECOC algorithm for multiclass microarray data classification based on data complexity analysis[J]. Pattern Recognition, 2019, 90: 346-362.

[31] Escalera S, Pujol O, Radeva P. ECOC-ONE: A novel coding and decoding strategy[C]. 18th International Conference on Pattern Recognition, Hong Kong, 2006: 578-581.

[32] Singh R, Kainthola A, Singh T N. Estimation of elastic constant of rocks using an ANFIS approach[J]. Applied Soft Computing, 2012, 12: 40-45.

[33] Zhao C H, Wang F L, Mao Z Z, et al. An adaptive DISSIM algorithm for statistical process monitoring[J]. IFAC Proceedings Volumes, 2008, 41(2): 4529-4534.

[34] Chen X, Cao W H. Lithologic identification for imbalanced logging data based on AdaC2-SVM in drilling process[C]. Proceedings of 37th Chinese Control Conference, Wuhan, 2018: 9400-9403.

[35] 程玉虎, 冀杰, 王雪松. 基于 Help-Training 的半监督支持向量回归 [J]. 控制与决策, 2012, 27(2): 205-226.

[36] Li Y F, Zha H W, Zhou Z H. Learning safe prediction for semi-supervised regression[C]. Proceedings of the AAAI Conference on Artificial Intelligence, San Francisco, 2017: 2217-2223.

[37] Zhou Z H, Li M. Semisupervised regression with cotraining-style algorithms[J]. IEEE Transactions on Knowledge and Data Engineering, 2007, 19(11): 1479-1493.

[38] Bakshi R, Halvaei M E, Ghassemi A. Geomechanical characterization of core from the proposed FORGE laboratory on the eastern snake river plain, Idaho[C]. Proceedings of 41st Workshop on Geothermal Reservoir Engineering, Stanford, 2016: 1-15.

第 3 章　钻进轨迹优化设计

在复杂地质钻进过程中，要实现钻进轨迹的准确跟踪、降低井下事故，如何合理设计钻进轨迹是其中的关键问题之一。钻进轨迹优化设计需要考虑地层因素、钻进操作参数以及轨迹设计对后续轨迹控制的影响，这样的轨迹优化问题往往是多目标、多约束的。如何解决复杂轨迹优化问题，实现钻进轨迹优化设计，从而保障钻进过程的安全高效，是亟待研究的难点问题。本章针对不同的工程需求，建立轨迹优化问题模型，提出轨迹优化算法。

3.1　针对几何特性的钻进轨迹优化设计

在特定钻井工艺和地层条件下，通过最小化钻进轨迹长度来优化钻进轨迹，能够直接降低钻井成本。然而，更短的钻进轨迹长度往往意味着更复杂的井眼结构，将会产生快速变化的井斜角和方位角，以及较大的狗腿角，增大钻进安全风险。本节针对钻进轨迹几何特性，以最小化钻进轨迹长度和复杂度为优化目标，研究钻进轨迹多目标优化问题。

3.1.1　考虑井身轮廓能量的钻进轨迹优化设计

地质钻进过程可能遇到多种复杂情况，如地层过硬、钻压不足等，导致实钻轨迹偏离设计轨迹。若实钻轨迹与设计轨迹之间的偏差过大，则需要基于原有轨迹，重新设计侧钻轨迹进行侧钻到达目标靶区。侧钻井的轨迹设计不仅具有较高的入靶要求，其钻进轨迹长度也相对较短，因此具有快速变化的井斜角和方位角，存在钻进轨迹弯曲和扭转较大的情况，产生下钻困难、钻压难以传递到井底等问题。井身轮廓能量是综合考虑钻进轨迹弯曲和扭转的指标，能够反映钻进轨迹的复杂程度 [1]。

本节介绍以最小化井身轮廓能量为优化目标的轨迹优化算法 [2,3]。

1. 优化模型

针对如图 3.1 所示的侧钻水平井轨迹示意图，以最小化钻进轨迹长度、井身轮廓能量和中靶误差为目标，以靶窗平面为约束，建立轨迹优化模型为

$$
\min\{f_1(x)=L, f_2(x)=Q_w, f_3(x)=\mathrm{TE}\}
$$
$$
\text{s.t.}\begin{cases}
k_{\alpha,i}^{\mathrm{lb}}\leqslant k_{\alpha,i}\leqslant k_{\alpha,i}^{\mathrm{ub}},\ \ k_{\varphi,i}^{\mathrm{lb}}\leqslant k_{\varphi,i}\leqslant k_{\varphi,i}^{\mathrm{ub}}\\
g_1(x)\leqslant\sqrt{(N_B-N_T)^2+(E_B-E_T)^2}-H_{\max}\\
g_2(x)\leqslant|D_B-D_T|-D_{\max}\\
g_3(x)\leqslant -L_1\\
g_4(x)\leqslant -L_2\\
h_1(x)=(N_B-N_T)\,t_N+(E_B-E_T)\,t_E+(D_B-D_T)\,t_D
\end{cases}\tag{3.1}
$$

式中，L 为钻进轨迹长度；Q_w 为井身轮廓能量；TE 为中靶误差；决策变量 $x=(k_{\alpha,1},k_{\varphi,1},k_{\alpha,2},k_{\varphi,2})$ 为井段 OA、OB 的井斜角变化率和方位角变化率；$g_1(x)$ 和 $g_2(x)$ 两个约束分别使轨迹终点与靶点的水平距离不超过靶窗的宽度和高度；(t_N,t_E,t_D) 为靶窗法向量；约束 $h_1(x)$ 保证轨迹终点在靶窗平面上；上标 lb、ub 分别为下边界 (lower bound) 和上边界 (upper bound)。

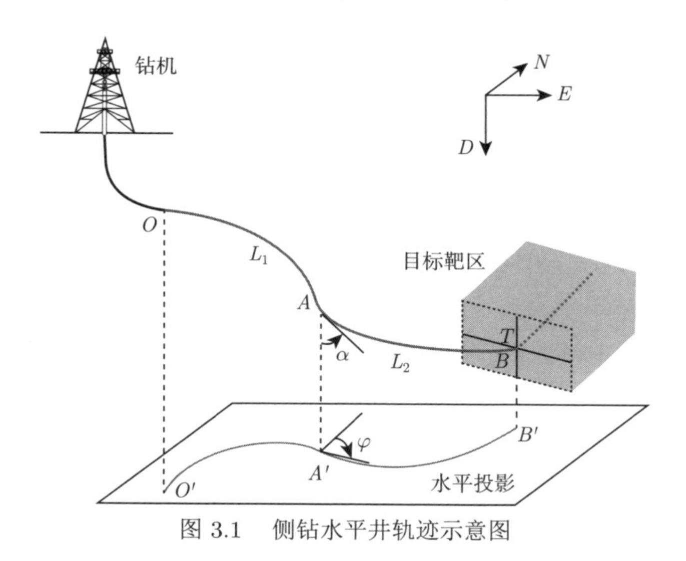

图 3.1　侧钻水平井轨迹示意图

基于自然曲线模型，第一个优化目标钻进轨迹长度 L 可以用井斜角变化率、方位角变化率求得，即

$$
L=L_1+L_2
$$

$$
\begin{cases}
L_1=(\Delta\alpha-k_{\alpha,2}L_2)/k_{\alpha,1}\\
L_2=\left(\Delta\alpha-\dfrac{k_{\alpha,1}}{k_{\varphi,1}}\Delta\varphi\right)\Big/\left(k_{\alpha,2}-\dfrac{k_{\varphi,2}}{k_{\varphi,1}}k_{\alpha,1}\right)
\end{cases}\tag{3.2}
$$

第二个优化目标井身轮廓能量 Q_w 为轨迹的挠率平方与曲率平方之和在钻进轨迹长度上的积分，用于表征钻进轨迹的复杂程度，即

$$Q_w = \int_0^L \left(t_\tau^2(x) + t_\kappa^2(x)\right) \mathrm{d}x \tag{3.3}$$

可以用式 (3.4) 估算井身轮廓能量 [4]：

$$Q_w = \left(t_{\tau,1}^2 + t_{\kappa,1}^2\right) L_1 + \left(t_{\tau,2}^2 + t_{\kappa,2}^2\right) L_2$$

$$\begin{cases} t_{\tau,i} = \sqrt{k_{\alpha,i}^2 + k_{\varphi,i}^2 \sin^2\left(\dfrac{\alpha_{i-1}+\alpha_i}{2}\right)}, & i=1,2 \\ t_{\kappa,i} = k_{\varphi,i}\left(1+\dfrac{k_{\alpha,i}^2}{k_i^2}\right)\cos\left(\dfrac{\alpha_{i-1}+\alpha_i}{2}\right), & i=1,2 \end{cases} \tag{3.4}$$

第三个优化目标是中靶误差 TE。考虑到轨迹终点已经被约束到靶窗平面上，定义中靶误差为轨迹终点与目标靶点的距离与靶窗半对角线长度之比，即

$$\mathrm{TE} = \frac{\sqrt{(N_B - N_T)^2 + (E_B - E_T)^2 + (D_B - D_T)^2}}{\sqrt{(H_{\max}/2)^2 + (D_{\max}/2)^2}} \tag{3.5}$$

式中，(N_B, E_B, D_B) 为轨迹终点 B 的北、东、垂深方向坐标；(N_T, E_T, D_T) 为靶窗中点 T 的北、东、垂深方向坐标；$H_{\max}$ 和 $D_{\max}$ 分别为靶窗的高度和宽度。

2. 优化算法

轨迹优化目标中钻进轨迹长度和井身轮廓能量相互矛盾，减小钻进轨迹长度会增大井身轮廓能量，不能同时达到最优，另外需要考虑式 (3.1) 所示的非线性约束。本节将自适应罚函数 (adaptive penalty function, APF) 法 [5] 结合到 MOEA/D[6] 中，形成 APF-MOEA/D 算法求解该轨迹优化问题。

APF 对于单目标的约束优化问题十分有效，它根据当前种群的可行解比例调整自适应罚函数的惩罚因子。对于个体 x，其适应度值可由式 (3.6) 计算得到：

$$F(x) = \begin{cases} f(x), & x \text{ 是可行解} \\ v(x), & \text{种群中无可行解} \\ \sqrt{f(x)^2 + v(x)^2} + [(1-r_f)v(x) + r_f f(x)], & \text{其他情况} \end{cases} \tag{3.6}$$

式中，$f(x)$ 为目标函数值；$v(x)$ 为违约值；r_f 为当前种群中可行解的比例。

MOEA/D 将多目标优化问题分解为多个具有不同权重的单目标优化子问题，能够充分发挥 APF 的优点，其优化性能的关键之一是分解方法。本节的轨迹优

化问题具有未知的真实帕累托前沿 (Pareto front, PF)，所以采用对 PF 不敏感的切比雪夫分解方法。结合式 (3.6) 的自适应罚函数法，子问题可以表示为

$$\min \left\{g^{\text{te}}\left(x|\lambda, z^*\right)\right\} = \max_{1\leqslant i\leqslant 3}\left\{\lambda_i\left|\frac{F(x)-z_i^*}{z_i^{\text{nad}}-z_i^*}\right|\right\} \tag{3.7}$$

式中，g^{te} 为分解后子问题的适应度；$z^*=\left(z_1^*, z_2^*, z_3^*\right)$ 为理想点，具有当前种群中最小的钻进轨迹长度、井身轮廓能量和中靶误差；$z^{\text{nad}}=\left(z_1^{\text{nad}}, z_2^{\text{nad}}, z_3^{\text{nad}}\right)$ 对应当前种群中最大的钻进轨迹长度、井身轮廓能量和中靶误差；$\lambda=(\lambda_1, \lambda_2, \lambda_3)^{\text{T}}$ 为一个权重向量，且有 $\sum\limits_{i=1}^{3}\lambda_i=1$。权重向量 λ 的数量与种群大小均为 N，从 $\{\lambda^1, \lambda^2, \cdots, \lambda^N\}$ 中选出 M 个与 λ^i 接近的权重向量，形成 λ^i 的邻域，就可以利用邻域内的个体进行子问题的寻优。

应用 APF-MOEA/D 算法求解本节轨迹优化问题的步骤如下：

步骤 1　输入钻进轨迹优化问题，种群大小 N，最大迭代次数 G，权重向量的邻域大小 M。

步骤 2　初始化。

(1) 生成 N 个权重向量 $\left\{\lambda^1, \lambda^2, \cdots, \lambda^N\right\}$，计算权重向量之间的距离。根据距离得到与每个 λ^i 距离最近的 M 个权重向量。

(2) 随机生成初始种群，初始化 z^{nad}、z^*、$v_{\max}$ 和 r_f，$v_{\max}$ 为最大违约值。

步骤 3　更新种群。

(1) 利用交叉变异生成新的个体 x^*。

(2) 更新 z^{nad}、z^*、$v_{\max}$ 和 r_f。

(3) 对于 λ^j 邻域中的个体 x^j，计算目标函数值 $f(x^*)$ 和 $f(x^j)$、违约值 $v(x^*)$ 和 $v(x^j)$。根据 $r_f=0$ 计算 $g^{\text{te}}(x^*|\lambda^*, z^*)$ 和 $g^{\text{te}}(x^j|\lambda^j, z^*)$，保留值更小的个体。

步骤 4　如果迭代次数达到 G，停止并输出当前种群，否则，返回步骤 3。

多目标优化算法会产生具有多个非劣解的解集，但是一个钻进工程只能实现一个设计轨迹。决策者需要从解集中选择一个方案，然而“一个好的轨迹设计方案”是一个不明确的概念。本节提出基于最小模糊熵的综合评价方法 (comprehensive evaluation based on minimum fuzzy entropy，CE/MFE)[2]，建立隶属度函数将每个目标函数值模糊化，然后对每个解进行模糊综合评价。

定义模糊概念轨迹长度较短、中等、较长分别为 $A_1(x)$、$A_2(x)$、$A_3(x)$，其中 x 为钻进轨迹长度。计算钻进轨迹长度的模糊熵为

$$H(A_1, A_2, A_3)=\frac{1}{n\ln 2}\sum_{i=1}^{n}\left[s\left(A_1(x)\right)+s\left(A_2(x)\right)+s\left(A_3(x)\right)\right] \tag{3.8}$$

式中，

$$s(x)=\begin{cases}-x\ln x-(1-x)\ln(1-x), & x\in(0,1)\\ 0, & x=0\ 或\ x=1\end{cases} \tag{3.9}$$

$$A_1(x)=\begin{cases}1, & x\leqslant t_1\\ (\overline{x}-x)/(\overline{x}-t_1), & t_1<x\leqslant\overline{x}\\ 0, & 其他\end{cases} \tag{3.10}$$

$$A_2(x)=\begin{cases}(x-t_1)/(\overline{x}-t_1), & t_1<x\leqslant\overline{x}\\ (t_2-x)/(t_2-\overline{x}), & \overline{x}<x\leqslant t_2\\ 0, & 其他\end{cases} \tag{3.11}$$

$$A_3(x)=\begin{cases}1, & t_2<x\\ (x-\overline{x})/(t_2-\overline{x}), & \overline{x}<x\leqslant t_2\\ 0, & 其他\end{cases} \tag{3.12}$$

$H(A_1,A_2,A_3)$ 最小时的 t_1 和 t_2 即为隶属度函数参数。类似地，定义井身轮廓能量低、中等、高的隶属度函数分别为 $B_1(x)$、$B_2(x)$、$B_3(x)$，中靶误差小、中等、大的隶属度函数分别为 $C_1(x)$、$C_2(x)$、$C_3(x)$，以最小模糊熵为目标求得这些函数的 t_1 和 t_2。

对于一个解 x_i，其模糊评价矩阵 R 可由式 (3.13) 计算得到：

$$R_i=\begin{bmatrix}A_1(f_{1,i}) & A_2(f_{1,i}) & A_3(f_{1,i})\\ B_1(f_{2,i}) & B_2(f_{2,i}) & B_3(f_{2,i})\\ C_1(f_{3,i}) & C_2(f_{3,i}) & C_3(f_{3,i})\end{bmatrix} \tag{3.13}$$

从而得到解 x_i 在权重 W 下的综合评价值为

$$Y_i=WR_i=[y_{1,i},y_{2,i},y_{3,i}] \tag{3.14}$$

基于最小模糊熵的综合评价方法的主要步骤如下：

步骤 1 根据轨迹多目标优化问题的解集计算各个目标函数的隶属度函数。

步骤 2 构建模糊评价矩阵。

步骤 3 根据给定的权重向量 W，计算每个解在轨迹设计方案“较好、一般、不好”的隶属度。

步骤 4 输出在轨迹设计方案中“较好”隶属度最高的解作为最终设计方案。

3. 仿真分析

为了验证前述方法的有效性，以文献 [4] 中一个两段式侧钻水平井为例进行仿真。靶点与侧钻起点的坐标差为 [180m, −100m, 30m]，侧钻起点的井斜角为 75°、方位角为 310°，要求入靶时的井斜角为 90°、方位角为 345°，井段的井斜角变化率、方位角变化率均不超过 12°/30m。

将本节所提出的 APF-MOEA/D 算法与三种经典多目标优化算法进行对比，包括 NSGA-II [7]、约束 MOEA/D (C-MOEA/D)[8] 和改进 ϵ 约束 MOEA/D (SaE-MOEA/D)[9]。用超体积 (hypervolume，HV) 指标 [10] 作为评价指标，它能够表征解集的收敛性和多样性，设置参考点为 (220, 10, 1)，结果如表 3.1 所示，其中加粗表示 APF-MOEA/D 取得最大超体积，即该算法的效果最好。

表 3.1　超体积指标的均值和标准差

算法	NSGA-II	C-MOEA/D	SaE-MOEA/D	APF-MOEA/D
均值	8.10×10^{-3}	7.30×10^{-3}	9.80×10^{-3}	$\mathbf{1.13\times10^{-2}}$
标准差	2.80×10^{-3}	1.50×10^{-3}	1.60×10^{-3}	1.20×10^{-3}

在四种算法中，NSGA-II 基于支配规则处理多目标，其他三种算法基于分解的多目标优化算法。NSGA-II 和 C-MOEA/D 具有同样的约束处理方法：优先保留可行解，不可行解中违约值小的个体优于违约值大的个体。SaE-MOEA/D 的约束处理方法中设置了一个区分可行解与不可行解的阈值，该阈值随种群中可行解的比例变化。对比 C-MOEA/D 和 NSGA-II，APF-MOEA/D 的解集具有多样性 (HV 标准差更小) 和更稳定的收敛性；对比 SaE-MOEA/D 和 C-MOEA/D，APF-MOEA/D 根据种群中可行个体的比例动态处理约束的策略更为有效；对比 APF-MOEA/D 和 SaE-MOEA/D，把目标函数和约束分开处理会损失不可行解中有利于种群进化的信息，APF-MOEA/D 更适合处理本节轨迹多目标优化问题的约束 (HV 均值更大)。

利用 APF-MOEA/D 得到的非劣解集，可以求得各个目标函数特征的隶属度函数如图 3.2 所示。在图 3.2(a) 中，$t_{a1} = 210.0\text{m}$、$\overline{x}_a = 213.8\text{m}$、$t_{a2} = 215.8\text{m}$；在图 3.2(b) 中，$t_{b1} = 6.5$、$\overline{x}_b = 6.8$、$t_{b2} = 7.3$；在图 3.2 (c) 中，$t_{c1} = 0.22$、$\overline{x}_c = 0.54$、$t_{c2} = 0.77$。基于隶属度函数，用 CE/MFE 方法进行轨迹方案决策，对比 CE/MFE、逼近理想解排序法 (technique for order preference by similarity to an ideal solution，TOPSIS)[11]、香农熵 [11] 以及多维偏好分析线性规划法 (linear programming technique for the multidimensional analysis of preferences，LINMAP)[12] 决策的轨迹方案 (表 3.2)。

权重向量 W 代表三个目标函数钻进轨迹长度、井身轮廓能量、中靶误差的重要程度。$W = [1/3, 1/3, 1/3]$ 代表三个目标同样重要，CE/MFE 方法选择的解在轨

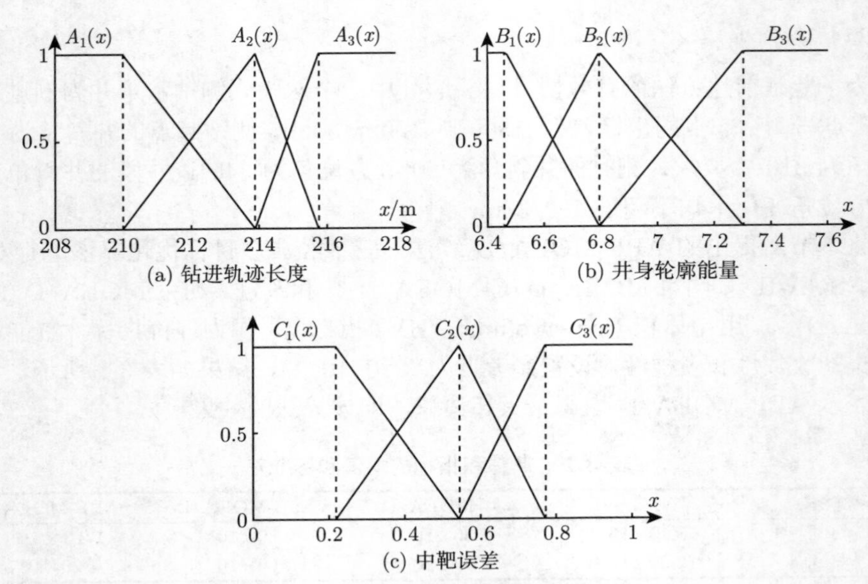

图 3.2　每个目标函数特征的隶属度函数

表 3.2　不同决策方法选择最终轨迹方案的结果

决策方法	隶属度			决策参数 /((°)/30m)				目标函数		
	较好	一般	不好	$k_{\alpha,1}$	$k_{\varphi,1}$	$k_{\alpha,2}$	$k_{\varphi,2}$	L/m	E_w	E_t
$W=[1/3,1/3,1/3]$										
CE/MFE	0.67	0.10	0.23	1.9	6.4	2.5	2.5	212.4	6.9	0.14
TOPSIS	0.38	0.29	0.33	1.9	6.7	2.5	1.9	210.3	7.4	0.52
LINMAP	0.33	0	0.67	2.0	5.9	2.2	2.7	217.2	6.5	0.94
香农熵	0.3	0.3	0.4	1.9	6.8	2.5	1.8	210.0	7.5	0.58
$W=[4/5,1/10,1/10]$										
CE/MFE	0.9	0.03	0.07	2.0	6.6	2.4	2.2	210.7	7.2	0.34
TOPSIS	0.8	0.07	0.12	1.9	6.8	2.5	1.8	210.0	7.5	0.58
LINMAP	0.1	0	0.9	2.0	5.9	2.2	2.7	217.2	6.5	0.94
香农熵	0.8	0.1	0.1	1.9	6.8	2.5	1.8	210.0	7.5	0.58
$W=[1/10,4/5,1/10]$										
CE/MFE	0.8	0.06	0.14	2.0	5.8	2.3	2.7	214.4	6.5	0.76
TOPSIS	0.5	0.34	0.16	2.0	5.9	2.4	2.3	215.0	6.7	0.67
LINMAP	0.8	0	0.2	2.0	5.9	2.2	2.7	217.2	6.5	0.94
香农熵	0.1	0.1	0.8	1.9	6.8	2.5	1.8	210.0	7.5	0.58
$W=[1/10,1/10,4/5]$										
CE/MFE	0.9	0.02	0.07	1.9	6.4	2.5	2.5	212.2	6.9	0.14
TOPSIS	0.9	0	0.1	1.9	6.7	2.5	2.6	211.3	7.1	0.21
LINMAP	0.1	0	0.9	2.0	5.9	2.2	2.7	217.2	6.5	0.94
香农熵	0.1	0.6	0.3	1.9	6.8	2.5	1.8	210.0	7.5	0.58
理想点								210.0	6.5	0.07

迹设计方案“较好”的隶属度为 0.67，这是因为三个优化目标相互矛盾，所以没有隶属度更大的解；W= [4/5,1/10,1/10] 代表最小化钻进轨迹长度较为重要；W = [1/10, 4/5, 1/10] 代表最小化井身轮廓能量较为重要；W = [1/10, 1/10, 4/5] 代表最小化中靶误差较为重要。对比四种方法在轨迹方案“较好”的隶属度，在不同的权重设置下，CE/MFE 方法选出在轨迹方案“较好”的隶属度都最高，且选出的解在轨迹方案“不好”的隶属度最低，说明 CE/MFE 方法能够在考虑井身轮廓能量的轨迹优化问题中，选出满意的设计方案。

3.1.2　具有参数不确定性的钻进轨迹优化设计

大位移井具有较多弯曲、扭转的钻进轨迹，虽然设计钻进轨迹是光滑的曲线，但是实际钻进轨迹会受工程因素影响，导致轨迹存在一些不可预见的、小范围的曲折。依据设计钻进轨迹估算钻柱摩擦阻力、扭矩等指标将会存在偏差，诱发一些安全问题，例如摩擦阻力估计过小，在实际钻进时产生滑动钻进困难的问题，甚至发生卡钻等事故。针对这一问题，将实际钻进轨迹的井斜角、方位角偏差视为轨迹设计中的不确定参数，通过求解具有参数不确定性的轨迹优化问题，可以降低实际钻进偏差对钻柱扭矩估计值的影响 [3,13]。

1. 优化模型

针对轨迹剖面如图 3.3 所示的多段式水平井，建立轨迹优化问题，其数学模型 [14] 为

$$\min\ \{f_1(x)=L(x), f_2(x,u_\alpha,u_\varphi)=T_{\rm ex}(x,u_\alpha,u_\varphi)\}$$
$$\text{s.t.}\begin{cases} g_1(x)=\text{TVD}_u-\text{TVD}\leqslant 0,\ g_2(x)=\text{TVD}-\text{TVD}_l\leqslant 0\\ g_3(x)=(N_F-N_T)^2+(E_F-E_T)^2-{R_t}^2\leqslant 0\\ g_4(x)=-L_1\leqslant 0,\ g_5(x)=-L_2\leqslant 0,\ g_6(x)=-L_3\leqslant 0\\ g_7(x)=-L_4\leqslant 0,\ g_8(x)=-L_5\leqslant 0\end{cases}\tag{3.15}$$

式中，TVD 为井段的垂深，TVD_u 和 TVD_l 分别为其上边界和下边界；$L_i(i=1,2,\cdots,5)$ 为第 i 段的钻进轨迹长度；$T_{\rm ex}$ 为钻柱扭矩的估计值；N_F 和 E_F 分别为轨迹终点的北坐标和东坐标；N_T 和 E_T 分别为靶点的北坐标和东坐标；R_t 为中靶误差。下面详细阐述 L 和 $T_{\rm ex}$ 的计算方法，钻进轨迹长度 L 为所有井段长度之和，即

$$L=D_{\rm kop}+L_1+L_2+L_3+L_4+L_5+\text{HD}\tag{3.16}$$

式中，HD 为水平段长度；$L_i\ (i=1,2,\cdots,5)$ 的计算方式为

$$L_i=\frac{1}{\kappa_i}\sqrt{(\alpha_{i+1}-\alpha_i)^2+(\varphi_{i+1}-\varphi_i)^2\sin^2\left(\frac{\alpha_{i+1}-\alpha_i}{2}\right)}\tag{3.17}$$

式中，κ_i 为第 i 个井段的曲率。

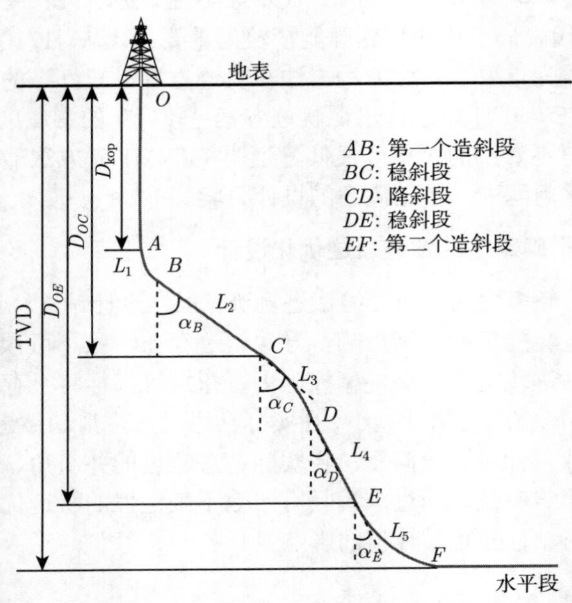

图 3.3　多段式水平井轨迹示意图

钻柱扭矩的计算涉及轨迹井斜角和方位角，因此需要利用从实际钻进数据得到的井斜角变化率、方位角变化率来估计实际钻进井斜角、方位角，从而更准确地计算钻柱扭矩 [15]。为了得到钻柱扭矩的估计值 $T_{\rm ex}$，首先需要分别计算稳斜段和造斜段/降斜段的钻柱扭矩，得到钻进轨迹的钻柱扭矩 T，从而利用井斜角变化率离差 u_α 和方位角变化率离差 u_φ 这两个不确定参数进行估计。稳斜段的钻柱扭矩为

$$T_i = \mu w \Delta L_i r_p \sin\alpha_i \tag{3.18}$$

式中，μ 为钻柱与井壁之间的摩擦系数；w 为钻柱的重力系数；r_p 为钻柱的半径；α_i 为第 i 个井段的井斜角。

造斜段/降斜段的钻柱扭矩为

$$T_i = \mu r_p F_i \beta_i \tag{3.19}$$

式中，β_i 为该井段的弯曲角；F_i 为钻柱由于自重受到的拉力，即

$$\begin{aligned} F_i &= F_{i-1} + w\Delta L_i \cos\alpha_i (\text{稳斜段}) \\ F_i &= F_{i-1} + w\Delta L_i \left(\frac{\sin\alpha_i - \sin\alpha_{i-1}}{\alpha_i - \alpha_{i-1}}\right) (\text{造斜段/降斜段}) \end{aligned} \tag{3.20}$$

以相邻四个测点为一组，统计实际钻进数据井斜角变化率、方位角变化率的离差，利用数据拟合方法可以得到变化率离差的概率密度函数(probability density function, PDF)，从而在轨迹设计中模拟实际钻进轨迹的曲折。应用高斯函数拟合井斜角变化率和方位角变化率的离差得到概率密度函数：

$$P(x) = B + A\frac{1}{\sqrt{2\pi}\sigma}\exp\left(-\frac{(x-\mu)^2}{2\sigma^2}\right) \tag{3.21}$$

式中，$x = u_\alpha$ 或 $x = u_\varphi$；A 和 B 是常数，通过统计方法并利用实际钻进数据获得。用于计算钻柱扭矩的井斜角、方位角可以由式 (3.22) 得到：

$$\begin{cases}\alpha_i' = \alpha_i + u_{\alpha_i}\Delta L_i \\ \varphi_i' = \varphi_i + u_{\varphi_i}\Delta L_i/\sin\left(\dfrac{\alpha_{i-1}+\alpha_i}{2}\right)\end{cases} \tag{3.22}$$

实际钻进过程中井斜角、方位角的波动给钻柱扭矩的计算带来了参数的概率不确定性。根据不确定参数的概率密度函数，钻柱扭矩可以表示为

$$T_{\mathrm{ex}}(x, u_\alpha, u_\varphi) = \int_{-\infty}^{\infty}\int_{-\infty}^{\infty} T(x, u_\alpha, u_\varphi)\, P_1(u_\alpha)P_2(u_\varphi)\mathrm{d}u_\alpha\mathrm{d}u_\varphi \tag{3.23}$$

对于给定的 x，T_{ex} 可以通过数值积分计算得到，但这意味着在优化过程中，每一次评价都需要为种群中的每个个体计算 T_{ex}，这将会大量增加优化过程的空间复杂度和时间复杂度。因此，本节采用随机抽样的方法估计钻柱扭矩 T_{ex}。当 M 足够大时，T_{ex} 可以利用式 (3.24) 进行估计：

$$T_{\mathrm{ex}} = \frac{1}{M}\sum_{m=1}^{M} T(x, u_m) \tag{3.24}$$

式中，x 为钻进轨迹优化模型的决策参数；u_m 为不确定参数，也就是井斜角变化率和方位角变化率的离差，$u_m = (u_{\alpha,m}, u_{\varphi,m})$。随机变量 u_α 和 u_φ 分别服从概率密度函数为 $P(u_\alpha)$ 和 $P(u_\varphi)$ 的高斯分布。

2. 优化算法

在具有参数不确定性的钻进轨迹优化问题中有两个优化目标和一些非线性不等式约束 (式 (3.15))，因此需要一个能够处理约束的多目标优化算法。NSGA-II 的约束处理机制将个体的违约值与目标函数值分开进行处理，但是针对本节的优化问题，还需要改进 NSGA-II 以处理优化目标中的参数不确定性。

在 NSGA-II 的非支配排序中，对比种群中某两个个体 x_i、x_j 的目标函数值，若有

$$f_1(x_i) < f_1(x_j), \quad f_2(x_i) \leqslant f_2(x_j) \tag{3.25}$$

或者

$$f_1(x_i) \leqslant f_1(x_j), \quad f_2(x_i) < f_2(x_j) \tag{3.26}$$

则称 x_i 支配 x_j，二者具有相同的支配等级；若 x_i、x_j 互不支配，则支配等级高的个体支配其他支配等级低的个体。

钻柱扭矩的计算受不确定参数的影响，种群中可能会出现异常值。异常值可能会将种群引向错误的搜索方向，因此需要在种群演化过程中移除。在统计学中，如果一个数据远大于标准差，那么它很可能是一个异常值，例如，在正态分布数据中，大约 95.4% 的数据在平均值的两倍标准差内，而大约 99.7% 的数据在平均值的三倍标准差内。f_2 值具有参数不确定性，统计种群总体 f_2 的平均值和标准差，计算个体的 f_2 值与平均值的距离，偏离标准差较远的个体可以认为是应当移除的异常值。

如果对离群个体的标准过于严格，则会影响种群总体的收敛速度，采用三倍标准差准则识别离群个体的方法较为合理。在对种群进行非支配排序后，再进行离群值移除。当某个个体的 f_2 值与平均值的距离超过 f_2 标准差的三倍时，为该个体标记最低的支配等级。

本节所研究的优化问题的决策变量超过 10 个，为了获得更好的性能，需要较大的种群规模。因此，保持种群多样性很重要。NSGA-II 使用拥挤距离保持种群多样性，用式 (3.27) 进行计算：

$$\mathrm{Cdis}\left(x_i\right)=f_1\left(x_{i+1}\right)-f_1\left(x_{i-1}\right)+f_2\left(x_{i+1}\right)-f_2\left(x_{i-1}\right) \tag{3.27}$$

式中，$\mathrm{Cdis}(x_i)$ 为第 i 个个体的拥挤距离。有时不同的情况可能会被判断为相同的拥挤距离，例如，个体 i 在相邻两个个体正中间与更靠近某一个相邻个体，在这两种情况下，前者更值得保留。因此，本节添加绝对值来区分这些不同情况，有

$$\begin{aligned}\mathrm{Cdis}\left(x_i\right)=&f_1\left(x_{i+1}\right)-f_1\left(x_{i-1}\right)+f_2\left(x_{i+1}\right)-f_2\left(x_{i-1}\right)\\&+\left|\left(f_1\left(x_{i+1}\right)-f_1\left(x_{i-1}\right)\right)-\left(f_2\left(x_{i+1}\right)-f_2\left(x_{i-1}\right)\right)\right|\end{aligned} \tag{3.28}$$

基于以上分析，修改 NSGA-II 的非支配排序和拥挤距离计算方法，利用具有异常值移除机制的 NSGA-II(NSGA-II using outlier removal，OR-NSGA-II)[13] 求解具有参数不确定性的钻进轨迹多目标优化问题，主要步骤如下：

步骤 1 初始化种群大小 N，迭代次数 G。

步骤 2 计算适应度和违约值。

(1) 生成种群 X_i。

(2) 计算目标函数值 $f_1(X_i)$，违约值 $g_1(X_i) \sim g_8(X_i)$。

步骤 3 计算钻柱扭矩估计值。

(1) 根据概率密度函数 $P(u)$ 产生 M 组 u_α 和 u_φ。

(2) 对于每一个 $u_{\alpha,m}$ 和 $u_{\varphi,m}$，计算 $T(x_j,\ u_{\alpha,m},\ u_{\varphi,m})$。

(3) 计算估计值 T_{ex} 作为 f_2。

步骤 4　优化过程。

(1) 计算当前种群个体 f_2 的标准差 $\text{std}(f_2)$ 和平均值 $\overline{f}_2$。

(2) 非支配排序。若 $f_2(X_i) > \left|\overline{f}_2(X) - 3\text{std}(f_2(X))\right|$，则设置 X_i 的非支配等级为最低，即 $\text{Rank}(X_i) = \text{Rank}_{\text{lowest}}(X)$。

(3) 根据所提出的拥挤距离评价方法进行拥挤距离排序。

(4) 进行环境选择、交叉变异，产生新的子代 X_{i+1}。

(5) 将 X_i 和 X_{i+1} 结合，进行非支配排序和拥挤距离比较。

(6) 筛选第 (5) 步结合的种群使其大小恢复到 N。

步骤 5　若迭代次数达到目标条件，则输出解集；否则，返回步骤 2。

3. 仿真分析

待优化轨迹的造斜点 a 限制在垂深 182.9～304.8m，c 点垂深在 1828.8～2133.6m，e 点垂深在 3048.0～3109.0m；圆弧轨迹的曲率受到工具造斜率的限制，小于 15°/30m。利用某钻探工程中的井斜角、方位角和井深数据统计井斜角、方位角的变化，基于二次高斯函数拟合得到 u_α 和 u_φ 的概率密度函数为

$$\begin{cases} P_1(u_\alpha) = 13.09 \cdot \exp\left(-\dfrac{(u_\alpha - 5.1\times10^{-3})^2}{8.86\times10^{-6}}\right) + 4.14 \cdot \exp\left(-\dfrac{(u_\alpha + 1.39\times10^{-2})^2}{8.43\times10^{-3}}\right) \\ P_2(u_\varphi) = 12.09 \cdot \exp\left(-\dfrac{(u_\varphi - 5.28\times10^{-3})^2}{1.21\times10^{-3}}\right) + 2.87 \cdot \exp\left(-\dfrac{(u_\varphi - 6.27\times10^{-2})^2}{1.50}\right) \end{cases} \tag{3.29}$$

针对考虑参数不确定性的钻进轨迹优化问题，分别利用 OR-NSGA-II 和 NSGA-II 进行求解。设置式 (3.24) 中的 M 为 1000，种群大小 N 为 500，迭代次数 G 为 200，为了说明优化算法所得解集的可靠性和不确定性，使用蒙特卡罗方法获得每个解所对应目标函数的上界和下界。在蒙特卡罗方法中，评价指标为 RMSE 和带宽 (bandwidth，BW)，RMSE 已在前面描述，BW 为

$$\text{BW} = \frac{1}{N}\sum_{i=1}^{N}(F_{u,i} - F_{l,i}) \tag{3.30}$$

在蒙特卡罗方法中，将解集中每个 x 代入轨迹模型，计算 N 次 $f_2(x)$。在第 i 次计算中，$F_i = [f_{2,1}, f_{2,2}, \cdots, f_{2,N_P}]$ 为解集中所有解的 f_2 值之和。$F_{u,i}$ 和 $F_{l,i}$ 分别是 F_i 的上边界和下边界，同时计算 N 次仿真后 F_i 的平均值。OR-NSGA-II 与 NSGA-II 所得解集的分布情况如图 3.4 所示。

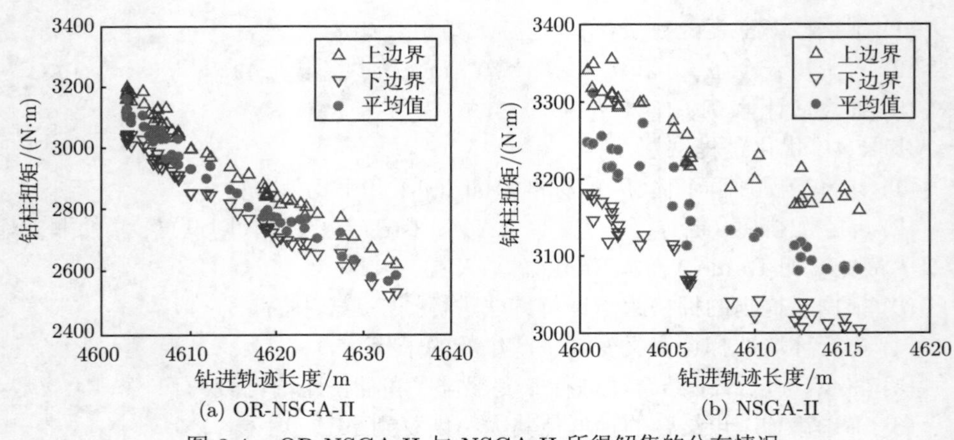

(a) OR-NSGA-II　(b) NSGA-II

图 3.4　OR-NSGA-II 与 NSGA-II 所得解集的分布情况

为了说明利用式 (3.28) 计算的拥挤距离的有效性，使用纯多样性 (pure diversity，PD) 指标 [16] 评价解集的多样性，结果如表 3.3 所示。在蒙特卡罗方法中，具有更小 RMSE 的解集更可靠。从表 3.3 和图 3.4 中可以看出，OR-NSGA-II 所得解集的 RMSE 和 BW 更小，稳定性比 NSGA-II 更好；OR-NSGA-II 所得解集的 PD 值更大，具有比 NSGA-II 更好的解集多样性。仿真结果表明，所提出的异常值移除机制在解决具有参数不确定性的轨迹优化问题时是有效的。

表 3.3　优化算法所得解集的蒙特卡罗方法分析结果

优化算法	RMSE	BW	PD
OR-NSGA-II	21.06	134.21	2.67×10^5
NSGA-II	34.15	160.12	2.28×10^5

3.2　考虑地层特性的钻进轨迹优化设计

钻进过程会破坏地层原有的应力平衡，合适的泥浆密度能够与地应力重新达到平衡，使井壁维持稳定。如果泥浆密度过低，井壁可能因为剪切破坏而发生坍塌；如果泥浆密度过高，井壁可能因为张拉破坏而发生破裂。与井壁稳定性有关的地层参数主要有最大水平地应力、最小水平地应力、垂直地应力、孔隙压力、岩石强度、岩石摩擦角、泊松比等，这些参数是地层的固有属性，与钻进的垂深相关。由于井眼的形状与钻进方向直接相关，所以要计算使井壁稳定的安全泥浆密度，以及此测点的井斜角、方位角信息 [17]。

如图 3.5 所示，极坐标图显示了某一钻进点处所有钻进方向下的安全泥浆密度值 [18]。所有的钻进方向均可以视为右上角下半球中心射向半球面的投影，极坐标直径代表该钻进点处钻进轨迹的井斜角，极角代表该钻进点的方位角，极坐标右侧的线条代表当前所有安全泥浆密度的范围。例如，正方形符号代表该方向井斜角是 30°，安全泥浆密度约为 1.8g/cm³。圆形符号代表该点处当前为垂直钻井，安全泥浆密度值也较高。

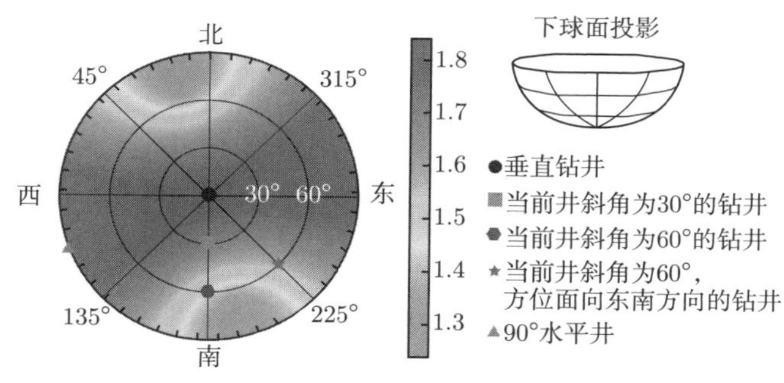

图 3.5 井壁稳定性安全泥浆密度

为了获得安全泥浆密度的估计值，首先应建立斜井井壁岩石力学模型。井壁承受应力由三部分地应力组成，垂直地应力 σ_v 源自上覆岩层重力，水平面的最大地应力 σ_H 和最小地应力 σ_h 反映地质构造水平面上的受力差异。水平最大地应力与大地坐标系之间存在方位角夹角 φ_{σ_H}，以标示水平应力的方向。通过坐标变换，三个原地应力从大地坐标系变换到井壁径向坐标系，获得三个井壁应力 σ_i、σ_j、σ_k，即

$$\begin{cases} \sigma_i = (1-\varrho)P_{\mathrm{ECD}} + (\varrho - b_{\mathrm{iot}})\,P_p \\ \sigma_j = \dfrac{1}{2}\left[\sigma_X - 2\mathcal{K}P_p + (2\mathcal{K}-1)P_{\mathrm{ECD}}\right] + \dfrac{1}{2}\left[\left(\sigma_Y - P_{\mathrm{ECD}}\right)^2 + \sigma_Z\right]^{\frac{1}{2}} \\ \sigma_k = \dfrac{1}{2}\left[\sigma_X - 2\mathcal{K}P_p + (2\mathcal{K}-1)P_{\mathrm{ECD}}\right] - \dfrac{1}{2}\left[\left(\sigma_Y - P_{\mathrm{ECD}}\right)^2 + \sigma_Z\right]^{\frac{1}{2}} \end{cases} \tag{3.31}$$

式中，P_{ECD} 为安全泥浆密度的估计值；b_{iot} 为有效应力系数；P_p 为子隙压力；σ_X、σ_Y、σ_Z 为大地坐标系上的应力分量，由原地应力表示为

$$\begin{cases} \sigma_X = (\mathcal{A}+\mathcal{D})\sigma_h + (\mathcal{B}+\mathcal{E})\sigma_H + (\mathcal{C}+\mathcal{F})\sigma_v \\ \sigma_Y = (\mathcal{A}-\mathcal{D})\sigma_h + (\mathcal{B}-\mathcal{E})\sigma_H + (\mathcal{C}-\mathcal{F})\sigma_v \\ \sigma_Z = 4\left(\mathcal{G}\sigma_h + \mathcal{H}\sigma_H + \mathcal{J}\sigma_v\right)^2 \end{cases} \tag{3.32}$$

式中，系数 $\mathcal{A}$、$\mathcal{B}$、$\mathcal{C}$ 等均为计算过程中的过渡中间值，由钻进轨迹的井斜角 α、方位角 φ 等轨迹参数和最大水平地应力方位角 φ_{σ_H}、泊松比 ν、孔隙率 ϱ、有效应力系数 b_{iot} 等地层参数计算得到。

$$\begin{cases}\mathcal{A}=\cos\alpha(\cos\alpha(1-2\cos(2\theta))\sin^2\psi+2\sin(2\psi)\sin(2\theta))+(1+2\cos(2\theta))\cos^2\psi\\ \mathcal{B}=\cos\alpha(\cos\alpha(1-2\cos(2\theta))\cos^2\psi-2\sin(2\psi)\sin(2\theta))+(1+2\cos(2\theta))\sin^2\psi\\ \mathcal{C}=(1-2\cos(2\theta))\sin^2\alpha\\ \mathcal{D}=\sin^2\psi\sin^2\alpha+2\nu\sin(2\psi)\cos\alpha\sin(2\theta)+2\nu\cos(2\theta)\left(\cos^2\psi-\sin^2\psi\cos^2\alpha\right)\\ \mathcal{E}=\cos^2\psi\sin^2\alpha-2\nu\sin(2\psi)\cos\alpha\sin(2\theta)+2\nu\cos(2\theta)\left(\sin^2\psi-\cos^2\psi\cos^2\alpha\right)\\ \mathcal{F}=\cos^2\alpha-2\nu\sin^2\alpha\cos(2\theta)\\ \mathcal{G}=-\sin(2\psi)\sin\alpha\cos\theta-\sin^2\psi\sin(2\alpha)\sin\theta\\ \mathcal{H}=\sin(2\psi)\sin\alpha\cos\theta-\cos^2\psi\sin(2\alpha)\sin\theta\\ \mathcal{J}=\sin(2\alpha)\sin\theta\\ \mathcal{K}=\dfrac{b_{\text{iot}}(1-2\nu)}{1-\nu}-\varrho\\ \psi=\varphi-\varphi_{\sigma_H}\end{cases} \tag{3.33}$$

通过固定特定的钻进方向并沿井周遍历所有角度的应力值，可以找到在该钻进点处井眼最脆弱的位置，即井周角。根据莫尔-库仑破坏准则 [19]，可由式 (3.34) 计算出在该点处的井周角位置:

$$f_{\text{MC}}=2c_0\cos\varPhi+\sin\varPhi(\sigma_{\max}+\sigma_{\min})-\cos\varPhi(\cos(2\varPhi)-\sin(2\varPhi))\left(\sigma_{\max}-\sigma_{\min}\right)=0 \tag{3.34}$$

式中，$\varPhi$ 为内摩擦角；c_0 为黏聚力；$\sigma_{\max}$ 和 $\sigma_{\min}$ 分别为大地坐标系应力分量 σ_i、σ_j 和 σ_k 中的最大值和最小值。

求解可以满足式 (3.34) 所有方向的压力值，除以当前深度后即可获得最终的最小安全泥浆密度值 MW_{low}，分别从 $0\sim 90°$ 和 $0\sim 360°$ 遍历井斜角和方位角，最终获得当前井深处的安全泥浆密度窗口的集合，也即图 3.5 所示的半球图形 [17]。

3.2.1 井壁稳定性约束下的钻进轨迹优化设计

基于以上分析可知，利用不同地层的地应力参数可以得到不同钻进方向下的最大安全泥浆密度、最小安全泥浆密度。通过限制钻进方向，尽可能使得整条轨迹钻进过程中的安全泥浆密度变化较小，保证井壁稳定。本节介绍以安全泥浆密度为约束，建立井壁稳定性约束下的轨迹优化问题模型，通过拐点驱动的自适应参考点多目标进化算法 (knee point driven adaptive reference points based multi-objective evolutionary algorithm, K-AR-MOEA) 求解该多目标优化问题 [3,20]。

1. 优化模型

以最小化钻进轨迹长度 L 、钻柱扭矩 T 为优化目标，以中靶误差 err、井深 s 处的安全泥浆密度上限 MW_{high} 和下限 MW_{low} 为约束，建立井壁稳定性约束

下的钻进轨迹优化问题模型为

$$\min\ \{f_1(x)=L,f_2(x)=T\}$$
$$\text{s.t.}\begin{cases}g_1(x)=\mathrm{err}-16\leqslant 0\\ g_2(x)=\mathrm{MW_{low}}(s_A)-\mathrm{MW_{lb}}\leqslant 0\\ g_3(x)=\mathrm{MW_{low}}(s_B)-\mathrm{MW_{lb}}\leqslant 0\\ g_4(x)=\mathrm{MW_{low}}(s_C)-\mathrm{MW_{lb}}\leqslant 0\end{cases} \tag{3.35}$$

式中，s_A、s_B 和 s_C 分别是轨迹上点 A、B、C 所在井深；L 是钻进轨迹长度，由各井段长度累加得到；T 是轨迹稳斜段、造斜段的钻柱扭矩之和，可由式 (3.18) ~ 式 (3.20) 求得。

2. 优化算法

在考虑井壁稳定性约束的钻井轨迹多目标优化问题中，井壁稳定性约束随钻进深度的变化而变化，导致优化问题的可行域较小。因此，优化问题很可能具有不连续、不规则的真实 PF，需要一种对不同类型前沿问题具有泛用性的算法，在此基础上有针对性地改进搜索方法。

逆世代距离 (inverted generational distance, IGD)[21]是多目标优化问题的真实 PF 上的个体到待计算解集的平均距离，能够反映算法得到的解与真实 PF 在多样性和收敛性上的接近程度。在钻进轨迹多目标优化问题中，真实 PF 是未知的，需要建立一个参考点集合 R 计算 IGD，即

$$\mathrm{IGD}(R,X)=\sum_{r\in R}\mathrm{dis}(r,X)/|R| \tag{3.36}$$

式中，X 为非劣解的集合；$\mathrm{dis}(r,X)$ 为 r 到 X 的最小欧氏距离；$|R|$ 为集合 R 中点的个数。

若一个非劣解 x^* 不在任何 r 到 X 的最小欧氏距离邻域内，则可以说 x^* 是对 IGD 无贡献的解 (IGD with non-contributing solution, IGD-NS)[22]，IGD-NS 是一种增强型 IGD 指标，可以用于识别种群中对 IGD 无贡献的个体，即

$$\mathrm{IGD\text{-}NS}(X,R)=\sum_{r\in R}\min_{x\in X}\mathrm{dis}(r,x)+\sum_{x^*\in X^*}\min_{r\in R}\mathrm{dis}(r,x^*) \tag{3.37}$$

式中，X^* 为 X 中对 IGD 无贡献的解集；$\mathrm{dis}(r,x)$ 为 r 和 x 的欧氏距离。

一个较小的 IGD-NS 要求 X 中含有尽可能少的对 ICG 无贡献的解。与其他类型的 MOEA 相比，应用 IGD-NS 引导种群搜索方向的算法，在解决具有不同类型 PF(如线性、凹面、非连续等) 的多目标优化问题时具有稳定的性能。但

是，其泛用性也导致算法的性能不如针对特定多目标优化问题的算法。为了增强多目标优化算法在具有井壁稳定性约束的钻进轨迹优化问题上的搜索能力，引入拐点 [23] 来改进算法的种群更新策略。

定义直线 M: $ax+by+c=0$，在邻域 $Q_{\text{gen}}^1 \times Q_{\text{gen}}^2$ 内距离直线 M 最远的点即为拐点，邻域可定义为

$$\begin{cases} Q_{\text{gen}}^1 = \left(f_{\max}^1 - f_{\min}^1\right) q_{\text{gen}} \\ Q_{\text{gen}}^2 = \left(f_{\max}^2 - f_{\min}^2\right) q_{\text{gen}} \end{cases} \tag{3.38}$$

式中，$f_{\max}^1$ 和 $f_{\min}^1$ 分别为第 k 非支配等级解对应的钻进轨迹长度的最大值和最小值；$f_{\max}^2$ 和 $f_{\min}^2$ 分别为对应钻柱扭矩的最大值和最小值；q_{gen} 为调节邻域大小的参数，即

$$q_{\text{gen}} = q_{(\text{gen}-1)} \times \text{fr}^{-\frac{1}{2}\left(1-p_{(\text{gen}-1)}\right)/P} \tag{3.39}$$

式中，fr 为可行个体比例阈值；P 为一个控制拐点数量的阈值参数；$q_0=1$，$p_0=0$。

本节提出 K-AR-MOEA [16] 求解考虑井壁稳定性约束的钻进轨迹多目标优化问题。在 K-AR-MOEA 中，利用 IGD-NS 和拐点改进亲代选择策略及环境选择策略。在选择亲代时，利用二元锦标赛策略优先选择违约值小、支配等级高的个体和拐点。该算法的具体步骤如下：

步骤 1 输入具有井壁稳定性约束的钻进轨迹多目标优化问题，设种群大小为 N，迭代次数为 G。

步骤 2 初始化。

(1) 随机产生 N 个个体。

(2) 初始化参考点集合、外部集合、拐点集合。

(3) 对种群中的个体进行非支配排序。

步骤 3 产生子代。

(1) 计算所有个体的违约值 $\text{CV}(x) = \text{sum}\left\{\min\left(0, g_i(x)\right)\right\}$。

(2) 利用二元锦标赛策略交叉选择亲代，利用基因算子产生子代。

步骤 4 非支配排序。

(1) 对于可行个体，根据目标函数值 $f_1(x)$、$f_2(x)$ 排序。

(2) 对于不可行个体，根据违约值 $\text{CV}(x)$ 排序。

(3) 用非支配等级标记所有个体。

步骤 5 环境选择。

(1) 选择前 $k-1$ 个前沿面上的个体。

(2) 可行个体的数量是否大于 $\text{fr} \times N$。

(3) 若否，则根据 IGD-NS 删除第 k 个前沿面上的解，直到被选择解数量达到 N。

(4) 若是，则选择拐点。若被选择解数量大于 N，则根据 IGD-NS 删除解。

步骤 6　若达到终止条件，则输出当前种群；否则，回到步骤 2。

3. 仿真分析

测井数据、录井数据的建立考虑井壁稳定性约束的轨迹优化问题。公开数据库中的 MU-ESW1 井具有完整的测井数据、泥浆录井数据、压力录井数据，是一个用于研究地热能的井。本节利用现已公开的 MU-ESW1 井实际钻井数据，验证所提出的基于拐点与逆世代距离的轨迹多目标优化算法的有效性。

利用压力录井数据，可以求得在不同深度下井斜角、方位角与安全泥浆密度的对应关系。最大安全泥浆密度在不同深度和钻进方向上始终大于 $5\times10^3\text{kg/m}^3$，这表明在这样的地层条件下，即使安全泥浆密度的上限不进行设置，也不会导致井壁失稳。最小安全泥浆密度的计算结果如图 3.6 所示。

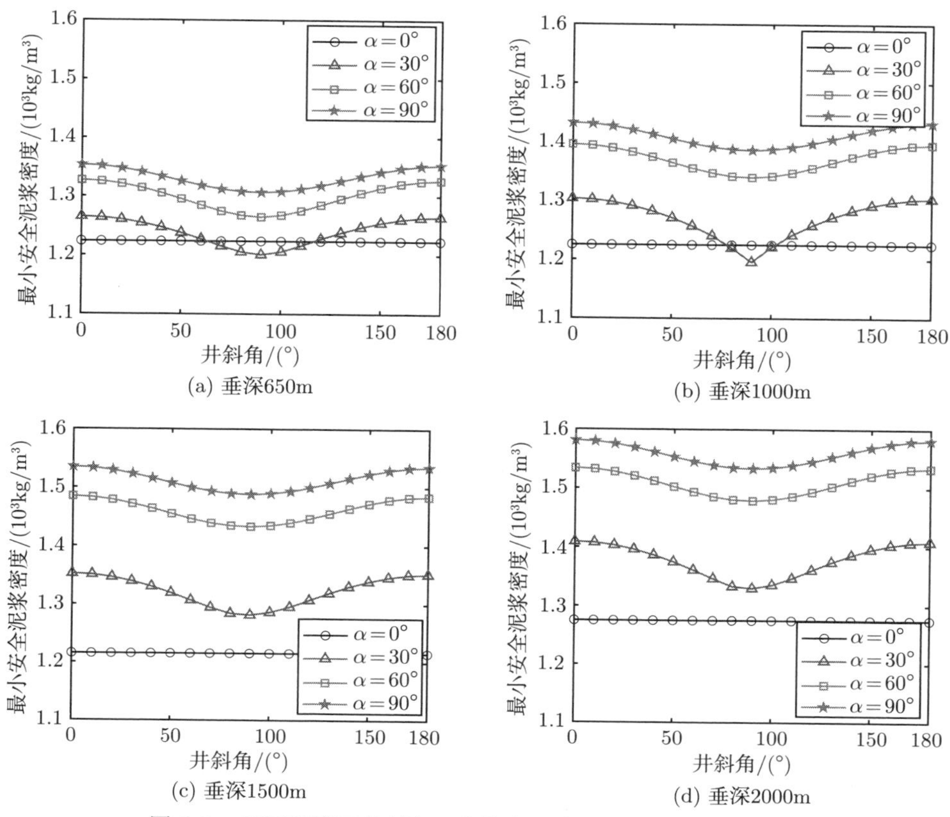

图 3.6　不同深度下井斜角、方位角对应的最小安全泥浆密度

当实际钻进过程中的泥浆密度小于最小安全泥浆密度时，可能发生井壁失稳

事故。所以，设置一个较小的安全泥浆密度下限 MW_{lb}，能够使泥浆密度安全窗口尽可能大，有利于保证井壁安全。分析最小安全泥浆密度的计算结果可知，若设定 $MW_{lb} = 1.3 \times 10^3 kg/m^3$，则大部分钻进方向都不符合要求；若设定 $MW_{lb} = 1.5 \times 10^3 kg/m^3$，虽然大部分钻进方向都符合要求，但是较大的泥浆密度可能导致钻速降低、岩屑返回困难等问题。综上考虑，设定 $MW_{lb} = 1.4 \times 10^3 kg/m^3$。

在仿真实验中，分别利用 NSGA-II 、基于自适应参考点的多目标进化算法 (adaptive reference point based multi-objective evolutionary algorithm，AR-MOEA)、拐点驱动进化算法 (knee point-driven evolutionary algorithm，KnEA) 与本节提出的 K-AR-MOEA 求解考虑井壁稳定性的钻进轨迹多目标优化问题。其中，NSGA-II 被广泛用于解决工程中的多目标优化问题；AR-MOEA 利用 IGD-NS 进行环境选择，与 K-AR-MOEA 在可行解数量不足时的机制相同；KnEA 利用拐点产生子代和进行环境选择，环境选择与 K-AR-MOEA 在可行解数量大于设定值时的机制相同。设置 K-AR-MOEA 参数 fr=0.65，P=0.5。

各算法解集的分布情况如图 3.7 所示，K-AR-MOEA 所得解支配其他三个算法所得解，且具有更好的收敛性和多样性；KnEA 与 K-AR-MOEA 几乎收敛到同一 PF 上，但是解的多样性不如其他算法。为了更客观地证明这一结论，计算各种算法在运行 15 次后所得解集的 HV 和 PD 指标，结果如表 3.4 所示。

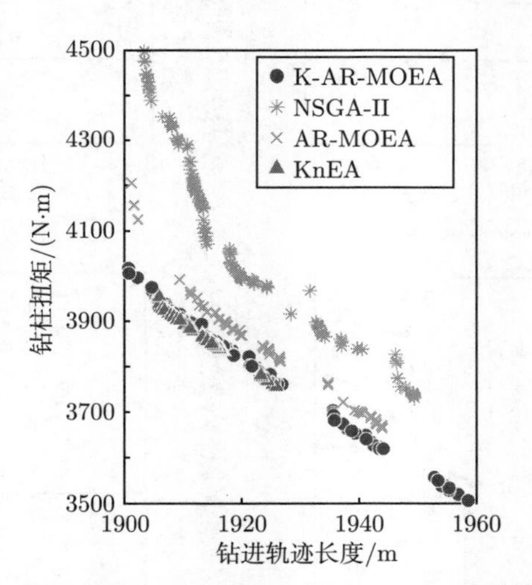

图 3.7 K-AR-MOEA、NSGA-II、AR-MOEA、KnEA 所得解集的分布情况

从 HV 指标来看，K-AR-MOEA 所得解集的收敛性最好，其次是 KnEA，这说明在环境选择中保留拐点有利于促进种群的收敛。从 PD 指标来看，K-AR-MOEA 所得解集具有最好的多样性，其次是 AR-MOEA，这说明在环境选择中利用 IGD-NS 删减种群有利于增加种群的多样性；KnEA 所得解集的多样性最差，

说明在算法中仅用拐点产生子代和进行环境选择不能很好地解决本章所提出的钻进轨迹多目标优化问题。

表 3.4　不同算法得到解集的 HV 和 PD

算法	HV	PD
K-AR-MOEA	0.1637 (0.02098)	4.640×10^5 (3.662×10^5)
NSGA-II	0.1461 (0.02842)	3.242×10^5 (3.137×10^5)
AR-MOEA	0.1503 (0.02478)	4.129×10^5 (3.759×10^5)
KnEA	0.1528 (0.01965)	3.060×10^5 (3.356×10^5)

注：括号内的值为方差。

为了选择最小安全泥浆密度变化最小的解作为最终的轨迹设计方案，计算轨迹设计方案在各点处的 $\mathrm{MW_{low}}$，选择标准差最小的方案作为最终的轨迹设计方案。所得最终轨迹设计方案如表 3.5 所示，$\overline{\mathrm{MW}}_{\mathrm{low}}$ 是轨迹设计方案在各点处 $\mathrm{MW_{low}}$ 的平均值，括号内是标准差。

表 3.5　安全泥浆密度变化最小的最终轨迹设计方案

$\overline{\mathrm{MW}}_{\mathrm{low}}$	L	T	L_{OA}	L_{AB}	L_{BC}	L_{CF}	ω_A	ω_B	τ_A	τ_B
1.18(0.0644)	1957	3519	1000	456	401	100	84.8	1.6	0.7	0.9

注：括号内的值为标准差。

3.2.2　考虑多地层井壁稳定性的钻进轨迹优化设计

地质钻进钻遇地层往往是软硬交替、复杂多变的，受此因素影响，多地层下的钻进轨迹井壁稳定性不能简单根据一组固定的岩石力学参数进行评估。在前面井壁稳定性约束模型的基础上，结合轨迹离散化后的轨迹序列测点，获得沿轨迹的一系列最小安全泥浆密度值，形成多地层井壁稳定计算方法 [24]。多地层的复杂特性使得沿用 3.2.1 节井壁稳定性约束模型可能导致问题可行域过于狭窄，增大算法的约束处理难度，因此需要将钻进轨迹长度、最小安全泥浆密度序列值的均值和方差作为钻进轨迹优化算法的目标函数，建立面向多地层井壁稳定的优化模型。

本节基于自然曲线法设计一种三段式轨迹模型，该模型适于防撞绕障、纠偏等各种复杂的轨迹设计场景。最后，利用襄阳地热井的钻进轨迹数据进行仿真验证。结果表明，所采用的自适应非支配排序遗传算法的结果相比传统试错法设计钻进轨迹，有效降低了部分井段的安全风险，在钻井工程中具有良好的应用前景。

1. 三段式轨迹模型

当区域内存在已钻井眼时，新钻井可能会与邻井发生碰撞导致废井，如图 3.8(a) 所示，若按照原钻井计划施工，新钻井会遭遇破碎带甚至碰撞旧井。为了解决防撞绕障问题，本节推导出一种三段式轨迹模型，该模型的具体样式如图 3.8(b) 所示。

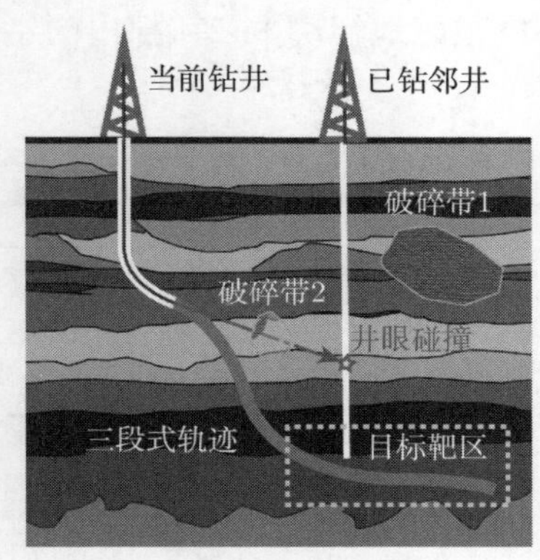

(a) 三段式轨迹设计场景

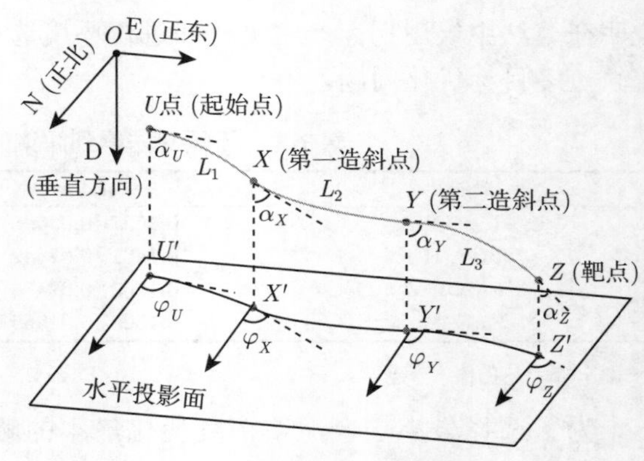

(b) 三段式轨迹模型

图 3.8 三段式轨迹

图 3.8(b) 中 U'、X'、Y'、Z' 是钻进轨迹在水平面上的投影点。依据钻进轨迹跟踪控制的模型输入需求，假设井斜角和方位角的变化在一小段轨迹内是线性的，即井斜角变化率和方位角变化率为常数，也即整条轨迹的井斜角变化和方位角变化是三小段轨迹的线性叠加。因此，可推导得到井斜角变化率 k_{α_i} 和方位角变化率 k_{φ_i} 与每小段钻进轨迹长度 L_1、L_2、L_3 的关系为

$$\begin{cases} L_2 = \left(\Delta\varphi - \dfrac{k_{\varphi_3}}{k_{\alpha_3}}\Delta\alpha - k_{\varphi_1}L_1 + k_{\alpha_1}\dfrac{k_{\varphi_3}}{k_{\alpha_3}}L_1\right) \Big/ \left(k_{\varphi_2} - k_{\alpha_2}\dfrac{k_{\varphi_3}}{k_{\alpha_3}}\right) \\ L_3 = \left(\Delta\alpha - k_{\alpha_1}L_1 - k_{\alpha_2}L_2\right)/k_{\alpha_3} \end{cases} \tag{3.40}$$

由式 (3.40) 可知，当固定轨迹井眼曲率、第一段长度和靶点方向时，整条轨迹上所有测点都处在唯一空间位置。因此，三段式轨迹优化问题本质上是一个九决策变量的约束优化问题。

钻进过程经常遭遇多地层，可通过岩性识别获得沿深度的岩石力学参数，通过钻井数据监测与融合计算建立多地层井壁稳定性数据库。将轨迹数据按照深度信息映射到该深度位置的地层数据库，得到沿轨迹变化的最小安全泥浆密度的预测序列集，即

$$t = \{\mathrm{MW_{low}}(s_A), \cdots, \mathrm{MW_{low}}(s_m), \cdots, \mathrm{MW_{low}}(s_N)\} \tag{3.41}$$

式中，$\mathrm{MW_{low}}(s_m)$ 为深度为 s_m 的地层 m 中最小等效安全泥浆密度参数。

取 t 的均值和方差可获得多地层整条轨迹的综合井壁稳定性指标。

2. 优化模型

根据分析建立多地层最高井壁稳定性绕障钻进轨迹优化问题的数学模型：

$$
\min \ \{f_1(x)=L, f_2(x)=\bar{t}, f_3(x)=D(t)\}
$$
$$
\text{s.t.}\begin{cases}
\text{lb}_n \leqslant x_n \leqslant \text{ub}_n \\
g_1(x)=-L_2\leqslant 0, \quad g_2(x)=-L_3\leqslant 0, \quad g_3(x)=\text{SD}-d_{\min}\leqslant 0 \\
g_4(x)=|E_Z-E_U|-R_E\leqslant 0, \quad g_5(x)=R_{N_{\min}}-(N_Z-N_U)\leqslant 0 \\
g_6(x)=(N_Z-N_U)-R_{N_{\max}}\leqslant 0
\end{cases} \tag{3.42}
$$

式中，钻进轨迹长度 L、井壁稳定性 (目标函数 $f_2(x)$ 和 $f_3(x)$) 为优化目标；曲率 (约束条件 1)、长度非负 (约束条件 $g_1(x)$ 和 $g_2(x)$)、绕障安全距离 (约束条件 $g_3(x)$) 和中靶区域限制 (约束条件 $g_4(x)$、$g_5(x)$ 和 $g_6(x)$) 为约束条件。SD 为绕障距离，$d_{\min}$ 为绕障安全距离，目标靶点的北坐标 (N_Z-N_U) 限定于 $[R_{N_{\min}}, R_{N_{\max}}]$，东坐标 E_Z-E_U 均不超过 $\pm R_E$ 的范围。

第二目标函数和第三目标函数分别是最小安全泥浆密度序列值的均值和方差，即

$$
\begin{cases}
f_2(x)=\bar{t}=\dfrac{\text{MW}_{\text{low}}(s_A)+\cdots+\text{MW}_{\text{low}}(s_N)}{N} \\
f_3(x)=D(t)=\displaystyle\sum_{m=1}^{N}(\text{MW}_{\text{low}}(s_m)-\bar{t}\ )^2
\end{cases} \tag{3.43}
$$

3. 优化算法

由于以上模型的目标函数具有离散和高度非线性化的特点，其无约束帕累托面具备非规则特性，同时存在绕障和中靶限制的强约束条件，其约束帕累托面的复杂程度更高。综合来看，所建立的实际问题是一个全新的非线性、强约束、带离散目标的黑箱多目标优化问题。因此，采用自适应非支配排序遗传多目标算法-III(adaptive non-dominated sorting based multi-objective genetic algorithm III, ANSGA-III)[8] 求解上述模型，主要步骤如下：

步骤 1　输入多地层下井壁稳定性钻进轨迹优化问题，种群大小为 N，最大迭代次数为 G。

步骤 2　初始化。

(1) 采用单纯形法初始化参考点。

(2) 随机生成初始种群。

步骤 3　更新种群。

(1) 通过模拟二进制交叉、多项式变异等，由父代种群 P_t 生成子代种群 Q_t。

(2) 混合 P_t 和 Q_t 形成新种群 R_t，计算个体违约值。

(3) 使用约束支配原则对 R_t 进行排序，划分为非支配层 $(F_1,\cdots,F_l,\cdots,F_\omega)$。

(4) 从 F_1 开始将非支配层移动到新种群 S_t，直到个体数目首次超过 N。

(5) 若 S_t 中解的个数为 N ，则直接将 S_t 视为下一次迭代的父代种群 P_{t+1}。

(6) 若 S_t 中解的个数不足 N ，则根据参考点在非支配层 F_l 中选解。

(7) 关联个体到参考点，统计与每个参考点关联的小生境个体数量 ρ_j。

(8) 选择 ρ_j 最小的参考点 j，提取个体到下一次迭代的父代种群 P_{t+1}。

(9) 增加新的参考点。在 ρ_j 数目为 2 个或超过 2 个的参考点附近增加等距的新参考点，包围该原参考点，同时更新每个参考点的小生境个体数量 ρ_j。

(10) 删除部分新增参考点，删除 ρ_j 为 0 的新增参考点。

(11) 将生成种群 P_{t+1} 代入下一代迭代更新。

步骤 4 如果迭代次数达到 G，停止并输出当前种群；否则，返回步骤 3。

4. 仿真分析

利用襄阳地热井的钻井数据设计验证案例。由于地层剧烈变化，原钻井轨迹严重偏离垂直方向，在距离原钻井位置 100m 处钻取一口定向井。新钻井计划绕开垂直深度为 900m 的邻井区域。每节钻井的井斜角变化率和方位角变化率均小于 8°/30m，以满足导向钻具的局限性。第一段的长度限制为 [30, 210]m。基于整体偏斜轨迹的范围，设定安全绕障距离为 20m。靶区在东方向上被限制为 [0, −30]m，在北方向上被限制为 [180, 200]m。

为了测试该案例下 ANSGA-III 的性能，选择表 3.6 中描述的多目标优化算法进行验证。由于这些算法具有随机性，测试过程将每种算法运行 30 次，设定以 100 个种群和 10000 次评价次数进行迭代。设置超体积指标的参考点为 (1000,10,10)，该点可涵盖整个解集。ANSGA-III 的平均超体积指标 [10] 最大，这意味着该算法的收敛性和多样性表现较好。

表 3.6 多目标优化算法

算法	解释
NSGA-II	非支配排序遗传算法 (第二版本)[7]
AGEMOEA	基于自适应几何估计的多目标进化算法 [25]
NSGA-III	非支配排序遗传算法 (第三版本)[26]
ANSGA-III	自适应非支配排序遗传算法 (第三版本)[8]
KnEA	拐点驱动进化算法 [23]
AR-MOEA	基于自适应参考点的多目标进化算法 [22]

注：AGEMOEA 为基于自适应几何估计的多目标进化算法 (adaptive geometry estimation based multi-objective evolutionary algorithm)。

随机选取 ANSGA-III 的一个结果与传统试错法进行比较。图 3.9(a) 表明这两种方法都满足约束条件，意味着都绕过了障碍区域并击中靶区。从俯视图结果看，轨迹的大多数测点都在可接受范围内，表明大部分地层是安全的。从图 3.9(b) 可知，两者的最小安全泥浆密度在前 150m 处没有差别，但在轨迹的后半部分 (竖直分界线右侧)，ANSGA-III 的结果都低于 1.8g/cm^3 (水平分界线以下)，可有效降低井眼坍塌的风险，而在传统试错法的结果中仍有 5 个区域高于 2g/cm^3，具有较高的井眼坍塌风险。

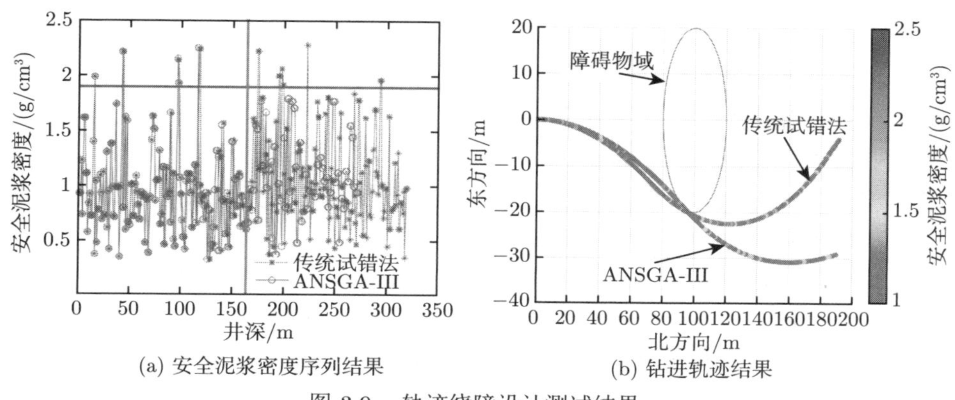

(a) 安全泥浆密度序列结果　(b) 钻进轨迹结果

图 3.9　轨迹绕障设计测试结果

ANSGA-III 所得解集分布情况如图 3.10 所示，第 2 目标和第 3 目标间存在很强的相关性，形成了点线状的不规则前沿。ANSGA-III 和 AR-MOEA 的自适应策略使其可在一定程度上适应不规则的前沿面，具有更好的收敛性和多样性。

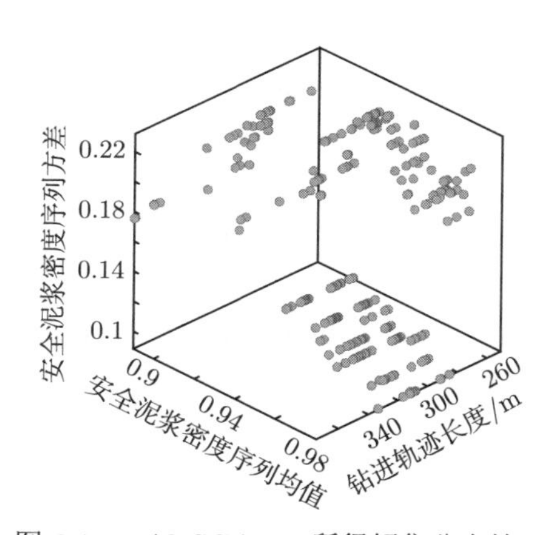

图 3.10　ANSGA-III 所得解集分布情况

3.3　本 章 小 结

本章面向钻进过程轨迹设计安全高效的需求，分别从轨迹几何特性和地层特性两个部分出发，研究轨迹优化算法。

3.1 节针对几何特性的钻进轨迹优化设计建立了两种轨迹优化模型。第一种考虑轨迹复杂度，以最小化钻进轨迹长度、井身轮廓能量和中靶误差为目标，以靶窗平面为约束，建立钻进轨迹优化模型。对于优化目标数量级不同、具有非线性等式和不等式约束的优化问题，提出了基于自适应罚函数的分解进化算法。针对多目标轨迹优化问题的解集，提出基于最小模糊熵钻进轨迹非劣解的决策方法，从而选出符合决策者偏好的轨迹方案。第二种针对实际轨迹相对设计轨迹存在的偏差，通过统计井斜角变化率、方位角变化率的离差，建立了具有概率不确定性参数的轨迹优化模型，同时提出了改进个体拥挤距离公式和离群值移除机制，提高种群收敛性、维持种群多样性。最后，针对具有两个造斜段、一个降斜段的大位移水平井实例，进行了轨迹优化仿真，说明方法针对具有参数不确定性的轨迹优化问题，能得到稳定性最佳的轨迹设计方案。

3.2 节考虑地层特性，进行钻进轨迹优化设计，研究了以井壁稳定性为约束的轨迹优化问题，使得安全泥浆密度窗口尽可能大。井壁稳定性约束随井深变化，其数量随钻进轨迹关键造斜点数量变化。针对这样具有严格约束的多目标优化问题，提出利用逆世代距离和拐点的多目标进化算法。基于某定向井的轨迹优化仿真实验表明，在具有相同安全泥浆密度变化的情况下，采用该方法进行轨迹优化设计时，具有更小的钻进轨迹长度和钻柱扭矩。另外，考虑到将井壁稳定性作为优化设计约束时，存在搜索域过于狭小而难以获取解的问题，提出基于自适应参考点的多目标非支配排序算法。将沿轨迹方向的安全泥浆密度离散化，获取随井深变化的多地层井壁稳定性序列，以安全序列值的均值和方差作为目标函数，利用实际现场地层岩性和轨迹数据进行轨迹优化实验。经测试得到的轨迹在多地层复杂地质环境下，具有绕障能力且安全系数更高，具有更好的收敛性和多样性。

参 考 文 献

[1] Samuel G R. Ultra-extended-reach drilling (u-ERD: Tunnel in the earth)—A new well-path design[C]. The SPE/IADC Drilling Conference and Exhibition, Amsterdam, 2009: 1-8.

[2] Huang W D, Wu M, Chen L F, et al. Multi-objective drilling trajectory optimization using decomposition method with minimum fuzzy entropy-based comprehensive evaluation[J]. Applied Soft Computing, 2021, 107: 107392.

[3] 黄雯蒂. 具有非线性约束与参数不确定性的地质钻进轨迹多目标优化 [D]. 武汉: 中国地质大学 (武汉), 2022.

[4] Wang Z Y, Gao D L, Liu J J. Multi-objective sidetracking horizontal well trajectory optimization in cluster wells based on DS algorithm[J]. Journal of Petroleum Science and Engineering, 2016, 147: 771-778.

[5] Tessema B, Yen G G. An Adaptive penalty formulation for constrained evolutionary optimization[J]. IEEE Transactions on Systems, Man, and Cybernetics, Part A: Systems and Humans, 2009, 39(3): 565-578.

[6] Zhang Q F, Li H. MOEA/D: A multiobjective evolutionary algorithm based on decomposition[J]. IEEE Transactions on Evolutionary Computation, 2007, 11(6): 712-731.

[7] Deb K, Pratap A, Agarwal S, et al. A fast and elitist multiobjective genetic algorithm: NSGA-II[J]. IEEE Transactions on Evolutionary Computation, 2002, 6(2): 182-197.

[8] Jain H, Deb K. An evolutionary many-objective optimization algorithm using reference-point based non-dominated sorting approach, part II: Handling constraints and extending to an adaptive approach[J]. IEEE Transactions on Evolutionary Computation, 2014, 18(4): 602-622.

[9] Yang Y K, Liu J C, Tan S B, et al. A multi-objective differential evolutionary algorithm for constrained multi-objective optimization problems with low feasible ratio[J]. Applied Soft Computing, 2019, 80: 42-56.

[10] Zitzler E, Thiele L. Multiobjective evolutionary algorithms: A comparative case study and the strength Pareto approach[J]. IEEE Transactions on Evolutionary Computation, 1999, 3(4): 257-271.

[11] Yoon K P, Hwang C L. Multiple Attribute Decision Making[M]. Berlin: Springer, 1981.

[12] Feng Y Q, Hung T C, Zhang Y N, et al. Performance comparison of low-grade ORCs (organic Rankine cycles) using R245fa, pentane and their mixtures based on the thermoeconomic multi-objective optimization and decision makings[J]. Energy, 2015, 93: 2018-2029.

[13] Huang W D, Wu M, Chen L F, et al. Multi-objective drilling trajectory optimization considering parameter uncertainties[J]. IEEE Transactions on Systems, Man, and Cybernetics: System, 2022, 52(2): 1224-1233.

[14] Mansouri V, Khosravanian R, Wood D A, et al. 3-D well path design using a multi-objective genetic algorithm[J]. Journal of Natural Gas Science and Engineering, 2015, 27(1): 219-235.

[15] 付天池. 摩阻扭矩计算关键问题研究 [D]. 青岛: 中国石油大学 (华东), 2013.

[16] Wang H D, Jin Y C, Yao X. Diversity assessment in many-objective optimization[J]. IEEE Transactions on Cybernetics, 2017, 47(6): 1510-1522.

[17] Xu J F, Chen X. Bat algorithm optimizer for drilling trajectory designing under wellbore stability constraints[C]. Proceedings of the 37th Chinese Control Conference (CCC), Wuhan, 2018: 10276-10280.

[18] Ma T S, Chen P, Yang C H, et al. Wellbore stability analysis and well path optimization based on the breakout width model and Mogi-Coulomb criterion[J]. Journal of Petroleum Science and Engineering, 2015, 135: 678-701.

[19] Zoback M D. Reservoir Geomechanics[M]. Cambridge: Cambridge University Press, 2010.

[20] Huang W D, Wu M, Hu J, et al. A multi-objective optimisation algorithm for a drilling trajectory constrained to wellbore stability[J]. International Journal of Systems Science, 2022, 53(1): 154-167.

[21] Zhou A M, Jin Y C, Zhang Q F, et al. Combining model-based and genetics-based offspring generation for multi-objective optimization using a convergence criterion[C]. Proceedings of the 2006 Congress on Evolutionary Computation, Vancouver, 2006: 892-899.

[22] Tian Y, Cheng R, Zhang X Y, et al. An indicator-based multiobjective evolutionary algorithm with reference point adaptation for better versatility[J]. IEEE Transactions on Evolutionary Computation, 2018, 22(4): 609-622.

[23] Zhang X Y, Tian Y, Jin Y C. A knee point-driven evolutionary algorithm for many-objective optimization[J]. IEEE Transactions on Evolutionary Computation, 2015, 19(6): 761-776.

[24] Xu J F, Chen X, Wu M, et al. Highest wellbore stability obstacle avoidance drilling trajectory optimization in complex multiple strata geological environment[C]. The 47th Annual Conference of the IEEE Industrial Electronics Society, Toronto, 2021: 1-6.

[25] Panichella A. An adaptive evolutionary algorithm based on non-euclidean geometry for many-objective optimization[C]. The Genetic and Evolutionary Computation Conference, Prague, 2019: 595-603.

[26] Deb K, Jain H. An evolutionary many-objective optimization algorithm using reference-point-based nondominated sorting approach, part I: Solving problems with box constraints[J]. IEEE Transactions on Evolutionary Computation, 2014, 18(4): 577-601.

第 4 章　钻压控制和钻柱黏滑振动抑制

在深部复杂地质环境下，地层软硬交替、压力体系复杂，具有高地应力、高陡构造以及开采扰动的地质力学特性，导致钻进过程强干扰、非线性、不确定性问题突出；要抵达数千米深的目标层往往需要数百根钻具，钻柱会表现出轴向、扭转和横向三个不同维度的柔性动态特性，使得钻进过程中钻压波动剧烈、黏滑振动现象愈发明显。本章研究钻压控制和钻柱黏滑振动抑制，实现复杂地质环境下钻压、转速的高精度控制与振动抑制，提升钻进效率与安全性。

4.1　钻 压 控 制

在钻进过程中，主要通过调整送钻速度维持钻压稳定 [1,2]。地下岩石种类众多、岩性复杂，具有高度不确定性，导致钻压控制性能下降。因此，需要研究考虑地层不确定性的钻压控制方法，克服地层不确定性的影响，提高钻压控制性能。

4.1.1　钻柱轴向运动模型

钻柱轴向运动模型可以帮助分析在不同地层中、不同钻具组合下的钻压动态特性，是进行钻压控制设计的重要基础。本节首先基于钻柱运动机理建立钻柱轴向运动有限元模型，然后得到用于控制设计的状态空间模型和降阶模型，最后利用实际现场数据检验该模型的有效性。

1. 钻柱轴向运动建模

钻柱轴向运动有限元模型示意图如图 4.1 所示。钻压是作用于钻头的轴向力，与钻柱的轴向运动相关，因此该模型一方面考虑钻柱轴向柔性动态特征，另一方面使用具有不确定阻尼系数的钻头-岩石作用作为边界条件，有效表征了地层不确定性 [3]。

1) 钻柱轴向运动有限元模型

钻柱轴向运动有限元模型基于绞车下放钻柱施加钻压的过程机理，模型包含绞车速度、钩速、井上钻压、井底钻压和钻柱运动状态参数。钻柱轴向运动有限元模型又可以按照钻柱模型、钻机提升系统模型和钻头-岩石作用模型分为三个主要部分。

(1) 钻柱模型。有限元方法是一种将连续系统离散成离散单元并近似求解系统运动的方法 [4]。考虑到钻柱系统本身由离散单元组成的特点，每根钻具可以

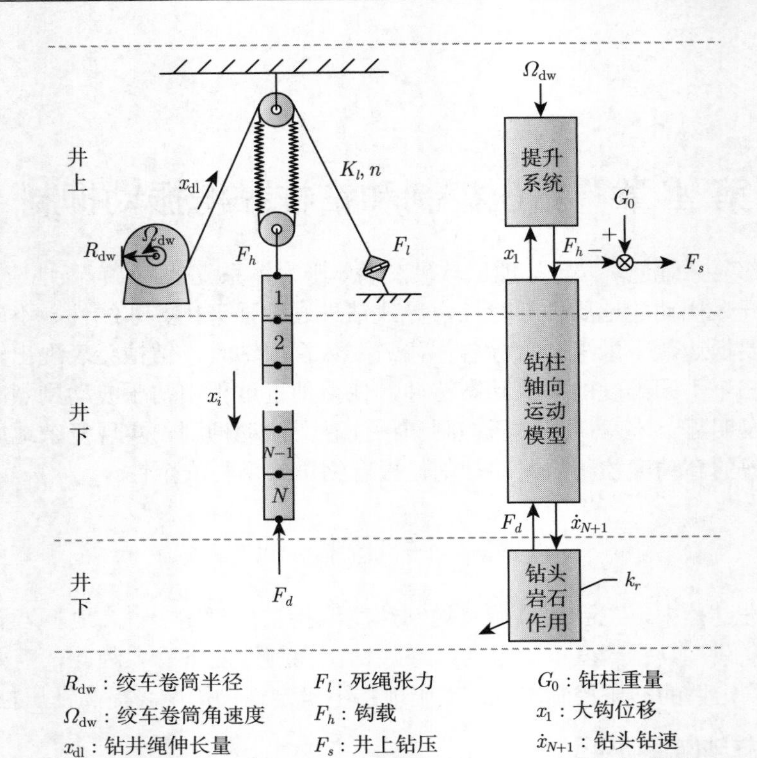

图 4.1　钻柱轴向运动有限元模型示意图

作为一个离散单元，将它们的连接点考虑为广义节点并建立有限元模型。假定钻柱系统由 N 根钻杆组成，每个离散单元从上至下可编号为 $1\sim N$，共有 $N+1$ 个广义节点。钻柱在顶部和底部分别受到钩载和井底钻压的作用，钻柱轴向运动有限元模型则以井上钩载和井底钻压为边界条件，包含 $N+1$ 个广义节点的钻柱轴向运动有限元模型可以表示为

$$M\ddot{x}+D\dot{x}+Kx=G-E_1F_h(\Omega_{\mathrm{dw}},x_1)-E_2F_d(\dot{x}_{N+1})\tag{4.1}$$

式中，$x=[x_1\ x_2\ \cdots\ x_{N+1}]^{\mathrm{T}}\in\mathbb{R}^{N+1}$ 为 $N+1$ 个广义节点的位移；$\dot{x}$ 为节点速度；$\ddot{x}$ 为节点加速度；系数 $M\in\mathbb{R}^{(N+1)\times(N+1)}$、$K\in\mathbb{R}^{(N+1)\times(N+1)}$ 和 $D\in\mathbb{R}^{(N+1)\times(N+1)}$ 分别为全局质量矩阵、全局刚度矩阵和全局阻尼矩阵；$G\in\mathbb{R}^{N+1}$ 为作用于每个广义节点的等效重力向量；F_h 和 F_d 分别为钩载和井底钻压；$E_1=[1\ 0\ \cdots\ 0]^{\mathrm{T}}\in\mathbb{R}^{N+1}$ 和 $E_2=[0\ 0\ \cdots\ 1]^{\mathrm{T}}\in\mathbb{R}^{N+1}$ 表明这两个力作用的节点位置分别在钻柱系统顶部和底部。

全局质量矩阵和全局刚度矩阵又可以由每个离散单元的单元质量矩阵 M_i 和单元刚度矩阵 K_i $(i = 1, 2, \cdots, N)$ 联立得到，M_i 和 K_i 分别为

$$M_i = \begin{bmatrix} [M_i]_{11} & [M_i]_{12} \\ [M_i]_{21} & [M_i]_{22} \end{bmatrix} = \frac{\rho S l}{6} \begin{bmatrix} 2 & 1 \\ 1 & 2 \end{bmatrix} \tag{4.2}$$

$$K_i = \begin{bmatrix} [K_i]_{11} & [K_i]_{12} \\ [K_i]_{21} & [K_i]_{22} \end{bmatrix} = \frac{ES}{l} \begin{bmatrix} 1 & -1 \\ -1 & 1 \end{bmatrix} \tag{4.3}$$

式中，ρ、S 和 E 分别为每个离散单元的密度、横截面积和杨氏模量；l 为每个离散单元的长度。全局质量矩阵和全局阻尼矩阵可以由 M_i 和 K_i 表示为

$$K = \begin{bmatrix} [K_1]_{11} & [K_1]_{12} & 0 & \cdots & 0 & 0 & 0 \\ [K_1]_{21} & [K_1]_{22}+[K_2]_{11} & [K_2]_{12} & \cdots & 0 & 0 & 0 \\ 0 & [K_2]_{21} & [K_2]_{22}+[K_3]_{11} & \cdots & 0 & 0 & 0 \\ \vdots & \vdots & \vdots & & \vdots & \vdots & \vdots \\ 0 & 0 & 0 & \cdots & [K_{N-2}]_{22}+[K_{N-1}]_{11} & [K_{N-1}]_{12} & 0 \\ 0 & 0 & 0 & \cdots & [K_{N-1}]_{21} & [K_{N-1}]_{22}+[K_N]_{11} & [K_N]_{12} \\ 0 & 0 & 0 & \cdots & 0 & [K_N]_{21} & [K_N]_{22} \end{bmatrix} \tag{4.4}$$

$$M = \begin{bmatrix} [M_1]_{11} & [M_1]_{12} & 0 & \cdots & 0 \\ [M_1]_{21} & [M_1]_{22}+[M_2]_{11} & [M_2]_{12} & \cdots & 0 \\ 0 & [M_2]_{21} & [M_2]_{22}+[M_3]_{11} & \cdots & 0 \\ \vdots & \vdots & \vdots & & \vdots \\ 0 & 0 & 0 & \cdots & [M_{N-2}]_{22}+[M_{N-1}]_{11} \\ 0 & 0 & 0 & \cdots & [M_{N-1}]_{21} \\ 0 & 0 & 0 & \cdots & 0 \end{bmatrix}$$

$$\begin{matrix} 0 & 0 \\ 0 & 0 \\ 0 & 0 \\ \vdots & \vdots \\ [M_{N-1}]_{12} & 0 \\ [M_{N-1}]_{22}+[M_N]_{11} & [M_N]_{12} \\ [M_N]_{21} & [M_N]_{22} \end{matrix}\right] \tag{4.5}$$

利用瑞利阻尼模型[5]可以得到全局阻尼矩阵如下：

$$D=\alpha M+\beta K \tag{4.6}$$

式中，α 和 β 为模型系数。

式 (4.4) ~ 式 (4.6) 的三个矩阵决定了模型广义节点的轴向运动特征。

(2) 钻机提升系统模型。钻机提升系统模型是提供钩载的关键组成部分，钩载 F_h 是由钻井绳上的弹性力提供的，可以将文献 [6] 中的模型简化为线性弹性模型，具体为

$$F_h=nF_d \tag{4.7}$$

$$F_l=K_l\left(x_1-\frac{x_{\mathrm{dl}}}{n}\right) \tag{4.8}$$

$$x_{\mathrm{dl}}=\int R_{\mathrm{dw}}\varOmega_{\mathrm{dw}}\,\mathrm{d}t \tag{4.9}$$

式中，F_l 为死绳拉力；n 为游车绳系数量；K_l 为钻井绳等效刚度系数；x_1 和 x_{dl} 分别为大钩位移和钻井绳的伸长量；R_{dw} 和 $\varOmega_{\mathrm{dw}}$ 分别为绞车卷筒的半径和角速度。

(3) 钻头-岩石作用模型。井底钻压是钻头破岩给进时产生的相互作用力，因此井底钻压表示为钻头受到的黏性阻尼[7]。钻头-岩石作用模型可描述为

$$F_d(\dot{x}_{N+1})=k_r\dot{x}_{N+1} \tag{4.10}$$

式中，k_r 为给进阻尼系数；$\dot{x}_{N+1}$ 为钻柱系统底部节点的速度，即钻头钻速。

钻进过程中，岩性变化导致岩石可钻性、抗压强度等参数发生改变[8,9]，k_r 和 $\dot{x}_{N+1}$ 是对钻速和钻压之间关系影响最大和最直接的参数。因此，钻头-岩石作用模型利用可变的给进阻尼系数反映岩性变化。钻头给进速度和井底钻压的关系会随着给进阻尼系数的变化而发生改变，钻遇坚硬的岩层可以用较大的给进阻尼系数进行描述，相反钻遇较软的岩层可以用较小的给进阻尼系数进行描述。

在实际工程中，由于井下测量难以实施，所以通常不会考虑直接控制井底钻压而是控制井上钻压，井上钻压可以表示为

$$F_s = G_0 - F_h \tag{4.11}$$

式中，G_0 为钻柱在泥浆液中的重量，即钻杆总重减去泥浆液浮力后的重量。

当钻头没有接触井底时，井上钻压为零，司钻工人此时记录的当前钩载的大小即为钻柱在泥浆液中的总重量。由于作用在钻柱上的重力是静载荷，将模型中所有变量的初始条件考虑为 0，可以消去重力相关项 G 和 G_0。因此，式 (4.1) 和式 (4.11) 可以简化为

$$M\ddot{x} + D\dot{x} + Kx = -E_1F_h(\varOmega_{\mathrm{dw}}, x_1) - E_2F_d(\dot{x}_{N+1}) \tag{4.12}$$

$$F_s = -F_h \tag{4.13}$$

2) 状态空间模型

钻压控制系统通过测量井上死绳拉力获得钩载大小，并调节绞车角速度改变钻柱下放速度, 从而增大或减小钻压。系统的控制输入 $u = \varOmega_{\mathrm{dw}} \in \mathbb{R}$。系统的测量反馈为死绳张力，则系统输出可以定义为 $y = F_s \in \mathbb{R}$。定义状态变量为 $x_s = [F_s \ \ x_1 - x_2 \ \cdots \ x_N - x_{N+1} \ \ \dot{x}_1 \ \cdots \ \dot{x}_{N+1}]^{\mathrm{T}} \in \mathbb{R}^{2N+2}$。由上述定义可知，模型 $\varSigma_h(k_r)$ 的状态空间形式可以表示为

$$\begin{cases} \dot{x}_s(t) = A(k_r)x_s(t) + Bu(t) \\ y_s(t) = Cx_s(t) \end{cases} \tag{4.14}$$

式中，$A(k_r)x_s(t) = Ax_s(t) + Hk_r\dot{x}_{N+1}(t)$；$A$、$B$、$C$、$H$、$H_1$ 和 H_2 具体为

$$A = \begin{bmatrix} 0 & O_{1\times N} & H_1 \\ O_{N\times 1} & O_{N\times N} & H_2 \\ M^{-1}E_1 & -M^{-1}K_t & -M^{-1}D \end{bmatrix}$$

$$B = \begin{bmatrix} R_{\mathrm{dw}}K_l \\ O_{(2N+1)\times 1} \end{bmatrix}, \quad C = [1 \ \ O_{1\times(2N+1)}]$$

$$H = \begin{bmatrix} O_{(N+1)\times 1} \\ -M^{-1}E_2 \end{bmatrix}, \quad H_1 = [-nK_l \ \ O_{1\times N}]$$

$$H_2 = \begin{bmatrix} 1 & -1 & & & O \\ & 1 & -1 & & \\ & & & \ddots & \\ O & & & 1 & -1 \end{bmatrix} \in \mathbb{R}^{N\times(N+1)}$$

式中，$O_{i\times j}$ 为 $i\times j$ 的零矩阵；$K_t \in \mathbb{R}^{(N+1)\times N}$ 为刚度矩阵 K 的等效变换形式。

3) 降阶钻压动态模型

利用有限元方法直接将每根钻杆和钻铤 (通常在 9m 左右) 考虑为一个离散单元，则会得到一个 $2N+1$ 阶的钻柱模型。当所用钻柱总长度高达几千米时，模型会有数百个自由度，计算复杂度较高。因此，为了更利于进行控制器设计，需要一个简化的低阶模型。由于模型中不确定的给进阻尼系数仅对低阶动态具有较大的影响，通过模式选择，原高阶模型的一阶模态被选为简化的低阶模型。简化的低阶模型 $\Sigma_l(\varepsilon)$ 可表示为

$$\begin{cases} \dot{x}_l(t) = \varepsilon x_l(t) + bu(t) \\ y_l(t) = x_l(t) \end{cases} \tag{4.15}$$

式中，输入变量 b 随给进阻尼系数 k_r 的改变，只有非常微小的变化，因此在低阶模型中作为定值；状态变量 ε 会随 k_r 的变化发生改变。k_r 和原高阶模型 $\Sigma_h(k_r)$ 的开环增益呈线性关系，同样 $1/\varepsilon$ 和低阶模型 $\Sigma_l(\varepsilon)$ 的开环增益也呈线性关系。如果 k_r 和 ε 满足 $k_r \in [k_{r\min}, k_{r\max}]$ 和 $\varepsilon \in [\varepsilon_l, \varepsilon_h]$，那么对于 $\ell_r \in [0, 1]$，有如下关系：

$$k_r = (1-\ell_r)k_{r\min} + \ell_r k_{r\max} \tag{4.16}$$

$$\varepsilon = 1 \Big/ \left[(1-\ell_r)\frac{1}{\varepsilon_l} + \ell_r \frac{1}{\varepsilon_h} \right] \tag{4.17}$$

为了在低阶模型中也考虑系统高阶模态的影响，系统的高阶模态可以在控制器设计时由一个乘性不确定性加权函数 $W(s)$ 代替，$\|\Delta\|_\infty \leqslant 1$，如图 4.2 所示。乘性不确定性加权函数的幅值响应需要覆盖高阶模型和低阶模型幅值响应的相对误差。

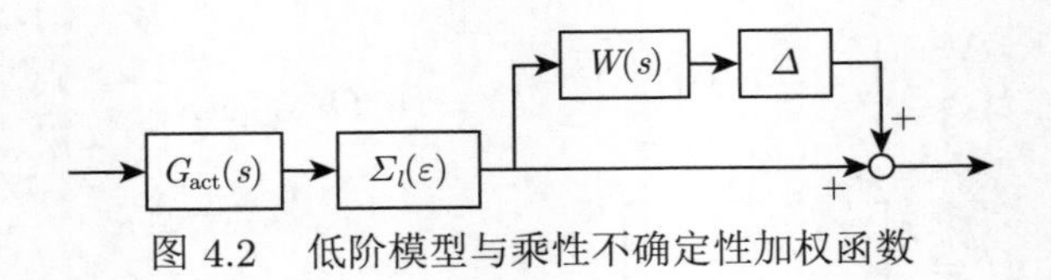

图 4.2　低阶模型与乘性不确定性加权函数

在上述结构框图中还包括了执行器动态 $G_{\text{act}}(s)$，它用来描述绞车卷筒跟踪期望角速度的过程。绞车卷筒跟踪期望角速度的动态可以用如下具有时间常数 T_{act} 的一阶环节表示：

$$G_{\text{act}}(s) = \frac{1}{T_{\text{act}}s+1} \tag{4.18}$$

2. 实验验证

以襄阳地热井为例，井场钻机参数如表 4.1 所示。

表 4.1　井场钻机参数

符号	参数	数值
$K_l/(\mathrm{MN/m})$	钻井绳等效刚度	2.46
$R_{\mathrm{dw}}/\mathrm{m}$	绞车卷筒半径	0.25
n	绳系数量	8
T_{act}	执行器时间常数	0.5

井场使用了 88.9mm 钻杆 (dp1)、127mm 钻杆 (dp2)、127mm 加重钻杆 (hdp)、158.7mm 钻铤 (dc1)、177.8mm 钻铤 (dc2) 共五种钻具。钻具参数如表 4.2 所示。

表 4.2　钻具参数

参数	dp1	dp2	hdp	dc1	dc2
直径/mm	88.9	127	127	158.7	177.8
壁厚/mm	6.5	9.19	25.4	71.4	71.4
长度/m	9.6	9.6	9.6	9.15	9.15
数量	172	36	8	5	7

利用上述参数建立模型，并将实际钻速数据作为模型输入，得到的仿真结果如图 4.3 所示。

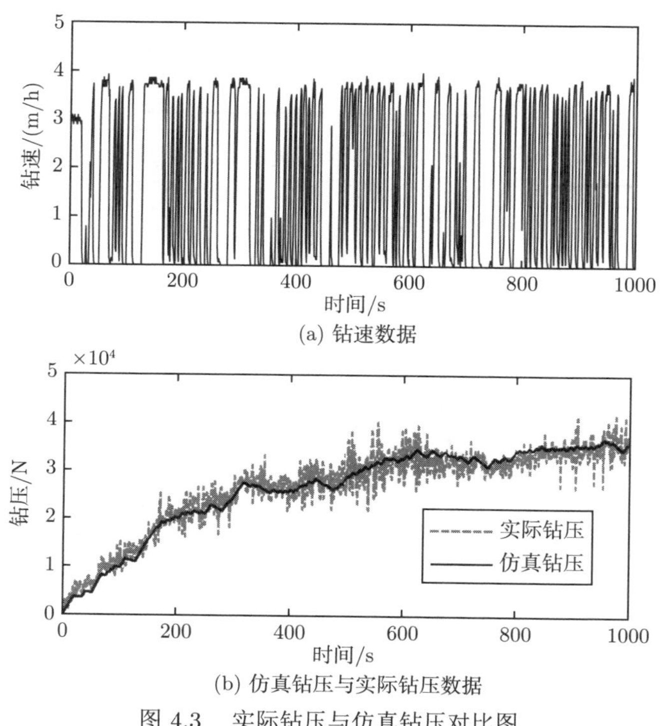

(a) 钻速数据

(b) 仿真钻压与实际钻压数据

图 4.3　实际钻压与仿真钻压对比图

图 4.3 (a) 中钻速数据 D_{rop} 为模型输入，图 4.3 (b) 为仿真钻压和实际钻压数据。钻速数据可以由绞车角速度表示为

$$D_{\mathrm{rop}} = 3600\frac{\Omega_{\mathrm{dw}}R_{\mathrm{dw}}}{n} \tag{4.19}$$

钻头接触井底后，钻机控制系统通过 Bang-Bang 控制调整钻压大小，钻压逐渐增大。此时，钻速数据呈周期性变化，表示绞车卷筒出现周期性旋转，间歇性地下放钻柱。在这种情况下，司钻工人通常通过绞车运动频率和钻压大小判断地层硬度。从图 4.3 (b) 所示的仿真结果来看，仿真钻压和实际钻压数据的趋势有较好的一致性。给进阻尼系数反映了当前钻进过程中地层的软硬变化情况，若钻遇地层变硬，则需要减小绞车转速，维持钻压不变，反之，则需要增大绞车转速。

图 4.4 是高阶模型和降阶模型伯德图。引入降阶模型考虑了受给进阻尼系数影响最大的一阶模态，同时由于高阶模态受不确定参数影响较小，可以用统一的乘性不确定性加权函数代替。建模过程中既保证了模型有较低的阶次，又考虑了柔性钻柱的高阶模态，其中黑色实线是范围内最大给进阻尼系数对应的高阶模型和降阶模型，黑色方框曲线是范围内最小给进阻尼系数对应的高阶模型和降阶模型。具有范围内其他给进阻尼系数的模型，其伯德图曲线位于边界模型围成的区域之内，给进阻尼系数越大，模型的开环增益越大，反之越小。由于给进阻尼系数对模型的高阶模态影响较小，所以采用乘性不确定性加权函数进行描述。

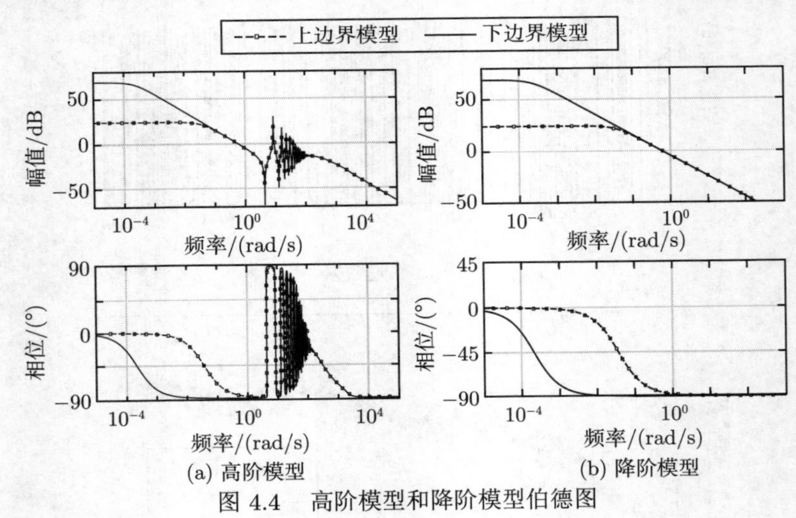

图 4.4　高阶模型和降阶模型伯德图

4.1.2　考虑不确定给进阻尼系数的钻压鲁棒控制方法

由于给进阻力系数受地层影响，其在地质钻探过程中存在一定范围的变化，是控制系统中的不确定参数。地层变化引起的参数不确定性会对控制性能产生影响。

本节基于 4.1.1 节介绍的钻柱轴向运动模型，针对给进阻尼系数的不确定性，设计考虑参数不确定性的钻压控制系统，克服不确定参数和钻柱柔性带来的影响。控制系统的控制目标可以概述为以下方面：

(1) 以钻井绳拉力为测量反馈，控制井上钻压达到预先设计的期望值，并保证较小的稳态误差；

(2) 保证闭环系统对不确定给进阻尼系数的鲁棒性；

(3) 降低开环系统高阶模态对控制性能的影响；

(4) 限制控制器输出保证执行器能较好地跟踪控制信号，避免控制作用过激，减少执行器损耗。

1. 基于混合灵敏度的钻压鲁棒控制器设计

图 4.5 为钻压控制广义闭环系统结构框图，主要包括钻压控制器、钻压动态模型和加权函数三个部分。通过在广义系统中引入合适的加权函数进行控制设计可以得到满足上述控制目标的控制器。

(1) 引入输出评价加权函数 $M(s)$ 使系统具有较小的稳态误差；

(2) 在具有仿射参数的钻压动态模型 $\Sigma_l(\varepsilon)$ 上进行控制设计，使闭环系统对参数不确定性具有鲁棒性；

(3) 设计乘性不确定性加权函数 $W(s)$，考虑系统高阶模态的影响；

(4) 通过输入评价加权函数 $U(s)$ 限制控制作用的大小。

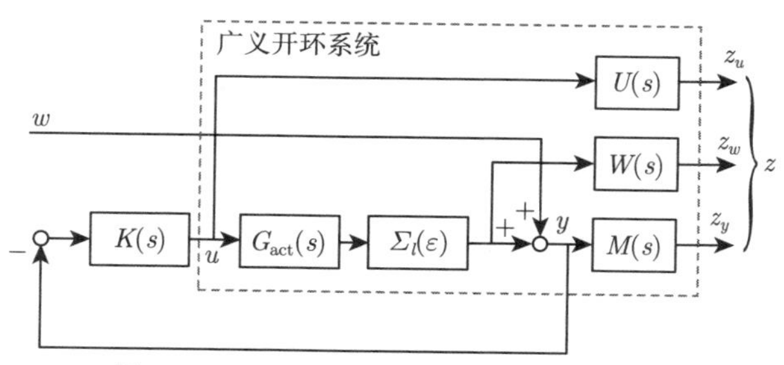

图 4.5　钻压控制广义闭环系统结构框图

加权函数 $M(s)$ 具有如下形式：

$$M(s)=\frac{\dfrac{s}{M_P}+\omega_0}{s+\omega_0\epsilon} \tag{4.20}$$

式中，M_P 为灵敏度峰值；ϵ 为对应期望的稳态误差；ω_0 为系统期望带宽，设计时应小于 $W(s)$ 的转折频率。为了保证较小的稳态误差，ϵ 取值越小越好。$U(s)$ 是一阶形式的输入加权函数，用于抑制控制器输出高频域中的幅值，在低频域取较小的幅值，在高频域取较大的幅值。

为了在控制器传递函数中引入位于原点的极点来消除稳态误差，除了这三项加权函数之外，额外引入了一个极点位于原点的不稳定加权函数 $L(s)$。引入 $L(s)$ 后变换的广义闭环系统结构框图如图 4.6 所示，此变换不会改变从 w 至 z 的传递函数。

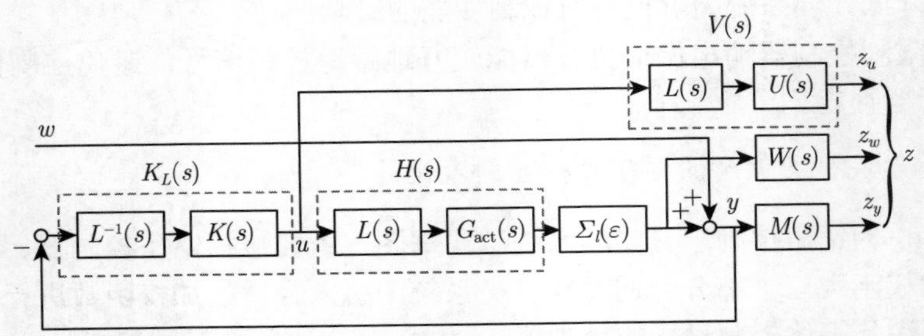

图 4.6　具有不稳定加权函数 $L(s)$ 的广义闭环系统结构框图

在图 4.6 中，$K_L(s)$ 为动态输出反馈控制器，可表示为

$$\begin{cases} \dot{x}_k(t) = A_k x_k(t) - B_k y(t) \\ u(t) = C_k x_k(t) \end{cases} \tag{4.21}$$

则可得到

$$K(s) = L(s)K_L(s), \quad K_L(s) = \left[\begin{array}{c|c} A_k & B_k \\ \hline C_k & 0 \end{array}\right] \tag{4.22}$$

$K(s)$ 需要能够使闭环系统稳定,且使闭环系统从输入 w 到输出 $[z_u, z_w, z_y]^{\mathrm{T}}$ 的 $\mathcal{H}_\infty$ 范数满足

$$\left\| \begin{matrix} M(s)S(s,\varepsilon) \\ U(s)R(s,\varepsilon) \\ W(s)T(s,\varepsilon) \end{matrix} \right\|_\infty < \gamma \tag{4.23}$$

对于所有 $\varepsilon \in [\varepsilon_l, \varepsilon_h]$，灵敏度函数满足 $S(s,\varepsilon) = (1 + G_{\mathrm{act}}(s)\Sigma_l(s,\varepsilon)K(s))^{-1}$，补灵敏度函数满足 $T(s,\varepsilon) = 1 - S(s,\varepsilon)$。$R(s,\varepsilon) = K(s)S(s,\varepsilon)$ 是从 w 到 u 的传递函数。故在式 (4.23) 的约束下进行 $\mathcal{H}_\infty$ 优化能使闭环系统中 $S(s,\varepsilon)$、$T(s,\varepsilon)$ 和 $R(s,\varepsilon)$ 满足设计的加权函数约束。

加权函数的状态空间参数矩阵表示为

$$\Upsilon(s) = \left[\begin{array}{c|c} A_\Upsilon & B_\Upsilon \\ \hline C_\Upsilon & D_\Upsilon \end{array}\right], \quad \Upsilon = V, M, W, H \tag{4.24}$$

在图 4.6 中，从输入 $[w,\ u]$ 至输出 $[z_u,\ z_w,\ z_y,\ y]^{\mathrm{T}}$ 的广义开环系统可以表示为

$$G(s,\varepsilon)=\left[\begin{array}{c|cc} A_P(\varepsilon) & B_1 & B_2 \\ \hline C_1 & D_{11} & D_{12} \\ C_2 & D_{21} & D_{22} \end{array}\right] \tag{4.25}$$

式中，$A_P(\varepsilon)=\ell_r A_P(\varepsilon_l)+(1-\ell_r)A_P(\varepsilon_h),\ 0\leqslant \ell_r\leqslant 1$，则有

$$G(s,\varepsilon)=\left[\begin{array}{ccccc|cc} \varepsilon & bC_H & & & & & \\ & A_H & & & & & B_H \\ & & A_V & & & & B_V \\ B_W & & & A_W & & & \\ B_M & & & & A_M & B_M & \\ \hline & & C_V & & & & D_V \\ D_W & & & C_W & & & \\ D_M & & & & C_M & D_M & \\ 1 & & & & & 1 & \end{array}\right] \tag{4.26}$$

将动态输出反馈控制器 $K_L(s)$ 代入广义模型 (4.25)，可得到闭环系统表示如下，其中输入为 w，输出为 $[z_u,\ z_w,\ z_y]^{\mathrm{T}}$：

$$H_{\mathrm{zw}}(s,\ \varepsilon)=(A_c(\varepsilon),\ B_c,\ C_c,\ D_c) \tag{4.27}$$

$$\left[\begin{array}{c|c} A_c(\varepsilon) & B_c \\ \hline C_c & D_c \end{array}\right]=\left[\begin{array}{cc|c} A_P(\varepsilon) & B_2C_k & B_1 \\ -B_kC_2 & A_k & -B_kD_{21} \\ \hline C_1 & D_{12}C_k & D_{11} \end{array}\right] \tag{4.28}$$

为了得到期望的控制器 $K_L(s)$，闭环系统需要满足由如下线性矩阵不等式 (linear matrix inequality，LMI) 描述的边界条件 [10]，边界条件中的模型参数为 ε_l 和 ε_h。

$$\begin{bmatrix} N_X^{\mathrm{T}} & 0 \\ 0 & 1 \end{bmatrix}\begin{bmatrix} A_P(\varepsilon_i)X+XA_P^{\mathrm{T}}(\varepsilon_i) & XC_1^{\mathrm{T}} & B_1 \\ C_1X & -\gamma I & D_{11} \\ B_1^{\mathrm{T}} & D_{11}^{\mathrm{T}} & -\gamma I \end{bmatrix}\begin{bmatrix} N_X & 0 \\ 0 & 1 \end{bmatrix}<0,\quad i=l,h \tag{4.29}$$

$$\begin{bmatrix} N_Y^{\mathrm{T}} & 0 \\ 0 & I_{3\times 3} \end{bmatrix}\begin{bmatrix} YA_P(\varepsilon_i)+A_P^{\mathrm{T}}(\varepsilon_i)Y & YB_1^{\mathrm{T}} & C_1^{\mathrm{T}} \\ B_1^{\mathrm{T}}Y & -\gamma I & D_{11}^{\mathrm{T}} \\ C_1 & D_{11} & -\gamma I \end{bmatrix}\begin{bmatrix} N_Y & 0 \\ 0 & I_{3\times 3} \end{bmatrix}<0,\quad i=l,h \tag{4.30}$$

$$\begin{bmatrix} X & I \\ I & Y \end{bmatrix} \geqslant 0 \tag{4.31}$$

式中，N_X 和 N_Y 分别为矩阵 $[B_2^{\mathrm{T}} \ \ D_{12}^{\mathrm{T}}]$ 和 $[C_2 \ \ D_{21}]$ 的正交基向量。

在上述线性矩阵不等式约束下求解最优 γ 和决策变量 X 与 Y，进一步可得如下正定矩阵：

$$P = \begin{bmatrix} Y & U \\ U^{\mathrm{T}} & I \end{bmatrix} \tag{4.32}$$

式中，U 满足 $UU^{\mathrm{T}} = Y - X^{-1}$。

根据有界实引理[10]，期望控制器的数值解可以通过求解以 A_k、B_k 和 C_k 为决策变量的线性矩阵不等式得到，具体为

$$\begin{bmatrix} A_c^{\mathrm{T}}(\varepsilon)P + PA_c(\varepsilon) & PB_c & C_c^{\mathrm{T}} \\ B_c^{\mathrm{T}}P & -\gamma I & D_c^{\mathrm{T}} \\ C_c & D_c & -\gamma I \end{bmatrix} < 0 \tag{4.33}$$

将最优的 γ、正定矩阵 P 和式 (4.27) 代入式 (4.33)，可以得到如下线性矩阵不等式：

$$\begin{bmatrix} \Psi_{11} & \Psi_{12} & \Psi_{13} & \Psi_{14} \\ * & \Psi_{22} & \Psi_{23} & \Psi_{24} \\ * & * & -\gamma I & D_{11}^{\mathrm{T}} \\ * & * & * & -\gamma I \end{bmatrix} < 0 \tag{4.34}$$

若 $i = l,\ h$，则有

$$\begin{cases} \Psi_{11} = YA_P(\varepsilon_i) + A_P^{\mathrm{T}}(\varepsilon_i)Y - UB_kC_2 - (UB_kC_2)^{\mathrm{T}} \\ \Psi_{12} = A_P(\varepsilon_i)U - C_2^{\mathrm{T}}B_k^{\mathrm{T}} + YB_2C_k + UA_k \\ \Psi_{13} = YB_1 - UB_k,\ \Psi_{14} = C_1^{\mathrm{T}} \\ \Psi_{22} = A_k + A_k^{\mathrm{T}} + U^{\mathrm{T}}B_2C_K + (U^{\mathrm{T}}B_2C_k)^{\mathrm{T}} \\ \Psi_{23} = U^{\mathrm{T}}B_1 - B_k,\ \Psi_{24} = C_k^{\mathrm{T}}D_{12}^{\mathrm{T}} \end{cases} \tag{4.35}$$

求解上述线性矩阵不等式的可行解可以得到 $K_L(s)$，最后根据式 (4.22) 可以得到图 4.5 闭环系统中的控制器 $K(s)$。

2. 仿真分析

用于控制器设计的加权函数包括 $M(s)$、$U(s)$、$L(s)$ 和 $W(s)$。$M(s)$ 和 $U(s)$ 分别为系统输出加权函数和输入加权函数，$L(s)$ 为引入的不稳定环节，具体参数分别为

$$M(s)=\frac{s+0.6}{s+9\times10^{-5}}\times0.5\,,\quad U(s)=\frac{s}{s+25}\times5.55,\quad L(s)=\frac{s+0.59}{s}\times0.5 \tag{4.36}$$

$W(s)$ 为系统乘性不确定性加权函数，用于表示简化低阶模型 (4.15) 和原高阶模型 (4.14) 间的相对误差：

$$W(s)=0.5\left(\frac{W_2}{W_1}\right)^3,\quad W_i=\frac{\omega_i^2}{s^2+2\zeta_i\omega_i s+\omega_i^2},\quad i=1,2 \tag{4.37}$$

式中，参数为

$$\omega_1=2.1,\quad \omega_2=6.2,\quad \zeta_1=0.7,\quad \zeta_2=0.45 \tag{4.38}$$

利用上述参数，并基于前述控制器求解方法，即可求解出式 (4.22) 所示的控制器。

为了模拟不同参数下闭环系统的响应，采用具有三种不同参数的钻头-岩石作用模型进行仿真，为 k_r^1=2×10^7N·s/m、k_r^2=5×10^7N·s/m 和 k_r^3=8×10^7N·s/m，分别将这三种情况记为情况 Ⅰ、情况 Ⅱ 和情况 Ⅲ。在仿真过程中，含有鲁棒控制器 $K(s)$ 的控制系统以 3t 钻压为控制目标，通过调节绞车角速度实现钻压控制，仿真结果如图 4.7 所示。

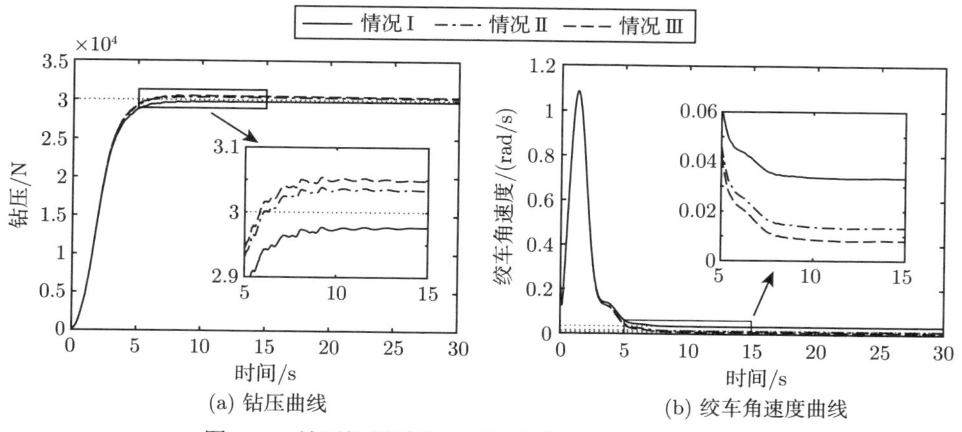

(a) 钻压曲线　(b) 绞车角速度曲线

图 4.7　钻压控制系统在不同给进阻尼系数下的响应

在启动阶段，绞车角速度迅速增加到一个较大的值，从而使钻压能够在短时间内达到参考值后进入稳态，并具有期望范围内的稳态误差。接着，绞车角速度逐渐减小到一个较小的值，以适应较大的给进阻尼系数。在不同的给进阻尼系数下，所提出的控制器可以将钻压稳定在期望参考值。通过仿真可以发现，闭环系统的响应时间比 4.1.1 节所示现场数据的响应时间小得多。尽管在设计过程中系统带宽因高阶模态的不确定性有所限制，但闭环系统的响应时间得到了改善，能够满足现场需求。

由于控制器不是为参数空间内的特定值而设计的，当跟踪给定的参考输入时，在系统输出由积分作用驱动并完全达到期望值之前，会出现超调或欠调，但均在设计范围之内。如图 4.7 中的 $5 \sim 15\text{s}$ 所示，随着模型中给进阻尼系数的增加，钻压的瞬态响应从欠调变为超调。对于给进阻尼系数较大的模型，输出具有较大的超调量，通过优化 $\|H_{\text{zw}}(s,\varepsilon)\|_\infty$ 使得在参数空间内的最坏情况下也可以获得令人满意的性能。

4.1.3　考虑大范围给进阻尼系数的钻压增益调度控制方法

钻遇岩石种类多、岩性差异大导致模型中给进阻尼系数变化差异大，可能高达上百倍，故参数固定的控制器难以适应所有井下情况。针对井下参数难以测量、变化范围大的问题，本节结合增益调度控制方法和自适应观测器的特点，采用基于参数辨识的增益调度控制方法构建钻压控制系统。通过引入增益调度控制并结合自适应观测器，能够实时辨识给进阻尼系数的变化，从而调节控制器增益解决不同地层下的钻压控制问题。

近年来，在处理时变动力学系统方面，增益调度控制器逐渐成为一种常用且流行的控制器。该控制器的增益可以随着系统的运行条件或者模型参数的变化自动地调节，以最优地适应当前的运行状况，从而保证系统运行的稳定性。增益调度控制器有三种形式，即基于多胞体的增益调度控制器、基于线性分式变换 (linear fraction transformation，LFT) 的增益调度控制器和基于网格的增益调度控制器 [11]。由于建立的系统模型可以表示成以时变参数为因子的仿射组合形式，将降阶模型中的状态系数作为仿射参数，故采用具有多胞体形式的增益调度控制器。

图 4.8 为基于参数估计的增益调度钻压控制系统结构框图，基于所建立的钻压动态降阶模型 (4.15) 设计了增益调度控制器和自适应观测器，并应用于原高阶系统 (4.14)。自适应观测器的估计值 $\hat{\varepsilon}_s$ 作为调度变量调整控制器增益。控制器根据钻压误差 e 计算期望绞车转速 u_k，经过执行器 $G_{\text{act}}(s)$ 得到实际钻机提升系统

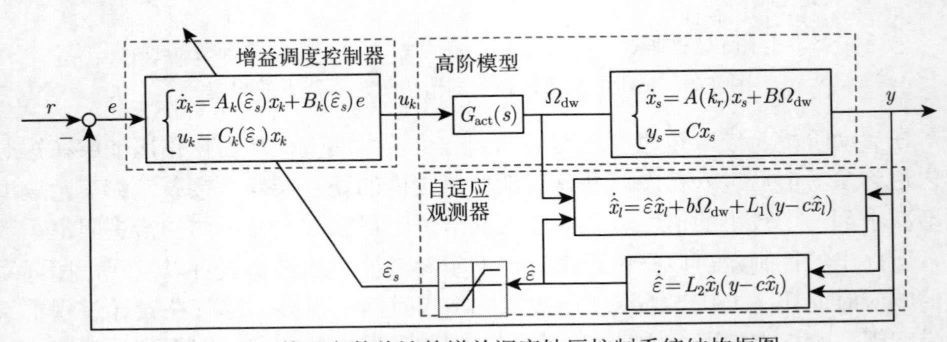

图 4.8　基于参数估计的增益调度钻压控制系统结构框图

的绞车角速度 Ω_{dw}，从而调节钻压大小。控制器增益变化使控制作用的激烈程度发生改变，因而能适应不同地层下的钻进，保障满意的控制性能。

1. 增益调度控制器设计

在基于钻压动态降阶模型 (4.15) 设计增益调度控制器时，首先将模型中的调度变量 ε 视为可测变量，同时控制器中以此变量为调度变量。用于求解控制器的广义闭环系统结构框图如图 4.9 所示。

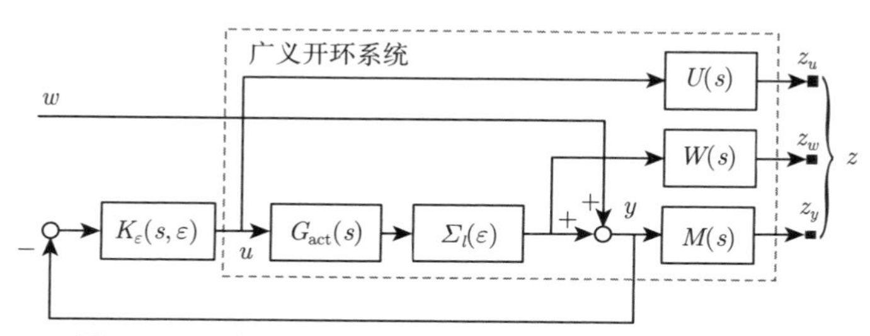

图 4.9　包含增益调度控制器的广义闭环系统结构框图

图 4.9 与图 4.5 结构一致，加权函数设计不变，则广义开环系统也可表示为式 (4.25)，而构建的闭环控制系统中增益调度控制器 K_ε 具有如下形式：

$$\begin{cases} \dot{x}_k(t) = A_k(\varepsilon)x_k(t) + B_k(\varepsilon)e(t) \\ u_k(t) = C_k(\varepsilon)x_k(t) \end{cases} \tag{4.39}$$

式中，参数矩阵 $A_k(\varepsilon)$、$B_k(\varepsilon)$ 和 $C_k(\varepsilon)$ 为依赖调度变量 ε 的变参数矩阵，则闭环系统可以表示为

$$H_{\mathrm{zw}}(s,\varepsilon) = [A_c(\varepsilon), B_c(\varepsilon), C_c(\varepsilon), D_c] \tag{4.40}$$

$$\begin{bmatrix} A_c(\varepsilon) & B_c(\varepsilon) \\ C_c(\varepsilon) & D_c \end{bmatrix} = \left[\begin{array}{cc|c} A_P(\varepsilon) & B_2C_k(\varepsilon) & B_1 \\ -B_k(\varepsilon)C_2 & A_k(\varepsilon) & -B_k(\varepsilon)D_{21} \\ \hline C_1 & D_{12}C_k(\varepsilon) & D_{11} \end{array}\right] \tag{4.41}$$

结合期望控制器 K_ε，闭环系统需要满足边界条件，它们分别是基于具有上下边界参数的模型 $\Sigma_l(\varepsilon_h)$ 和 $\Sigma_l(\varepsilon_l)$ 建立的，具体为式 (4.29) ~ 式 (4.31)。

由式 (4.32) 可以求出整定矩阵 P。根据有界实引理，边界控制器可以通过求解如下线性矩阵不等式获得。下边界控制器的参数矩阵为 $A_k(\varepsilon_l)$、$B_k(\varepsilon_l)$ 和 $C_k(\varepsilon_l)$，上边界控制器的参数矩阵为 $A_k(\varepsilon_h)$、$B_k(\varepsilon_h)$ 和 $C_k(\varepsilon_h)$。

$$\begin{bmatrix} A_c^{\mathrm{T}}(\varepsilon)P + PA_c(\varepsilon) & PB_c(\varepsilon) & C_c^{\mathrm{T}}(\varepsilon) \\ B_c^{\mathrm{T}}(\varepsilon)P & -\gamma I & D_c{}^{\mathrm{T}} \\ C_c(\varepsilon) & D_c & -\gamma I \end{bmatrix} < 0 \tag{4.42}$$

将其代入最优的 γ、正定矩阵 P 和式 (4.41) ～ 式 (4.42) 中，可以得到如下线性矩阵不等式：

$$\begin{bmatrix} \Psi_{11} & \Psi_{12} & \Psi_{13} & \Psi_{14} \\ * & \Psi_{22} & \Psi_{23} & \Psi_{24} \\ * & * & -\gamma I & D_{11}^{\mathrm{T}} \\ * & * & * & -\gamma I \end{bmatrix} < 0 \tag{4.43}$$

若 $i = l,\ h$，则有

$$\begin{cases} \Psi_{11} = YA_P(\varepsilon_i) + A_P^{\mathrm{T}}(\varepsilon_i)Y - UB_k(\varepsilon_i)C_2 - (UB_k(\varepsilon_i)C_2)^{\mathrm{T}} \\ \Psi_{12} = A_P(\varepsilon_i)U - C_2^{\mathrm{T}}B_k^{\mathrm{T}}(\varepsilon_i) + YB_2C_k(\varepsilon_i) + UA_k(\varepsilon_i) \\ \Psi_{13} = YB_1 - UB_k(\varepsilon_i),\ \Psi_{14} = C_1^{\mathrm{T}} \\ \Psi_{22} = A_k(\varepsilon_i) + A_k^{\mathrm{T}}(\varepsilon_i) + U^{\mathrm{T}}B_2C_k(\varepsilon_i) + (U^{\mathrm{T}}B_2C_k(\varepsilon_i))^{\mathrm{T}} \\ \Psi_{23} = U^{\mathrm{T}}B_1 - B_k(\varepsilon_i),\ \Psi_{24} = C_k^{\mathrm{T}}(\varepsilon_i)D_{12}^{\mathrm{T}} \end{cases} \tag{4.44}$$

由于低阶模型 $\Sigma_l(\varepsilon)$ 中的调度变量 ε 可以描述为

$$\varepsilon = (1-\ell)\varepsilon_l + \ell\varepsilon_h, \quad \ell \in [0,\ 1] \tag{4.45}$$

所以增益调度控制器的参数矩阵可以表示为

$$\begin{bmatrix} A_k(\varepsilon) & B_k(\varepsilon) \\ C_k(\varepsilon) & 0 \end{bmatrix} = (1-\ell)\begin{bmatrix} A_k(\varepsilon_l) & B_k(\varepsilon_l) \\ C_k(\varepsilon_l) & 0 \end{bmatrix} + \ell\begin{bmatrix} A_k(\varepsilon_h) & B_k(\varepsilon_h) \\ C_k(\varepsilon_h) & 0 \end{bmatrix} \tag{4.46}$$

2. 自适应观测器设计

为了估计不可测量的调度变量 ε，可设计如下形式的自适应观测器对其进行估计 [12,13]：

$$\begin{cases} \dot{\hat{x}}_l = \hat{\varepsilon}\hat{x}_l + bu + L_1(y - \hat{x}_l) \\ \dot{\hat{\varepsilon}} = L_2\hat{x}_l(y - \hat{x}_l) \end{cases} \tag{4.47}$$

式中，L_1 和 L_2 为需要设计的观测器增益。考虑 Lyapunov 函数 $V = p_1\tilde{x}^2 + p_2\tilde{\varepsilon}^2$，其中 $\tilde{x}_l = y - \hat{x}_l$ 和 $\tilde{\varepsilon} = \varepsilon - \hat{\varepsilon}_l$, p_1 和 p_2 可以是任意不为零的常数。当上述结构中 L_1 和 L_2 满足 $L_1 > \varepsilon_h$ 和 $L_2p_2 = p_1$ 时，构建的自适应观测器是渐近稳定的。Lyapunov 函数可表示为

$$\begin{aligned}\dot{V} &= 2p_1\tilde{x}_l\dot{\tilde{x}}_l - 2p_2\tilde{\varepsilon}\dot{\hat{\varepsilon}} \\ &= 2p_1\tilde{x}_l(-L_1\tilde{x}_l + \tilde{x}_l\varepsilon + \tilde{\varepsilon}\hat{x}_l) - 2p_2\tilde{\varepsilon}\dot{\hat{\varepsilon}} \\ &= -2p_1L_1\tilde{x}_l^2 + 2p_1\varepsilon\tilde{x}_l^2 + 2p_1\tilde{x}_l\tilde{\varepsilon}\hat{x}_l - 2p_2\tilde{\varepsilon}\dot{\hat{\varepsilon}} \\ &\leqslant (2p_1\varepsilon_h - 2p_1L_1)\tilde{x}_l^2 + 2p_1\tilde{x}_l\tilde{\varepsilon}\hat{x}_l - 2p_2L_2\tilde{x}_l\tilde{\varepsilon}\hat{x}_l < 0\end{aligned} \tag{4.48}$$

估计器的输出经过饱和环节限制估计调度变量在变化范围之内，估计的调度变量可表示为

$$\begin{cases}\hat{\varepsilon}_s = \varepsilon_l\,, & \hat{\varepsilon} < \varepsilon_l \\ \hat{\varepsilon}_s = \hat{\varepsilon}, & \varepsilon_l \leqslant \hat{\varepsilon} < \varepsilon_h \\ \hat{\varepsilon}_s = \varepsilon_h\,, & \varepsilon_h \leqslant \hat{\varepsilon}\end{cases} \tag{4.49}$$

基于面向控制的低阶模型推导出自适应观测器，并在原始高阶模型上进行应用。除了上述条件外，还需要根据估计性能调整自适应观测器参数。高增益导致良好的估计速度但对高阶模态的鲁棒性较差，而低增益导致低估计速度但对高阶模态的鲁棒性较强。

3. 仿真分析

控制器设计使用的加权函数分别为

$$M(s) = \frac{s+0.6}{s+3\times10^{-5}}\times 0.5\,,\quad U(s) = \frac{s+5.5}{s+200}\times\frac{200}{11} \tag{4.50}$$

$$W(s) = 0.5\left(\frac{W_2}{W_1}\right)^3,\quad W_i = \frac{\omega_i^2}{s^2+2\zeta_i\omega_i s+\omega_i^2},\quad i=1,2 \tag{4.51}$$

式中,

$$\omega_1 = 3.3,\quad \omega_2 = 8.6,\quad \zeta_1 = 0.7,\quad \zeta_2 = 0.25 \tag{4.52}$$

观测器增益 L_1 和 L_2 选择为

$$L_1 = 1,\quad L_2 = 0.1 \tag{4.53}$$

基于上述参数即可构建图 4.8 所示的控制系统。

为了模拟地层变化的情况，在仿真过程中给进阻尼系数的变化代表从中等硬度地层钻入软地层再钻入硬地层的过程。闭环控制系统可以由 $\Sigma_h(k_r)$、增益调度控制器和自适应控制器构成。仿真设置期望钻压为

$$\begin{cases} r = 2\times10^4\text{N}, & 0\text{s}\leqslant t < 40\text{s} \\ r = 4\times10^4\text{N}, & 40\text{s}\leqslant t < 80\text{s}\end{cases} \tag{4.54}$$

仿真中给进阻尼系数为

$$
\begin{cases}
k_r = 7.5 \times 10^7 \mathrm{N\cdot s/m}, & 0\mathrm{s} \leqslant t < 20\mathrm{s} \\
k_r = 6 \times 10^6 \mathrm{N\cdot s/m}, & 20\mathrm{s} \leqslant t < 60\mathrm{s} \\
k_r = 3 \times 10^8 \mathrm{N\cdot s/m}, & 60\mathrm{s} \leqslant t \leqslant 80\mathrm{s}
\end{cases}
\tag{4.55}
$$

给进阻尼系数从小到大表示软、较硬和硬三种不同地层，系统仿真结果如图 4.10 所示。

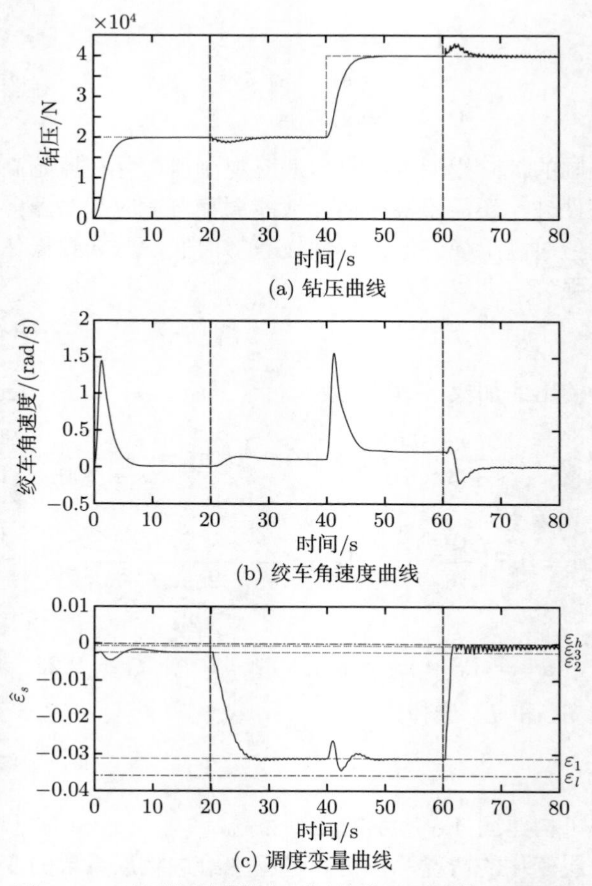

图 4.10 钻压控制系统在不同给进阻尼系数下的响应

$\hat{\varepsilon}$ 的初始值设置为 ε_2，对应于较硬地层。钻压的响应曲线表明，控制系统能够在几乎没有超调的情况下实现跟踪期望参考值的控制目标。如图 4.10 (a) 所示，当给进阻尼系数在 20s、60s 变化时，控制性能恶化，但随着参数估计和增益调度过程的进行，控制性能会逐渐恢复。图 4.10 (b) 显示了绞车滚筒的运动，通过绞车滚筒的一次加速和减速运动，实现井上钻压调节。经证实，较硬地层需要较小的进给速度来保持相同的钻压。调度变量曲线如图 4.10 (c) 所示，当在 0s、40s 跟踪新的期望钻压值时，调度变量估计值略有波动。这是因为调度变量估计是基于式 (4.15) 所示的低阶模型 $\Sigma_l(\varepsilon)$ 获得的，应用于式 (4.14) 所示的高阶模型 $\Sigma_h(k_r)$ 中。

事实上，不仅控制器参数矩阵满足线性关系，控制器低频增益也可以近似表示为使用系数 ℓ 的边界控制器增益的线性组合，给进阻尼系数可以表示为使用系数 ℓ_r 的边界控制器增益的线性组合。ℓ 和 ℓ_r 满足如下关系：

$$\ell = \left[\frac{1}{\dfrac{1}{\varepsilon_l} + \left(\dfrac{1}{\varepsilon_h} - \dfrac{1}{\varepsilon_l}\right)\ell_r} - \varepsilon_l\right]\frac{1}{\varepsilon_h - \varepsilon_l} \tag{4.56}$$

由式 (4.56) 可知，控制器增益和给进阻尼系数趋向于呈反比关系，给进阻尼系数较小的模型需要较高的控制器增益。当给进阻尼系数较小时，控制器增益随给进阻尼系数的变化更为明显。研究表明，在地层较软的情况下，为了保持控制系统性能，更需要自适应调整控制器增益。

4.2　钻柱黏滑振动抑制

钻进过程中钻柱的长度不断变长，导致钻柱特性不断变化。另外，空间环境和技术手段的限制使得井下信息难以测量，以及测量井下信息的随钻测量方法存在数据传输时滞，这些问题给钻柱黏滑振动抑制造成困难。因此，本节针对上述问题进行研究。

4.2.1　钻柱扭转运动模型

结合钻柱动力学模型和钻头-岩石作用模型获得钻柱振动模型，是进行钻柱动力学分析及钻柱黏滑振动抑制的基础。在介绍钻柱黏滑振动抑制方法之前，先给出钻柱动力学模型和钻头-岩石作用模型。

1. 钻柱动力学模型

为了提高钻柱的建模精度，近年来较多的工作致力于建立具有多自由度的钻柱系统模型。Vromen 等 [14,15] 将钻柱简化为如图 4.11 所示的多自由度弹簧-质量-阻尼系统。

基于此，构建一个具有 n 个自由度的钻柱动力学模型，它包括顶驱、一系列钻杆、加重钻杆及钻铤。该模型的具体形式为

$$J\ddot{\vartheta} + (C_d + D)\dot{\vartheta} + C_k\vartheta = S_tT_t + S_bT_b \tag{4.57}$$

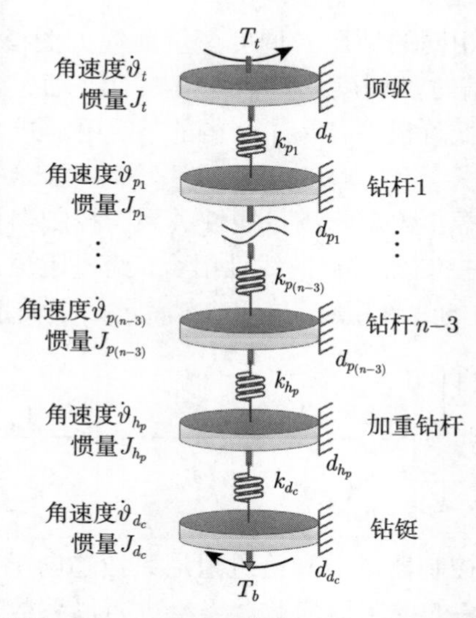

图 4.11　多自由度弹簧-质量-阻尼系统

式中，$\vartheta=[\vartheta_t,\vartheta_{p_1},\cdots,\vartheta_{p_{(n-3)}},\vartheta_{h_p},\vartheta_{d_c}]^{\mathrm{T}}\in\mathbb{R}^n$ 为 n 个惯量单元的角位移，分别对应顶驱 (1 个自由度)、钻杆 ($n-3$ 个自由度)、加重钻杆 (1 个自由度)、钻铤和钻头 (1 个自由度，钻头和钻铤视为同一惯量单元)；$T_t\in\mathbb{R}$ 为顶驱输入扭矩；$T_b\in\mathbb{R}$ 为钻头受到的扭矩；$S_t=[0,0,\cdots,0]^{\mathrm{T}}\in\mathbb{R}^n$；$S_b=[0,0,\cdots,-1]^{\mathrm{T}}\in\mathbb{R}^n$；$J$、$D$、$C_d$ 和 C_k 分别为惯量矩阵、局部阻尼矩阵、扭转阻尼矩阵和扭转刚度矩阵，具体形式由式 (4.58) ~ 式 (4.60) 给出：

$$J=\mathrm{diag}(J_t,J_{p_1},\cdots,J_{p_{(n-3)}},J_{h_p},J_{d_c}) \tag{4.58}$$

$$D=\mathrm{diag}(d_t,d_{p_1},\cdots,d_{p_{(n-3)}},d_{h_p},d_{d_c}) \tag{4.59}$$

$$C_i=\begin{bmatrix} c_{i_{p_1}} & -c_{i_{p_1}} & 0 & \cdots & 0 & 0 & 0 & 0 \\ -c_{i_{p_1}} & c_{i_{p_1}}+c_{i_{p_2}} & -c_{i_{p_2}} & \cdots & 0 & 0 & 0 & 0 \\ \vdots & \vdots & \vdots & & \vdots & \vdots & \vdots & \vdots \\ 0 & 0 & 0 & \cdots & -c_{i_{p(n-3)}} & c_{i_{p(n-3)}}+c_{i_{h_p}} & -c_{i_{h_p}} & 0 \\ 0 & 0 & 0 & \cdots & 0 & -c_{i_{h_p}} & c_{i_{h_p}}+c_{i_{d_c}} & -c_{i_{d_c}} \\ 0 & 0 & 0 & \cdots & 0 & 0 & -c_{i_{d_c}} & c_{i_{d_c}} \end{bmatrix},$$

$$i\in\{d,k\} \tag{4.60}$$

钻柱长度 l 在整个钻进过程中会发生很大的变化，相比于钻杆的长度，加重钻杆和钻铤的长度通常较小且较为固定 (100 ~ 200m)。因此，加重钻杆和钻铤的长度可视为常值，将钻杆的长度视为变化的参数，从而建立钻柱线性变参数 [10] (linear parameter varying, LPV) 模型。为了显式地包含钻杆长度，基于材料力学相关知识，矩阵中的各项可表示为

$$J_\beta = \rho l_\beta I_\beta,\quad C_{k_\beta} = \frac{G_s I_\beta}{l_\beta},\quad C_{d_\beta} = l_\beta \tilde{c},\quad I_\beta = \frac{\pi(D_{o\_\beta}^4 - D_{i\_\beta}^4)}{32} \tag{4.61}$$

式中，$\beta \in \{p_1, \cdots, p_{(n-3)}, h_p, d_c\}, p_i (i = 1, 2, \cdots, n-3)$ 为第 i 个钻杆 h_p 和 d_c 加重钻杆及钻铤；ρ 和 G_s 分别为钻柱的密度和剪切模量；D_{o_β}、D_{i_β} 和 I_β 分别为关于 β 的外径、内径和极惯性矩；$\tilde{c}$ 为每单元钻杆长度所受钻井液阻尼系数；顶驱的惯量 J_t 和所受的局部阻尼 d_t 为常值。

选择 $x = [\dot{\vartheta}_t, \dot{\vartheta}_{p_1}, \cdots, \dot{\vartheta}_{p_{(n-3)}}, \dot{\vartheta}_{h_p}, \dot{\vartheta}_{d_c}, \vartheta_t - \vartheta_{p_1}, \vartheta_{p_1} - \vartheta_{p_2}, \cdots, \vartheta_{p_{(n-3)}} - \vartheta_{h_p}, \vartheta_{h_p} - \vartheta_{d_c}]^{\mathrm{T}}$ 作为新的状态向量 ($x \in \mathbb{R}^{2n-1}$)，然后对式 (4.57) 进行适当变换，可得钻柱 LPV 模型状态空间表达式为

$$\begin{cases} \dot{x}(t) = A(l_p)x(t) + Bu(t) + B_d d(t) \\ y(t) = Cx(t) \end{cases} \tag{4.62}$$

式中，顶驱和钻铤的速度分别为 $x_1 = \dot{\vartheta}_t$ 和 $x_n = \dot{\vartheta}_{d_c}$。假定井上顶驱转速可测，则 $y(t)$ 为顶驱转速，控制输入 $u(t) = T_t$，扰动 $d(t) = T_b$。

矩阵 $A(l_p)$、B、B_d 和 C 分别为

$$A(l_p) = \begin{bmatrix} -J^{-1}(C_d + D) & J^{-1}a_1 \\ a_2 & 0_{(n-1)\times(n-1)} \end{bmatrix} \in \mathbb{R}^{(2n-1)\times(2n-1)}$$

$$B = \begin{bmatrix} J^{-1}S_t \\ 0_{(n-1)\times 1} \end{bmatrix} = \begin{bmatrix} J^{-1} \\ 0_{(2n-2)\times 1} \end{bmatrix}$$

$$a_1 = \begin{bmatrix} -c_{k_{p_1}} & 0 & \cdots & 0 & 0 \\ c_{k_{p_1}} & -c_{k_{p_2}} & \cdots & 0 & 0 \\ \vdots & \vdots & & \vdots & \vdots \\ 0 & 0 & \cdots & c_{k_{h_p}} & -c_{k_{d_c}} \\ 0 & 0 & \cdots & 0 & c_{k_{d_c}} \end{bmatrix} \in \mathbb{R}^{n\times(n-1)}$$

$$a_2 = \begin{bmatrix} 1 & -1 & \cdots & 0 & 0 \\ 0 & 1 & \cdots & 0 & 0 \\ \vdots & \vdots & & \vdots & \vdots \\ 0 & 0 & \cdots & -1 & 0 \\ 0 & 0 & \cdots & 1 & -1 \end{bmatrix} \in \mathbb{R}^{(n-1)\times n}$$

$$B_d = \begin{bmatrix} J^{-1}S_b \\ 0_{(n-2)\times 1} \end{bmatrix} = [0_{(n-1)\times 1} \quad -J_{d_c}^{-1} \quad O_{(n-1)\times 1}]^{\mathrm{T}}$$

$$C = \begin{bmatrix} 1 & 0_{(2n-2)\times 1} \end{bmatrix}$$

式中，$0_{i\times j}$ 为含有 $i\times j$ 个元素的零矩阵；B、B_d 和 C 为常值矩阵，仅矩阵 A 依赖参数 l_p。进一步化简可知，矩阵 A 的 (1,1) 块、(2,1) 块、(2,2) 块也为常值子矩阵。将式 (4.61) 代入矩阵 A 的 (1,2) 块中可得

$$J^{-1}a_1 = \begin{bmatrix} \dfrac{-G_s I_{p1}}{l_{p1}J_t} & 0 & \cdots & 0 & 0 & 0 \\ \dfrac{G_s}{l_{p1}^2\rho} & \dfrac{-G_s}{l_{p1}^2\rho} & \cdots & 0 & 0 & 0 \\ \vdots & \vdots & & \vdots & \vdots & \vdots \\ 0 & 0 & \cdots & \dfrac{G_s}{l_{p(n-3)}^2\rho} & \dfrac{-c_{k_{hp}}}{\rho l_{p(n-3)}I_{p(n-3)}} & 0 \\ 0 & 0 & \cdots & 0 & \dfrac{c_{k_{hpp}}}{J_{h_p}} & \dfrac{-c_{k_{dc}}}{J_{dc}} \\ 0 & 0 & \cdots & 0 & 0 & \dfrac{-c_{k_{dc}}}{J_{dc}} \end{bmatrix} \tag{4.63}$$

式中，$l_{p_i} = \dfrac{l_p}{n} \in \{1,2,\cdots,n-3\}$。式 (4.63) 清晰地表明 $J^{-1}a_1$ 依赖 l_p。然后，钻柱 LPV 模型可改写为

$$\begin{bmatrix} z \\ y \end{bmatrix} = G_{l_p}(s)\begin{bmatrix} d \\ u \end{bmatrix} = \begin{bmatrix} A(l_p) & B_d & B_u \\ C_z & 0 & 0 \\ C & 0 & 0 \end{bmatrix}\begin{bmatrix} d \\ u \end{bmatrix} \tag{4.64}$$

式中，$C_z = [O_{(n-1)\times 1} \quad 1 \quad O_{(n-1)\times 1}]$；$z$ 为期望的控制输出，在这里选为钻头转速 $\dot{\vartheta}_b$ (假设钻头转速 $\dot{\vartheta}_b$ 与钻铤转速 $\dot{\vartheta}_{d_c}$ 相同)。

基于式 (4.64)，对于任意的钻杆长度 $l_p \in [l_{p\min}, l_{p\max}]$，均可以使用传递函数 $G_{l_p}(s)$ 表示对应的钻柱动态。

2. 钻头-岩石作用模型

Karnopp 模型 [16] 用于描述钻头-岩石作用，其具体形式为

$$T_f(\dot{\vartheta}_b)=\begin{cases}T_1(\dot{\vartheta}_b), & \left|\dot{\vartheta}_b\right|<\delta,\ |T_1|\leqslant|T_2| \\ T_2\mathrm{sign}(T_1(\dot{\vartheta}_b)), & \left|\dot{\vartheta}_b\right|<\delta,\ |T_1|>|T_2| \\ \mu_b(\dot{\vartheta}_b)W_{\mathrm{ob}}R_b\mathrm{sign}(\dot{\vartheta}_b), & \left|\dot{\vartheta}_b\right|\geqslant\delta\end{cases}$$

式中，W_{ob} 为钻压；R_b 为钻头半径；$T_2=W_{\mathrm{ob}}R_b\mu_b$ 为静力矩；δ 为极小的正值；对于钻柱多自由度离散模型 (4.57)，接触力矩可写为 $T_1=k_{d_c}(\vartheta_{h_p}-\vartheta_b)-d_b\dot{\vartheta}_b$；$\mu_b$ 为干摩擦系数，由 $\mu_b(\dot{\vartheta}_b)=\mu_{\mathrm{cb}}+(\mu_{\mathrm{sb}}-\mu_{\mathrm{cb}})\mathrm{e}^{-\gamma_b|\dot{\vartheta}_b|}$ 描述，μ_{cb} 和 μ_{sb} 分别为库仑摩擦系数和静摩擦系数，γ_b 为速度衰减率。

钻头受到的扭矩可以表示为 $T_f(\dot{\vartheta}_b)$ 和钻头所受局部阻尼之和：

$$T_b(\dot{\vartheta}_b)=T_f(\dot{\vartheta}_b)+d_b\dot{\vartheta}_b \tag{4.65}$$

结合式 (4.64) 和式 (4.65)，可以得到如图 4.12 所示基于多自由度-变参数模型的钻柱系统开环结构。

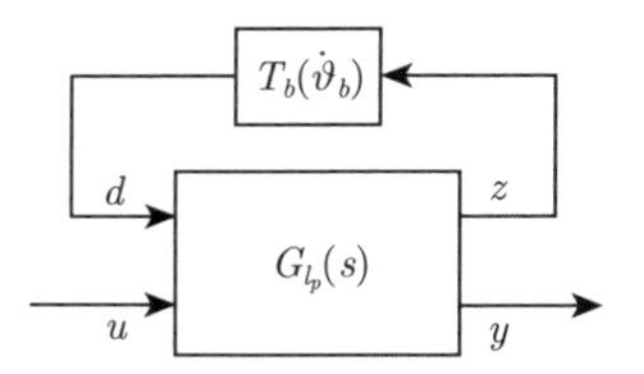

图 4.12　基于多自由度-变参数模型的钻柱系统开环结构

LuGre 模型 [17] 也可用于描述钻头-岩石作用，假设 $T_b(\dot{\vartheta}_b)=W_{\mathrm{ob}}\mu(\dot{\vartheta}_b,z)$，其中 $\mu(\dot{\vartheta}_b,z)$ 是摩擦系数，可描述为

$$\begin{cases}\dot{z}(t)=\dot{\vartheta}_b-\varepsilon_0\dfrac{\left|\dot{\vartheta}_b\right|}{g(\dot{\vartheta}_b)}z(t) \\ g(\dot{\vartheta}_b)=\mu_{\mathrm{cb}}+(\mu_{\mathrm{sb}}-\mu_{\mathrm{cb}})\mathrm{e}^{-(\dot{\vartheta}_b/v_s)^2} \\ \mu(\dot{\vartheta}_b,z)=\varepsilon_0z(t)+\varepsilon_1\dot{z}(t)\end{cases}$$

式中，$z(t)$ 为内摩擦状态；$\dot{\vartheta}_b$ 为钻头角速度；v_s 为 Stribeck 速度常数；ε_0、ε_1、μ_{cb} 和 μ_{sb} 均为表征摩擦物理特性的常值系数。

4.2.2　仅利用地面信息的黏滑振动抑制方法

本节以钻柱系统多自由度-变参数模型为基础，借助实时反馈的井上顶驱转速以及钻柱系统长度，设计相应的转速控制器，通过调节顶驱扭矩消除钻杆的柔性和非线性钻头-岩石作用带来的影响，使得钻柱系统在整个钻进周期内均工作在期望的转速区间，从而避免黏滑振动现象。具体而言，期望的控制目标包括：

(1) 控制系统能够在高钻压、低转速组合下尽可能地抑制黏滑振动，快速地跟踪参考转速。

(2) 在整个钻进过程中，控制系统能够保证稳定性与性能。

1. 考虑时变钻柱长度的黏滑振动抑制方法

针对钻柱长度变化的问题，将钻柱长度视为调度参数，利用增益调度控制方法设计能够随钻柱长度自动调度增益的控制器，保证系统运行的稳定性。

1) 增益调度控制器设计

为了实现前面提出的控制目标，基于 4.2.1 节提出的钻柱多自由度-变参数模型，结合 $\mathcal{H}_\infty$ 控制框架和增益调度技术建立增益调度控制器，使得控制器的增益能够随着钻进深度的增加而变化，以保证在参数变化情况下系统的稳定性。构建的闭环控制系统结构框图如图 4.13 所示。

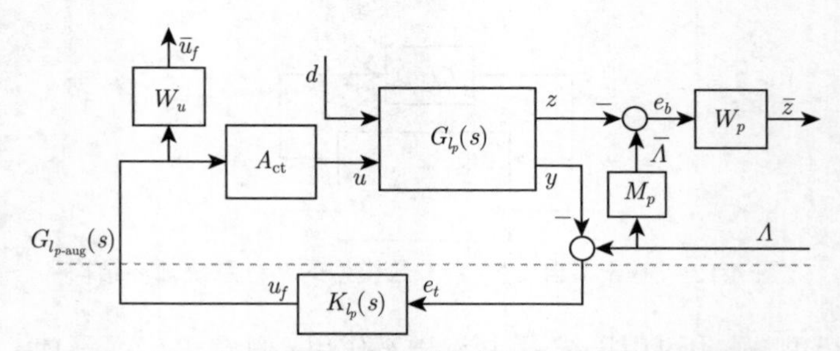

图 4.13　基于增益调度控制的闭环控制系统结构框图

在图 4.13 中，用于调节期望被控输出的二阶参考模型的具体形式为

$$M_p = \frac{\omega_n^2}{s^2 + 2\xi\omega_n + \omega_n^2}$$

通过调节上式中的阻尼比 ξ 和截止频率 ω_n，即可指定期望的性能。

W_p 和 W_u 分别为性能输出与控制输入的权重函数。权重函数在基于 $\mathcal{H}_\infty$ 控制方法的设计中起着非常重要的作用，通过在频域设计权重函数，使得系统可以很好地工作于期望的频段。然而，权重函数的设计没有统一的标准，大部分情况下需要设计者根据自身经验与实际需求进行多次尝试。本节采用文献 [10] 建议的一阶结构，其具体形式为

$$W_i = K_i \frac{s + b_i}{s + a_i}, \quad i \in \{p, u\}$$

使用一阶加权函数的原因是：其会最小限度地增加控制器的阶数，W_p 设为低通滤波器，用于抑制具有低频分量的扰动；$K_p\dfrac{b_p}{a_p}$ 需要足够小，从而保证较小的稳态误差。相反地，W_u 被设计为高通滤波器，用于降低控制输入的高频分量。

在闭环系统设计中，也考虑了执行器的动力学。对于顶驱系统，执行器包括交流电机、变频器和变速箱等。考虑到电机电流环的动态响应非常快，为了简化控制器设计，将整个执行器简化为

$$A_{\mathrm{ct}} = \frac{1}{T_s s + 1}$$

式中，T_s 为执行器的时间常数。

$K_{l_p}(s)$ 为待设计的增益调度输出反馈控制器，其增益依赖 l_p，能够随着 l_p 的变化而变化。$K_{l_p}(s)$ 的状态空间实现可以写为

$$\begin{cases} \dot{x}_k(t) = A_k(l_p)x_k(t) + B_k(l_p)e_t d(t) \\ u_f(t) = C_k(l_p)x_k(t) + D_k(l_p)e_t d(t) \end{cases} \tag{4.66}$$

最后，整个开环系统的增广传递函数 $G_{l_{p\_\mathrm{aug}}}(s)$ 的状态空间实现为

$$\begin{aligned} \begin{bmatrix} \bar{z} \\ \bar{u}_f \\ e_t \end{bmatrix} &= \begin{bmatrix} W_p & 0 & 0 \\ 0 & W_u & 0 \\ 0 & 0 & 1 \end{bmatrix} \bar{G}_{l_p}(s) \begin{bmatrix} 1 & 0 & 0 & 0 & 0 \\ 0 & 1 & {M_p}^{\mathrm{T}} & 0 & 0 \\ 0 & 0 & 0 & A_{\mathrm{ct}}^{\mathrm{T}} & 1 \end{bmatrix}^{\mathrm{T}} \begin{bmatrix} d \\ \varLambda \\ u_f \end{bmatrix} \\ &= \begin{bmatrix} \tilde{A} & \tilde{B}_1 & \tilde{B}_2 \\ \tilde{C}_1 & \tilde{D}_{11} & \tilde{D}_{12} \\ \tilde{C}_2 & \tilde{D}_{21} & \tilde{D}_{22} \end{bmatrix} \begin{bmatrix} d \\ \varLambda \\ u_f \end{bmatrix} \end{aligned}$$

式中，带有上标 $\sim$ 的矩阵为 $G_{l_{p\_\mathrm{aug}}}(s)$ 的状态空间实现，例如，$\tilde{A}$、$\bar{G}_{l_p}(s)$ 为未加权的开环系统传递函数。

2) 增益调度控制器求解

在基于增益调度控制的闭环系统和开环增广系统的传递函数基础上，求解增益调度控制器。这里，可将增益调度控制问题转化为：寻找控制器 $K_{l_p}(s)$，对于任意的 $l_p \in [l_{p\min}, l_{p\max}]$，其能够保证闭环系统 T_{cl} 从 $[d, \varLambda]^{\mathrm{T}}$ 到 $[\bar{z}, \bar{u}_f]^{\mathrm{T}}$ 的诱导 L_2 范数满足

$$\|T_{\mathrm{cl}}\|_{\mathrm{L}_2} = \sup_{[d,\varLambda]^{\mathrm{T}} \neq O_2} \frac{\left\| [\bar{z}, \bar{u}_f]^{\mathrm{T}} \right\|_2}{\|[d, \varLambda]^{\mathrm{T}}\|_2} < \gamma, \quad \gamma > 0 \tag{4.67}$$

式中，$T_{\mathrm{cl}} = F_l(G_{l_{p\_\mathrm{aug}}}(s), K_{l_p}(s))$，$F_l$ 为线性分式变换。

为降低控制器的保守性，此处采用基于网格的 LPV 控制器，不限制控制器的形式，即假设广义参数依赖的形式。满足式 (4.67) 的 LPV 控制器求解问题，等价于寻找对称正定矩阵 R、S 以及辅助矩阵 $\bar{A}_k$、$\bar{B}_k$、$\bar{C}_k$ 和 D_k，在线性矩阵不等式约束下，使得 γ 取得最小值。根据文献 [18] 和 [19]，可将其归结为求解如下优化问题：

$$
\begin{aligned}
&\min\ \{\gamma\}\\
&\text{s.t.}\ \left\{
\begin{aligned}
&\begin{bmatrix}
R\tilde{A} + \bar{B}_k\tilde{C}_2 + (*) & * & * & * \\
\bar{A}_k^{\mathrm{T}} + \tilde{A} + \tilde{B}_2 D_k \tilde{C}_2 & \tilde{A}S + \tilde{B}_2\bar{C}_k + (*) & * & * \\
(R\tilde{B}_1 + \bar{B}_k\tilde{D}_{21})^{\mathrm{T}} & (\tilde{B}_1 + \tilde{B}_1 D_k \tilde{D}_{21})^{\mathrm{T}} & -\gamma I & * \\
\tilde{C}_1 + \tilde{D}_{12} D_k \tilde{C}_2 & \tilde{C}_1 S + \tilde{D}_{12}\bar{C}_k & \tilde{D}_{11} + \tilde{D}_{12} D_k \tilde{D}_{21} & -\gamma I
\end{bmatrix} < 0\\
&\begin{bmatrix} R & I \\ I & S \end{bmatrix} < 0
\end{aligned}
\right.
\end{aligned}
\tag{4.68}
$$

式中，I 为单位矩阵；$*$ 为对称项。

需要注意的是，对于连续的 l_p，优化问题 (4.68) 包含无限 LMI 约束，这显然无法求解。目前，人们普遍认同的方法是将 l_p 划分为具有一定密度的集合，在该集合的 LMI 约束下进行求解。下面给出求解控制器 (4.66) 的具体步骤。

步骤 1　令 $a = l_{p\min} + l_{p\max}$、$b = l_{p\max} + l_{p\min}$，然后将参数 l_p 划分为包含 N_g 个点的集合 $\Phi_s = \left\{ a - \dfrac{l_{p\max}}{\dfrac{b(i-1)}{l_{p\min}(N_g - 1)} + 1},\ i = 1, 2, \cdots, N_g \right\}$。

步骤 2　求解满足 $N_g + 1$ 个 LMI 约束的优化问题 (4.68)，得到最优的 γ 以及决策变量 R、S、$\bar{A}_k$、$\bar{B}_k$、$\bar{C}_k$ 和 D_k。该过程需要耗费一定的时间，因为涉及较多的变量与约束；但是只需要离线求解，且求得的决策变量可以保存起来。

步骤 3　在更密的集合 ($2N_g$ 个点) 上检查步骤 2 得到的决策变量是否满足 LMI 约束。如果有任一约束不满足，则将 N_g 更新为 $\lfloor 1.2N_g \rfloor$，并返回步骤 2；否则，继续执行。

步骤 4　给定任意的 $l_p \in [l_{p\min}, l_{p\max}]$，基于存储的决策变量与构建的增广开环系统 $G_{l_{p\_\mathrm{aug}}}(s)$，即可求解控制器 $K_{l_p}(s)$。求得控制器中各项分别为

$$
\begin{aligned}
&A_k = \mathcal{N}^{-1}[\bar{A}_k - R(\tilde{A} - \tilde{B}_2 D_k \tilde{C}_2)S - \bar{B}_k\tilde{C}_2 S - R\tilde{B}_2\bar{C}_k]\mathcal{M}^{-\mathrm{T}}\\
&B_k = \mathcal{N}^{-1}(\bar{B}_K - R\tilde{B}_2 D_k),\quad C_k = (\bar{C}_K - D_k\tilde{C}_2 S)\mathcal{M}^{-\mathrm{T}},\quad I - RS = \mathcal{N}\mathcal{M}^{\mathrm{T}}
\end{aligned}
$$

在上面求解增益调度控制器的步骤中，使用的是常量 Lyapunov 函数，这种函数虽然会给控制器的求解带来一定的保守性，但其优势在于容易实现，且需要的计算内存与时间更少。

3) 仿真分析

为了进一步体现所提出控制方法的优越性，本节与文献 [7]、[20] 和 [21] 中两种钻柱振动抑制方法进行对比，包括主动阻尼控制器和非线性输出反馈控制器。所有的方法均在本节介绍的钻柱多自由度-变参数模型上进行测试。

文献 [7] 和 [20] 中提出的主动阻尼控制器实际上是自适应 PI 控制器，其具体形式为

$$u_f = k_p\left(1+\frac{1}{T_i s}\right)e_t, \quad k_p = \frac{2\sqrt{2}}{3}fJ_{\text{tol}}, \quad T_i = \frac{2\sqrt{2}}{f}$$

式中，k_p 为钻杆的总刚度；k_p 和 T_i 可以自适应地随着钻进过程的变化而变化；J_{tol} 为钻柱的总惯量，f 为钻头侧的共振频率，而且

$$J_{\text{tol}} = J_t + J_2, \quad f = \sqrt{\frac{k_p}{J_2}} = \sqrt{\frac{k_p}{J_p + J_{h_p} + J_{d_c}}}$$

$$J_p = \frac{\rho l_p}{3}\frac{\pi(D_{o\_p}^4 - D_{i\_p}^4)}{32}, \quad k_p = \frac{G_s}{l_p}\frac{\pi(D_{o\_p}^4 - D_{i\_p}^4)}{32}$$

式中，J_2 为等效在钻头侧的总惯量 (包括钻杆、加重钻杆和钻铤)；J_p 为等效在钻头侧的钻杆惯量；D_{o_p} 和 D_{i_p} 分别为钻杆的外径和内径。

文献 [21] 提出的非线性输出反馈控制器实际上是基于非线性观测器的状态反馈控制器。该方法首先针对固定长度的钻柱，建立了 18 自由度钻柱系统模型；接着为了加快控制器的设计与实现，对 18 自由度钻柱系统模型进行降阶得到 9 自由度钻柱系统模型；最后在期望的平衡状态下，建立摄动坐标系描述钻柱在平衡点附近的动力学特性。基于该方法的控制扭矩可以表示为

$$u_f = u_c + K\xi_r$$

式中，ξ_r 为低阶的状态向量，由设计的非线性观测器得到；K 为状态反馈增益；u_c 为前馈扭矩。

采用与文献 [21] 中相同的设计方法，本节在 $l_p = 4500\text{m}$ 处设计了一个相同的非线性输出反馈控制器。不同的是，该非线性输出反馈控制器是基于钻柱多自由度-变参数模型设计的控制器，且略去了钻柱-井壁间的作用。u_c 可以根据式 (4.57) 计算得到。

考虑 18 自由度钻柱系统模型，使用 Karnopp 模型描述钻头-岩石作用，仿真参数在表 4.3 中给出。利用相关参数可得到如图 4.14 所示的实验结果。

设定参考转速为一系列的转速给定值，具体取值为

$$\Lambda=\begin{cases}6\text{rad/s}, & t<40\text{s}\\ 10\text{rad/s}, & 40\text{s}\leqslant t<80\text{s}\\ 15\text{rad/s}, & 80\text{s}\leqslant t<120\text{s}\\ 8\text{rad/s}, & 120\text{s}\leqslant t<160\text{s}\end{cases}$$

表 4.3　考虑时变钻柱长度的黏滑振动抑制方法仿真参数

参数	数值	参数	数值
l_p/m	3000 ~ 6000	D_{o_p}，D_{i_p}/m	0.140，0.119
l_{h_p}/m	170	$D_{o\_h_p}$，$D_{i\_h_p}$/m	0.140，0.076
l_{d_c}/m	270	$D_{o\_d_c}$，$D_{i\_d_c}$/m	0.171，0.071
$G_s/(\text{N/m}^2)$	79.6×10^9	$J_t/(\text{kg}\cdot\text{m})^2$	930
$\rho/(\text{kg/m}^3)$	7800	d_t，d_b/(N·m·s/rad)	450，50
$\tilde{c}$/(N·rad/s)	0.063	W_{ob}/kN	100
$\mu_{\text{sb}}, \mu_{\text{cb}}$	0.8,0.5	R_b，δ，γ_b	0.15，10^{-6}，0.9

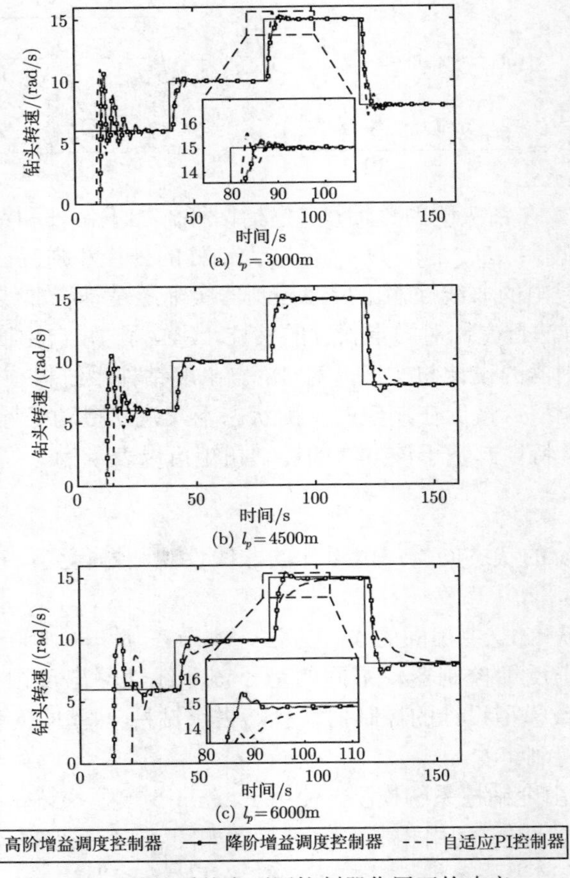

图 4.14　钻柱系统在不同控制器作用下的响应

由图 4.14 所示结果可知，高阶和降阶增益调度控制器在 3 个不同钻柱长度下性能没有发生显著变化。对于自适应 PI 控制器，随着 l_p 的不断增加，控制器性能逐渐下降，这表现为不断增加的启动时间和稳态时间。在 $l_p = 6000\text{m}$ 时，该控制器需要较长时间 (超过 30s) 才能达到稳态。

2. 考虑时变测量时滞的黏滑振动抑制方法

获取钻柱井下信息，可为钻柱振动主动抑制提供重要的数据支持，然而这在工程实践中是非常难以实现的。为此，在控制系统中引入状态观测器，利用井上可测信息来估计井下状态。考虑到在测量井上信息的过程中不可避免地会存在测量时滞，研究考虑时变测量时滞的黏滑振动抑制方法是很有意义的。

1) 基于观测器的控制器设计方法

设变量代换为 $\omega(t) = \dot{\vartheta}(t) + \Pi\vartheta(t)$，其中 $\Pi = \mathrm{diag}\{\lambda_1, \lambda_2, \cdots, \lambda_n\}$ 是给定矩阵，则式 (4.57) 可改写为

$$\begin{cases}\dot{\vartheta}(t) = -\Pi\vartheta(t) + \omega(t)\\ \dot{\omega}(t) = A_1\omega(t) + A_2\vartheta(t) + B_1u(t) + B_2F_t(t)\end{cases}$$

式中，$A_1 = \Pi - J^{-1}(C_d + D)$；$A_2 = -A_1\Pi - J^{-1}C_k$；$B_1 = J^{-1}S_t$；$B_2 = J^{-1}S_b$。输出的可用测量值为 $y(t) = \mathrm{col}\{\vartheta_1(t), \omega_1(t)\}$。由于信号传输需要一定的时间，测量时滞在工业过程中是不可避免的。令 $\psi_s(t) = \mathrm{col}\{\vartheta(t), \omega(t)\}$，可得

$$\begin{cases}\dot{\vartheta}(t) = -\Pi\vartheta(t) + \omega(t), \quad y(t) = C\psi_s(t - h(t))\\ \dot{\omega}(t) = A_1\omega(t) + A_2\vartheta(t) + B_1u(t) + B_2F_t(t)\end{cases} \tag{4.69}$$

式中，$C = \mathrm{diag}\{S_t^{\mathrm{T}}, S_t^{\mathrm{T}}\}$，且测量时滞 $h(t)$ 满足

$$0 \leqslant h(t) \leqslant \bar{h}, \quad d_1 \leqslant \dot{h}(t) \leqslant d_2 \tag{4.70}$$

这里，$\bar{h} > 0$、$d_1 < 0$ 和 $d_2 > 0$ 是已知常数。

从式 (4.69) 可以看出，第一个惯量单元代表顶驱的惯量；第 n 个惯量单元代表钻头的惯量；控制扭矩 $u(t)$ 和钻头-岩石作用 $F_t(t)$ 分别作用于顶驱和钻头，并通过矩阵 S_t 和 S_b 进行表示；只有顶驱的状态，即 $\vartheta_1(t)$ 和 $\omega_1(t)$ 可测量。

因此，可以通过 $\omega_n(t)$ 的响应反映黏滑振动。控制目标为：对于未建模的 $F_t(t)$，考虑式 (4.69) 受式 (4.70) 的约束，根据输出 $y(t)$ 设计控制律 $u(t)$，使 $\omega_1(t)$ 跟踪期望参考输入 $r(t)$，同时使得 $\omega_n(t)$ 的峰峰值最小。

为了实现控制目标，需要构建如图 4.15 所示基于观测器的钻柱输出反馈控制系统。为了抑制振动，最好能找到一个对钻杆的影响与 $F_t(t)$ 相同的控制扭矩 $\tilde{d}(t)$。

因此，控制扭矩 $u(t)$ 应包含两部分，$u_f(t)$ 用于跟踪参考输入，$\tilde{d}(t)$ 用于补偿钻头-岩石作用 $F_t(t)$，即

$$u(t) = u_f(t) - \tilde{d}(t) \tag{4.71}$$

等价输入干扰方法 [22] 提供了一种简单有效的方法来估计控制输入，以补偿非线性和扰动的影响。根据这种方法，为了得到 $\tilde{d}(t)$ 而引入一个系统，其具体形式为

$$\begin{cases} \dot{\vartheta}(t) = -\varPi\vartheta(t) + \omega(t), \quad y(t) = C\psi_s(t-h(t)) \\ \dot{\omega}(t) = A_1\omega(t) + A_2\vartheta(t) + B_1u_f(t) \end{cases}$$

由于井下状态不可用，基于式 (4.72) 可构建一个 Luenberger 状态观测器：

$$\begin{cases} \dot{\hat{\vartheta}}(t) = -\varPi\hat{\vartheta}(t) + \hat{\omega}(t) + L_1(y(t) - \hat{y}(t)) \\ \dot{\hat{\omega}}(t) = A_1\hat{\omega}(t) + A_2\hat{\vartheta}(t) + B_1u_f(t) + L_2(y(t) - \hat{y}(t)) \\ \hat{y}(t) = C\hat{\psi}_s(t-h(t)) \end{cases} \tag{4.72}$$

式中，L_1 和 L_2 都是待设计的观测器增益。

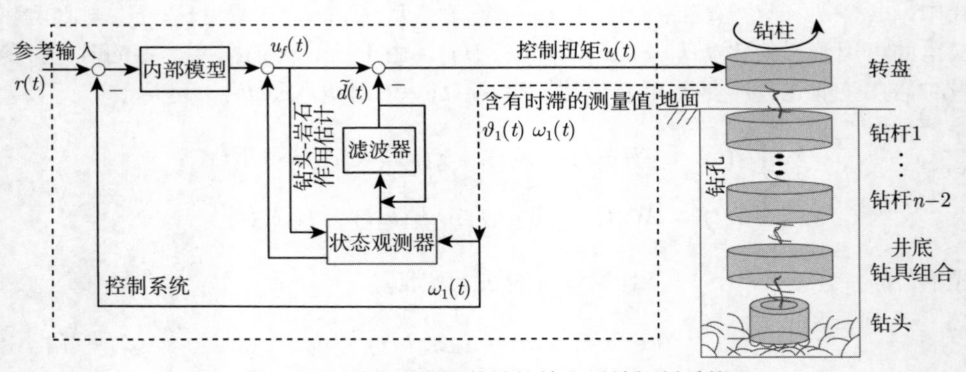

图 4.15　基于观测器的钻柱输出反馈控制系统

定义状态估计误差为 $e_{\psi_s}(t) = \mathrm{col}\{e_\vartheta(t), e_\omega(t)\}$，其中

$$e_\vartheta(t) = \vartheta(t) - \hat{\vartheta}(t), \quad e_\omega(t) = \omega(t) - \hat{\omega}(t) \tag{4.73}$$

将式 (4.73) 代入式 (4.72) 可得

$$\begin{cases} \dot{\hat{\vartheta}}(t) = -\varPi\hat{\vartheta}(t) + \hat{\omega}(t) + (e_\omega(t) - \varPi e_\vartheta(t) - \dot{e}_\vartheta(t)) \\ \dot{\hat{\omega}}(t) = A_1\hat{\omega}(t) + A_2\hat{\vartheta}(t) + B_1u(t) + \left[B_1\tilde{d}(t) + (A_1e_\omega(t) + A_2e_\vartheta(t) - \dot{e}_\omega(t))\right] \end{cases} \tag{4.74}$$

接下来，说明式 (4.72) 和式 (4.74) 之间的关系。假设存在控制输入 $\Delta d(t)$，则满足

$$A_1 e_\omega(t) + A_2 e_\vartheta(t) - \dot{e}_\omega(t) = B_1 \Delta d(t) \tag{4.75}$$

将式 (4.75) 代入式 (4.74) 可得

$$\begin{cases} \dot{\hat{\vartheta}}(t) = -\Pi\hat{\vartheta}(t) + \hat{\omega}(t) + (e_\omega(t) - \Pi e_\vartheta(t) - \dot{e}_\vartheta(t)) \\ \dot{\hat{\omega}}(t) = A_1\hat{\omega}(t) + A_2\hat{\vartheta}(t) + B_1\left(u(t) + \hat{d}(t)\right) \end{cases} \tag{4.76}$$

$$\hat{d}(t) = \tilde{d}(t) + \Delta d(t) \tag{4.77}$$

结合式 (4.76) 和式 (4.72) 得到

$$\begin{cases} e_\omega(t) - \Pi e_\vartheta(t) - \dot{e}_\vartheta(t) = L_1 C e_{\psi_s}(t - h(t)) \\ B_1\left(\hat{d}(t) + u(t) - u_f(t)\right) = L_2 C e_{\psi_s}(t - h(t)) \end{cases}$$

因此，$\hat{d}(t)$ 的最小二乘解为

$$\hat{d}(t) = \tilde{B}_1 L_2 C e_{\psi_s}(t - h(t)) + u_f(t) - u(t) \tag{4.78}$$

式中，$\tilde{B}_1 = (B_1^{\mathrm{T}} B_1)^{-1} B_1^{\mathrm{T}}$ 是 B_1 的广义逆。

注意到式 (4.77) 是以低通滤波器的形式构建摩擦力估计器的，从 $\hat{d}(t)$ 中估计 $\tilde{d}(t)$，即

$$\begin{cases} \dot{\omega}_F(t) = A_F \omega_F(t) + B_F \hat{d}(t) \\ \tilde{d}(t) = C_F \omega_F(t) \end{cases} \tag{4.79}$$

式中，$\omega_F(t)$ 表示滤波器的状态；A_F、B_F 和 C_F 是根据实际钻井情况选择的适合维度的矩阵，建议摩擦力估计器的截止频率比参考值高 10 倍。

为了保证参考值 $r(t)$ 的跟踪精度，在控制回路中插入内部模型代表钻机，其具体形式为

$$\dot{\omega}_I(t) = A_I \omega_I(t) + B_I(r(t) - E_I y(t))$$

式中，$E_I = [0 \quad 1]$ 用于从 $y(t)$ 中得到 $\omega(t)$；A_I 和 B_I 为常数，根据现场配置选择。结合状态观测器的输出和内部模型的输出，可得

$$u_f(t) = K_P \hat{\psi}_s(t) + K_R \omega_I(t) \tag{4.80}$$

式中，K_R 和 K_P 是待设计的增益。

图 4.15 中的控制系统有两个反馈环路：内环路包含状态观测器和摩擦力估计器，外环路包含内部模型和状态反馈，两个环路的控制输入分别为 $\tilde{d}(t)$ 和 $u_f(t)$。下面进行闭环系统的稳定性分析。

令外部信号为零，即 $r(t)=0$ 和 $F_t(t)=0$，注意到

$$\begin{cases} y(t)=C[e_{\psi_s}(t-h(t))+\hat{\psi}_s(t-h(t))] \\ y(t)-\hat{y}(t)=Ce_{\psi_s}(t-h(t)) \end{cases} \tag{4.81}$$

式 (4.72) 减去式 (4.69)，可得

$$\begin{cases} \dot{e}_\vartheta(t)=-\mathit{\Pi} e_\vartheta(t)+e_\omega(t)-L_1Ce_{\psi_s}(t-h(t)) \\ \dot{e}_\omega(t)=A_1e_\omega(t)+A_2e_\vartheta(t)+B_1(u(t)-u_f(t))-L_2Ce_{\psi_s}(t-h(t)) \end{cases} \tag{4.82}$$

由式 (4.71) 得到 $u(t)-u_f(t)=\tilde{d}(t)$，再结合 $\tilde{d}(t)=C_F\omega_F(t)$ 与式 (4.82) 可得

$$\begin{cases} \dot{e}_\vartheta(t)=-\mathit{\Pi} e_\vartheta(t)+e_\omega(t)-L_1Ce_{\psi_s}(t-h(t)) \\ \dot{e}_\omega(t)=A_1e_\omega(t)+A_2e_\vartheta(t)-B_1C_F\omega_F(t)-L_2Ce_{\psi_s}(t-h(t)) \end{cases} \tag{4.83}$$

将式 (4.72) 改写为

$$\begin{cases} \dot{\hat{\vartheta}}(t)=-\mathit{\Pi}\hat{\vartheta}(t)+\hat{\omega}(t)+L_1Ce_{\psi_s}(t-h(t)) \\ \dot{\hat{\omega}}(t)=A_1\hat{\omega}(t)+A_2\hat{\vartheta}(t)+B_1u_f(t)+L_2Ce_{\psi_s}(t-h(t)) \end{cases} \tag{4.84}$$

将式 (4.81) 代入 $\dot{\omega}_I(t)=A_I\omega_I(t)+B_I(r(t)-E_Iy(t))$ 可得

$$\dot{\omega}_I(t)=A_I\omega_I(t)-B_IE_IC[e_{\psi_s}(t-h(t))+\hat{\psi}_s(t-h(t))] \tag{4.85}$$

然后，将式 (4.71) 和式 (4.78) 代入式 (4.79) 可得

$$\dot{\omega}_F(t)=(A_F+B_FC_F)\omega_F(t)+B_F\tilde{B}_1L_2Ce_{\psi_s}(t-h(t)) \tag{4.86}$$

令 $\eta(t)=\mathrm{col}\{e_\vartheta(t),e_\omega(t),\hat{\vartheta}(t),\hat{\omega}(t),\omega_I(t),\omega_F(t)\}$，并结合式 (4.83) ~ 式 (4.86) 和式 (4.80) 给出闭环系统的状态空间表达式为

$$\begin{cases} \dot{\eta}(t)=\mathscr{A}\eta(t)+(\mathscr{A}_{d1}\mathscr{E}_1+\mathscr{A}_{d2}\mathcal{L}C\mathscr{E}_2)\eta(t-h(t))+\mathscr{B}u_f(t) \\ \mathscr{Y}(t)=\mathscr{C}\eta(t) \end{cases} \tag{4.87}$$

式中，$\mathcal{L}=\mathrm{col}\{L_1,L_2\}$ 为观测器增益矩阵，而且

$$\mathscr{A}=\begin{bmatrix}-\Pi & I & 0 & 0 & 0 & 0\\ A_2 & A_1 & 0 & 0 & 0 & -B_1C_F\\ 0 & 0 & -\Pi & I & 0 & 0\\ 0 & 0 & A_2 & A_1 & 0 & 0\\ 0 & 0 & 0 & 0 & A_I & 0\\ 0 & 0 & 0 & 0 & 0 & A_F+B_FC_F\end{bmatrix},\quad \mathscr{C}=\begin{bmatrix}0 & 0 & I & 0 & 0 & 0\\ 0 & 0 & 0 & I & 0 & 0\\ 0 & 0 & 0 & 0 & 1 & 0\end{bmatrix}$$

$$\mathscr{E}_1=\begin{bmatrix}I & 0 & I & 0 & 0 & 0\\ 0 & I & 0 & I & 0 & 0\end{bmatrix},\quad \mathscr{E}_2=\begin{bmatrix}I & 0 & 0 & 0 & 0 & 0\\ 0 & I & 0 & 0 & 0 & 0\end{bmatrix}$$

$$\mathscr{B}=\mathrm{col}\{\underbrace{0,\ 0,\ 0}_{3n},\ B_1,\ 0,\ 0\},\quad \mathscr{A}_{d1}=\mathrm{col}\{\underbrace{0,\ 0,\ 0,\ 0}_{4n},\ -B_IE_IC,\ 0\}$$

$$\mathscr{A}_{d2}=[\mathscr{A}_{d21}\ \mathscr{A}_{d22}],\quad \mathscr{A}_{d21}=\mathrm{col}\{-I,\ 0_n,\ I,\ 0_n,\ 0,\ 0\}$$

$$\mathscr{A}_{d22}=\mathrm{col}\{0_n,\ -I,\ 0_n,\ I,\ 0,\ B_F\tilde{B}_1\}$$

控制律为

$$u_f(t)=\mathcal{K}\mathscr{Y}(t),\quad \mathcal{K}=[K_P\ K_R] \tag{4.88}$$

从式 (4.87) 中还可以得出

$$\dot{\eta}(t)=\bar{\mathscr{A}}\eta(t)+\mathscr{A}_d\eta(t-h(t)) \tag{4.89}$$

式中，$\bar{\mathscr{A}}=\mathscr{A}+\mathscr{B}\mathcal{K}\mathscr{C}$；$\mathscr{A}_d=\mathscr{A}_{d1}\mathscr{E}_1+\mathscr{A}_{d2}\mathcal{L}C\mathscr{E}_2$。

选用如下 Lyapunov-Krasovskii 候选泛函：

$$V(t,x_t)=V_1(t,x_t)+V_2(t,x_t)+V_3(t,x_t) \tag{4.90}$$

式中,

$$V_1(t,x_t)=h(t)\tilde{\eta}_1^{\mathrm{T}}(t)P_1\tilde{\eta}_1(t)+(\bar{h}-h(t))\tilde{\eta}_2^{\mathrm{T}}(t)P_2\tilde{\eta}_2(t)$$

$$V_2(t,x_t)=\int_{t-h(t)}^{t}\tilde{\eta}_3^{\mathrm{T}}(s)Q_1\tilde{\eta}_3(s)\mathrm{d}s+\int_{t-\bar{h}}^{t}\tilde{\eta}_3^{\mathrm{T}}(s)Q_2\tilde{\eta}_3(s)\mathrm{d}s$$

$$V_3(t,x_t)=\bar{h}\int_{-\bar{h}}^{0}\int_{t+\vartheta}^{t}\dot{\eta}^{\mathrm{T}}(s)R\dot{\eta}(s)\mathrm{d}s\mathrm{d}\vartheta,$$

$$\tilde{\eta}_1(t)=\mathrm{col}\left\{\eta(t),\eta(t-\bar{h}),\frac{1}{h(t)}\int_{t-h(t)}^{t}\eta(s)\mathrm{d}s\right\}$$

$$\tilde{\eta}_2(t) = \mathrm{col}\left\{\eta(t), \eta(t-\bar{h}), \frac{1}{\bar{h}-h(t)}\int_{t-\bar{h}}^{t-h(t)} \eta(s)\mathrm{d}s\right\}, \quad \tilde{\eta}_3(t) = \mathrm{col}\{\eta(t), \dot{\eta}(t)\}$$

下面提出一个适用于系统 (4.89) 的时滞相关稳定性判据。为此，首先给出如下两个引理。

引理 4.1 [23]　对于给定的标量 a 和 b，且 $b>a$，适当维度的对称实数矩阵 $R>0$ 和可微矢量函数 $\omega:[a,b]\to\mathbb{R}^n$，则不等式

$$\int_a^b \dot{\omega}^{\mathrm{T}}(s)R\dot{\omega}(s)\mathrm{d}s \geqslant \frac{1}{b-a}\varpi^{\mathrm{T}}(\omega)\mathrm{diag}\{R,3R\}\varpi(\omega)$$

成立。其中，$\varpi(\omega) = \begin{bmatrix} \omega(b)-\omega(a) \\ \omega(b)+\omega(a)-\dfrac{2}{b-a}\displaystyle\int_a^b \omega(s)\mathrm{d}s \end{bmatrix}$。

引理 4.2 [24]　对于给定的标量 $\lambda\in(0,1)$，实对称正定矩阵 $\mathcal{Q}_1, \mathcal{Q}_2\in\mathbb{R}^{n\times n}$，任意矩阵 $Y_1, Y_2\in\mathbb{R}^{n\times n}$ 和可微向量函数 $\varpi_1, \varpi_2\in\mathbb{R}^n$，则不等式

$$\frac{1}{\lambda}\varpi_1^{\mathrm{T}}\mathcal{Q}_1\varpi_1 + \frac{1}{1-\lambda}\varpi_2^{\mathrm{T}}\mathcal{Q}_2\varpi_2 \geqslant \begin{bmatrix}\varpi_1\\ \varpi_2\end{bmatrix}^{\mathrm{T}}\begin{bmatrix}\varUpsilon_1 & \varUpsilon_3\\ * & \varUpsilon_2\end{bmatrix}\begin{bmatrix}\varpi_1\\ \varpi_2\end{bmatrix}$$

成立。其中，$\varUpsilon_1 = \mathcal{Q}_1 + (1-\lambda)(\mathcal{Q}_1 - Y_1\mathcal{Q}_2^{-1}Y_1^{\mathrm{T}})$, $\varUpsilon_2 = \mathcal{Q}_2 + \lambda(\mathcal{Q}_2 - Y_2^{\mathrm{T}}\mathcal{Q}_1^{-1}Y_2)$, $\varUpsilon_3 = \lambda Y_1 + (1-\lambda)Y_2$。

下面是系统 (4.89) 的稳定性判据。

定理 4.1　令 $e_i = [0_{m\times(i-1)m}\ I_m\ 0_{m\times(8-i)m}]$ $(i=1,2,\cdots,8,\ m=4n+2)$。对于给定的矩阵 $\mathcal{K}$ 和 $\mathcal{L}$，给定的标量 $\bar{h}$、d_1 和 d_2，如果存在矩阵 $P_1\in\mathbb{S}_+^{3m}$、$P_2\in\mathbb{S}_+^{3m}$、$Q_1\in\mathbb{S}_+^{2m}$、$Q_2\in\mathbb{S}_+^{2m}$ 和 $R\in\mathbb{S}_+^{m}$，以及任意矩阵 $Y_1\in\mathbb{R}^{2m\times 2m}$、$Y_2\in\mathbb{R}^{2m\times 2m}$ 和 $M\in\mathbb{R}^{8m\times m}$，则式 (4.89) 在式 (4.70) 的约束下，所有时变时滞 $h(t)$ 是渐近稳定的，满足

$$\begin{bmatrix}\varXi(0,d_1) & \mathscr{G}_5^{\mathrm{T}}Y_1\\ * & -\tilde{R}\end{bmatrix}<0,\quad \begin{bmatrix}\varXi(\bar{h},d_1) & \mathscr{G}_6^{\mathrm{T}}Y_2^{\mathrm{T}}\\ * & -\tilde{R}\end{bmatrix}<0 \tag{4.91}$$

$$\begin{bmatrix}\varXi(0,d_2) & \mathscr{G}_5^{\mathrm{T}}Y_1\\ * & -\tilde{R}\end{bmatrix}<0,\quad \begin{bmatrix}\varXi(\bar{h},d_2) & \mathscr{G}_6^{\mathrm{T}}Y_2^{\mathrm{T}}\\ * & -\tilde{R}\end{bmatrix}<0 \tag{4.92}$$

$$\varXi(h(t),\dot{h}(t)) = \varXi_1 + \varXi_2 + \varXi_3 \tag{4.93}$$

$$\varXi_1 = \dot{h}(t)(\mathscr{G}_1^{\mathrm{T}}P_1\mathscr{G}_1 - \mathscr{G}_2^{\mathrm{T}}P_2\mathscr{G}_2) + \mathrm{Sym}\left\{\mathscr{G}_1^{\mathrm{T}}P_1\mathscr{G}_3 + \mathscr{G}_2^{\mathrm{T}}P_2\mathscr{G}_4\right\}$$

$$+\mathrm{col}\{e_1,e_2\}^{\mathrm{T}}(Q_1+Q_2)\mathrm{col}\{e_1,e_2\}-(1-\dot{h}(t))\mathrm{col}\{e_3,e_4\}^{\mathrm{T}}Q_1\mathrm{col}\{e_3,e_4\}$$
$$-\mathrm{col}\{e_5,e_6\}^{\mathrm{T}}Q_2\mathrm{col}\{e_5,e_6\}+\bar{h}^2e_2^{\mathrm{T}}Re_2 \tag{4.94}$$

$$\Xi_2=-(2-\kappa)\mathscr{G}_5^{\mathrm{T}}\tilde{R}\mathscr{G}_5-(1+\kappa)\mathscr{G}_6^{\mathrm{T}}\tilde{R}\mathscr{G}_6-\mathrm{Sym}\Big\{\mathscr{G}_5^{\mathrm{T}}\big(\kappa Y_1+(1-\kappa)Y_2\big)\mathscr{G}_6\Big\} \tag{4.95}$$

$$\Xi_3=\mathrm{Sym}\{M(\bar{\mathscr{A}}e_1+\mathscr{A}_de_3-e_2)\} \tag{4.96}$$

$$\tilde{R}=\mathrm{diag}\{R,3R\},\quad \kappa=h(t)/\bar{h},\quad \mathscr{G}_1=\mathrm{col}\{e_1,e_5,e_7\},\quad \mathscr{G}_2=\mathrm{col}\{e_1,e_5,e_8\}$$

$$\mathscr{G}_3=\mathrm{col}\{h(t)e_2,\ h(t)e_6,\ e_1-(1-\dot{h}(t))e_3-\dot{h}(t)e_7\}$$

$$\mathscr{G}_4=\mathrm{col}\{(\bar{h}-h(t))e_2,\ (\bar{h}-h(t))e_6,\ (1-\dot{h}(t))e_3-e_5+\dot{h}(t)e_8\}$$

$$\mathscr{G}_5=\mathrm{col}\{e_1-e_3,\ e_1+e_3-2e_7\},\quad \mathscr{G}_6=\mathrm{col}\{e_3-e_5,\ e_3+e_5-2e_8\}$$

证明　沿着式 (4.89) 的轨迹计算式 (4.90) 的导数，可得

$$\dot{V}(t,x_t)=\dot{V}_1(t,x_t)+\dot{V}_2(t,x_t)+\dot{V}_3(t,x_t)$$

$$\begin{aligned}\dot{V}_1(t,x_t)=&\ \dot{h}(t)\tilde{\eta}_1^{\mathrm{T}}(t)P_1\tilde{\eta}_1(t)+2h(t)\tilde{\eta}_1^{\mathrm{T}}(t)P_1\dot{\tilde{\eta}}_1(t)\\&-\dot{h}(t)\tilde{\eta}_2^{\mathrm{T}}(t)P_2\tilde{\eta}_2(t)+2(\bar{h}-h(t))\tilde{\eta}_2^{\mathrm{T}}(t)P_2\dot{\tilde{\eta}}_2(t)\end{aligned}$$

$$\begin{aligned}\dot{V}_2(t,x_t)=&\ \tilde{\eta}_3(t)^{\mathrm{T}}(Q_1+Q_2)\tilde{\eta}_3(t)-(1-\dot{h}(t))\tilde{\eta}_3(t-h(t))^{\mathrm{T}}Q_1\tilde{\eta}_3(t-h(t))\\&-\tilde{\eta}_3(t-\bar{h})^{\mathrm{T}}Q_2\tilde{\eta}_3(t-\bar{h})\end{aligned}$$

$$\dot{V}_3(t,x_t)=\bar{h}^2\dot{\eta}^{\mathrm{T}}(t)R\dot{\eta}(t)-\bar{h}\int_{t-\bar{h}}^{t}\dot{\eta}^{\mathrm{T}}(\vartheta)R\dot{\eta}(\vartheta)\mathrm{d}\vartheta$$

注意到

$$h(t)\dot{\tilde{\eta}}_1(t)=\mathrm{col}\{h(t)\dot{\eta}(t),h(t)\dot{\eta}(t-\bar{h}),\varrho_1(t)\}$$

$$(\bar{h}-h(t))\dot{\tilde{\eta}}_2(t)=\mathrm{col}\{(\bar{h}-h(t))\dot{\eta}(t),(\bar{h}-h(t))\dot{\eta}(t-\bar{h}),\varrho_2(t)\}$$

$$\varrho_1(t)=\eta(t)-\Big(1-\dot{h}(t)\Big)\eta(t-h(t))-\frac{\dot{h}(t)}{h(t)}\int_{t-h(t)}^{t}\eta(s)\mathrm{d}s$$

$$\varrho_2(t)=\Big(1-\dot{h}(t)\Big)\eta(t-h(t))-\eta(t-\bar{h})+\frac{\dot{h}(t)}{\bar{h}-h(t)}\int_{t-\bar{h}}^{t-h(t)}\eta(s)\mathrm{d}s$$

令

$$\zeta(t)=\mathrm{col}\Big\{\eta(t),\dot{\eta}(t),\eta(t-h(t)),\dot{\eta}(t-h(t)),\eta(t-\bar{h}),\dot{\eta}(t-\bar{h}),$$

$$\frac{1}{h(t)}\int_{t-h(t)}^{t}\eta(s)\mathrm{d}s,\frac{1}{\bar{h}-h(t)}\int_{t-\bar{h}}^{t-h(t)}\eta(s)\mathrm{d}s\Big\}$$

则可以验证 $\tilde{\eta}_1(t)=\mathscr{G}_1\zeta(t),\tilde{\eta}_2(t)=\mathscr{G}_2\zeta(t),h(t)\dot{\tilde{\eta}}_1(t)=\mathscr{G}_3\zeta(t),\left(\bar{h}-h(t)\right)\dot{\tilde{\eta}}_2(t)=\mathscr{G}_4\zeta(t)$, 式中，$\mathscr{G}_i\ (i=1,2,3,4)$ 均在定理 4.1 中进行定义。因此，可得

$$\dot{V}(t,x_t)=\zeta^{\mathrm{T}}(t)\varXi_1\zeta(t)-\bar{h}\left(\int_{t-h(t)}^{t}\dot{\eta}^{\mathrm{T}}(\vartheta)R\dot{\eta}(\vartheta)\mathrm{d}\vartheta+\int_{t-\bar{h}}^{t-h(t)}\dot{\eta}^{\mathrm{T}}(\vartheta)R\dot{\eta}(\vartheta)\mathrm{d}\vartheta\right) \tag{4.97}$$

首先估计 $\dot{V}(t,x_t)$ 的上界，使用引理 4.1 可得

$$-\bar{h}\int_{t-h(t)}^{t}\dot{\eta}^{\mathrm{T}}(\vartheta)R\dot{\eta}(\vartheta)\mathrm{d}\vartheta\leqslant-\frac{\bar{h}}{h(t)}\zeta^{\mathrm{T}}(t)\mathscr{G}_5^{\mathrm{T}}\tilde{R}\mathscr{G}_5\zeta(t) \tag{4.98}$$

$$-\bar{h}\int_{t-\bar{h}}^{t-h(t)}\dot{\eta}^{\mathrm{T}}(\vartheta)R\dot{\eta}(\vartheta)\mathrm{d}\vartheta\leqslant-\frac{\bar{h}}{\bar{h}-h(t)}\zeta^{\mathrm{T}}(t)\mathscr{G}_6^{\mathrm{T}}\tilde{R}\mathscr{G}_6\zeta(t) \tag{4.99}$$

式中，$\mathscr{G}_i\ (i=5,6)$ 均在定理 4.1 中定义。

然后将引理 4.2 应用于式 (4.98) 和式 (4.99)，得到

$$\begin{aligned}&-\bar{h}\int_{t-h(t)}^{t}\dot{x}^{\mathrm{T}}(\vartheta)R\dot{x}(\vartheta)\mathrm{d}\vartheta-\bar{h}\int_{t-\bar{h}}^{t-h(t)}\dot{x}^{\mathrm{T}}(\vartheta)R\dot{x}(\vartheta)\mathrm{d}\vartheta\\&\leqslant\zeta^{\mathrm{T}}(t)\big\{\varXi_2+(1-\kappa)\mathscr{G}_5^{\mathrm{T}}Y_1\tilde{R}^{-1}Y_1^{\mathrm{T}}\mathscr{G}_5+\kappa\mathscr{G}_6^{\mathrm{T}}Y_2^{\mathrm{T}}\tilde{R}^{-1}Y_2\mathscr{G}_6\big\}\zeta(t)\end{aligned} \tag{4.100}$$

式中，$\varXi_2$ 在式 (4.95) 中进行定义。

此外，式 (4.89) 可以改写为 $(\bar{\mathscr{A}}e_1+\mathscr{A}_de_3-e_2)\zeta(t)=0$，结果为

$$\zeta^{\mathrm{T}}(t)\varXi_3\zeta(t)=0 \tag{4.101}$$

$\varXi_3$ 在式 (4.96) 中进行定义，将式 (4.100) 代入式 (4.97)，并结合式 (4.101) 可得

$$\dot{V}(t,x_t)\leqslant\zeta^{\mathrm{T}}(t)\hat{\varXi}\zeta(t)$$

$$\hat{\varXi}=\varXi+(1-\kappa)\mathscr{G}_5^{\mathrm{T}}Y_1\tilde{R}^{-1}Y_1^{\mathrm{T}}\mathscr{G}_5+\kappa\mathscr{G}_6^{\mathrm{T}}Y_2^{\mathrm{T}}\tilde{R}^{-1}Y_2\mathscr{G}_6 \tag{4.102}$$

$\varXi$ 在式 (4.93) 中进行定义。

$\hat{\varXi}$ 在 $h(t)\in[0,\bar{h}]$ 和 $\dot{h}(t)\in[d_1,d_2]$ 上是仿射的，应用舒尔补定理 [25]，如果在式 (4.91) 和式 (4.92) 中定义的 LMI 是可行的，则有 $\hat{\varXi}<0$。这意味着，存在

标量 $\mu > 0$ 使得 $\dot{V}(t, x_t) \leqslant -\mu \parallel \eta(t) \parallel^2 < 0$。因此，式 (4.89) 的全局渐近稳定性可以得到保证。 □

由于采用 Luenburger 观测器估计钻杆系统的状态，在状态估计中不应考虑摩擦力估计器。假设 $\omega_F(t) = 0$，可得基于式 (4.83) 的估计误差系统为

$$\dot{e}_{\psi_s}(t) = \mathscr{A}_e e_{\psi_s}(t) - \mathcal{L}Ce_{\psi_s}(t - h(t)) \tag{4.103}$$

式中，$\mathscr{A}_e = \begin{bmatrix} -\Pi & I \\ A_2 & A_1 \end{bmatrix}$。

下面给出为式 (4.103) 设计适合观测器的充分条件。

定理 4.2　令 $\bar{e}_i = [0_{\bar{m}\times(i-1)\bar{m}} \quad I_{\bar{m}} \quad 0_{\bar{m}\times(8-i)\bar{m}}], i = 1, 2, \cdots, 8$，$\bar{m} = 2n$。给定标量 $\bar{h}$、d_1、d_2 和 $\hbar_i$ $(i = 1, 2)$，如果存在矩阵 $\bar{P}_1 \in \mathbb{S}_+^{3\bar{m}}$、$\bar{P}_2 \in \mathbb{S}_+^{3\bar{m}}$、$\bar{Q}_1 \in \mathbb{S}_+^{2\bar{m}}$、$\bar{Q}_2 \in \mathbb{S}_+^{2\bar{m}}$、$\bar{R} \in \mathbb{S}_+^{\bar{m}}$ 和任意矩阵 $\bar{\mathcal{N}} \in \mathbb{R}^{\bar{m}\times\bar{m}}$、$\bar{Y}_1 \in \mathbb{R}^{2\bar{m}\times 2\bar{m}}$、$\bar{Y}_2 \in \mathbb{R}^{2\bar{m}\times 2\bar{m}}$、$G_{\mathcal{L}} \in \mathbb{R}^{\bar{m}\times 2}$，那么对于所有时变时滞 $h(t)$，式 (4.103) 在式 (4.70) 的约束下是渐近稳定的，满足

$$\begin{bmatrix} \Xi_{\mathcal{L}}(0, d_1) & \bar{\mathscr{G}}_5^{\mathrm{T}}\bar{Y}_1 \\ * & -\tilde{R}_{\mathcal{L}} \end{bmatrix} < 0, \quad \begin{bmatrix} \Xi_{\mathcal{L}}(\bar{h}, d_1) & \bar{\mathscr{G}}_6^{\mathrm{T}}\bar{Y}_2^{\mathrm{T}} \\ * & -\tilde{R}_{\mathcal{L}} \end{bmatrix} < 0$$

$$\begin{bmatrix} \Xi_{\mathcal{L}}(0, d_2) & \bar{\mathscr{G}}_5^{\mathrm{T}}\bar{Y}_1 \\ * & -\tilde{R}_{\mathcal{L}} \end{bmatrix} < 0, \quad \begin{bmatrix} \Xi_{\mathcal{L}}(\bar{h}, d_2) & \bar{\mathscr{G}}_6^{\mathrm{T}}\bar{Y}_2^{\mathrm{T}} \\ * & -\tilde{R}_{\mathcal{L}} \end{bmatrix} < 0$$

$$\tilde{R}_{\mathcal{L}} = \mathrm{diag}\{\bar{R}, 3\bar{R}\}, \quad \Xi_{\mathcal{L}}(h(t), \dot{h}(t)) = \bar{\Xi}_1 + \bar{\Xi}_2 + \bar{\Xi}_3$$

$$\begin{aligned}\bar{\Xi}_1 = {} & \dot{h}(t)(\bar{\mathscr{G}}_1^{\mathrm{T}}\bar{P}_1\bar{\mathscr{G}}_1 - \bar{\mathscr{G}}_2^{\mathrm{T}}\bar{P}_2\bar{\mathscr{G}}_2) + \mathrm{Sym}\left\{\bar{\mathscr{G}}_1^{\mathrm{T}}\bar{P}_1\bar{\mathscr{G}}_3 + \bar{\mathscr{G}}_2^{\mathrm{T}}\bar{P}_2\bar{\mathscr{G}}_4\right\} \\ & + \mathrm{col}\{\bar{e}_1, \bar{e}_2\}^{\mathrm{T}}(\bar{Q}_1 + \bar{Q}_2)\mathrm{col}\{\bar{e}_1, \bar{e}_2\} - \mathrm{col}\{\bar{e}_5, \bar{e}_6\}^{\mathrm{T}}\bar{Q}_2\mathrm{col}\{\bar{e}_5, \bar{e}_6\} \\ & - (1 - \dot{h}(t))\mathrm{col}\{\bar{e}_3, \bar{e}_4\}^{\mathrm{T}}\bar{Q}_1\mathrm{col}\{\bar{e}_3, \bar{e}_4\} + \bar{h}^2\bar{e}_2^{\mathrm{T}}\bar{R}\bar{e}_2\end{aligned}$$

$$\bar{\Xi}_2 = -(2 - \kappa)\bar{\mathscr{G}}_5^{\mathrm{T}}\tilde{R}_{\mathcal{L}}\bar{\mathscr{G}}_5 - (1 + \kappa)\bar{\mathscr{G}}_6^{\mathrm{T}}\tilde{R}_{\mathcal{L}}\bar{\mathscr{G}}_6 - \mathrm{Sym}\left\{\bar{\mathscr{G}}_5^{\mathrm{T}}\left[\kappa\bar{Y}_1 + (1 - \kappa)\bar{Y}_2\right]\bar{\mathscr{G}}_6\right\}$$

$$\bar{\Xi}_3 = \mathrm{Sym}\left\{\bar{T}^{\mathrm{T}}\bar{\mathcal{N}}(\mathscr{A}_e\bar{e}_1 - \bar{e}_2) - \bar{T}^{\mathrm{T}}G_{\mathcal{L}}C\bar{e}_3\right\}$$

$$\kappa = h(t)/\bar{h}, \quad \bar{T} = \bar{e}_2 + \hbar_1\bar{e}_1 + \hbar_2\bar{e}_3,$$

$$\bar{\mathscr{G}}_1 = \mathrm{col}\{\bar{e}_1,\ \bar{e}_5,\ \bar{e}_7\}, \quad \bar{\mathscr{G}}_2 = \mathrm{col}\{\bar{e}_1,\ \bar{e}_5,\ \bar{e}_8\}$$

$$\bar{\mathscr{G}}_3 = \mathrm{col}\{h(t)\bar{e}_2,\ h(t)\bar{e}_6,\ \bar{e}_1 - (1 - \dot{h}(t))\bar{e}_3 - \dot{h}(t)\bar{e}_7\}$$

$$\bar{\mathscr{G}}_4 = \mathrm{col}\{(\bar{h} - h(t))\bar{e}_2,\ (\bar{h} - h(t))\bar{e}_6,\ (1 - \dot{h}(t))\bar{e}_3 - \bar{e}_5 + \dot{h}(t)\bar{e}_8\}$$

$$\bar{\mathscr{G}}_5 = \mathrm{col}\{\bar{e}_1 - \bar{e}_3,\ \bar{e}_1 + \bar{e}_3 - 2\bar{e}_7\},\quad \bar{\mathscr{G}}_6 = \mathrm{col}\{\bar{e}_3 - \bar{e}_5,\ \bar{e}_3 + \bar{e}_5 - 2\bar{e}_8\}$$

其他符号的定义与定理 4.1 中相同。此外，增益矩阵由 $\mathcal{L} = \bar{\mathcal{N}}^{-1} G_{\mathcal{L}}$ 给出。

证明 首先，构造 Lyapunov-Krasovskii 候选泛函：

$$\begin{aligned}
\bar{V}(t,x_t) =& \bar{V}_1(t,x_t) + \bar{V}_2(t,x_t) + \bar{V}_3(t,x_t)\\
\bar{V}_1(t,x_t) =& h(t)\tilde{\eta}_{e1}^{\mathrm{T}}(t)\bar{P}_1\tilde{\eta}_{e1}(t) + (\bar{h} - h(t))\tilde{\eta}_{e2}^{\mathrm{T}}(t)\bar{P}_2\tilde{\eta}_{e2}(t)\\
\bar{V}_2(t,x_t) =& \int_{t-h(t)}^{t} \tilde{\eta}_{e3}^{\mathrm{T}}(s)\bar{Q}_1\tilde{\eta}_{e3}(s)\mathrm{d}s + \int_{t-\bar{h}}^{t} \tilde{\eta}_{e3}^{\mathrm{T}}(s)\bar{Q}_2\tilde{\eta}_{e3}(s)\mathrm{d}s\\
\bar{V}_3(t,x_t) =& \bar{h}\int_{-\bar{h}}^{0}\int_{t+\vartheta}^{t} \dot{\eta}_e^{\mathrm{T}}(s)\bar{R}\dot{\eta}_e(s)\mathrm{d}s\mathrm{d}\vartheta\\
\tilde{\eta}_{e1}(t) =& \mathrm{col}\left\{\eta_e(t), \eta_e(t-\bar{h}), \frac{1}{h(t)}\int_{t-h(t)}^{t}\eta_e(s)\mathrm{d}s\right\}\\
\tilde{\eta}_{e2}(t) =& \mathrm{col}\left\{\eta_e(t), \eta_e(t-\bar{h}), \frac{1}{\bar{h}-h(t)}\int_{t-\bar{h}}^{t-h(t)}\eta_e(s)\mathrm{d}s\right\}\\
\tilde{\eta}_{e3}(t) =& \mathrm{col}\{\eta_e(t), \dot{\eta}_e(t)\}
\end{aligned}$$

然后，按照与定理 4.1 相同的证明过程，可得 $\bar{\Xi}_{\mathcal{L}} = \bar{\Gamma} + \mathrm{Sym}\{\bar{M}(\mathscr{A}_e\bar{e}_1 - \bar{e}_2 - \mathcal{L}C\bar{e}_3)\} < 0$,其中,$\bar{M} \in \mathbb{R}^{8m\times m}$ 是任意矩阵,$\bar{\Gamma} = \bar{\Xi}_1 + \bar{\Xi}_2 + (1-\kappa)\bar{\mathscr{G}}_5^{\mathrm{T}}\bar{Y}_1\tilde{R}_{\mathcal{L}}^{-1}\bar{Y}_1^{\mathrm{T}}\bar{\mathscr{G}}_5 + \kappa\bar{\mathscr{G}}_6^{\mathrm{T}}\bar{Y}_2^{\mathrm{T}}\tilde{R}_{\mathcal{L}}^{-1}\bar{Y}_2\bar{\mathscr{G}}_6$, $\bar{M} = \bar{T}^{\mathrm{T}}\bar{\mathcal{N}}$, $G_{\mathcal{L}} = \bar{\mathcal{N}}\mathcal{L}$，易得定理 4.2。 □

对于观测器增益 $\mathcal{L}$，根据定理 4.1 得到为式 (4.89) 设计适合控制增益的充分条件。为此，给出如下引理。

引理 4.3 [26] $A \in \mathbb{R}^{n\times p}$ 是一个给定的矩阵，其中 $\mathrm{rank}(A) = p$，其奇异值分解为 $A = U\begin{bmatrix}S^{\mathrm{T}} & 0\end{bmatrix}^{\mathrm{T}} V^{\mathrm{T}}$，其中 U 和 V 均是酉矩阵，S 是对角矩阵。那么，对于给定的矩阵 $M \in \mathbb{R}^{n\times n}$，存在矩阵 $Z \in \mathbb{R}^{p\times p}$，使得 $MA = AZ$，当且仅当 M 可以被分解为 $M = U\mathrm{diag}\{M_1, M_2\}U^{\mathrm{T}}$。其中，$M_1 \in \mathbb{R}^{p\times p}$, $M_2 \in \mathbb{R}^{(n-p)\times(n-p)}$。

下面是为式 (4.89) 设计适合控制增益的充分条件。

定理 4.3 设 $e_i = [0_{m\times(i-1)m}\ I_m\ 0_{m\times(8-i)m}]$ $(i = 1, 2, \cdots, 8,\ m = 4n+2)$，$\mathscr{B}$ 的奇异值分解为 $\mathscr{B} = U_{\mathcal{K}}\begin{bmatrix}S_{\mathcal{K}}^{\mathrm{T}} & 0\end{bmatrix}^{\mathrm{T}} V_{\mathcal{K}}^{\mathrm{T}}$，其中 $U_{\mathcal{K}} \in \mathbb{R}^{m\times m}$ 为一个酉矩阵，$V_{\mathcal{K}}$ 和 $S_{\mathcal{K}}$ 为标量。对于一个给定的矩阵 $\mathcal{L}$，给定标量 $\bar{h}$、d_1、d_2 和 $\hbar_i$ $(i = 1, 2)$，如果存在矩阵 $P_1 \in \mathbb{S}_+^{3m}$、$P_2 \in \mathbb{S}_+^{3m}$、$Q_1 \in \mathbb{S}_+^{2m}$、$Q_2 \in \mathbb{S}_+^{2m}$、$R \in \mathbb{S}_+^{m}$ 和任意矩阵 $\mathcal{N}_1 \in \mathbb{R}^{1\times 1}$、$\mathcal{N}_2 \in \mathbb{R}^{(m-1)\times(m-1)}$、$Y_1 \in \mathbb{R}^{2m\times 2m}$、$Y_2 \in \mathbb{R}^{2m\times 2m}$、$G_{\mathcal{K}} \in \mathbb{R}^{1\times(2n+1)}$，

则在式 (4.89) 的作用下，式 (4.89) 在所有时变时滞 $h(t)$ 下是渐近稳定的，满足

$$\begin{bmatrix} \hat{\Xi}(0,d_1) & \mathscr{G}_5^{\mathrm{T}}Y_1 \\ * & -\tilde{R} \end{bmatrix} < 0, \quad \begin{bmatrix} \hat{\Xi}(\bar{h},d_1) & \mathscr{G}_6^{\mathrm{T}}Y_2^{\mathrm{T}} \\ * & -\tilde{R} \end{bmatrix} < 0 \tag{4.104}$$

$$\begin{bmatrix} \hat{\Xi}(0,d_2) & \mathscr{G}_5^{\mathrm{T}}Y_1 \\ * & -\tilde{R} \end{bmatrix} < 0, \quad \begin{bmatrix} \hat{\Xi}(\bar{h},d_2) & \mathscr{G}_6^{\mathrm{T}}Y_2^{\mathrm{T}} \\ * & -\tilde{R} \end{bmatrix} < 0 \tag{4.105}$$

式中，$\hat{\Xi}(h(t),\dot{h}(t)) = \Xi_1 + \Xi_2 + \hat{\Xi}_3$，$h(t) = [0,\bar{h}]$，$\dot{h}(t) = [d_1,d_2]$，$\hat{\Xi}_3 = \mathrm{Sym}\left\{T^{\mathrm{T}}\mathcal{N}[\mathscr{A}e_1 + (\mathscr{A}_{d1}\mathscr{E}_1 + \mathscr{A}_{d2}\mathcal{L}C\mathscr{E}_2)e_3 - e_2] + T^{\mathrm{T}}\mathscr{B}G_{\mathcal{K}}\mathscr{C}e_1\right\}$，$T = e_2 + \hbar_1 e_1 + \hbar_2 e_3$，$\mathcal{N} = U_{\mathcal{K}}\mathrm{diag}\{\mathcal{N}_1,\mathcal{N}_2\}U_{\mathcal{K}}^{\mathrm{T}}$，其他参数的定义与定理 4.1 中相同。此外，增益矩阵由 $\mathcal{K} = V_{\mathcal{K}}S_{\mathcal{K}}^{-1}\mathcal{N}_1^{-1}S_{\mathcal{K}}V_{\mathcal{K}}^{\mathrm{T}}G_{\mathcal{K}}$ 给出。

证明　注意，$\mathcal{K}$ 只出现在定理 4.1 的 Ξ_3 中。按照定理 4.1 证明中的式 (4.102)，令 $M = T^{\mathrm{T}}\mathcal{N}$，则可以把 $\hat{\Xi} < 0$ 改写为

$$\hat{\Xi} = \Gamma + \mathrm{Sym}\{T^{\mathrm{T}}\mathcal{N}\mathscr{B}\mathcal{K}\mathscr{C}e_1\} < 0 \tag{4.106}$$

式中，$\Gamma = \Xi_1 + \Xi_2 + \mathrm{Sym}\left\{T^{\mathrm{T}}\mathcal{N}[\mathscr{A}e_1 + (\mathscr{A}_{d1}\mathscr{E}_1 + \mathscr{A}_{d2}\mathcal{L}C\mathscr{E}_2)e_3 - e_2]\right\} + (1-\kappa)\mathscr{G}_5^{\mathrm{T}}Y_1\tilde{R}^{-1}Y_1^{\mathrm{T}}\mathscr{G}_5 + \kappa\mathscr{G}_6^{\mathrm{T}}Y_2^{\mathrm{T}}\tilde{R}^{-1}Y_2\mathscr{G}_6$，$\Xi_1$ 和 Ξ_2 分别在式 (4.94) 和式 (4.95) 中定义。

$\mathscr{B}$ 的奇异值分解为

$$\mathscr{B} = U_{\mathcal{K}}\begin{bmatrix} S_{\mathcal{K}}^{\mathrm{T}} & 0 \end{bmatrix}^{\mathrm{T}} V_{\mathcal{K}}^{\mathrm{T}} \tag{4.107}$$

根据引理 4.3，如果

$$\mathcal{N} = U_{\mathcal{K}}\mathrm{diag}\{\mathcal{N}_1,\mathcal{N}_2\}U_{\mathcal{K}}^{\mathrm{T}} \tag{4.108}$$

成立，式 (4.108) 中，$\mathcal{N}_1 \in \mathbb{R}^{1\times 1}, \mathcal{N}_2 \in \mathbb{R}^{(m-1)\times(m-1)}$，则存在矩阵 $Z_{\mathcal{K}} \in \mathbb{R}^{1\times 1}$ 满足

$$\mathcal{N}\mathscr{B} = \mathscr{B}Z_{\mathcal{K}} \tag{4.109}$$

将式 (4.109) 代入式 (4.106)，可得 $\hat{\Xi} = \Gamma + \mathrm{Sym}\{T^{\mathrm{T}}\mathscr{B}Z_{\mathcal{K}}\mathcal{K}\mathscr{C}e_1\} < 0$。令 $Z_{\mathcal{K}}\mathcal{K} = G_{\mathcal{K}}$，按照定理 4.1 的证明过程，可得式 (4.104) 和式 (4.105)。此外，将式 (4.108) 和式 (4.107) 代入式 (4.109)，并进行一些数学处理，可得 $Z_{\mathcal{K}} = V_{\mathcal{K}}S_{\mathcal{K}}^{-1}\mathcal{N}_1 S_{\mathcal{K}}V_{\mathcal{K}}^{\mathrm{T}}$，因此 $\mathcal{K}$ 可以通过 $\mathcal{K} = Z_{\mathcal{K}}^{-1}G_{\mathcal{K}}$ 来计算。□

在实际工程中钻井环境或现场需求会发生变化 (如增加钻杆、地层变化)，因此需要更新控制参数，其设计步骤如下所示。

步骤 1　根据钻进过程的分析，设置式 (4.69) 和式 (4.70) 的值。

步骤 2　根据参考输入，设置内部模型的参数 A_I 和 B_I。

步骤 3　根据控制规范和有关 $F_t(t)$ 的现场数据，通过调整摩擦力估计器的参数 A_F、B_F 和 C_F 选择截止频率。

步骤 4　使用定理 4.2 计算观测器的增益矩阵 $\mathcal{L}$。

步骤 5　使用定理 4.3 计算控制律 $\mathcal{K}$。

2) 仿真分析

本节采用与文献 [27] 中相同的例子说明该控制方案的有效性。考虑 2 自由度钻柱系统模型：

$$J = \text{diag}\{2122, 374\}, \quad D = \text{diag}\{425, 50\}$$

$$C_d = \begin{bmatrix} 23.2 & -23.2 \\ -23.2 & 23.2 \end{bmatrix}, \quad C_k = \begin{bmatrix} 473 & -473 \\ -473 & 473 \end{bmatrix}$$

这里，钻头-岩石作用使用了前面介绍过的 LuGre 模型。仿真所需的参数均在表 4.4 中给出。

表 4.4　考虑时变测量时滞的黏滑振动抑制方法仿真参数

参数	数值	参数	数值
μ_{cb}	0.3	μ_{sb}	0.35
ε_0	25	ε_1	193
$v_s/(\text{rad/s})$	0.01	W_{ob}/N	40000
A_I	−0.001	B_I	10
A_F	−101	B_F	100
C_F	1	Π	$0.2I$

考虑时变测量时滞 $h(t) = 0.002 + 0.002\sin t$、$d_1 = -0.002$、$d_2 = 0.002$、$\bar{h} = 0.004$，利用定理 4.2 和定理 4.3 可计算出多组可行解，选取其中一组可行解作为增益矩阵，其具体形式为

$$\mathcal{K} = \begin{bmatrix} -28.7392 & -0.2463 & -55.0899 & 0.0130 & 6.5688 \end{bmatrix}$$

$$\mathcal{L} = \begin{bmatrix} 0.0862 & 0.4889 \\ 0.0997 & 0.4179 \\ 0.0222 & 0.0269 \\ 0.0286 & 0.0197 \end{bmatrix}$$

图 4.16 显示了文献 [28] 中控制器和本节设计控制器的钻头转速响应。由图

可以看出，文献 [28] 中控制器的控制效果不佳，未能有效抑制黏滑振动；本节设计控制器作用下的钻头转速最终收敛，有效抑制了黏滑振动。

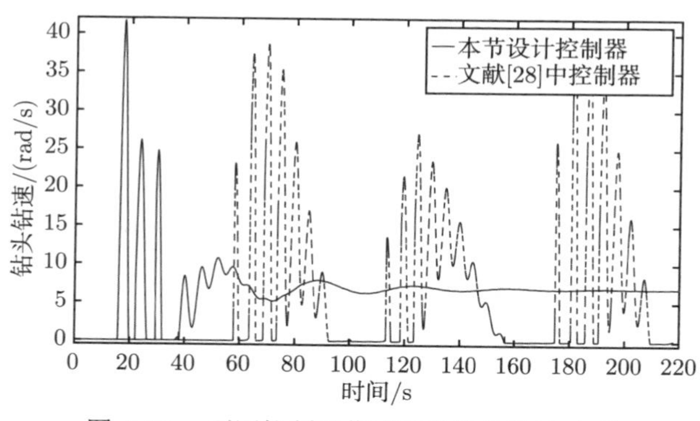

图 4.16　不同控制器作用下的钻头转速响应

4.2.3　同时利用地面信息和孔内信息的黏滑振动抑制方法

在钻进工程现场，顶驱扭矩、顶驱转速、送钻速度等地面信息可以直接进行测量，钻头振幅、钻头转速、钻压等孔内信息由于空间环境和技术手段的限制而难以获取。在测量地面信息之外，利用随钻测量 (measurement while drilling，MWD) 工具获取钻柱井下动力学信息，也可为钻柱振动主动抑制提供重要的数据支持，有利于提高振动抑制效果。

随钻测量工具有两个部分，即井上的信号接收器和嵌入井底钻具组合的信号发射器，井下信息是单向传输到地面的。减少信号传输次数有助于节省 MWD 工具通信资源和电力资源。鉴于这一事实，本节提出一种基于数据采样的事件触发机制，它适用于使用泥浆脉冲、电磁波、声波等作为传输媒介的主流 MWD 技术。

1) 使用随钻测量数据的模型

传感器被集成在井底钻具组合中，以测量所需的近钻头信息 $x_m(t)$。测量是在一连串的时间点上进行的，可以用集合 $L_s=\{0,\tau,2\tau,\cdots,j\tau\}$，$j\in\mathbb{N}$ 描述，其中 $\tau>0$，表示一个适当的恒定采样周期。采样测量值 $x_m(j\tau)$ 与时间戳 j 被编码并封装成一个数据包 $(j,x_m(j\tau))$。

当数据包中的数据满足事件触发条件 (event triggered condition，ETC)[29]时，传输当前数据包，其他数据包则被丢弃。ETC 是在一个数据包处理器中预先定义的，该处理器有一个寄存器和一个逻辑比较器。最新传输的数据包 $(a_k,x_m(a_k\tau))$ 的信息存储在寄存器中，使逻辑比较器能够检查当前数据包 $(a_k+b,x_m((a_k+b)\tau))$，$b\in\mathbb{N}$ 的 ETC，具体可写为

$$\varrho^{\mathrm{T}}((a_k+b)\tau)\varrho((a_k+b)\tau)\leqslant\delta \tag{4.110}$$

$$\varrho((a_k+b)\tau)=x_m((a_k+b)\tau)-x_m(a_k\tau) \tag{4.111}$$

式中，δ 为触发阈值。传输数据包的时间点序列由 $L_e=\{a_1\tau,a_2\tau,\cdots,a_k\tau\}$, $a_k\in\mathbb{N}$ 描述。显然, $a_1<a_2<\cdots<a_k\leqslant j$，$L_e\subseteq L_s$。传输时滞在实际中经常遇到，这里用 $h_{a_k}(t)$ 表示传输数据包 $(a_k,x_m(a_k\tau))$ 的时滞，假设 $h_{a_k}(t)$ 受 $0\leqslant h_1\leqslant h_{a_k}\leqslant h_2$ 的约束，其中，h_1 和 h_2 为两个给定的实数常数。

在井上解码获得的数据包，由信号接收器保存在一个零阶保持器 (zero order holder，ZOH)中，一旦有新的数据包到达，ZOH 中的存储就会更新。假设没有数据包丢失和数据包传输无序的情况发生，则在井上获得的井下测量结果为

$$\tilde{x}_m(t)=x_m(a_k\tau),\quad t\in\Theta_{a_k} \tag{4.112}$$

式中，$\Theta_{a_k}=(a_k\tau+h_{a_k},a_{k+1}\tau+h_{a_{k+1}})$。$\Theta_{a_k}$ 可以被分解为连续的端到端子区间，这样 $\Theta_{a_k}=\bigcup_{b=0}^{a_{k+1}-a_k-1}\Theta_{b,a_k}$, $\Theta_{b,a_k}=[a_k\tau+b\tau+h_{a_k+b},a_k\tau+(b+1)\tau+h_{a_k+b+1}]$, h_{a_k+b} $(b=1,\cdots,a_{k+1}-a_k-1)$ 是假设的传输时滞，满足 $h_1\leqslant h_{a_k+b}\leqslant h_2$[30]。

令 $\eta(t)=t-(a_k+b)\tau$, $t\in\Theta_{b,a_k}$，易得

$$\eta_1\leqslant\eta(t)\leqslant\eta_2,\ \eta_{21}=\eta_2-\eta_1,\quad t\in\Theta_{b,a_k}$$

式中，$\eta_1=h_1$; $\eta_2=h_2+\tau$。由式 (4.111) 和式 (4.112) 可得

$$\begin{aligned}\tilde{x}_m(t)&=x_m(a_k\tau)=x_m((a_k+b)\tau)-\varrho((a_k+b)\tau)\\&=x_m(t-\eta(t))-\varrho(t-\eta(t)),\quad t\in\Theta_{b,a_k}\end{aligned} \tag{4.113}$$

此外，可根据式 (4.110) 得出

$$\varrho^{\mathrm{T}}(t-\eta(t))\varrho(t-\eta(t))\leqslant\delta,\quad t\in\Theta_{b,a_k} \tag{4.114}$$

选择状态向量 $x=[\dot{\vartheta}_t,\dot{\vartheta}_{p_1},\cdots,\dot{\vartheta}_{p_n},\dot{\vartheta}_{h_p},\dot{\vartheta}_{d_c},\vartheta_t-\vartheta_{p_1},\vartheta_{p_1}-\vartheta_{p_2},\cdots,\vartheta_{p_n}-\vartheta_{h_p},\vartheta_{h_p}-\vartheta_{d_c}]^{\mathrm{T}}\in\mathbb{R}^{2m-1}$，可将式 (4.57) 改写为

$$\dot{x}(t)=Ax(t)+Wf(t)+Bu(t) \tag{4.115}$$

式中，$W=\mathrm{col}\{-J^{-1}\mathcal{E}_2,0_{(m-1)\times1}\}$；矩阵 A、B 与式 (4.62) 相同；$u(t)$ 为顶驱的控制扭矩；$f(t)$ 为具有不确定性的钻头-岩石作用。式 (4.115) 的初始条件为 $x(t_0)=x_0$。

测量钻杆两端的两个参数顶驱角速度 $x_1(t)$ 和钻头角速度 $x_m(t)$, $x_1(t)$ 可以在井上直接获得，而由井下传感器测量的 $x_m(t)$ 必须由 MWD 工具从井下传输到地面。因此，在井上获得的钻头角速度 $\tilde{x}_m(t)$ 不等于井下测量的 $x_m(t)$。通过上述对 MWD 通信的说明，可知在井上获得的总测量值是一个混合的测量值：

$$\tilde{y}(t)=\begin{bmatrix}x_1(t)\\\tilde{x}_m(t)\end{bmatrix}=\begin{bmatrix}x_1(t)\\x_m(t-\eta(t))-\varrho(t-\eta(t))\end{bmatrix}$$

$$= \begin{bmatrix} C_1x(t) \\ C_2x(t-\eta(t)) - \varrho(t-\eta(t)) \end{bmatrix}, \quad t \in \Theta_{b,a_k} \tag{4.116}$$

式中，$C_1 = [\mathcal{E}_1^{\mathrm{T}} \ 0_{1\times(m-1)}]$；$C_2 = [\mathcal{E}_2^{\mathrm{T}} \ 0_{1\times(m-1)}]$；$\mathcal{E}_1 = \mathrm{col}\{1,0,\cdots,0\} \in \mathbb{R}^m$，$\mathcal{E}_2 = \mathrm{col}\{0,\cdots,0,1\} \in \mathbb{R}^m$。

2) 控制器设计

控制的目的是使用井上的混合测量值 $\tilde{y}(t)$，将钻柱的速度调节到一个理想的参考值。

为了减少没有先验信息的不确定的 $f(t)$ 的负面影响，这里采用等价输入干扰方法。由于控制扭矩只作用于井上，而 $f(t)$ 作用于井下，所以考虑系统

$$\dot{x}(t) = Ax(t) + B\tilde{u}(t) \tag{4.117}$$

式中，$\tilde{u}(t) = u(t) + \tilde{d}(t)$，$\tilde{d}(t)$ 是加在 $u(t)$ 上的等价控制输入。根据文献 [22] 的结论，总是存在一个 $\tilde{d}(t)$ 使得式 (4.115) 和式 (4.117) 的输出相等。受其启发，本节通过估计 $\tilde{d}(t)$ 来补偿 $f(t)$ 对钻柱的影响，因此引入一个基于事件触发的 EID 控制系统 (图 4.17)。

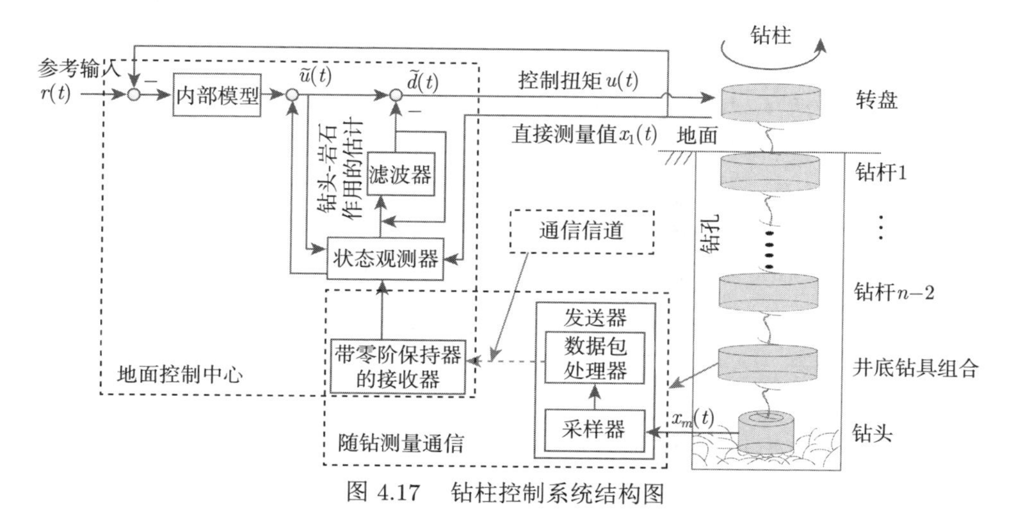

图 4.17　钻柱控制系统结构图

鉴于参考速度是已知的，内部模型的引入是为了提高跟踪精度，其具体形式为

$$\begin{cases} \dot{x}_r(t) = A_rx_r(t) + B_r(r(t) - x_1(t)) \\ u_r(t) = K_rx_r(t) \end{cases} \tag{4.118}$$

式中，$x_r \in \mathbb{R}^1$；$u_r(t)$ 为输出；$r(t)$ 为给定的参考速度；A_r 和 B_r 为根据 $r(t)$ 选择的两个给定实数常数；K_r 为一个待定的实数标量。

状态观测器可表示为

$$\begin{cases} \dot{\hat{x}}(t) = A\hat{x}(t) + B\tilde{u}(t) + L(\tilde{y}(t) - \hat{y}(t)) \\ u_s(t) = K_s\hat{x}(t)\hat{y}(t) = \begin{bmatrix} C_1\hat{x}(t) \\ C_2\hat{x}(t) \end{bmatrix} \end{cases} \tag{4.119}$$

式中，$\hat{x}(t) \in \mathbb{R}^{2m-1}$；$u_s(t)$ 为输出；$\tilde{y}(t)$ 为在式 (4.116) 中给出的输入信号；$L = [L_1 \quad L_2]$，$L_1 \in \mathbb{R}^{(2m-1)\times 1}$, $L_2 \in \mathbb{R}^{(2m-1)\times 1}$；$K_s \in \mathbb{R}^{1\times(2m-1)}$ 是待定的增益。

滤波器的形式为

$$\begin{cases} \dot{x}_f(t) = A_f x_f(t) + B_f \hat{d}(t) \\ \tilde{d}(t) = C_f x_f(t) \end{cases} \tag{4.120}$$

式中，$x_f \in \mathbb{R}^1$，A_f、B_f 和 C_f 均为给定的实数常数，用于调整滤波器的截止频率；$\hat{d}(t)$ 和 $\tilde{d}(t)$ 分别为滤波器的输入和输出。

基于 EID 的控制律为 $\tilde{u}(t) = u_r(t) + u_s(t)$。根据文献 [22]、[31] 和 [32] 中相同的方法，可得

$$\hat{d}(t) = B^+L(\tilde{y}(t) - \hat{y}(t)) + \tilde{d}(t) \tag{4.121}$$

式中，$B^+ = (B^{\mathrm{T}}B)^{-1}B^{\mathrm{T}}$ 是 B 的伪逆值。

基于以上对控制系统的说明，本节使用混合测量，即式 (4.116) 来重构控制输入通道中的 $f(t)$，而无须使用式 (4.115) 的逆动力学。

为了进行闭环控制系统的稳定性分析，令外部信号为零，即 $r(t) = 0$、$f(t) = 0$。将 $u(t) = \tilde{u}(t) - \tilde{d}(t)$ 和 $\tilde{d}(t) = C_f x_f(t)$ 代入式 (4.115) 可得

$$\dot{x}(t) = Ax(t) + B\tilde{u}(t) - BC_f x_f(t) \tag{4.122}$$

将式 (4.121) 和 $\tilde{d}(t) = C_f x_f(t)$ 代入式 (4.120) 可得

$$\dot{x}_f(t) = (A_f + B_f C_f)x_f(t) + B_f B^+ L(\tilde{y}(t) - \hat{y}(t)) \tag{4.123}$$

式中，$L(\tilde{y}(t) - \hat{y}(t)) = L_1C_1(x(t) - \hat{x}(t)) + L_2C_2x(t-\eta(t)) - L_2\varrho(t-\eta(t)) - L_2C_2\hat{x}(t)$。

令 $\zeta(t) = \mathrm{col}\{x(t), \hat{x}(t), x_r(t), x_f(t)\}$。对于图 4.17 中所示的系统，与式 (4.118)、式 (4.119)、式 (4.122) 和式 (4.123) 相关的闭环控制系统的结果描述为

$$\begin{cases} \dot{\zeta}(t) = (\widetilde{A} + \widetilde{B}K\widetilde{C})\zeta(t) + \widetilde{A}_d\zeta(t-\eta(t)) + \widetilde{D}\varrho(t-\eta(t)), \quad t \in \Theta_{b,a_k} \\ \zeta(\vartheta) = \mathrm{col}\{\varphi_s(\vartheta),\ 0,\ 0,\ 0\}, \quad \vartheta \in [t_0 - \eta_2, t_0] \end{cases} \tag{4.124}$$

式中，

$$\widetilde{A}=\begin{bmatrix} A & 0 & 0 & -BC_f \\ L_1C_1 & A-L_1C_1-L_2C_2 & 0 & 0 \\ -B_rC_1 & 0 & A_r & 0 \\ B_fB^+L_1C_1 & -B_fB^+(L_1C_1+L_2C_2) & 0 & A_f+B_fC_f \end{bmatrix}$$

$$\widetilde{A}_d=\begin{bmatrix} 0 & 0 & 0 & 0 \\ L_2C_2 & 0 & 0 & 0 \\ 0 & 0 & 0 & 0 \\ B_fB^+L_2C_2 & 0 & 0 & 0 \end{bmatrix},\quad \widetilde{C}=\begin{bmatrix} 0 & I & 0 & 0 \\ 0 & 0 & 1 & 0 \end{bmatrix}$$

$$K=[K_s\ K_r],\quad \widetilde{B}=\mathrm{col}\{B,B,0,0\},\quad \widetilde{D}=\mathrm{col}\{0,-L_2,0,-B_fB^+L_2\}$$

$\zeta(\vartheta)$ 为初始条件；$\varphi_s(\vartheta)$ 和 $\varphi_s(t_0)=x_0$ 为定义在 $[t_0-\eta_2,t_0]$ 上的连续函数。

定义 4.1　如果存在常数 $\beta\geqslant 1$，能够使得系统的指数衰减率 $\varsigma>0$，则称系统 (4.124) 是实用指数稳定 (或最终指数有界) 的，满足

$$\|\zeta(t)\|^2\leqslant\beta\mathrm{e}^{-2\varsigma(t-\vartheta)}\|\zeta\|_W^2+\bar{\sigma},\quad t\geqslant\vartheta$$

式中，$\|\zeta\|_W^2=\sup\limits_{\vartheta\in[t_0-\eta_2,t_0]}\|\zeta(\vartheta)\|^2+\int_{-\eta_2}^{0}\|\dot{\zeta}(\vartheta)\|^2\mathrm{d}\vartheta$，$\bar{\sigma}>0$ 称为 $\|\zeta(t)\|^2$ 的最终上界。

接下来，首先对式 (4.124) 进行稳定性分析，然后提供两个充分条件和一个设计程序来设置相应的参数。在后面的部分，将推导出一个关于式 (4.124) 的实用指数稳定性的充分条件。

为了简化表述，令 $v_i=[0_{4m\times(i-1)4m}\ \ I_{4m}\ \ 0_{4m\times(10-i)4m}]$，$i=1,2,\cdots,10$。

定理 4.4　对于给定参数 $\varsigma>0$、$\delta>0$、η_1、η_2、A_r、B_r、A_f、B_f、C_f、L_1、L_2 和 K，如果存在任意正标量 ε, 正定矩阵 $P=\begin{bmatrix} P_1 & P_2 & P_3 \\ * & P_4 & P_5 \\ * & * & P_6 \end{bmatrix}$，$Q_1$、$Q_2$、$R_1$、$R_2$ 和适合维度的实数矩阵 N_i $(i=1,2,3,4)$，则系统 (4.124) 是实用指数稳定的，其衰减率为 ς，满足

$$\begin{bmatrix} \varTheta_0(\eta_1) & N_1\widetilde{D} \\ * & -\varepsilon \end{bmatrix}<0,\quad \begin{bmatrix} \varTheta_0(\eta_2) & N_1\widetilde{D} \\ * & -\varepsilon \end{bmatrix}<0$$

式中，

$$\Theta_0(\eta(t)) = \Theta_1 + \mathrm{Sym}\left\{\Theta_2 + \sum_{i=1}^{3} N_i\chi_i\right\} - \mathrm{e}^{-2\varsigma\eta_1}\chi_4^{\mathrm{T}}\mathcal{R}_1\chi_4$$
$$- \mathrm{e}^{-2\varsigma\eta_2}\begin{bmatrix}\chi_5\\ \chi_6\end{bmatrix}^{\mathrm{T}}\begin{bmatrix}\mathcal{R}_2 & N_4\\ * & \mathcal{R}_2\end{bmatrix}\begin{bmatrix}\chi_5\\ \chi_6\end{bmatrix}$$
$$\Theta_1 = 2\varsigma\mathrm{col}\{v_1, \eta_1 v_6, v_9 + v_{10}\}^{\mathrm{T}} P\mathrm{col}\{v_1, \eta_1 v_6, v_9 + v_{10}\} + v_1^{\mathrm{T}} Q_1 v_1$$
$$- \mathrm{e}^{-2\varsigma\eta_1} v_4^{\mathrm{T}}(Q_1 - Q_2)v_4 - \mathrm{e}^{-2\varsigma\eta_2} v_5^{\mathrm{T}} Q_2 v_5 + v_2^{\mathrm{T}}(\eta_1^2 R_1 + \eta_{21}^2 R_2)v_2$$
$$\mathcal{R}_1 = \mathrm{diag}\{R_1, 3R_1\}, \quad \mathcal{R}_2 = \mathrm{diag}\{R_2, 3R_2\}$$
$$\chi_1 = -v_2 + (\widetilde{A} + \widetilde{B}K\widetilde{C})v_1 + \widetilde{A}_d v_3, \quad \chi_2 = (\eta(t) - \eta_1)v_7 - v_9$$
$$\chi_3 = (\eta_2 - \eta(t))v_8 - v_{10}, \quad \chi_4 = \mathrm{col}\{v_1 - v_4, v_1 + v_4 - 2v_6\}$$
$$\chi_5 = \mathrm{col}\{v_4 - v_3, v_3 + v_4 - 2v_7\}, \quad \chi_6 = \mathrm{col}\{v_3 - v_5, v_3 + v_5 - 2v_8\}$$

此外，系统 (4.124) 中 $\|\zeta(t)\|^2$ 的最终上界由 $\bar{\sigma} = \varepsilon\delta/(2\varsigma\lambda_{\min}(P_1))$ 给出。

证明 对于给定的正标量 ς 和 $t \in \Theta_{b,a_k}$，构造如下 Lyapunov-Krasovskii 泛函：

$$V_1(t) = \tilde{\zeta}^{\mathrm{T}}(t)P\tilde{\zeta}(t) + \int_{t-\eta_1}^{t} \mathrm{e}^{2\varsigma(s-t)}\zeta^{\mathrm{T}}(s)Q_1\zeta(s)\mathrm{d}s + \int_{t-\eta_2}^{t-\eta_1} \mathrm{e}^{2\varsigma(s-t)}\zeta^{\mathrm{T}}(s)Q_2\zeta(s)\mathrm{d}s$$
$$+ \eta_1\int_{-\eta_1}^{0}\int_{t+\vartheta}^{t} \mathrm{e}^{2\varsigma(s-t)}\dot{\zeta}^{\mathrm{T}}(s)R_1\dot{\zeta}(s)\mathrm{d}s\mathrm{d}\vartheta$$
$$+ \eta_{21}\int_{-\eta_2}^{-\eta_1}\int_{t+\vartheta}^{t} \mathrm{e}^{2\varsigma(s-t)}\dot{\zeta}^{\mathrm{T}}(s)R_2\dot{\zeta}(s)\mathrm{d}s\mathrm{d}\vartheta \tag{4.125}$$

式中，$\tilde{\zeta}(t) = \mathrm{col}\left\{\zeta(t), \int_{t-\eta_1}^{t}\zeta(s)\mathrm{d}s, \int_{t-\eta_2}^{t-\eta_1}\zeta(s)\mathrm{d}s\right\}$。

计算式 (4.125) 对 $t \in \Theta_{b,a_k}$ 沿式 (4.124) 轨迹的导数，可得

$$\dot{V}_1(t) = -2\varsigma V_1(t) + 2\varsigma\tilde{\zeta}^{\mathrm{T}}(t)P\tilde{\zeta}(t) + 2\tilde{\zeta}^{\mathrm{T}}(t)P\dot{\tilde{\zeta}}(t) + \zeta^{\mathrm{T}}(t)Q_1\zeta(t)$$
$$- \mathrm{e}^{-2\varsigma\eta_2}\zeta^{\mathrm{T}}(t-\eta_2)Q_2\zeta(t-\eta_2)$$
$$- \mathrm{e}^{-2\varsigma\eta_1}\zeta^{\mathrm{T}}(t-\eta_1)(Q_1 - Q_2)\zeta(t-\eta_1) + \dot{\zeta}^{\mathrm{T}}(t)(\eta_1^2 R_1 + \eta_{21}^2 R_2)\dot{\zeta}(t)$$
$$- \eta_1\int_{t-\eta_1}^{t} \mathrm{e}^{2\varsigma(s-t)}\dot{\zeta}^{\mathrm{T}}(s)R_1\dot{\zeta}(s)\mathrm{d}s - \eta_{21}\int_{t-\eta_2}^{t-\eta_1} \mathrm{e}^{2\varsigma(s-t)}\dot{\zeta}^{\mathrm{T}}(s)R_2\dot{\zeta}(s)\mathrm{d}s$$

令

$$\xi_1(t)=\mathrm{col}\left\{\zeta(t),\dot{\zeta}(t),\zeta(t-\eta(t)),\zeta(t-\eta_1),\zeta(t-\eta_2),\int_{t-\eta_1}^{t}\frac{\zeta(s)}{\eta_1}\mathrm{d}s,\right.$$
$$\left.\int_{t-\eta(t)}^{t-\eta_1}\frac{\zeta(s)}{\eta(t)-\eta_1}\mathrm{d}s,\int_{t-\eta_2}^{t-\eta(t)}\frac{\zeta(s)}{\eta_2-\eta(t)}\mathrm{d}s,\int_{t-\eta(t)}^{t-\eta_1}\zeta(s)\mathrm{d}s,\int_{t-\eta_2}^{t-\eta(t)}\zeta(s)\mathrm{d}s\right\}$$

则 $\dot{V}_1(t)$ 可改写为

$$\begin{aligned}\dot{V}_1(t)=&-2\varsigma V_1(t)+\xi_1^{\mathrm{T}}(t)\left(\varTheta_1+\varTheta_2+\varTheta_2^{\mathrm{T}}\right)\xi_1(t)\\&-\eta_1\int_{t-\eta_1}^{t}\mathrm{e}^{2\varsigma(s-t)}\dot{\zeta}^{\mathrm{T}}(s)R_1\dot{\zeta}(s)\mathrm{d}s-\eta_{21}\int_{t-\eta_2}^{t-\eta_1}\mathrm{e}^{2\varsigma(s-t)}\dot{\zeta}^{\mathrm{T}}(s)R_2\dot{\zeta}(s)\mathrm{d}s\\\leqslant&-2\varsigma V_1(t)+\xi_1^{\mathrm{T}}(t)\left(\varTheta_1+\varTheta_2+\varTheta_2^{\mathrm{T}}\right)\xi_1(t)\\&-\eta_1\mathrm{e}^{-2\varsigma\eta_1}\int_{t-\eta_1}^{t}\dot{\zeta}^{\mathrm{T}}(s)R_1\dot{\zeta}(s)\mathrm{d}s-\eta_{21}\mathrm{e}^{-2\varsigma\eta_2}\int_{t-\eta_2}^{t-\eta_1}\dot{\zeta}^{\mathrm{T}}(s)R_2\dot{\zeta}(s)\mathrm{d}s\end{aligned}\tag{4.126}$$

改写式 (4.124) 可得 $\chi_1\xi_1(t)+\widetilde{D}\varrho(t-\eta(t))=0$，则对于任意适当维度的矩阵 N_1，有

$$2\xi_1^{\mathrm{T}}(t)N_1\chi_1\xi_1(t)+2\xi_1^{\mathrm{T}}(t)N_1\widetilde{D}\varrho(t-\eta(t))=0\tag{4.127}$$

成立。注意到 $(\eta(t)-\eta_1)v_7\xi_1(t)-v_9\xi_1(t)=0$、$(\eta_2-\eta(t))v_8\xi_1(t)-v_{10}\xi_1(t)=0$，则对于任意适当维度的矩阵 N_2 和 N_3，有

$$2\xi_1^{\mathrm{T}}(t)(N_2\chi_2+N_3\chi_3)\xi_1(t)=0\tag{4.128}$$

成立。

对于以上得到的结果，运用 Wirtinger 积分不等式 [23] 可得

$$\eta_1\int_{t-\eta_1}^{t}\dot{\zeta}^{\mathrm{T}}(\vartheta)R_1\dot{\zeta}(\vartheta)\mathrm{d}\vartheta\geqslant\xi_1^{\mathrm{T}}(t)\chi_4^{\mathrm{T}}\mathcal{R}_1\chi_4\xi_1(t)\tag{4.129}$$

$$\eta_{21}\int_{t-\eta(t)}^{t-\eta_1}\dot{\zeta}^{\mathrm{T}}(\vartheta)R_2\dot{\zeta}(\vartheta)\mathrm{d}\vartheta\geqslant\frac{\eta_{21}\xi_1^{\mathrm{T}}(t)\chi_5^{\mathrm{T}}\mathcal{R}_2\chi_5\xi_1(t)}{\eta(t)-\eta_1}\tag{4.130}$$

$$\eta_{21}\int_{t-\eta_2}^{t-\eta(t)}\dot{\zeta}^{\mathrm{T}}(\vartheta)R_2\dot{\zeta}(\vartheta)\mathrm{d}\vartheta\geqslant\frac{\eta_{21}\xi_1^{\mathrm{T}}(t)\chi_6^{\mathrm{T}}\mathcal{R}_2\chi_6\xi_1(t)}{\eta_2-\eta(t)}\tag{4.131}$$

使用互凸不等式[33]将式 (4.130) 和式 (4.131) 合并，则对于任意适当维度的矩阵 N_4，有

$$\eta_{21}\int_{t-\eta_2}^{t-\eta_1}\dot{\zeta}^{\mathrm{T}}(\vartheta)R_2\dot{\zeta}(\vartheta)\mathrm{d}\vartheta \geqslant \xi_1^{\mathrm{T}}(t)\begin{bmatrix}\chi_5\\ \chi_6\end{bmatrix}^{\mathrm{T}}\begin{bmatrix}\mathcal{R}_2 & N_4\\ * & \mathcal{R}_2\end{bmatrix}\begin{bmatrix}\chi_5\\ \chi_6\end{bmatrix}\xi_1(t) \tag{4.132}$$

成立。将式 (4.127) ~ 式 (4.129) 和式 (4.132) 代入式 (4.126)，可得

$$\begin{aligned}\dot{V}_1(t)+2\varsigma V_1(t) &\leqslant \xi_1^{\mathrm{T}}(t)(\varTheta_0(\eta(t))\xi_1(t)+2N_1\widetilde{D}\varrho(t-\eta(t)))\\ &= \tilde{\xi}_1^{\mathrm{T}}(t)\begin{bmatrix}\varTheta_0(\eta(t)) & N_1\widetilde{D}\\ * & 0\end{bmatrix}\tilde{\xi}_1(t)\end{aligned} \tag{4.133}$$

式中，$\tilde{\xi}_1(t)=\mathrm{col}\{\xi_1(t),\varrho(t-\eta(t))\}$。

此外，对于式 (4.114) 中的任意标量 $\varepsilon>0$，有

$$\varepsilon\delta-\varrho^{\mathrm{T}}(t-\eta(t))\varepsilon\varrho(t-\eta(t))\geqslant 0,\quad t\in\varTheta_{b,a_k}$$

成立。结合上式与式 (4.133) 可得

$$\dot{V}_1(t)+2\varsigma V_1(t)\leqslant \tilde{\xi}_1^{\mathrm{T}}(t)\begin{bmatrix}\varTheta_0(\eta(t)) & N_1\widetilde{D}\\ * & -\varepsilon\end{bmatrix}\tilde{\xi}_1(t)+\varepsilon\delta$$

显然，定理 4.4 中的不等式的可行性意味着 $\dot{V}_1(t)+2\varsigma V_1(t)<\varepsilon\delta,\ t\in\varTheta_{b,a_k}$，由文献 [34] 的引理 4.1 可知

$$\begin{aligned}\lambda_{\min}(P_1)\|\zeta(t)\|^2 &\leqslant \zeta^{\mathrm{T}}(t)P_1\zeta(t)\leqslant V_1(t)<V_1(\vartheta)\mathrm{e}^{-2\varsigma(t-\vartheta)}+(1-\mathrm{e}^{-2\varsigma(t-\vartheta)})\frac{\varepsilon\delta}{2\varsigma}\\ &\leqslant \bar{c}\mathrm{e}^{-2\varsigma(t-\vartheta)}\|\zeta\|_W^2+\frac{\varepsilon\delta}{2\varsigma}\end{aligned}$$

式中，$\bar{c}$ 是一个不小于 $\lambda_{\max}(P_1)$ 的特定常数。因此，有

$$\|\zeta(t)\|^2<\frac{\bar{c}}{\lambda_{\min}(P_1)}\mathrm{e}^{-2\varsigma(t-\vartheta)}\|\zeta\|_W^2+\frac{\varepsilon\delta}{2\varsigma\lambda_{\min}(P_1)}$$

成立。根据定义 4.1，式 (4.124) 是实用指数稳定的，$\|\zeta(t)\|^2$ 的渐近最终上界可以通过 $\bar{\sigma}=\varepsilon\delta/(2\varsigma\lambda_{\min}(P_1))$ 计算得到。 □

注意，状态观测器是为系统 (4.117) 引入的。令 $x_e(t)=x(t)-\hat{x}(t)$，对于 $t\in\varTheta_{b,a_k}$，使用一些简单的数学操作和式 (4.113)，与式 (4.117) 和式 (4.119) 相关的结果误差系统可表示为

$$\dot{x}_e(t)=(A-L_1C_1-L_2C_2)x_e(t)+L_2\tilde{\varrho}(t),\quad t\in\varTheta_{a_k} \tag{4.134}$$

式中，$\tilde{\varrho}(t) = x_m(t) - x_m(a_k\tau)$。

显然，对于 $\tilde{\varrho}^{\mathrm{T}}(t)\tilde{\varrho}(t) \leqslant \delta$，满足预定的 ETC 条件，即式 (4.110) 和式 (4.111)。基于式 (4.134)，提出一个充分条件来计算观测器增益 L_1 和 L_2。

定理 4.5　对于给定参数 $\varsigma > 0$ 和 $\delta > 0$，如果存在任意正的标量 ε，适合维度的正定矩阵 P 和实数矩阵 $\tilde{L}_1$、$\tilde{L}_2$，则式 (4.134) 是指数稳定的，衰减率为 ς，满足

$$\begin{bmatrix} 2\varsigma P + \mathrm{Sym}\{PA - \tilde{L}_1 C_1 - \tilde{L}_2 C_2\} & \tilde{L}_2 \\ * & -\varepsilon \end{bmatrix} < 0 \tag{4.135}$$

此外，观测器增益可以通过 $L_1 = P^{-1}\tilde{L}_1$ 和 $L_2 = P^{-1}\tilde{L}_2$ 计算得到，式 (4.134) 中 $\|x_e(t)\|^2$ 的最终上界为 $\bar{\sigma} = \varepsilon\delta/(2\varsigma\lambda_{\min}(P))$。

证明　构造如下 Lyapunov-Krasovskii 泛函：

$$V_2(t) = x_e^{\mathrm{T}}(t) P x_e(t) \tag{4.136}$$

计算式 (4.136) 沿式 (4.134) 轨迹的导数，可得

$$\begin{aligned} \dot{V}_2(t) &= 2x_e^{\mathrm{T}}(t)P\dot{x}_e(t) = 2x_e^{\mathrm{T}}(t)\left[(PA - \tilde{L}_1C_1 - \tilde{L}_2C_2)x_e(t) + \tilde{L}_2\tilde{\varrho}(t)\right] \\ &= \begin{bmatrix} x_e(t) \\ \tilde{\varrho}(t) \end{bmatrix}^{\mathrm{T}} \begin{bmatrix} \mathrm{Sym}\{PA - \tilde{L}_1C_1 - \tilde{L}_2C_2\} & \tilde{L}_2 \\ * & 0 \end{bmatrix} \begin{bmatrix} x_e(t) \\ \tilde{\varrho}(t) \end{bmatrix} \end{aligned} \tag{4.137}$$

式中，$\tilde{L}_1 = PL_1$ 和 $\tilde{L}_2 = PL_2$ 应用于第一个等式。对于给定的标量 ς，结合式 (4.136) 和式 (4.137) 可得

$$\dot{V}_2(t) + 2\varsigma V_2(t) = \begin{bmatrix} x_e(t) \\ \tilde{\varrho}(t) \end{bmatrix}^{\mathrm{T}} \begin{bmatrix} 2\varsigma P + \mathrm{Sym}\{PA - \tilde{L}_1C_1 - \tilde{L}_2C_2\} & \tilde{L}_2 \\ * & 0 \end{bmatrix} \begin{bmatrix} x_e(t) \\ \tilde{\varrho}(t) \end{bmatrix}$$

对于任意正标量 ε，根据 $\tilde{\varrho}^{\mathrm{T}}(t)\tilde{\varrho}(t) \leqslant \delta$ 可得 $\varepsilon\tilde{\varrho}^{\mathrm{T}}(t)\tilde{\varrho}(t) \leqslant \varepsilon\delta$，那么有

$$\dot{V}_2(t) + 2\varsigma V_2(t) \leqslant \varepsilon\delta + \begin{bmatrix} x_e(t) \\ \tilde{\varrho}(t) \end{bmatrix}^{\mathrm{T}} \begin{bmatrix} 2\varsigma P + \mathrm{Sym}\{PA - \tilde{L}_1C_1 - \tilde{L}_2C_2\} & \tilde{L}_2 \\ * & -\varepsilon \end{bmatrix} \begin{bmatrix} x_e(t) \\ \tilde{\varrho}(t) \end{bmatrix}$$

成立。式 (4.135) 的可行性意味着 $\dot{V}_2(t) + 2\varsigma V_2(t) < \varepsilon\delta$，$t \in \Theta_{b,a_k}$。其余的证明过程与定理 4.4 的证明非常相似，故在此省略。 □

对于给定的观测器增益，需要求解控制器增益。计算 $\widetilde{B}$ 的奇异值分解，得到 $\widetilde{B} = U[H^{\mathrm{T}}\ 0]^{\mathrm{T}}V^{\mathrm{T}}$，其中，$H$ 为对角矩阵，U 和 V 均为酉矩阵，有如下结果。

定理 4.6 对于给定参数 $\varsigma>0$、$\delta>0$、η_1、η_2、κ、A_r、B_r、A_f、B_f、C_f、L_1 和 L_2，如果存在任意正的标量 ε，正定矩阵 $P=\begin{bmatrix}P_1 & P_2 & P_3\\ * & P_4 & P_5\\ * & * & P_6\end{bmatrix}$、$Q_1$、$Q_2$、$R_1$、$R_2$ 和实数矩阵 N_{11}、N_{12}、N_2、N_3、N_4 及适当维度的 G，式 (4.124) 是实用指数稳定的，其衰减率为 ς，满足

$$\begin{bmatrix}\widehat{\Theta}_0(\eta_1) & \phi_s^{\mathrm{T}}\widetilde{N}_1\widetilde{D}\\ * & -\varepsilon\end{bmatrix}<0,\quad \begin{bmatrix}\widehat{\Theta}_0(\eta_2) & \phi_s^{\mathrm{T}}\widetilde{N}_1\widetilde{D}\\ * & -\varepsilon\end{bmatrix}<0$$

$$\widehat{\Theta}_0(\eta(t))=\Theta_1+\mathrm{Sym}\left\{\Theta_2+\phi_s^{\mathrm{T}}\hat{\chi}_1+\sum_{i=2}^{3}N_i\chi_i\right\}-\mathrm{e}^{-2\varsigma\eta_1}\chi_4^{\mathrm{T}}\mathcal{R}_1\chi_4$$

$$-\,\mathrm{e}^{-2\varsigma\eta_2}\begin{bmatrix}\chi_5\\ \chi_6\end{bmatrix}^{\mathrm{T}}\begin{bmatrix}\mathcal{R}_2 & N_4\\ * & \mathcal{R}_2\end{bmatrix}\begin{bmatrix}\chi_5\\ \chi_6\end{bmatrix}$$

$\widetilde{N}_1=U\mathrm{diag}\{N_{11},N_{12}\}U^{\mathrm{T}}$, $\phi_s=v_1+\kappa v_2$, $\hat{\chi}_1=-\widetilde{N}_1v_2+(\widetilde{N}_1\widetilde{A}+\widetilde{B}G\widetilde{C})v_1+\widetilde{N}_1\widetilde{A}_dv_3$，其他符号的定义见定理 4.4。

此外,控制器增益可由 $K=VH^{-1}N_{11}^{-1}HV^{\mathrm{T}}G$ 计算得到。式 (4.124) 中 $\|\zeta(t)\|^2$ 的最终上界由 $\bar{\sigma}=\varepsilon\delta/(2\varsigma\lambda_{\min}(P_1))$ 给出。

证明 在定理 4.4 的基础上，通过应用引理 4.3 易完成证明。

根据定理 4.6 中定义的 $\widetilde{N}_1$，应用引理 4.3 可得 $\widetilde{N}_1\widetilde{B}=\widetilde{B}Y$。令 $N_1=\phi_s^{\mathrm{T}}\widetilde{N}_1$、$G=YK$，则式 (4.91) 可被还原为式 (4.104)。此外，根据 $\widetilde{B}=U[H^{\mathrm{T}}\ 0]^{\mathrm{T}}V^{\mathrm{T}}$、$\widetilde{N}_1=U\mathrm{diag}\{N_{11},N_{12}\}U^{\mathrm{T}}$ 和 $\widetilde{N}_1\widetilde{B}=\widetilde{B}Y$，易验证 $Y=VH^{-1}N_{11}HV^{\mathrm{T}}$，进一步可得 $K=Y^{-1}G=VH^{-1}N_{11}^{-1}HV^{\mathrm{T}}G$。 □

如果现场没有井下工具，只有井上测量信息，则式 (4.116) 可简化为 $\tilde{y}(t)=C_1x(t)$。此时，在 $L_2=0$ 的情况下，由式 (4.124) 可得闭环控制系统为

$$\dot{\zeta}(t)=(\widetilde{A}+\widetilde{B}K\widetilde{C})\zeta(t)\tag{4.138}$$

通过应用定理 4.5，对于式 (4.138)，$L_2=\tilde{L}_2=0$，计算得到观测器增益 L_1。为了利用 L_1 计算出适合的控制器增益，下面将介绍定理 4.6 的推论 4.1。

推论 4.1 令 $\tilde{v}_1=[I\ 0]$，$\tilde{v}_2=[0\ I]$，对于给定参数 $\varsigma>0$、κ、A_r、B_r、A_f、B_f、C_f 和 L_1，如果存在任意正定矩阵 P 和实数矩阵 N_{11}、N_{12} 以及适合维度的 G、$\widetilde{N}_1=U\mathrm{diag}\{N_{11},N_{12}\}U^{\mathrm{T}}$ 和 $2\varsigma\tilde{v}_1^{\mathrm{T}}P\tilde{v}_1+\mathrm{Sym}\{\tilde{v}_1^{\mathrm{T}}P\tilde{v}_2+\tilde{\phi}_s^{\mathrm{T}}\hat{\tilde{\chi}}_1\}<0$，那么 $L_2=0$ 的式 (4.138) 是指数稳定的，衰减率为 ς。其中，$\tilde{\phi}_s=\tilde{v}_1+\kappa\tilde{v}_2$，$\hat{\tilde{\chi}}_1=-\widetilde{N}_1\tilde{v}_2+(\widetilde{N}_1\widetilde{A}+\widetilde{B}G\widetilde{C})\tilde{v}_1$，其他符号的定义与定理 4.6 中相同。此外，控制器增益由 $K=VH^{-1}N_{11}^{-1}HV^{\mathrm{T}}G$ 计算。

证明　首先，构造如下 Lyapunov-Krasovskii 泛函：

$$V_3(t) = \zeta^{\mathrm{T}}(t)P\zeta(t) \tag{4.139}$$

式 (4.139) 沿式 (4.138) 轨迹的导数通过 $\dot{V}_3(t) = 2\zeta^{\mathrm{T}}(t)P\dot{\zeta}(t)$ 计算得到。

令 $\xi_2(t) = \mathrm{col}\{\zeta(t), \dot{\zeta}(t)\}$，可得

$$\dot{V}_3(t) = \xi_2^{\mathrm{T}}(t)\mathrm{Sym}\{\tilde{v}_1^{\mathrm{T}}P\tilde{v}_2\}\xi_2(t) \tag{4.140}$$

改写式 (4.138) 可得 $(-\tilde{v}_2+(\widetilde{A}+\widetilde{B}K\widetilde{C})\tilde{v}_1)\xi_2(t)=0$，则对于任意矩阵 $\widetilde{N}_1 = U\mathrm{diag}\{N_{11}, N_{12}\}U^{\mathrm{T}}$，有以下等式成立：

$$2\xi_2^{\mathrm{T}}(t)\tilde{\phi}_s^{\mathrm{T}}\widetilde{N}_1(-\tilde{v}_2 + (\widetilde{A} + \widetilde{B}K\widetilde{C})\tilde{v}_1)\xi_2(t) = 0 \tag{4.141}$$

然后，对于给定的标量 ς，结合式 (4.139) ~ 式 (4.141) 可得

$$\begin{aligned}\dot{V}_3(t) + 2\varsigma V_3(t) = \xi_2^{\mathrm{T}}(t)\Big(&2\varsigma\tilde{v}_1^{\mathrm{T}}P\tilde{v}_1 + \mathrm{Sym}\big\{\tilde{v}_1^{\mathrm{T}}P\tilde{v}_2 \\ &+ \tilde{\phi}_s^{\mathrm{T}}[-\widetilde{N}_1\tilde{v}_2 + (\widetilde{N}_1\widetilde{A} + \widetilde{N}_1\widetilde{B}K\widetilde{C})\tilde{v}_1]\big\}\Big)\xi_2(t)\end{aligned} \tag{4.142}$$

式中，$\widetilde{B} = U[H^{\mathrm{T}}\ 0]^{\mathrm{T}}V^{\mathrm{T}}$, $\widetilde{N}_1 = U\mathrm{diag}\{N_{11}, N_{12}\}U^{\mathrm{T}}$。根据引理 4.3 得 $\widetilde{N}_1\widetilde{B} = \widetilde{B}Y$，其中 Y 是特定矩阵。

令式 (4.142) 中的 G 等于 YK，则可得

$$\dot{V}_3(t) + 2\varsigma V_3(t) = \xi_2^{\mathrm{T}}(t)\left(2\varsigma\tilde{v}_1^{\mathrm{T}}P\tilde{v}_1 + \mathrm{Sym}\{\tilde{v}_1^{\mathrm{T}}P\tilde{v}_2 + \tilde{\phi}_s^{\mathrm{T}}\hat{\tilde{\chi}}_1\}\right)\xi_2(t)$$

因此，推论 4.1 中 LMI 的可行性意味着 $\dot{V}_3(t) + 2\varsigma V_3(t) < 0$，从而可得 $L_2 = 0$ 的式 (4.138) 是指数稳定的。此外，与定理 4.6 的证明类似，易验证 $Y = VH^{-1}N_{11}HV^{\mathrm{T}}$，进一步可得 $K = Y^{-1}G = VH^{-1}N_{11}^{-1}HV^{\mathrm{T}}G$。□

在有随钻测量通信的情况下，采用以下步骤选择控制系统中的参数。

步骤 1　根据所需的参考速度，在内模设置 A_r 和 B_r 的值。

步骤 2　调整滤波器中的 A_f、B_f 和 C_f 的值，获得所需截止频率，补偿钻头-岩石作用。

步骤 3　根据钻杆长度、信号传输介质等因素，测量和估计传输时滞的范围，设定 h_1 和 h_2 的值。

步骤 4　选择适合的触发阈值 δ 和采样周期 τ。

步骤 5　设定适合的指数衰减率 ς。应用定理 4.5 计算观测器增益 L_1 和 L_2，如果得不到可行解，则降低 ς 的值。

步骤 6　对于在步骤 5 中得到的观测器增益 L_1 和 L_2，使用定理 4.6，并适当调整标量 κ 计算控制器增益 K。如果仅调整 κ 得不到可行解，则返回到之前的步骤，减小 ς 或 τ。

在没有 MWD 通信的情况下，不需要步骤 3 和步骤 4。此外，应该应用 $L_2=0$ 的定理 4.5 计算 L_1，应用推论 4.1 而不是定理 4.6 计算控制器增益 K。

3) 仿真分析

采用与文献 [16] 中相同的例子来验证控制方案的有效性。考虑 4 自由度钻柱系统模型为

$$
\begin{aligned}
J &= \mathrm{diag}\{930, 2782.25, 750, 471.9698\} \\
D &= \mathrm{diag}\{425, 0, 0, 50\} \\
C_d &= \begin{bmatrix} 139.6216 & -139.6216 & 0 & 0 \\ -139.6216 & 329.6216 & -190 & 0 \\ 0 & -190 & 371.49 & -181.49 \\ 0 & 0 & -181.49 & 181.49 \end{bmatrix} \\
C_k &= \begin{bmatrix} 698.063 & -698.063 & 0 & 0 \\ -698.063 & 1778.063 & -1080 & 0 \\ 0 & -1080 & 1987.48 & -907.48 \\ 0 & 0 & -907.48 & 907.48 \end{bmatrix}
\end{aligned}
$$

这里，使用 Karnopp 模型描述钻头-岩石作用，仿真参数设置如表 4.5 所示。

表 4.5　同时利用地面和孔内信息的黏滑振动抑制方法的仿真参数

参数	数值	参数	数值
W_{ob}/N	97347	γ_b	0.9
R_b/m	0.155575	μ_{cb}	0.5
δ	10^{-6}	μ_{sb}	0.8

在通信机制中，触发阈值 δ 和采样周期 τ 是需要研究的两个关键参数。设采样周期为 $\tau=0.2\mathrm{s}$，传输时滞为 $h_{a_k}=0.05\sin\, t\ +0.65\mathrm{s}$，则传输时滞的上界和下界分别为 0.6s 和 0.7s。应用定理 4.5，可以得到观测器增益为

$$
\begin{aligned}
L_1 &= [0.4436\ \ 0.2607\ \ 0.3502\ \ 0.1741\ \ -0.7330\ \ 0.2559\ \ 0.2174]^{\mathrm{T}} \\
L_2 &= [0.1097\ \ 0.0717\ \ 0.3398\ \ 0.6738\ \ -0.1621\ \ 0.0800\ \ 0.2760]
\end{aligned}
$$

假设要跟踪的是一个典型的参考输入 $r(t) = 12\text{rad/s}$，给出所获得的观测器增益和 $A_r = -0.001$、$B_r = 10$、$A_f = -111$、$B_f = 100$、$C_f = 1$。使用定理 4.6，给定 $\varsigma = 1 \times 10^{-4}$、$\kappa = 0.01$，可得控制器增益的可行解为 $K_r = 3.8971$、$K_s = [-10.0927\ 0.6235\ 0.1843\ \ -19.0371\ 630.0701\ \ -9.0267\ \ -0.3438] \times 10^{-4}$。

采用本节的控制系统和反馈增益，得到钻杆的角速度如图 4.18 所示，可以很好地完成控制任务。

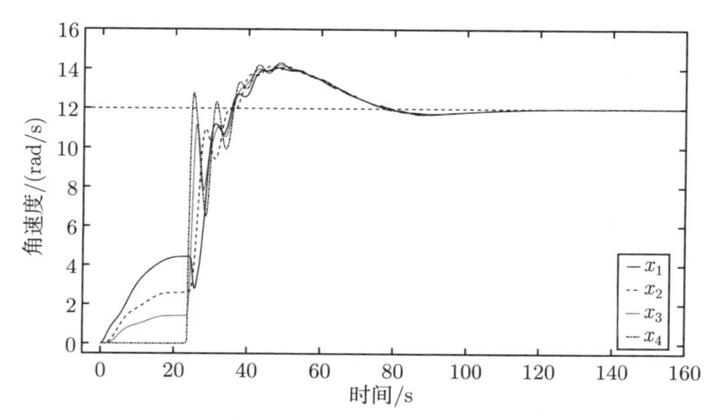

图 4.18　参考角速度为 12rad/s 时钻杆的角速度

4.3　本章小结

本章通过对钻柱系统进行动力学分析，利用实际井场数据，建立钻进过程钻柱运动模型，实现高精度钻柱运动控制，为实现安全高效的地质钻进奠定了基础。

4.1 节针对地层变化导致钻压控制性能下降的问题，提出了两种考虑参数不确定性的钻压鲁棒控制方法。首先利用给进阻尼系数描述地层变化，针对较小范围给进阻尼系数，利用混合灵敏度方法构建考虑参数不确定性的钻压鲁棒控制问题，在给定的参数范围下求解 $\mathcal{H}_\infty$ 动态输出反馈控制器，引入控制器的闭环系统可对一定范围内变化的给进阻尼系数具有鲁棒性。然后针对大范围变化的给进阻尼系数，提出了一种基于参数估计的增益调度控制方法，控制器增益可随给进阻尼系数变化，同时通过参数估计获得不可测量的调度变量，在给进阻尼系数发生变化时，利用估计的参数调整控制器增益能够恢复控制器的性能，为面向复杂多变地层的钻压鲁棒控制提供了一种行之有效的方案。

4.2 节针对钻进过程中钻柱的长度变化导致钻柱特性不断变化的问题，结合有限元建模思路与线性变参数技术，建立钻柱系统多自由度-变参数模型，提出了一种基于增益调度控制方法的钻柱黏滑振动抑制方法，保证钻柱长度发生变化时控制器性能不变。针对井下信息难以被测量的问题，建立多自由度-集总参数模型，提出了一种基于观测器的输出反馈控制方法，通过状态观测器与低通滤波器组合来估计井下钻头-岩石作用，使用具有时变测量时滞的井上测量数据来抑制钻柱黏滑振动。针对随钻测量数据传输时滞和不确定性钻头-岩石作用，根据随钻测量数据和井上数据提出了一种基于事件触发的 EID 控制方法，为使用随钻测量数据抑制钻柱黏滑振动提供了一种行之有效的方法。

参 考 文 献

[1] 夏志明, 刘世家, 单国峰, 等. 深井超深井钻机自动送钻研究探讨 [J]. 探矿工程 (岩土钻掘工程), 2012, 39(2): 45-48.

[2] 李根生, 宋先知, 田守嶒. 智能钻井技术研究现状及发展趋势 [J]. 石油钻探技术, 2020, 48(1): 1-8.

[3] Ma S K, Wu M, Chen L F, et al. The effects of drilling mud and weight bit on stability and vibration of a drill string [J]. Journal of the Franklin Institute, 2021, 358(13): 6433-6461.

[4] Inman D J. Engineering Vibration [M]. New Jersey: Pearson, 2014.

[5] Liu M, Gorman D G. Formulation of Rayleigh damping and its extensions [J]. Computer & Structures, 1995, 57(2): 277-285.

[6] Kamel J M, Yigit A S. Modeling and analysis of stick-slip and bit bounce in oil well drillstrings equipped with drag bits [J]. Journal of Sound and Vibration, 2014, 333 (25): 6885-6899.

[7] Sprljan P, Pavkovic D, Klaic M, et al. Laboratory prototyping of control system retrofitting designs for oil drilling applications [C]. Proceedings of the International Scientific Conference on Management of Technology-Step to Sustainable Production, Primosten, 2018: 1-12.

[8] Kalantari S, Baghbanan A, Hashemalhosseini H. An analytical model for estimating rock strength parameters from small-scale drilling data [J]. Journal of Rock Mechanics and Geotechnical Engineering, 2019, 11(1): 135-145.

[9] Kalantari S, Hashemolhosseini H, Baghbanan A. Estimating rock strength parameters using drilling data [J]. International Journal of Rock Mechanics and Mining Sciences, 2018, 104: 45-52.

[10] Liu K Z, Yao Y. Robust Control: Theory and Application [M]. Singapore: John Wiley & Sons, 2016.

[11] Hoffmann C, Werner H. A survey of linear parameter-varying control applications validated by experiments or high-fidelity simulations [J]. IEEE Transactions on Control Systems Technology, 2014, 23(2): 416-433.

[12] Cho Y M, Rajamani R. A systematic approach to adaptive observer analysis for nonlinear systems [J]. IEEE Transactions on Automactic Control, 1997, 42(4): 534-537.

[13] Rajamani R. Obsevers for nonlinear systems, with application to active automotive suspensions [D]. Berkeley: University of California, 1993.

[14] Vromen T. Control of stick-slip vibrations in drilling systems [D]. Eindhoven: Technische Universiteit Eindhoven, 2015.

[15] Vromen T, Dai C H, van de Wouw N, et al. Robust output-feedback control to eliminate stick-slip oscillations in drill-string systems [J]. IFAC-PapersOnLine, 2015, 48(6): 266-271.

[16] Navarro-Lopez E M, Crtes D. Sliding-mode control of a multi-dof oilwell drillstring with stick-slip oscillations [C]. Proceedings of the American Control Conference, New York, 2007: 3837-3842.

[17] Grimble M J, Johnson M A, Kidlington U K. Advances in Industrial Control [M]. London: Springer, 2006.

[18] Apkarian P, Adams R J. Advanced gain-scheduling techniques for uncertain systems [J]. IEEE Transactions on Control Systems Technology, 1998, 6(1): 21-32.

[19] Bianchi F D, Kunusch C, Ocampo-Martinez C, et al. A gain-scheduled LPV control for oxygen stoichiometry regulation in PEM fuel cell systems [J]. IEEE Transactions on Control Systems Technology, 2013, 22(5): 1837-1844.

[20] Pavković D, Deur J, Lisac A. A torque estimator-based control strategy for oil-well. drill-string torsional vibrations active damping including an auto-tuning algorithm[J]. Control Engineering Practice, 2011, 19(8): 836-850.

[21] Vromen T, van de Wouw N, Doris A, et al. Nonlinear output-feedback control of torsional vibrations in drilling systems [J]. International Journal of Robust and Nonlinear Control, 2017, 27(17): 3659-3684.

[22] She J H, Fang M, Ohyama Y, et al. Improving disturbance-rejection performance based on an equivalent-input-disturbance approach [J]. IEEE Transactions on Industrail Electronics, 2008, 55(1): 380-389.

[23] Seuret A, Gouaisbaut F. Wirtinger-based integral inequality: Application to time-delay systems [J]. Automatica, 2013, 49(9): 2860-2866.

[24] Zhang X M, Han Q L , Seuret A, et al. An improved reciprocally convex inequality and an augmented Lyapunov-Krasovskii functional for stability of linear systems with time-varying delay [J]. Automatica, 2017, 84: 221-226.

[25] Khargonekar P P, Petersen I R, Zhou K. Robust stabilization of uncertain linear systems: Quadratic stabilizability and H_∞ control theory [J]. IEEE Transactions Automat Control, 1990, 35(3): 356-361.

[26] Ho D W, Lu G. Robust stabilization for a class of discrete-time non-linear systems via output feedback: The unified LMI approach [J]. International Journal of Control, 2003, 76(2): 105-115.

[27] Canudas-de-Wit C, Rubio F R, Corchero M A. D-OSKIL: A new mechanism for controlling stick-slip oscillations in oil well drillstrings [J]. IEEE Transactions on Control Systems Technology, 2008, 16(6): 1177-1191.

[28] Tian J, Zhou Y, Yang L, et al. Analysis of stick-slip reduction for a new torsional vibration tool based on PID control [J]. Proceedings of the Institution of Mechanical Engineers, Part K: Journal of Multi-body Dynamics, 2020, 234(1): 82-94.

[29] Tabuada P. Event-triggered real-time scheduling of stabilizing control tasks [J]. IEEE Transactions on Automatic Control, 2007, 52(9): 1680-1685.

[30] Peng C, Han Q L, Yue D. To transmit or not to transmit: A discrete event-triggered communication scheme for networked takagi-sugeno fuzzy systems [J]. IEEE Transactions on Fuzzy Systems, 2013, 21(1): 164-170.

[31] Lu C D, Wu M, Chen X, et al. Torsional vibration control of drill-string systems with time-varying measurement delays [J]. Information Sciences, 2018, 467: 528-548.

[32] She J H, Xin X, Yu P. Equivalent-input-disturbance approach-analysis and application to disturbance rejection in dual-stage feed drive control system [J]. IEEE/ASME Transactions on Mechatronics, 2011, 16(2): 330-340.

[33] Park P, Ko J W, Jeong C. Reciprocally convex approach to stability of systems with time-varying delays [J]. Automatica, 2011, 47(1): 235-238.

[34] Fridman E. Introduction to Time-Delay Systems: Analysis and Control [M]. Cham: Springer, 2014.

第 5 章　钻进轨迹控制

定向钻进轨迹控制的目的是保证钻进轨迹沿着设计轨迹延伸，垂钻过程纠偏控制需要校正轨迹偏斜并使轨迹沿井口铅垂线方向延伸。地层倾向、层状结构、各向异性、岩性软硬交替以及人为因素，造成轨迹控制存在测量周期长、约束处理困难、不确定性强等问题。本章主要研究钻进轨迹先进控制方法和技术，实现定向钻进轨迹控制与垂钻轨迹纠偏控制。

5.1　定向钻进轨迹控制

在钻进过程中，通过改变钻具方位来改变定向钻进轨迹，实现高精度钻具姿态控制是钻进轨迹控制的基础。首先需要从钻具运动控制入手，对钻进轨迹进行准确控制 [1]。

5.1.1　基于 PI 控制器和补偿器的定向钻具姿态控制方法

钻具姿态决定钻进轨迹的变化趋势，因此钻具姿态控制是钻进轨迹控制的基础。针对地质钻进过程钻具运动的复杂非线性，本节提出一种融合 PI 控制器和补偿器的钻具姿态控制方法 [2]。

1. 定向钻具姿态运动模型

定向钻进系统结构如图 5.1 所示，主要包括地面装置、钻杆和 BHA，其中 BHA 由钻头、转向装置、稳定器、电源装置和相关传感器组成。定向钻进系统采用推靠式钻具，推靠式钻具通过转向装置改变钻头的井斜角和方位角，从而形成钻进轨迹。钻具运动受钻速、井眼曲率和相关扰动的影响，还涉及钻头与岩石的接触，是一个多因素相互共同作用的结果。因此，钻具运动具有多因素耦合特性，主要体现在以下三个方面:

(1) 钻速。钻速是描述钻进系统非常重要的参量，直接影响钻具姿态的控制，通过作用在钻头上的重量获得。

(2) 钻孔弯曲程度。井眼曲率表征钻孔弯曲程度，其不能超过最大限定值。最大限定值无法直接获取，一般结合钻进相关数据和人工经验近似得到。

(3) 钻进相关干扰，即钻进中钻具重量在铅垂方向上的作用力和钻具姿态调整过程中出现的转向偏差两个方面的扰动。

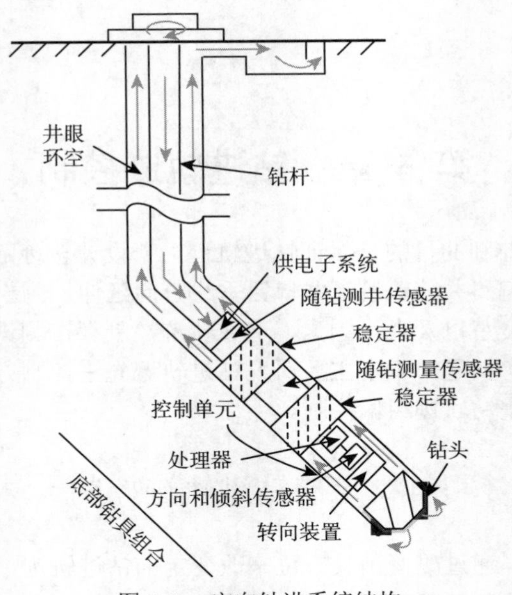

图 5.1 定向钻进系统结构

这里讨论的钻具均为推靠式钻具，这类钻具通过 BHA 中的转向装置驱动钻头产生侧向切削力进行破岩，以切削力为工作方式，适用于弯曲度较大的钻孔，是定向钻进首选的钻具类型。

在钻具运动时，钻具整体被当作一个刚体，钻具向前推进时还受到钻具重量在铅垂方向上的作用力扰动和钻头破岩时转向偏差的扰动，因此钻具运动方程可以表述为

$$\begin{cases}\dot{\theta}=V_{\mathrm{rop}}(\varOmega\cos\psi-\varUpsilon_{\mathrm{dr}})\\ \dot{\phi}=\dfrac{V_{\mathrm{rop}}}{\sin\theta}(\varOmega\sin\psi-\varUpsilon_{\mathrm{tr}})\end{cases}\tag{5.1}$$

式中，θ 为钻具井斜角；ϕ 为钻具方位角；ψ 为工具面向角；$\varOmega$ 为井眼曲率；$\varUpsilon_{\mathrm{dr}}$ 为下坠率扰动；$\varUpsilon_{\mathrm{tr}}$ 为转向偏差扰动；V_{rop} 为钻速。

上述方程成立的条件是开环装置边际稳定及不振荡。式 (5.1) 有钻具井斜角 θ 和钻具方位角 ϕ 两个输出变量，而输入量为工具面向角 ψ 和井眼曲率 $\varOmega$，输入和输出之间是非线性关系，同时方位角与井斜角之间存在耦合。

钻进过程变化非常缓慢，式 (5.1) 中扰动项 $\varUpsilon_{\mathrm{dr}}$ 和 $\varUpsilon_{\mathrm{tr}}$ 变化对钻具姿态响应变化影响微弱，因此这里扰动项 $\varUpsilon_{\mathrm{dr}}$ 和 $\varUpsilon_{\mathrm{tr}}$ 做忽略处理，得到

$$\begin{cases}\dot{\theta}=V_{\mathrm{rop}}\varOmega\cos\psi\\ \dot{\phi}=\dfrac{V_{\mathrm{rop}}}{\sin\theta}\varOmega\sin\psi\end{cases}\tag{5.2}$$

为简化计算，这里引入等价控制输入

$$\begin{cases}\varPsi_{\text{inc}}=\dfrac{\varOmega}{\varOmega_{\max}}\cos\psi\\[2mm]\varPsi_{\text{azi}}=\dfrac{\varOmega}{\varOmega_{\max}}\sin\psi\end{cases}\tag{5.3}$$

式中，$\varPsi_{\text{inc}}$ 为钻具井斜角的等效控制量；$\varPsi_{\text{azi}}$ 为钻具方位角的等效控制量；$\varOmega_{\max}$ 为井眼曲率 $\varOmega$ 的最大值。

基于上述定义的等效输入变换，工具面向角 ψ 和井眼曲率 $\varOmega$ 分别为

$$\begin{cases}\psi=\arctan\left(\dfrac{\varPsi_{\text{azi}}}{\varPsi_{\text{inc}}}\right)\\[2mm]\varOmega=\varOmega_{\max}\sqrt{(\varPsi_{\text{inc}})^2+(\varPsi_{\text{azi}})^2}\end{cases}\tag{5.4}$$

将式 (5.3) 和式 (5.4) 代入式 (5.2)，得到

$$\begin{cases}\dot{\theta}=V_{\text{rop}}\varOmega_{\max}\varPsi_{\text{inc}}\\[2mm]\dot{\phi}=\dfrac{V_{\text{rop}}}{\sin\theta}\varOmega_{\max}\varPsi_{\text{azi}}\end{cases}\tag{5.5}$$

式 (5.5) 即为钻具运动模型，其输入量变换为 $\varPsi_{\text{inc}}$ 和 $\varPsi_{\text{azi}}$。

在地质钻进过程中，由于地质状况复杂，钻具运动过程特性表现为非线性，常规 PID 控制器无法准确描述钻具运动且效果不理想。为更好地控制钻具，需先将式 (5.5) 所示的钻具运动模型进行处理。

式 (5.5) 变换为

$$\begin{cases}\dot{\theta}=\mathcal{A}\varPsi_{\text{inc}}\\[2mm]\dot{\phi}=\dfrac{\mathcal{A}}{\sin\theta}\varPsi_{\text{azi}}=\mathcal{A}\varPsi_{\text{azi}}\sec\left(\dfrac{\varPi}{2}-\theta\right),\quad 0<\theta<\pi\end{cases}\tag{5.6}$$

式中，$\mathcal{A}=V_{\text{rop}}\varOmega_{\max}$，同时需要对式 (5.6) 中 $\sec(x)$ 函数进行一定的处理。$\sec(x)$ 函数的泰勒级数展开式为

$$\sec(x)=1+\frac{x^2}{2}+\frac{5x^4}{24}+\frac{61x^6}{720}+\cdots+\frac{E_{2n}x^{2n}}{(2n)!}\tag{5.7}$$

式中，$-\pi/2<x<\pi/2$。

为简化式 (5.6) 中 ϕ 的微分方程表达式，定义 $x=\pi/2-\theta$，有

$$\sec\left(\frac{\pi}{2}-\theta\right)=\sum_{n=0}^{\infty}\frac{E_{2n}\left(\frac{\pi}{2}-\theta\right)^{2n}}{(2n)!},\quad 0<\theta<\pi \tag{5.8}$$

式中，E_{2n} 为欧拉系数；$(\pi/2-\theta)^{2n}$ 项的展开式是关于 θ 的各阶表达式。

θ 的取值范围保证了式 (5.6) 中分母不为零，事实上在实际定向钻进中，θ 不可能为零，其取值范围符合定向传感器测量范畴。为保证准确性，采用卡尔曼双线性技术对式 (5.8) 进行变换。

为完整获取 θ 的各阶表达式，这里定义钻具姿态的卡尔曼线性增广状态向量 $\theta^{®}$ 为

$$\theta^{®}=[\theta,\theta^{(2)},\theta^{(3)},\cdots,\theta^{(\alpha)},\phi]^{\mathrm{T}}$$

式中，$\theta^{(\alpha)}=\dfrac{\mathrm{d}}{\mathrm{d}t}((\theta)^{\alpha})=\alpha\theta^{\alpha-1}\dot{\theta}$，$\theta^{(\alpha)}$ 项不仅描述 θ 各阶导数，也扩展了钻具姿态的状态空间方程。因此，式 (5.6) 可变换为

$$\begin{cases}\dot{\theta}=\mathcal{A}\Psi_{\mathrm{inc}}\\ \dot{\phi}=\mathcal{A}\Psi_{\mathrm{azi}}\displaystyle\sum_{i=0}^{\infty}b_i\theta^i\end{cases} \tag{5.9}$$

式中，b_i 为 $\sec(\pi/2-\theta)$ 的泰勒级数展开关于 θ 各阶项的系数。

结合工程实际，钻具姿态运动状态不可能为无限值，因此 θ 的泰勒级数展开式级数为有限个数，由符号 N 表示总个数。若对式 (5.9) 进行扩展，则系统状态方程可表示为

$$\begin{cases}\dot{\theta}=\mathcal{A}\Psi_{\mathrm{inc}}\\ \dot{\theta}^{(2)}=2\theta\dot{\theta}=2\mathcal{A}\theta\Psi_{\mathrm{inc}}\\ \quad\vdots\\ \dot{\theta}^{(N)}=N\theta^{N-1}\dot{\theta}=N\mathcal{A}\theta^{N-1}\Psi_{\mathrm{inc}}\\ \dot{\phi}=\mathcal{A}\Psi_{\mathrm{azi}}\displaystyle\sum_{i=0}^{N}b_i\theta^i\end{cases} \tag{5.10}$$

式中，状态变量和控制输入量的相乘形式符合多输入多输出线性系统的状态空间表达形式，多输入多输出线性系统的状态空间标准式为

$$\dot{z}=Az+\left(B+\sum_{i=0}^{N}z_iM_i\right)u \tag{5.11}$$

式中，$z \in \mathbb{R}^{n\times 1}$ 且 $z=\theta^{®}$ 为状态向量；$u \in \mathbb{R}^{m\times 1}$ 且 $u=[\varPsi_{\rm inc},\varPsi_{\rm azi}]^{\rm T}$ 为控制向量；A、B 和 M_i 为一定维数的常量矩阵，其中 A 为零矩阵。

2. 基于 PI 补偿器的控制设计

由于钻具运动过程体现复杂非线性，所以原模型 (5.6) 直接使用 PID 控制方法，其控制性能不佳，而变换模型 (5.10) 既能反映钻具运动特性，又能进行线性控制，体现出线性控制的优势。因此，在进行后续系统控制设计时，以式 (5.10) 作为钻具运动模型，使用工业常规增量式 PI 控制最大限度地表征出钻具运动特性，从而扩大系统性能的范围，全面并准确地描述钻具运动过程。

钻具姿态控制问题描述如下，基于钻具运动模型 (5.10)，分别设计钻具井斜角和钻具方位角控制回路实现 PI 控制，在钻具方位角的 PI 控制回路中加入补偿器，再通过调节参数实现对钻具井斜角和钻具方位角的跟踪控制。

1) 控制结构与分析

控制系统结构示意图如图 5.2 所示，控制系统主要包括一个补偿器、两个 PI 控制器、控制转换模块、钻具运动模型以及测量延迟环节。

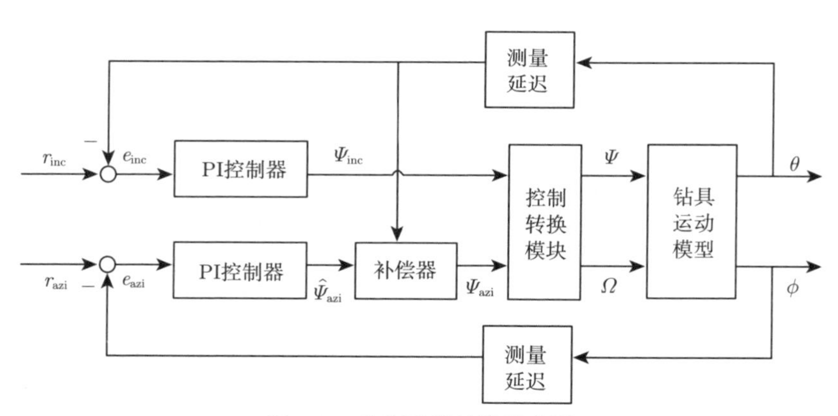

图 5.2　控制系统结构示意图

钻具姿态控制系统是基于钻具运动模型 (5.10) 的双闭环回路控制系统。系统模型的输入为钻具井斜角和钻具方位角的等效控制量，而实际的输入为工具面向角和井眼曲率，为实现等效变换，需要加入控制转换模块，即将 $\varPsi_{\rm inc}$ 和 $\varPsi_{\rm azi}$ 变换为 $\varPsi$ 和 $\varOmega$。井眼曲率 $\varOmega$ 在一定范围内变化，为简化控制问题，将转向比率设定为 100%($\varOmega=\varOmega_{\max}$)，即将 $\varOmega$ 设为定值，而系统有效的输入量变为工具面向角 $\varPsi$，$V_{\rm rop}$ 同样无法直接获取，也将其设为定值。

控制系统建立了两个控制通道分别对井斜角和方位角进行有效的控制。构建井斜角和方位角的 PI 控制标准方程为

$$\Psi_{\text{inc}} = k_{\text{pinc}} e_{\text{inc}} + k_{\text{iinc}} \int_0^t e_{\text{inc}} \mathrm{d}t \tag{5.12}$$

$$\hat{\Psi}_{\text{azi}} = k_{\text{pazi}} e_{\text{azi}} + k_{\text{iazi}} \int_0^t e_{\text{azi}} \mathrm{d}t \tag{5.13}$$

式中，井斜角误差 $e_{\text{inc}} = r_{\text{inc}} - \theta$，方位角误差 $e_{\text{azi}} = r_{\text{azi}} - \phi$，$r_{\text{inc}}$ 和 r_{azi} 分别为井斜角和方位角的给定输入；k_{pinc} 和 k_{iinc} 分别为井斜角 PI 控制的比例环节增益和积分环节增益；k_{pazi} 和 k_{iazi} 分别为方位角 PI 控制的比例环节增益和积分环节增益。

在井斜角和方位角控制回路中，PI 控制的比例环节增益和积分环节增益的表达式如下所示：

$$k_{\text{pinc}} = \frac{\sqrt{2}\omega_{\text{inc}}}{\mathcal{A}}, \qquad k_{\text{iinc}} = \frac{\omega_{\text{inc}}^2}{\mathcal{A}} \tag{5.14}$$

$$k_{\text{pazi}} = \frac{\sqrt{2}\omega_{\text{azi}}}{\mathcal{A}\csc\theta_{\text{inc}}}, \qquad k_{\text{iazi}} = \frac{\omega_{\text{azi}}^2}{\mathcal{A}\csc\theta_{\text{inc}}} \tag{5.15}$$

式中，ω_{inc} 和 ω_{azi} 分别为井斜角和方位角闭环控制回路各自动态特性的固有频率，根据实际工况和数据趋势确定取值。在标称井斜角下，上述增益表达式取决于 $\mathcal{A}$ 值以及固有频率 ω_{inc} 和 ω_{azi}；由于 $\mathcal{A} = V_{\text{rop}}\Omega_{\max}$，这里涉及的 V_{rop} 和最大井眼曲率 $\Omega_{\max}$ 在本节中取定值进行讨论。

2) PI 补偿器设计

PI 补偿器主要由标准线性 PI 控制器和与 θ 相关的补偿器组成，其中补偿器的符号定义为 δ，而补偿器的输入、输出分别设定为 $\hat{\Psi}_{\text{azi}}$ 和 Ψ_{azi}。建立补偿器的输入输出关系为

$$\hat{\Psi}_{\text{azi}} \times \delta = \Psi_{\text{azi}} \tag{5.16}$$

由系统 (5.10) 中钻具方位角状态方程可得，钻具方位角控制回路微分方程为

$$\dot{\phi} = \mathcal{A}\Psi_{\text{azi}} \sum_{i=0}^{N} b_i \theta^i \tag{5.17}$$

补偿器的设计是为消除钻具方位角控制回路中非线性项的影响，根据式 (5.6)，将式 (5.17) 表示为

$$\dot{\phi} = \mathcal{A}\Psi_{\text{azi}}(b_0 + b_1\theta + b_2\theta^2 + b_3\theta^3 + \cdots) \tag{5.18}$$

结合系统结构分析，则有

$$\hat{\Psi}_{\text{azi}} = \Psi_{\text{azi}}(b_0 + b_1\theta + b_2\theta^2 + b_3\theta^3 + \cdots) \tag{5.19}$$

结合工程实际和级数数值的分析，式 (5.19) 等式右侧级数的前四项决定了级数主要特性，因此在标称井斜角条件下，定义钻具方位角控制回路中 PI 补偿器的表达式为

$$\delta = \frac{1}{b_0 + b_1\theta + b_2\theta^2 + b_3\theta^3} \tag{5.20}$$

式中，$0 < \theta < \pi$。对 θ 的取值范围进行设定，既避免了式 (5.20) 中分母为零的情况，也避免了实际钻进的极值情况，可以保证钻具在合理范围内工作，保证钻进过程安全。

从式 (5.20) 中可知，设计的补偿器由钻具井斜角 θ 决定，与运动模型中的 V_{rop} 和 $\Omega_{\max}$ 无关。因此，在钻具姿态控制系统中加入补偿器有助于改善 PI 控制在局部线性区域的控制效果，同时扩展 PI 控制在调谐点的操作范围，进而改善了钻具方位角的控制效果。

3. 仿真分析

通过对实际钻进过程数据进行分析，将钻速 V_{rop} 的取值设为 150 ～250ft/h，最大井眼曲率 $\Omega_{\max}$ 的取值设为 6°/100ft ～ 10°/100ft。为使仿真效果贴合实际工程情况，同时保证钻具的正常使用和钻孔安全，V_{rop} 和 $\Omega_{\max}$ 均取设定范围内的中间值，即 V_{rop} 为 200ft/h，$\Omega_{\max}$ 为 8°/100ft。对于钻具井斜角闭环控制回路和钻具方位角闭环控制回路动态特性的固有频率 ω_{inc} 和 ω_{azi}，其取值还需通过总结钻进工程经验和分析机理特征参数获取。

钻具井斜角 θ 和方位角 ϕ 的给定也需要结合实际工程，在定向钻进中 θ 和 ϕ 的取值不宜过大，也不能太小，这里为方便计算和讨论，两者均取为 π/6 rad。同时，θ 和 ϕ 变化量的设计也要考虑钻具和井眼的安全性，以及实际井眼的狭窄性和钻具形变，这里钻具姿态的调整不能太大，θ 和 ϕ 的变化量均取为 0.02rad。鉴于井下恶劣的环境，数据传输存在滞后情况，设定上行通信速率为 5 ～ 10bit/s，滞后时间为 20s。

1) PI 控制分析

在不考虑使用补偿器的情况下，分析控制系统的控制效果，比例环节增益和积分环节增益为 $k_{\mathrm{pinc}} = 3.6665$、$k_{\mathrm{iinc}} = 0.0315$、$k_{\mathrm{pazi}} = 2.2877$ 和 $k_{\mathrm{iazi}} = 0.0245$。

钻具井斜角 θ 和钻具方位角 ϕ 的闭环控制回路均使用 PI 控制器，通过钻具井斜角和钻具方位角响应分析控制效果。图 5.3 描述了不使用补偿器的控制效果。由图可知，钻具方位角的控制效果没有钻具井斜角的控制效果好，反应速度慢，存在较大延迟和超调。

如图 5.3(a) 所示，钻具井斜角响应较快地达到稳态，超调小，整个控制过程仅受数据传输延迟影响。如图 5.3(b) 所示，钻具方位角响应刚开始存在较大延迟，

超调量较大，达到稳态的收敛时间长，主要是井下转向装置控制钻头偏转存在指令滞后、操作偏转误差及数据传输延迟等问题。钻具方位角表征钻头切削岩石的程度，而钻头与岩石接触时存在相互作用力，使得转向装置和钻头的摆动幅度较大，因而钻具方位角响应的幅值变化较钻具井斜角的变化要大，进而导致其超调量也较大，这说明钻具方位角的控制效果与自身固有系统属性相关，即对模型的线性化处理还有待提升。

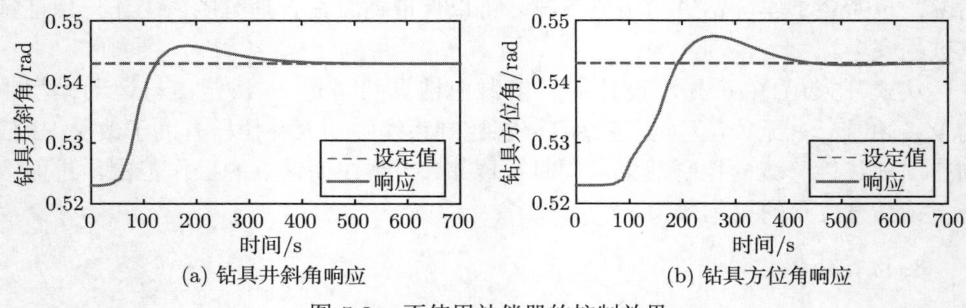

(a) 钻具井斜角响应　　(b) 钻具方位角响应

图 5.3　不使用补偿器的控制效果

由此可知，钻具井斜角控制回路在控制响应和收敛速度方面都优于钻具方位角控制回路，这说明钻具运动控制系统中钻具井斜角控制回路的固有线性性能，优于经过模型变换后钻具方位角控制回路的性能。总体来讲，模型线性化变换实现了钻具井斜角控制回路的线性控制，达到了预期效果，但还存在改善的空间。

2) PI 补偿控制分析

在加入补偿器的情况下，钻具井斜角和方位角的补偿误差比较如图 5.4 所示。补偿器不在钻具井斜角控制回路中，同时钻具井斜角方程呈现线性变化趋势，因此钻具井斜角的误差变化不会因补偿器而发生较大改变。但钻具方位角控制回路刚好相反，补偿器使得钻具方位角误差明显减小，说明设计的补偿器可以改善钻具方位角控制回路的性能，将钻具姿态方位角误差控制在合理范围内。由于钻具方位角的波动直接影响钻具寿命，还对钻进轨迹的方位变化趋势至关重要，所以其误

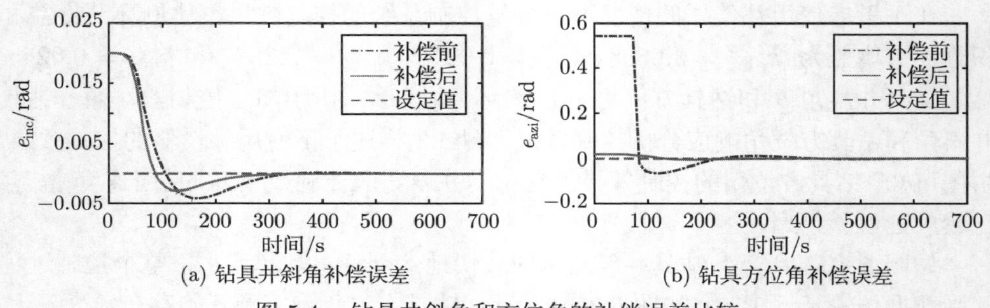

(a) 钻具井斜角补偿误差　　(b) 钻具方位角补偿误差

图 5.4　钻具井斜角和方位角的补偿误差比较

差变化肯定不能太大。通过上述对比分析可知，PI 补偿器对钻具姿态控制系统具有明显的改善作用。

5.1.2　基于观测器的定向钻进轨迹控制方法

定向钻进轨迹由钻具运动路径形成，与钻进过程中的其他因素相关。本节通过分析钻进轨迹演化过程，揭示钻进轨迹变化机理，实现对定向钻进轨迹的精准控制，为实际钻进工程提供解决方案。

1. 定向轨迹跟踪问题

受地层变化、随钻测量误差等因素的影响，钻进轨迹跟踪控制误差不可避免，进而形成轨迹偏差影响钻孔质量。在现有相关研究中，钻进轨迹的形成不仅与钻具控制有关，还与钻头-岩石作用以及 BHA 的构成有关 [3]。鉴于钻头-岩石作用对钻进轨迹影响的重要性，相关研究大多集中在钻头-岩石作用对轨迹演化的影响 [4]，但这些研究忽略了轨迹物理演化的瞬态行为，没有捕捉到轨迹演化动力学的基本延迟特性。为此，Sun 等 [5] 考虑轨迹演化延迟特性，提出了 $\mathcal{L}_1$ 自适应控制方法，但该方法假定轨迹井斜角可以直接测量。还有研究基于欧拉-伯努利梁方程、钻孔几何形状与钻头运动关系，以及钻头与岩石相互作用规律，实现轨迹演化过程分析 [6]。

上述研究都隐含地假设 BHA 的井斜角和方位角等于钻进轨迹的井斜角和方位角，但实际工程中测量井斜角和方位角的传感器只能放置在 BHA 中，即传感器测量的井斜角和方位角不是实际轨迹的井斜角和方位角。因此，这种假设会在定向钻进中带来轨迹跟踪误差，减小轨迹跟踪误差将有效改善钻进轨迹跟踪控制效果。

本节分析钻进轨迹的物理特性和演化延迟特性，考虑轨迹井斜角和方位角与 BHA 井斜角和方位角的不同，利用 BHA 方位的测量值，提出基于轨迹状态估计的轨迹控制策略。该策略是基于轨迹演化过程的闭环模型，能更有效地模拟实际钻进过程。

2. 钻进轨迹演化过程分析与建模

钻进轨迹演化过程涉及 BHA 模型、钻头-岩石作用、钻头运动和钻孔几何关系的运动学关系三个要素，它们之间相互影响，具体描述如下:

(1) 钻头-岩石作用直接影响 BHA 模型以及钻头运动和钻孔几何关系的运动学关系。

(2) 三个要素与轨迹井斜角、方位角，以及 BHA 井斜角、方位角有关。

由于钻进轨迹涉及 BHA 模型、运动学关系和钻头-岩石作用，这里考虑 BHA 由一系列无限刚度的钢管构成。在第 $n-1$ 个和第 n 个稳定器之间的区间长

度 ℓ_n 被认为是一个欧拉-伯努利梁。

基于上述因素的相互作用，建立四个描述轨迹井斜角和方位角与 BHA 井斜角和方位角关系的非线性延迟微分方程，用来描述钻进轨迹演化过程：

$$\begin{aligned}&\eta\Pi[(\theta-\alpha)\cos\varpi+(\phi-\varphi)\sin\alpha\sin\varpi]\\&=\mathcal{F}_b(\theta-\langle\alpha\rangle_1)+\mathcal{F}_r\Gamma_\alpha+\mathcal{F}_w\Upsilon\sin\langle\alpha\rangle_1+\sum_{i=1}^{n-1}\mathcal{F}_i(\langle\alpha\rangle_i-\langle\alpha\rangle_{i+1})\end{aligned}\tag{5.21a}$$

$$-\chi\Pi\theta'=\mathcal{M}_b(\theta-\langle\alpha\rangle_1)+\mathcal{M}_w\Upsilon\sin\langle\alpha\rangle_1+\mathcal{M}_r\Gamma_\alpha+\sum_{i=1}^{n-1}\mathcal{M}_i(\langle\alpha\rangle_i-\langle\alpha\rangle_{i+1})\tag{5.21b}$$

$$\begin{aligned}&\eta\Pi\left[(\alpha-\theta)\frac{\sin\varpi}{\sin\alpha}+(\phi-\varphi)\cos\varpi\right]\\&=\mathcal{F}_b(\phi-\langle\varphi\rangle_1)+\mathcal{F}_r\frac{\Gamma_\varphi}{\sin\alpha}+\sum_{i=1}^{n-1}\mathcal{F}_i(\langle\varphi\rangle_i-\langle\varphi\rangle_{i+1})\end{aligned}\tag{5.21c}$$

$$-\chi\Pi\phi'=\mathcal{M}_b(\phi-\langle\varphi\rangle_1)+\mathcal{M}_r\frac{\Gamma_\varphi}{\sin\alpha}+\sum_{i=1}^{n-1}\mathcal{M}_i(\langle\varphi\rangle_i-\langle\varphi\rangle_{i+1})\tag{5.21d}$$

式中，χ 为角度转向阻力；η 为横向转向阻力；Π 为无量纲的有效钻压；ϖ 为沿中线的钻头偏移量；Υ 为 BHA 无量纲扰动重量；Γ_α 和 Γ_φ 分别为作用在轨迹井斜角 α 和轨迹方位角 φ 方向上的转向力；$\mathcal{F}_b$ 和 $\mathcal{M}_b$ 分别为钻头倾斜产生的导向力和力矩；$\mathcal{F}_r$ 和 $\mathcal{M}_r$ 分别为转向装置产生的力和力矩；$\mathcal{F}_w$ 和 $\mathcal{M}_w$ 为 BHA 重量对钻进轨迹的影响因素；$\mathcal{F}_i$ 和 $\mathcal{M}_i$ 为第 i 个稳定器的约束条件，这里讨论系统有 2 个稳定器的情况，即 $i=1,2$；$\langle\alpha\rangle_i$ 和 $\langle\varphi\rangle_i$ 分别为 BHA 第 i 段的平均轨迹井斜角和平均轨迹方位角，表达式为

$$\begin{cases}\langle\alpha\rangle_i=\dfrac{\alpha(\xi_{i-1})-\alpha(\xi_i)}{\varkappa_i}, & i>1\\[2ex]\langle\varphi\rangle_i=\dfrac{\varphi(\xi_{i-1})-\varphi(\xi_i)}{\varkappa_i}, & i>1\end{cases}\tag{5.22}$$

式中，ξ_i 为沿轨迹轴线的第 i 个稳定器位置，$\xi_i=\xi-\sum\limits_{j=1}^{i}\varkappa_j$，其中 ξ 为无量纲轨迹长度，$\xi=L/\ell_1$；$\varkappa_i$ 为 BHA 第 i 段的无量纲长度；$\alpha(\xi_i)=\alpha_i$、$\varphi(\xi_i)=\varphi_i$，其中 α_i 和 φ_i 分别为第 i 个稳定器的井斜角和方位角。当 $\xi_0=0$ 时，α_0 和 φ_0 分别用 α 和 φ 表示，即钻头处轨迹的井斜角和方位角为钻头 (或 BHA) 的井斜角和方位角，特殊位置有 $\langle\alpha\rangle_1=\alpha-\alpha_1$、$\langle\varphi\rangle_1=\varphi-\varphi_1$。

3. 钻进轨迹跟踪控制问题

假设规划轨迹 $(\alpha_r(\xi), \varphi_r(\xi))$ 在钻进过程中是连续可微的，系统考虑两个稳定器，即 $N=2$，BHA 具有无限刚度，钻压 $\varPi$ 为定值，钻头偏移量 $\varpi = 0°$。

针对井斜角 α, 考虑式 (5.21a) 和式 (5.21b)，结合式 (5.22)，对式 (5.21a) 两边进行微分，然后两边再乘以 χ/η，有

$$\chi\varPi(\theta' - \alpha') = \frac{\chi}{\eta}\mathcal{F}_b\theta' - \frac{\chi}{\eta}\mathcal{F}_b\frac{\alpha - \alpha_1}{\varkappa_1} + \frac{\chi}{\eta}\mathcal{F}_r\varGamma'_\alpha + \frac{\chi}{\eta}\mathcal{F}_w\varUpsilon\frac{\alpha - \alpha_1}{\varkappa_1}\cos\langle\alpha\rangle_1 + \frac{\chi}{\eta}\mathcal{F}_1\left(\frac{\alpha - \alpha_1}{\varkappa_1} - \frac{\alpha_1 - \alpha_2}{\varkappa_2}\right) \tag{5.23}$$

联立式 (5.21b) 和式 (5.23) 得到

$$\begin{aligned}\chi\varPi\alpha' =& -\frac{\chi}{\eta}\mathcal{F}_b\theta' + \mathcal{M}_b(\langle\alpha\rangle_1 - \theta) + \frac{\chi}{\eta}\mathcal{F}_b\frac{\alpha - \alpha_1}{\varkappa_1} - \mathcal{M}_1(\langle\alpha\rangle_1 - \langle\alpha\rangle_2)\\ &-\frac{\chi}{\eta}\mathcal{F}_1\left(\frac{\alpha - \alpha_1}{\varkappa_1} - \frac{\alpha_1 - \alpha_2}{\varkappa_2}\right) - \mathcal{M}_r\varGamma_\alpha - \frac{\chi}{\eta}\mathcal{F}_r\varGamma'_\alpha - \mathcal{M}_w\varUpsilon\sin\langle\alpha\rangle_1\\ &-\frac{\chi}{\eta}\mathcal{F}_w\varUpsilon\frac{\alpha - \alpha_1}{\varkappa_1}\cos\langle\alpha\rangle_1\end{aligned} \tag{5.24}$$

由于 BHA 具有无限刚度，所以 BHA 的弯曲刚度 $E_I \to \infty$。BHA 井斜角的变化率 $\theta' = -\dfrac{M_\phi}{E_I}$，$M_\phi$ 是沿着 BHA 方位角方向的力矩。在式 (5.24) 中，第一项 $-\dfrac{\chi}{\eta}\mathcal{F}_b\theta'$ 被忽略，同时在钻头处轨迹井斜角 α 和 BHA 井斜角 θ 的角度与方向均相同，因此第二项 $\mathcal{M}_b(\langle\alpha\rangle_1 - \theta)$ 被 $\mathcal{M}_b(\langle\alpha\rangle_1 - \alpha)$ 取代。

由于钻进轨迹不直接取决于转向力 $\varGamma_\alpha$、稳定器井斜角 $\langle\alpha\rangle_i$ 以及与系数 $\varUpsilon$ 相关的项，所以有

$$\frac{\mathcal{F}_b\mathcal{M}_r - \mathcal{F}_r\mathcal{M}_b}{\eta\varPi} = \frac{\mathcal{F}_b\mathcal{M}_1 - \mathcal{F}_1\mathcal{M}_b}{\eta\varPi} = \frac{\mathcal{F}_b\mathcal{M}_w - \mathcal{F}_w\mathcal{M}_b}{\eta\varPi} = 0 \tag{5.25}$$

联立式 (5.24) 和式 (5.25) 得到

$$\begin{aligned}\chi\varPi\alpha' =& \mathcal{M}_b(\langle\alpha\rangle_1 - \alpha) + \frac{\chi}{\eta}\mathcal{F}_b(\alpha - \alpha_1) + \frac{\mathcal{F}_b\mathcal{M}_1 - \mathcal{F}_1\mathcal{M}_b - \mathcal{M}_1\eta\varPi}{\eta\varPi}(\langle\alpha\rangle_1 - \langle\alpha\rangle_2)\\ &-\frac{\chi}{\eta}\mathcal{F}_1\left(\frac{\alpha - \alpha_1}{\varkappa_1} - \frac{\alpha_1 - \alpha_2}{\varkappa_2}\right) + \frac{\mathcal{F}_b\mathcal{M}_r - \mathcal{F}_r\mathcal{M}_b - \mathcal{M}_r\eta\varPi}{\eta\varPi}\varGamma_\alpha\\ &-\frac{\chi}{\eta}\mathcal{F}_r\varGamma'_\alpha + W\end{aligned} \tag{5.26}$$

式中，$W=\dfrac{\mathcal{F}_b\mathcal{M}_w-\mathcal{F}_w\mathcal{M}_b-\mathcal{M}_w\eta\Pi}{\eta\Pi}\Upsilon\sin\langle\alpha\rangle_1-\dfrac{\chi}{\eta}\mathcal{F}_w\Upsilon(\alpha-\alpha_1)\cos\langle\alpha\rangle_1$，与 BHA 重量相关。由于钻进轨迹不取决于与 Υ 相关的项，所以 W 在后续分析中被忽略。

针对轨迹方位角 φ, 采用相似的方式计算式 (5.21c) 和式 (5.21d)，得到

$$\begin{aligned}\chi\Pi\varphi'=&\mathcal{M}_b(\langle\varphi\rangle_1-\varphi)+\frac{\chi}{\eta}\mathcal{F}_b(\varphi-\varphi_1)+\frac{\mathcal{F}_b\mathcal{M}_1-\mathcal{F}_1\mathcal{M}_b-\mathcal{M}_1\eta\Pi}{\eta\Pi}(\langle\varphi\rangle_1-\langle\varphi\rangle_2)\\&-\frac{\chi}{\eta}\mathcal{F}_1\left(\frac{\varphi-\varphi_1}{\varkappa_1}-\frac{\varphi_1-\varphi_2}{\varkappa_2}\right)+\frac{\mathcal{F}_b\mathcal{M}_r-\mathcal{F}_r\mathcal{M}_b-\mathcal{M}_r\eta\Pi}{\eta\Pi\sin\alpha}\Gamma_\varphi\\&+\frac{\chi}{\eta}\frac{\mathcal{F}_r\alpha'\cos\alpha}{(\sin\alpha)^2}\Gamma_\varphi-\frac{\chi}{\eta}\frac{\mathcal{F}_r}{\sin\alpha}\Gamma_\varphi'\end{aligned}\tag{5.27}$$

定义 $z_\alpha=\mathrm{col}(\alpha,\langle\alpha\rangle_1,\langle\alpha\rangle_2)$ 和 $z_\varphi=\mathrm{col}(\varphi,\langle\varphi\rangle_1,\langle\varphi\rangle_2)$，根据式 (5.26) 和式 (5.27) 有如下状态方程：

$$z_i'=A_0z_i(\xi)+A_1z_i(\xi-\jmath_1)+A_2z_i(\xi-\jmath_2)+B_{i0}\Gamma_i+B_{i1}\Gamma_i'\tag{5.28}$$

基于建立的状态方程 (5.28)，设计一个控制律跟踪期望轨迹的井斜角 $\alpha_r(\xi)$ 和方位角 $\varphi_r(\xi)$，通过系统输入 u_i 估计 z_α 和 z_φ，同时使系统误差迅速收敛到零。

4. 基于观测器的钻进轨迹控制系统设计

基于观测器的钻进轨迹控制系统包括带有补偿控制项的状态观测器和状态反馈控制器。

1) 系统结构设计

在钻进轨迹模型 (5.28) 中，需要有两个控制回路，分别控制轨迹井斜角 α 和轨迹方位角 φ，α 和 φ 之间存在耦合。基于观测器的钻进轨迹跟踪控制系统结构如图 5.5 所示。

控制系统分别由角度分解模块、角度合成模块、跟踪控制器、控制转换模块、解耦变换模块、方位角观测器、井斜角观测器和钻进轨迹模型等组成。钻进轨迹是由轨迹井斜角和轨迹方位角组成的，因此系统需要角度分解模块和角度合成模块；跟踪控制器分别对轨迹井斜角 α 和轨迹方位角 φ 进行跟踪控制，跟踪控制器的输出量无法直接被钻进轨迹模型使用，需要使用控制转换模块分别将 u_α 和 u_φ 变换成 Γ_α 和 Γ_φ；钻进轨迹模型中存在轨迹井斜角和轨迹方位角的耦合关系，因而需要解耦变换模块实现解耦。

由于轨迹井斜角 α 和轨迹方位角 φ 之间的耦合关系是基于大地坐标系的，所以使用如下解耦变换：$\Gamma_\alpha^*=\Gamma_\alpha$, $\Gamma_\varphi^*=\dfrac{1}{\sin\hat{\alpha}}\Gamma_\varphi$，$\alpha\in(0,\pi)$，$\hat{\alpha}$ 是 α 的估计值。通过解耦变换，式 (5.28) 重写为

$$z_i'=A_0z_i(\xi)+A_1z_i(\xi-\jmath_1)+A_2z_i(\xi-\jmath_2)+B_{i0}^*\Gamma_i^*+B_{i1}^*\Gamma_i^{*\prime},\quad i=\alpha,\varphi\tag{5.29}$$

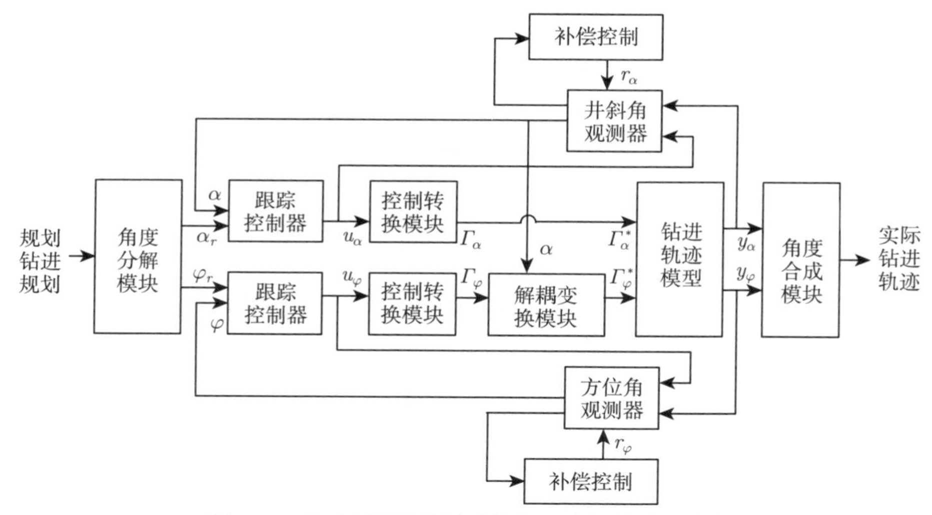

图 5.5 基于观测器的钻进轨迹跟踪控制系统结构

为简化式 (5.29) 的控制输入项，控制输入 $u_i(\xi)$ 进行如下定义：$Bu_i(\xi) = B_{i0}^*\Gamma_i^*(\xi) + B_{i1}^*\Gamma_i^{*'}(\xi)$，$i = \alpha, \varphi$。由于矢量 $B_{\varphi0}^*$ 和 $B_{\varphi1}^*$ 与 α 相关，但轨迹井斜角 α 无法通过传感器测量获得，所以它们对于控制器是未知的。为了解决这个问题，将转向力 $\Gamma_i^{*'}(\xi)$ 变换为

$$\Gamma_i^{*'}(\xi) = -\frac{B_{i0}^*}{B_{i1}^*}\Gamma_i^*(\xi) + \frac{B}{B_{i1}^*}u_i(\xi), \quad i = \alpha, \varphi \tag{5.30}$$

基于简化计算考虑，使 $B_{i0}^* = \mathrm{col}(b_{i0}, 0, 0)$ 和 $B_{i1}^* = \mathrm{col}(b_{i1}, 0, 0)$，$b_{i0}$ 和 b_{i1} 为非零项。式 (5.30) 的稳定性条件是确保 $B_{i0}^*/B_{i1}^* > 0$。$\Gamma_i^{*'}(\xi)$ 可以简化为

$$\Gamma_i^{*'}(\xi) = -\frac{b_{i0}}{b_{i1}}\Gamma_i^*(\xi) + \frac{1}{b_{i1}}u_i(\xi), \quad i = \alpha, \varphi \tag{5.31}$$

因而 $\Gamma_i^*(\xi)$ 和其微分项 $\Gamma_i^{*'}(\xi)$ 可以被 $Bu_i(\xi)$ 完全代替，即式 (5.29) 可变换为

$$z_i' = A_0 z_i(\xi) + A_1 z_i(\xi - \jmath_1) + A_2 z_i(\xi - \jmath_2) + Bu_i, \quad i = \alpha, \varphi \tag{5.32}$$

在实际工程中，钻头的轨迹方位是无法测量的，而 BHA 的井斜角和方位角可以通过方向和倾斜 (direction and inclination，D&I) 传感器获取。事实上，在某些特定位置，轨迹的方位和 BHA 的方位保持一致。如果一个 D&I 传感器放置在钻头和转向装置之间 (例如，位置距离 $s_{m,1} \in [0, \Lambda\ell_1]$)，另一个 D&I 传感器放置在第一个稳定器和第二个稳定器之间 (例如，位置距离 $s_{m,2} \in [\ell_1, \ell_1 + \ell_2]$)，钻

进轨迹的方位是可以获取的。测量输出角度被定义为 $y=[y_\theta,y_\phi]^{\mathrm{T}}$，其受 BHA 的影响因子 $\mathcal{F}_b$、$\mathcal{F}_r$、$\mathcal{F}_i$ 和 $\eta\Pi$ 所影响，输出方程表达式为

$$\begin{cases} y_\theta = \dfrac{1}{\eta\Pi-\mathcal{F}_b}[\eta\Pi\alpha-\mathcal{F}_b\langle\alpha\rangle_1+\mathcal{F}_r\Gamma_\alpha+\mathcal{F}_1(\langle\alpha\rangle_1-\langle\alpha\rangle_2)] \\ y_\phi = \dfrac{1}{\eta\Pi-\mathcal{F}_b}\left[\eta\Pi\varphi-\mathcal{F}_b\langle\varphi\rangle_1+\mathcal{F}_r\dfrac{\Gamma_\varphi}{\sin\alpha}+\mathcal{F}_1(\langle\varphi\rangle_1-\langle\varphi\rangle_2)\right] \end{cases} \tag{5.33}$$

由状态变量 $z_i(\xi)$ 和控制输入 $\Gamma_i^*(\xi)$ 描述轨迹系统的输出方程，$i=\alpha,\varphi$。如果 $\hat{\alpha}=\alpha$，则输出方程可重写为

$$\begin{cases} y_\theta = C_\alpha z_\alpha + D_\alpha\Gamma_\alpha^* \\ y_\phi = C_\varphi z_\varphi + D_\varphi\Gamma_\varphi^* \end{cases} \tag{5.34}$$

式中，C_i 为输出矩阵，D_i 为控制矩阵，$i=\alpha,\varphi$。如果轨迹井斜角 α 和轨迹方位角 φ 的 D&I 传感器放置位置相同，则有 $C_\alpha=C_\varphi$ 和 $D_\alpha=D_\varphi$。

2) 系统标准化状态方程

为了更好地实现钻进轨迹跟踪，在设计观测器时考虑补偿控制项，使得两个观测器能分别准确估计轨迹井斜角和轨迹方位角。这两个观测器的作用和 Luenberger 观测器是一样的，为了区分这两个观测器，分别将它们定义为井斜角观测器和方位角观测器。由于两个观测器经常一起使用，这里简称为 Inc/Azi 观测器。

根据式 (5.32) 和式 (5.33)，得到观测器的动态方程为

$$\begin{cases} \hat{z}_i'(\xi) = A_0\hat{z}_i(\xi)+A_1\hat{z}_i(\xi-\jmath_1)+A_2\hat{z}_i(\xi-\jmath_2)+L_iC_i(z_i(\xi)-\hat{z}_i(\xi))+Bu_i(\xi) \\ \hat{y}_i(\xi) = C_i\hat{z}_i(\xi)+D_i\Gamma_i^*(\xi) \end{cases} \tag{5.35}$$

式中，$\hat{z}_i(\xi)$、$\hat{y}_i(\xi)$ 分别为观测器的状态变量和输出变量；$L\in\mathbb{R}^{3\times2}$ 为观测器增益矩阵。

由于式 (5.35) 存在延迟项 $z_i(\xi-\jmath_1)$ 和 $z_i(\xi-\jmath_2)$，利用极点配置方法获得增益矩阵 L_i 较为困难。这两个延迟项导致观测器误差不能快速地收敛到零，从而使得状态估计不能准确地反映轨迹井斜角和方位角的实际值。因此，将补偿控制项 $r_i(\xi)$ 增加到输入项 $u_i(\xi)$ 中，修正的观测器动态方程为

$$\begin{aligned} \hat{z}_i'(\xi) = {} & A_0\hat{z}_i(\xi)+A_1\hat{z}_i(\xi-\jmath_1)+A_2\hat{z}_i(\xi-\jmath_2) \\ & +L_iC_i(z_i(\xi)-\hat{z}_i(\xi))+B(u_i(\xi)+r_i(\xi)) \end{aligned} \tag{5.36}$$

式中，$\delta_i(\xi)=z_i(\xi)-\hat{z}_i(\xi)$ 为观测器误差；$u_{\mathrm{if}}(\xi)=u_i(\xi)+r_i(\xi)$ 为闭环系统控制输入。

定义补偿控制项 $r_i(\xi)$ 为

$$r_i(\xi) = B^+((A_0 - L_iC_i)\delta_i(\xi) + A_1\delta_i(\xi - \jmath_1) + A_2\delta_i(\xi - \jmath_2) \\ + \varepsilon_i \sinh(s_i(\xi)) + h_i\delta_i(\xi)) \tag{5.37}$$

式中，B^+ 为与系统输入矩阵相对应的广义逆矩阵；$s_i(\xi)$ 为积分滑模函数，定义为 $s_i(\xi) = \delta_i(\xi) + h_i\int_0^\xi \delta_i(s)\mathrm{d}s$。

由于补偿控制项 $r_i(\xi)$ 的作用，Inc/Azi 观测器能够克服两个延迟项的影响。Inc/Azi 观测器误差动态方程如下：

$$\begin{aligned}\delta_i'(\xi) &= z_i'(\xi) - \hat{z}_i'(\xi) \\ &= (A_0 - L_iC_i)\delta_i(\xi) + A_1\delta_i(\xi - \jmath_1) + A_2\delta_i(\xi - \jmath_2), \quad i = \alpha, \varphi\end{aligned} \tag{5.38}$$

考虑钻进轨迹演化的特殊性，观测器增益设计不同于常规观测器。在 BHA 中的转向器可以产生转向力，但转向器和钻头之间距离很近，可以认为转向力作用在钻头上；然而转向器距离第一个稳定器和第二个稳定器较远，转向力对第一个稳定器和第二个稳定器没有直接作用。因此，钻进轨迹的状态直接和钻头的状态相关，但钻头和稳定器之间的平均角度状态不同。定义 $B^+ = [1, 0, 0]$，增益矩阵 L_i 为

$$L_i = \begin{bmatrix} l_{i1} & l_{i2} \\ 0 & 0 \\ 0 & 0 \end{bmatrix}, \quad i = \alpha, \varphi \tag{5.39}$$

根据上述定义，可通过轨迹延伸模型估计完整平均角度方位来提高轨迹方位的准确率，完整平均角度方位描述一个稳定器方位角度的平均值。使用此设计方法可以减少控制系统的参数量，获得较好的优化参数。

为此，闭环控制系统包含 $z_i(\xi)$ 和 $\hat{z}_i(\xi)(i = \alpha, \varphi)$ 状态量。定义闭环控制系统的状态变量矩阵为

$$\varphi_i(\xi) = \begin{bmatrix} \hat{z}_i^{\mathrm{T}}(\xi) & \delta_i^{\mathrm{T}}(\xi) \end{bmatrix}^{\mathrm{T}} \tag{5.40}$$

联立式 (5.36) 和式 (5.38) 可得闭环系统的状态方程为

$$\varphi_i'(\xi) = \bar{\mathcal{A}}_{i0}\varphi_i(\xi) + \mathcal{A}_{i1}\varphi_i(\xi - \jmath_1) + \mathcal{A}_{i2}\varphi_i(\xi - \jmath_2) + \mathcal{B}u_{if}(\xi) \tag{5.41}$$

$$\bar{\mathcal{A}}_{i0} = \begin{bmatrix} A_0 & L_iC_i \\ 0 & A_0 - L_iC_i \end{bmatrix}, \quad i = \alpha, \varphi \tag{5.42}$$

$$\mathcal{A}_{i1} = \begin{bmatrix} A_1 & 0 \\ 0 & A_1 \end{bmatrix}, \ \mathcal{A}_{i2} = \begin{bmatrix} A_2 & 0 \\ 0 & A_2 \end{bmatrix}, \ \mathcal{B} = \begin{bmatrix} B^{\mathrm{T}} & 0 \end{bmatrix}^{\mathrm{T}}$$

状态反馈控制律为

$$u_{if} = \bar{K}_i \varphi_i(\xi) \tag{5.43}$$

式中，$\bar{K}_i$ 为控制器增益。

将式 (5.43) 代入式 (5.41)，闭环控制系统 (5.41) 的表达式标准化为

$$\varphi_i'(\xi) = \mathcal{A}_{i0}\varphi_i(\xi) + \mathcal{A}_{i1}\varphi_i(\xi - \jmath_1) + \mathcal{A}_{i2}\varphi_i(\xi - \jmath_2) \tag{5.44}$$

式中，$\mathcal{A}_{i0}=\bar{\mathcal{A}}_{i0}+\mathcal{B}\bar{K}_i$，$i=\alpha, \varphi$。

3) 稳定性分析与控制器设计

定理 5.1　给定延迟 $\jmath_1$ 和 $\jmath_2$，如果存在对称正定矩阵 X_{ij}、Y_{ij}、M_{ij}、X_{i11} 和 X_{i22} 以及适当的矩阵 W_{i1} 和 W_{i2} 使线性矩阵不等式 (5.45) 成立，则闭环系统 (5.44) 是渐近稳定的。

$$\begin{bmatrix} \Xi_{i11} & \Xi_{i12} & \Xi_{i13} & \Xi_{i14} & \Xi_{i15} \\ * & -\Xi_{i22} & 0 & 0 & 0 \\ * & * & -\Xi_{i33} & 0 & 0 \\ * & * & * & -\Xi_{i44} & 0 \\ * & * & * & * & -\Xi_{i55} \end{bmatrix} < 0 \tag{5.45}$$

式中，

$$\Xi_{i11} = \begin{bmatrix} \Psi_{i11} & \Psi_{i12} \\ * & \Psi_{i22} \end{bmatrix}, \ \Psi_{i12} = W_{i2}C_i$$

$$\Psi_{i11} = A_0X_{i1} + X_{i1}A_0^{\mathrm{T}} + BW_{i1} + W_{i1}^{\mathrm{T}}B^{\mathrm{T}}, \ \ \Xi_{i12} = \mathrm{diag}\{A_1Y_{i1}, A_1Y_{i2}\}$$

$$\Psi_{i22} = A_0X_{i2} + X_{i2}A_0^{\mathrm{T}} - W_{i2}C_i - C_i^{\mathrm{T}}W_{i2}^{\mathrm{T}}, \ \ \Xi_{i13} = \mathrm{diag}\{A_2M_{i1}, A_2M_{i2}\}$$

$$\Xi_{i14} = \Xi_{i15} = \mathrm{diag}\{X_{i1}, X_{i2}\}, \ \ \Xi_{i22} = \Xi_{i44} = \mathrm{diag}\{Y_{i1}, Y_{i2}\}$$

$$\Xi_{i33} = \Xi_{i55} = \mathrm{diag}\{M_{i1}, M_{i2}\}$$

并且，X_{i2} 和 C_i 的奇异值分解为

$$\begin{cases} X_{i2} = V_i \mathrm{diag}\{X_{i11}, X_{i22}\} V_i^{\mathrm{T}} \\ C_i = U_i \begin{bmatrix} S_i & 0 \end{bmatrix} V_i^{\mathrm{T}} \end{cases} \tag{5.46}$$

控制器增益矩阵 K_i 和观测器增益矩阵 L_i 分别为

$$K_i = W_{i1}X_{i1}^{-1}, \ \ L_i = W_{i2}U_iS_iX_{i11}^{-1}S_i^{-1}U_i^{\mathrm{T}} \tag{5.47}$$

证明　首先，选择 Lyapunov 泛函为

$$V(\varphi_i(\xi)) = \varphi_i^{\mathrm{T}}(\xi)P_i\varphi_i(\xi) + \int_{\xi-\jmath_1}^{\xi}\varphi_i^{\mathrm{T}}(s)R_i\varphi_i(s)\mathrm{d}s + \int_{\xi-\jmath_2}^{\xi}\varphi_i^{\mathrm{T}}(s)Q_i\varphi_i(s)\mathrm{d}s \tag{5.48}$$

式中，P_i、R_i、Q_i 都是正定的对角矩阵，$i=\alpha,\varphi$。基于式 (5.44) ，对式 (5.48) 进行微分求解，得到

$$\begin{aligned} V'(\varphi_i(\xi)) &= 2\varphi_i^{\mathrm{T}}(\xi)P_i\varphi_i'(\xi) + \varphi_i^{\mathrm{T}}(\xi)R_i\varphi_i(\xi) \\ &\quad + \varphi_i^{\mathrm{T}}(\xi)Q_i\varphi_i(\xi) - \varphi_i^{\mathrm{T}}(\xi-\jmath_1)R_i\varphi_i(\xi-\jmath_1) - \varphi_i^{\mathrm{T}}(\xi-\jmath_2)Q_i\varphi_i(\xi-\jmath_2) \\ &= \psi_i^{\mathrm{T}}(\xi)\digamma\psi_i(\xi) \end{aligned} \tag{5.49}$$

式中，$\psi_i(\xi) = \begin{bmatrix} \varphi_i^{\mathrm{T}}(\xi) & \varphi_i^{\mathrm{T}}(\xi-\jmath_1) & \varphi_i^{\mathrm{T}}(\xi-\jmath_2) \end{bmatrix}^{\mathrm{T}}$，而且

$$\digamma = \begin{bmatrix} \digamma_1 & P_i\mathcal{A}_{i1} & P_i\mathcal{A}_{i2} \\ * & -R_i & 0 \\ * & * & -Q_i \end{bmatrix} \tag{5.50}$$

式中，$\digamma_1 = P_i\mathcal{A}_{i0}+\mathcal{A}_{i0}^{\mathrm{T}}P_i+R_i+Q_i$，$i=\alpha,\varphi$。

如果 $\digamma<0$，则对于一个足够小的 ε，有 $V'(\varphi_i(\xi)) \leqslant -\varepsilon\|\varphi_i(\xi)\|^{\mathrm{T}}$，使得闭环控制系统 (5.44) 是渐近稳定的。由舒尔补定理，式 (5.50) 可重写为

$$\begin{bmatrix} \bar{\digamma}_1 & P_i\mathcal{A}_{i1} & P_i\mathcal{A}_{i2} & I & I \\ * & -R_i & 0 & 0 & 0 \\ * & * & -Q_i & 0 & 0 \\ * & * & * & -R_i^{-1} & 0 \\ * & * & * & * & -Q_i^{-1} \end{bmatrix} < 0 \tag{5.51}$$

式中，$\bar{\digamma}_1 = P_i\mathcal{A}_{i0}+\mathcal{A}_{i0}^{\mathrm{T}}P_i$，$i=\alpha,\varphi$。

由引理 4.3 可知，存在矩阵 $\overline{X}_{i2}$ 使得

$$C_iX_{i2} = \overline{X}_{i2}C_i,\quad i=\alpha,\varphi \tag{5.52}$$

再将式 (5.46) 代入式 (5.52)，得到

$$\overline{X}_{i2} = U_iS_iX_{i11}S_i^{-1}U_i^{-1} \tag{5.53}$$

令

$$X_{ij} = P_{ij}^{-1},\ Y_{ij} = R_{ij}^{-1},\ M_{ij} = Q_{ij}^{-1} \tag{5.54}$$

$$\varOmega_i = \mathrm{diag}\{\varOmega_{i1}, \varOmega_{i2}\}, \quad \varOmega = X, Y, Z \tag{5.55}$$

$$K_i X_{i1} = W_{i1}, \quad L_i \overline{X}_{i2} = W_{i2} \tag{5.56}$$

式中，$i = \alpha, \varphi$; $j = 1, 2$。

最后，对式 (5.51) 两边乘以模块 $\varDelta_i$，定义 $\varDelta_i$ 为

$$\varDelta_i = \mathrm{diag}\{X_i, Y_i, M_i, I, I\}, \quad i = \alpha, \varphi \tag{5.57}$$

联立式 (5.52) 和式 (5.54) 得到 LMI (5.45)。同时，可得控制器增益矩阵 K_i 和观测器增益矩阵 L_i，即式 (5.47)。 □

5. 仿真分析

与前面的讨论一致，基准系统设置两个稳定器，同时 BHA 由一系列的钢管组成。BHA 的几何参数如下：杨氏模量 E、密度 ρ、内半径 r_I、外半径 r_O、横截面积 $A = \pi(r_O^2 - r_I^2)$、惯性力矩 $T_I = \dfrac{\pi}{4}(r_O^4 - r_I^4)$。

$$E = 2 \times 10^{11}\mathrm{N/m^2},\ \rho = 7800\mathrm{kg/m^3},\ r_I = 0.053\mathrm{m},\ r_O = 0.086\mathrm{m} \tag{5.58}$$

为简化计算，设定轨迹井斜角和轨迹方位角的 D&I 传感器放置位置相同。通过求解 LMI，即式 (5.45) 和式 (5.46)，得到控制增益矩阵 $K_i = \mathrm{diag}\{2648, 1367, 295\}$ 和观测器增益 l_{i1}=173.6、l_{i2}=3129.5，$i = \alpha, \varphi$。

为说明所提控制策略的有效性，设计的钻进轨迹来源于实际工程的钻进轨迹，为此，设定钻进轨迹是连续光滑可微的。钻进轨迹的设定长度大约为 1464m(相应的无量纲距离 $\xi = 400$)。特别需要注意的是，无量纲距离 ξ 用于计算轨迹的有效长度。所设计的轨迹井斜角和轨迹方位角表达式为

$$\alpha_r(\xi) = \begin{cases} 1^\circ, & \xi \in [0, 100] \\ 1^\circ + 0.7^\circ\xi, & \xi \in (100, 150] \\ 35^\circ, & \xi \in (150, 200] \\ 35^\circ + 0.55^\circ\xi, & \xi \in (200, 300] \\ 90^\circ, & \xi \in (300, 400] \end{cases} \tag{5.59}$$

$$\varphi_r(\xi) = \begin{cases} 95^\circ, & \xi \in [0, 100] \\ 95^\circ - 0.5^\circ\xi, & \xi \in (100, 200] \\ 45^\circ, & \xi \in (200, 250] \\ 45^\circ - 0.9^\circ\xi, & \xi \in (250, 300] \\ 0^\circ, & \xi \in (300, 400] \end{cases} \tag{5.60}$$

为避免模拟过程中轨迹方位角的输出直接发散，井斜角的初始值不能设置为零，而是设置为 1° 这样一个小值。同时在实际钻进过程中，轨迹方位角的初始值也不能突变为 95°，转向装置无法直接实现。为了解决这个问题，在不改变轨迹的前提下，对轨迹方位角 $\varphi_r(\xi)$ 进行 $\varphi_r(\xi)-95°$ 处理。

轨迹井斜角和轨迹方位角的跟踪情况分别如图 5.6(a) 和图 5.6(b) 所示。

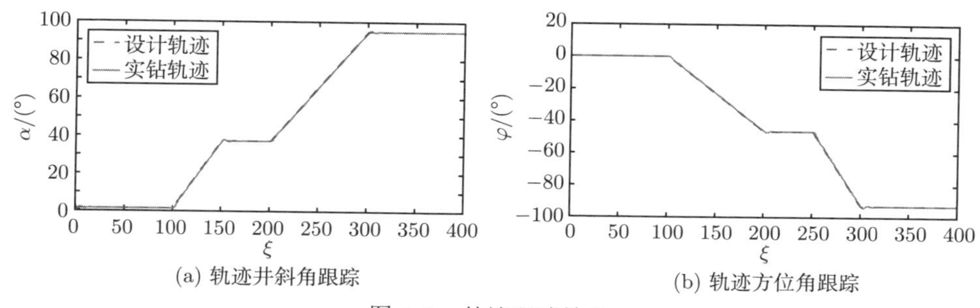

(a) 轨迹井斜角跟踪　(b) 轨迹方位角跟踪

图 5.6　轨迹跟踪效果

从两图可知，轨迹控制系统能很好地适应轨迹方位的变化，分别精确地跟踪轨迹井斜角和方位角。在井斜角和方位角变化阶段，会出现小范围的抖动，这在实际钻进过程中很常见。这种变化的动态过程短，从整个轨迹设计路线的角度来看，系统能有效地抑制这种抖动。特别强调的是，轨迹方位角的变化是以负数形式表示的，主要是 $\varphi_r(\xi)-95°$ 处理的结果。

图 5.7(a) 和图 5.7(b) 分别描述了轨迹跟踪过程中井斜角和方位角的误差变化。在井斜角的变化过程中，前期表现较为剧烈，后期表现有所减弱。在方位角误差的变化过程中，对应的前段变化较小，后段变化较大。

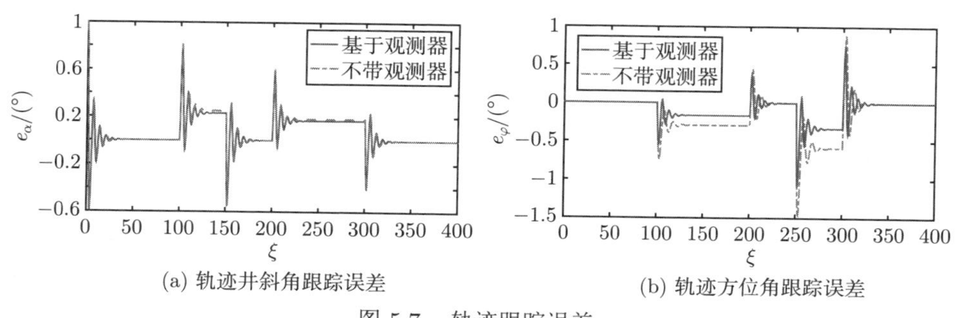

(a) 轨迹井斜角跟踪误差　(b) 轨迹方位角跟踪误差

图 5.7　轨迹跟踪误差

从实际工程数据分析，井斜角和方位角的误差变化都在可控范围内。与此同时，观测器对井斜角的控制影响不大，但对方位角的控制影响较大。加入观测器后，方位角误差迅速收敛到零，超调量也有所减小。结果表明，该系统具有足够快的响应速度、较强的误差控制能力以及较好的渐近稳定性能。

在实际工程中，控制过程会存在各种干扰。通过对钻进过程进行分析，发现扰动主要来源于 BHA 的重量变化和钻压的不确定性。在式 (5.26) 中，W 是一个与 BHA 重量相关的准常数扰动，对控制系统的稳定影响较小。因此，该系统主要考虑标称情况，即扰动相对较小或不大，但当干扰较大时，控制系统必须考虑干扰抑制措施，下一步将主要解决轨迹跟踪控制中的各类扰动问题。

5.1.3 面向钻压不确定性的定向钻进轨迹鲁棒控制方法

在深部钻探中，不同地层的坚硬程度会导致钻压发生变化，而钻压的波动会直接导致钻头方位发生变化，进而改变钻进轨迹，因此本节主要研究考虑钻压变化的定向钻进轨迹控制策略。

1. 钻压不确定性问题描述

钻头-岩石作用本身会引起纵向振动 [7]；在钻进过程中，BHA 也会产生三维耦合振动 [8]。激烈的钻头破岩过程导致钻压在特定范围内波动，具有明显的不确定性。合理的钻压波动有利于钻头破岩，但钻压波动过大不仅不利于破岩，还会对钻头齿轮和轴承造成冲击损伤。因此，钻压不确定性已成为深地钻进过程轨迹控制必须要考虑的一个因素。

现有研究仅对钻压变化情况进行了深入分析，而未将钻压考虑为不确定性因素。例如，Shinmoto 等 [9] 通过现场实验，分析了钻压和岩心回收率的关系，并对钻进参数进行了优化。考虑钻柱和 BHA 两者的质量对钻头转向的影响，Dunayevsky 等 [10] 建立了钻柱横向纵向振动的二维耦合模型，并对钻柱的动态稳定性进行了分析，还通过室内实验装置分析了水平井钻压对钻头波动的影响。上述研究都仅针对钻压本身进行分析，尚未涉及钻压波动对轨迹控制的影响。Kremers 等 [11] 研究了钻压对井斜角控制的影响，Auriol 等 [12] 主要研究了工具面向角控制，以及在本章 5.1.1 节和 5.1.2 节 [13,14] 的工作，均未考虑钻压不确定性的影响。

严格来讲，轨迹控制系统是一个非线性系统 [15]。如果考虑钻压不确定性，系统将是不确定非线性系统，同时轨迹井斜角和方位角还需要通过 D&I 传感器的值估计获得，这些都给轨迹控制增大了难度。为此，本节主要针对钻压不确定性和外部未知扰动对轨迹系统控制的影响问题，提出一种考虑钻压不确定性的轨迹鲁棒控制方法 [16]。

2. 考虑钻压不确定性的轨迹控制问题

钻压反作用于钻头，因此会影响钻进轨迹的变化趋势。假设期望轨迹对于复杂地层是连续可微的，根据前述关于轨迹井斜角 α 和轨迹方位角 φ 的一阶微分变换，定义状态变量 $\langle\alpha\rangle_1$、$\langle\alpha\rangle_2$、$\langle\varphi\rangle_1$ 和 $\langle\varphi\rangle_2$，期望轨迹的井斜角 $\alpha_r(\xi)$ 和方位

角 $\varphi_r(\xi)$ 的微分方程可以表示为

$$\begin{cases}\alpha'(\xi) = F_\alpha(\alpha,\varphi,\alpha_n,\varphi_n,\langle\alpha\rangle_n,\langle\varphi\rangle_n,\varPi,\varGamma_\alpha,\varGamma_\varphi,\varPi',\varGamma'_\alpha,\varGamma'_\varphi) \\ \varphi'(\xi) = F_\varphi(\alpha,\varphi,\alpha_n,\varphi_n,\langle\alpha\rangle_n,\langle\varphi\rangle_n,\varPi,\varGamma_\alpha,\varGamma_\varphi,\varPi',\varGamma'_\alpha,\varGamma'_\varphi)\end{cases} \tag{5.61}$$

式中，连续函数 F_α 和 F_φ 反映了钻进系统的属性，这里依然讨论两个稳定器的轨迹变化情况。

轨迹系统 (5.61) 是关于 α 和 φ 的一阶微分方程组，无量纲钻压 $\varPi$ 和造斜力 $\varGamma$ 是描述轨迹变化的关键因素，轨迹变化的实质问题是 α 和 φ 的变化情况，这里定义 α 和 φ 是关于 ξ 的分段连续函数，且幅值变化是连续的。

与式 (5.61) 对应的钻进轨迹模型分别为轨迹井斜角 α 和轨迹方位角 φ 微分方程：

$$\begin{aligned}\chi\varPi\alpha' = {} & \mathcal{M}_b(\langle\alpha\rangle_1-\alpha)+\frac{\chi}{\eta}\mathcal{F}_b(\alpha-\alpha_1) \\ & +\left(\frac{\mathcal{F}_b\mathcal{M}_1-\mathcal{M}_b\mathcal{F}_1}{\eta\varPi}-\mathcal{M}_1\right)(\langle\alpha\rangle_1-\langle\alpha\rangle_2)-\frac{\chi}{\eta}\mathcal{F}_1\left(\frac{\alpha-\alpha_1}{\varkappa_1}-\frac{\alpha_1-\alpha_2}{\varkappa_2}\right) \\ & +\left(\frac{\mathcal{F}_b\mathcal{M}_r-\mathcal{M}_b\mathcal{F}_r}{\eta\varPi}-\mathcal{M}_r\right)\varGamma_\alpha-\frac{\chi}{\eta}\mathcal{F}_r\varGamma'_\alpha \\ & +\left(\frac{\mathcal{F}_b\mathcal{M}_w-\mathcal{M}_b\mathcal{F}_w}{\eta\Pi}-\mathcal{M}_w\right)\varUpsilon\sin\langle\alpha\rangle_1-\frac{\chi}{\eta}\mathcal{F}_w\varUpsilon\frac{\alpha-\alpha_1}{\varkappa_1}\cos\langle\alpha\rangle_1\end{aligned} \tag{5.62}$$

$$\begin{aligned}\chi\varPi\varphi' = {} & \mathcal{M}_b(\langle\varphi\rangle_1-\varphi)+\frac{\chi}{\eta}\mathcal{F}_b(\varphi-\varphi_1) \\ & +\frac{\mathcal{F}_b\mathcal{M}_1-\mathcal{F}_1\mathcal{M}_b-\mathcal{M}_1\eta\varPi}{\eta\varPi}(\langle\varphi\rangle_1-\langle\varphi\rangle_2)-\frac{\chi}{\eta}\mathcal{F}_1\left(\frac{\varphi-\varphi_1}{\varkappa_1}-\frac{\varphi_1-\varphi_2}{\varkappa_2}\right) \\ & +\frac{\mathcal{F}_b\mathcal{M}_r-\mathcal{F}_r\mathcal{M}_b-\mathcal{M}_r\eta\varPi}{\eta\varPi\sin\alpha}\varGamma_\varphi+\frac{\chi}{\eta}\frac{\mathcal{F}_r\alpha'\cos\alpha}{(\sin\alpha)^2}\varGamma_\varphi-\frac{\chi}{\eta}\frac{\mathcal{F}_r}{\sin\alpha}\varGamma'_\varphi\end{aligned} \tag{5.63}$$

式中，$\chi\varPi$ 和 $\eta\varPi$ 为无量纲组。式 (5.62) 最后两项与 BHA 重量相关，令 $W = [(\mathcal{F}_b\mathcal{M}_w-\mathcal{M}_b\mathcal{F}_w)/(\eta\varPi)-\mathcal{M}_w]\varUpsilon\sin\langle\alpha\rangle_1 -(\chi/\eta)\mathcal{F}_w\varUpsilon[(\alpha-\alpha_1)/\varkappa_1]\cos\langle\alpha\rangle_1$。

在前面的研究中，基于简化分析对 W 项做忽略处理。但实际工程中，W 中第一项取决于 BHA 第一段的平均井斜角，由于平均井斜角沿钻进轨迹变化缓慢，所以该项可视为准恒定扰动；W 中第二项对式 (5.62) 中的项来说是小的。因此，W 可以简化为 $W=\varUpsilon\sin\langle\alpha\rangle_1$。同时，从式 (5.63) 可知，其最后两项与井斜角 α 有耦合情况，使得方位角模型存在非线性因素。

对上述两式中无量纲组 $\chi\varPi$ 和 $\eta\varPi$ 进行如下说明：无量纲组 $\chi\varPi$ 是一个很小的参数，体现了钻头、岩石和 BHA 的特性，以及传递给钻头的轴向力。研究表明，该参数对系统响应的影响很小。无量纲组 $\eta\Pi$ 取决于钻头和岩层的特性以及 BHA 的特征参数，参数 $\eta\Pi$ 和 BHA 的几何结构是影响系统响应的主要因素。通过分析可知，式 (5.62) 和式 (5.63) 右侧的所有项都与 BHA 几何尺寸相关，为此轨迹模型 (5.62) 和 (5.63) 由无量纲组 $\chi\Pi$ 和 $\eta\Pi$ 以及 BHA 的几何参数描述。

实际有效钻压 Π 取决于钩载，但钻压 Π 最终取决于上方钻柱在 BHA 上的轴向力，这种轴向力受钻柱和井壁之间的接触所引起的不确定性影响，而这种不确定性影响在定向钻进的高度弯曲钻孔中特别复杂。因此，钻进过程中不可避免地存在钻压 Π 的波动，这种波动势必影响钻进轨迹的演化。

大斜度钻进轨迹中的钻压波动呈现正弦波动规律，有效钻压 Π 可表示为 $\Pi = \overline{\Pi} + \widetilde{\Pi}$，其中 Π 为钻压实际值，$\overline{\Pi}$ 为钻压标称值，$\widetilde{\Pi}$ 为钻压不确定性。实际上，$\chi(\overline{\Pi} + \widetilde{\Pi})$ 的值非常小，而 $\eta(\overline{\Pi} + \widetilde{\Pi})$ 的变化主要影响轨迹井斜角 α 和轨迹方位角 φ 的变化。因此，轨迹井斜角 α 和轨迹方位角 φ 的微分方程可重写为

$$
\begin{aligned}
\overline{\chi\Pi}\alpha' =& \mathcal{M}_b(\langle\alpha\rangle_1 - \alpha) + \frac{\chi}{\eta}\mathcal{F}_b(\alpha - \alpha_1) + \left(\frac{\mathcal{F}_b\mathcal{M}_1 - \mathcal{M}_b\mathcal{F}_1}{\overline{\eta\Pi}} - \mathcal{M}_1\right)(\langle\alpha\rangle_1 - \langle\alpha\rangle_2) \\
&- \frac{\widetilde{\eta\Pi}(\mathcal{F}_b\mathcal{M}_1 - \mathcal{M}_b\mathcal{F}_1)}{\overline{\eta\Pi}(\overline{\eta\Pi} + \widetilde{\eta\Pi})}(\langle\alpha\rangle_1 - \langle\alpha\rangle_2) - \frac{\chi}{\eta}\mathcal{F}_1\left(\frac{\alpha - \alpha_1}{\varkappa_1} - \frac{\alpha_1 - \alpha_2}{\varkappa_2}\right) \\
&+ \left(\frac{\mathcal{F}_b\mathcal{M}_r - \mathcal{M}_b\mathcal{F}_r}{\overline{\eta\Pi}} - \mathcal{M}_r\right)\Gamma_\alpha - \frac{\chi}{\eta}\mathcal{F}_r\Gamma'_\alpha \\
&- \frac{\widetilde{\eta\Pi}(\mathcal{F}_b\mathcal{M}_r - \mathcal{M}_b\mathcal{F}_r)}{\overline{\eta\Pi}(\overline{\eta\Pi} + \widetilde{\eta\Pi})}\Gamma_\alpha + \Upsilon\sin\langle\alpha\rangle_1
\end{aligned} \tag{5.64}
$$

$$
\begin{aligned}
\overline{\chi\Pi}\varphi' =& \mathcal{M}_b(\langle\varphi\rangle_1 - \varphi) + \frac{\chi}{\eta}\mathcal{F}_b(\varphi - \varphi_1) + \left(\frac{\mathcal{F}_b\mathcal{M}_1 - \mathcal{M}_b\mathcal{F}_1}{\overline{\eta\Pi}} - \mathcal{M}_1\right)(\langle\varphi\rangle_1 - \langle\varphi\rangle_2) \\
&- \frac{\widetilde{\eta\Pi}(\mathcal{F}_b\mathcal{M}_1 - \mathcal{M}_b\mathcal{F}_1)}{\overline{\eta\Pi}(\overline{\eta\Pi} + \widetilde{\eta\Pi})}(\langle\varphi\rangle_1 - \langle\varphi\rangle_2) - \frac{\chi}{\eta}\mathcal{F}_1\left(\frac{\varphi - \varphi_1}{\varkappa_1} - \frac{\varphi_1 - \varphi_2}{\varkappa_2}\right) \\
&+ \frac{\chi}{\eta}\frac{\mathcal{F}_r\alpha'\cos\alpha}{(\sin\alpha)^2}\Gamma_\varphi + \left(\frac{\mathcal{F}_b\mathcal{M}_r - \mathcal{M}_b\mathcal{F}_r}{\overline{\eta\Pi}} - \mathcal{M}_r\right)\frac{\Gamma_\varphi}{\sin\alpha} \\
&- \frac{\widetilde{\eta\Pi}(\mathcal{F}_b\mathcal{M}_r - \mathcal{M}_b\mathcal{F}_r)}{\overline{\eta\Pi}(\overline{\eta\Pi} + \widetilde{\eta\Pi})}\frac{\Gamma_\varphi}{\sin\alpha} - \frac{\chi}{\eta}\frac{\mathcal{F}_r}{\sin\alpha}\Gamma'_\varphi
\end{aligned} \tag{5.65}
$$

综上所述，式 (5.64) 和式 (5.65) 为基于钻压不确定性的钻进轨迹模型，其中，式 (5.64) 存在 BHA 重力项 w_α，即 $w_\alpha = \Upsilon\sin\langle\alpha\rangle_1$；式 (5.65) 不存在重力项，即 $w_\varphi = 0$。这里进行如下定义：$z_\alpha(\xi) = \mathrm{col}(\alpha(\xi), \langle\alpha\rangle_1(\xi), \langle\alpha\rangle_2(\xi))$, $z_\varphi(\xi) = \mathrm{col}(\varphi(\xi), \langle\varphi\rangle_1(\xi), \langle\varphi\rangle_2(\xi))$，式 (5.64) 状态空间方程如下所示：

$$\dot{z}_i(\xi) = (A_0 + \widetilde{A}_0)z_i(\xi) + A_1 z_i(\xi - \jmath_1) + A_2 z_i(\xi - \jmath_2) \\ + (B_{i0} + \widetilde{B}_{i0})\varGamma_i(\xi) + B_{i1}\varGamma_i'(\xi) + w_i(\xi), \quad i = \alpha, \varphi \tag{5.66}$$

随着钻压 $\varPi$ 的增大，钻压波动曲线会上下移动，但其波动幅值和频率保持在合理范围内。钻压变化的表达式如下：$\eta\varPi = \overline{\eta\varPi} + \widetilde{\eta\varPi}$，其中 $\widetilde{\eta\varPi}$ 是钻压的变化值，满足 $-\widetilde{\varPi}_{\max} \leqslant \widetilde{\varPi} \leqslant \widetilde{\varPi}_{\max}$，且 $\widetilde{\varPi}_{\max} > 0$ 为常数。

式 (5.66) 中，不确定项 $\widetilde{A}_0$、$\widetilde{B}_{i0}$ 和扰动项 $w_i(\xi)$ 被认为是与轨迹系统状态和输入有关的干扰，因此修正为

$$\dot{z}_i(\xi) = A_0 z_i(\xi) + A_1 z_i(\xi - \jmath_1) + A_2 z_i(\xi - \jmath_2) + B_{i0}\varGamma_i(\xi) \\ + B_{i1}\varGamma_i'(\xi) + \psi_i(\xi) \tag{5.67}$$

式中，$\psi_i(\xi)$ $(i = \alpha, \varphi)$ 分别为轨迹井斜角和轨迹方位角的综合扰动项，具体为

$$\psi_\alpha(\xi) = \widetilde{A}_0 z_\alpha(\xi) + \widetilde{B}_{\alpha 0}\varGamma_\alpha(\xi) + \varUpsilon \sin\langle\alpha\rangle_1 + d_\alpha(\xi)$$

$$\psi_\varphi(\xi) = \widetilde{A}_0 z_\varphi(\xi) + \widetilde{B}_{\varphi 0}\varGamma_\varphi(\xi) + d_\varphi(\xi)$$

式 (5.67) 中 $B_{i0}\varGamma_i(\xi) + B_{i1}\varGamma_i'(\xi)$，$i = \alpha, \varphi$, 定义为 $Bu_i(\xi)$。这个控制输入的处理方法和 5.1.2 节的处理方式一样，由 $u_i(\xi)$ 完全取代 $\varGamma_i(\xi)$ 及其微分项 $\varGamma_i'(\xi)$，因此这里不再赘述。

通过上述分析，基于钻压不确定性的钻进轨迹模型描述为

$$\begin{cases} \dot{z}_i(\xi) = A_0 z_i(\xi) + A_1 z_i(\xi - \jmath_1) + A_2 z_i(\xi - \jmath_2) + Bu_i(\xi) + \psi_i(\xi) \\ y_i(\xi) = C_i z_i(\xi) \end{cases} \tag{5.68}$$

式中，$y_i(\xi)$ 为系统输出；C_i 为满行秩的输出矩阵；$i = \alpha, \varphi$。

钻头的方位决定了钻进轨迹的变化趋势，而稳定器的方位仅是钻头方位的延续。因此，钻进轨迹的变化趋势取决于式 (5.68) 的第 1 项和第 4 项。基于钻压不确定性考虑，面向定向钻进过程具有不确定钻压的钻进轨迹鲁棒控制目标具体描述如下：

(1) 将具有钻压不确定性和 BHA 重力扰动的系统 (5.68) 控制在合理范围内；

(2) 根据系统输出 $y_i(\xi)$，设计控制律 $u_i(\xi)$ 使得状态量 $z_\alpha(\xi)$ 和 $z_\varphi(\xi)$ 能跟踪到期望的轨迹井斜角 $\alpha_r(\xi)$ 和轨迹方位角 $\varphi_r(\xi)$，同时能够很快地抑制大的未知扰动。

3. 扰动补偿钻进轨迹控制系统设计

钻进轨迹控制系统示意图如图 5.8 所示，内部模型保证对输入轨迹的精确跟踪，Inc/Azi 观测器实现模型状态观测，EID 估计器对系统扰动进行估计获得扰动估计值，跟踪控制器 $K_{\alpha R}$ 和 $K_{\varphi R}$ 分别跟踪轨迹井斜角 α 和轨迹方位角 φ。

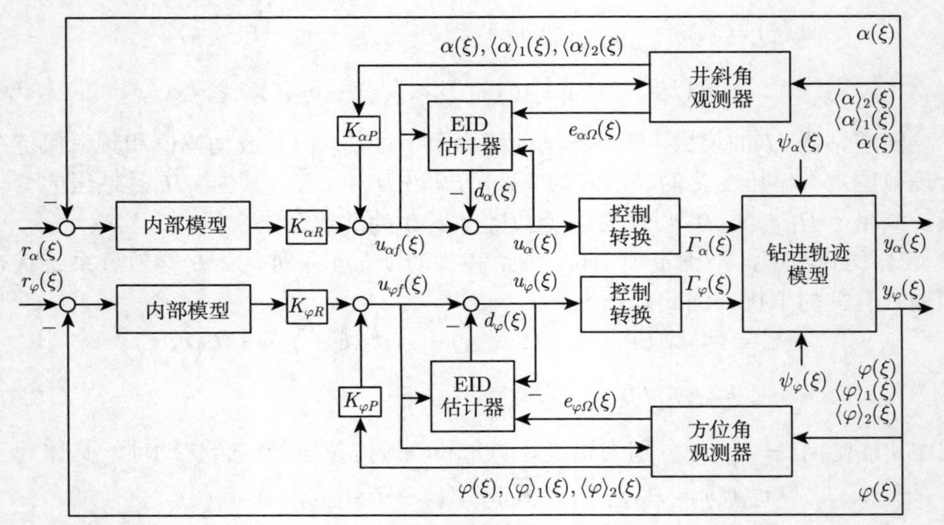

图 5.8 钻进轨迹控制系统示意图

1) 不确定系统的扰动补偿控制结构

为了精确地跟踪钻进轨迹，在控制输入中存在一个信号 $\tilde{d}_i(\xi)$ 等效于钻压不确定和 BHA 重力变化的扰动，即系统扰动 $\psi_i(\xi)$。这样，控制输入 $u_i(\xi)$ 包括两个部分：用于跟踪参考输入的 $u_{if}(\xi)$ 和补偿系统扰动 $\psi_i(\xi)$ 的 $\tilde{d}_i(\xi)$，即

$$u_i(\xi) = u_{if}(\xi) - \tilde{d}_i(\xi) \tag{5.69}$$

使用输入端的信号 $\tilde{d}_i(\xi)$ 替代系统扰动项 $\psi_i(\xi)$，因此式 (5.68) 等效为

$$\begin{cases} \dot{z}_i(\xi) = A_0 z_i(\xi) + A_1 z_i(\xi - \jmath_1) + A_2 z_i(\xi - \jmath_2) + B(u_i(\xi) + \tilde{d}_i(\xi)) \\ y_i(\xi) = C_i z_i(\xi) \end{cases} \tag{5.70}$$

式中，$\jmath_1 = \varkappa_1$；$\jmath_2 = \varkappa_1 + \varkappa_2; i = \alpha, \varphi$。

由于轨迹井斜角 α 和轨迹方位角 φ 无法直接测量得到，所以基于式 (5.70) 构造的 Inc/Azi 观测器为

$$\begin{cases} \dot{\hat{z}}_i(\xi) = A_0 \hat{z}_i(\xi) + A_1 \hat{z}_i(\xi - \jmath_1) + A_2 \hat{z}_i(\xi - \jmath_2) + B(u_i(\xi) + \tilde{d}_i(\xi)) \\ \qquad + L_i(y_i(\xi) - \hat{y}_i(\xi)) \\ \hat{y}_i(\xi) = C_i \hat{z}_i(\xi) \end{cases} \tag{5.71}$$

式中，L_i 为观测器增益；$i = \alpha, \varphi$。具体形式已在 5.1.2 节说明。

对应于状态变量 $z_i(\xi)$、$z_i(\xi-\jmath_1)$ 和 $z_i(\xi-\jmath_2)$ 的状态误差 $e_i(\xi)$、$e_i(\xi-\jmath_1)$ 和 $e_i(\xi-\jmath_2)$，定义为 $e_{i\Omega}(\xi)=\mathrm{col}\{e_i(\xi),\, e_i(\xi-\jmath_1),\, e_i(\xi-\jmath_2)\}$，有

$$e_i(\xi-\jmath_n)=z_i(\xi-\jmath_n)-\hat{z}_i(\xi-\jmath_n) \tag{5.72}$$

将式 (5.72) 代入式 (5.70)，得到

$$\begin{aligned}\dot{\hat{z}}_i(\xi)=&A_0\hat{z}_i(\xi)+A_1\hat{z}_i(\xi-\jmath_1)+A_2\hat{z}_i(\xi-\jmath_2)+Bu_i(\xi)\\&+(A_0e_i(\xi)+A_1e_i(\xi-\jmath_1)+A_2e_i(\xi-\jmath_2)-\dot{e}_i(\xi)+B\tilde{d}_i(\xi))\end{aligned} \tag{5.73}$$

为了描述式 (5.71) 和式 (5.73)，假设存在控制输入 $\Delta d_i(\xi)$ 满足

$$B\Delta d_i(\xi)=A_0e_i(\xi)+A_1e_i(\xi-\jmath_1)+A_2e_i(\xi-\jmath_2)-\dot{e}_i(\xi) \tag{5.74}$$

将式 (5.74) 代入式 (5.73)，得到

$$\dot{\hat{z}}_i(\xi)=A_0\hat{z}_i(\xi)+A_1\hat{z}_i(\xi-\jmath_1)+A_2\hat{z}_i(\xi-\jmath_2)+B(u_i(\xi)+\hat{d}_i(\xi)) \tag{5.75}$$

联合式 (5.69)、式 (5.71) 和式 (5.75) 得到

$$B(\hat{d}_i(\xi)+u_i(\xi)-u_{if}(\xi))=L_iC_ie_i(\xi) \tag{5.76}$$

因此，$\hat{d}_i(\xi)$ 的最小二乘解为

$$\hat{d}_i(\xi)=B^{+}L_iC_ie_i(\xi)+u_{if}(\xi)-u_i(\xi) \tag{5.77}$$

以低通滤波器的形式构造 EID 估计器，由 $\hat{d}_i(\xi)$ 估计 $\tilde{d}_i(\xi)$，得到

$$\begin{cases}\dot{z}_{iF}(\xi)=A_{iF}z_{iF}(\xi)+B_{iF}\hat{d}_i(\xi)\\ \tilde{d}_i(\xi)=C_{iF}z_{iF}(\xi)\end{cases} \tag{5.78}$$

式中，A_{iF}、B_{iF} 和 C_{iF} 为根据实际钻孔情况选择合适尺寸的矩阵。式 (5.78) 用于选择角频率带宽，其满足

$$F_i(j\omega)\approx 1,\quad \forall\omega\in[0,\overline{\omega}_i] \tag{5.79}$$

式中，ω_i 为干扰估计的最高角频率，EID 估计器的截止频率大于 ω_i。

为了提高参考轨迹的控制精度 $r_i(\xi)$，在两个控制回路中使用内部模型跟踪钻头的方位，此处钻头的方位等于轨迹的方位：

$$\dot{z}_{iR}(\xi)=A_{iR}z_{iR}(\xi)+B_{iR}(r_i(\xi)-Ey_i(\xi)) \tag{5.80}$$

式中，$E=[1\ \ 0\ \ 0]$ 用于从 $y_i(\xi)$ 获取钻头的运动方位；A_{iR} 和 B_{iR} 为根据现场配置选择的常量矩阵。

由系统的结构分析可知，跟踪参考输入 $u_{if}(\xi)$ 具有如下形式：

$$u_{if}(\xi)=K_{iP}\hat{z}_i(\xi)+K_{iR}z_{iR}(\xi) \tag{5.81}$$

式中，K_{iP} 和 K_{iR} 为需要设计的增益。

由于控制输入为 $u_i(\xi)$，但轨迹模型的输入是转向力 $\varGamma_i$，所以需要设计控制转换模块。结合前面的控制问题分析，控制转换表达式为

$$\dot{\varGamma}_i(\xi)=-\frac{\overline{b}_{i0}}{\overline{b}_{i1}}\varGamma_i(\xi)+\frac{1}{\overline{b}_{i1}}u_i(\xi) \tag{5.82}$$

将式 (5.69) 和式 (5.78) 代入式 (5.82) 得到

$$\dot{\varGamma}_i(\xi)=-\frac{\overline{b}_{i0}}{\overline{b}_{i1}}\varGamma_i(\xi)+\frac{1}{\overline{b}_{i1}}u_{if}(\xi)-\frac{1}{\overline{b}_{i1}}C_{iF}z_{iF}(\xi) \tag{5.83}$$

通过上述分析，轨迹系统由轨迹模型 (5.68)、Inc/Azi 观测器 (5.71)、EID 估计器 (5.78)、内部模型 (5.80) 和控制转换模块 (5.68) 组成，如图 5.8 所示。不同于其他方法，设计的基于 EID 估计器的轨迹控制系统包括内部模型和扰动估计器，可实现对未知扰动的主动抑制，这在工程中十分重要。

2) 考虑钻压不确定性的状态空间模型

图 5.8 中的控制系统有两个控制回路分别控制轨迹井斜角 α 和轨迹方位角 φ，每个控制回路包括内回路和外回路，内回路有状态观测器和 EID 估计器，外回路有内部模型和状态反馈。

为分析闭环控制系统的稳定性，需要获得闭环系统的状态空间模型。首先，使外部信号全部为零，即 $r_i(\xi)=0$、$d_i(\xi)=0$，使得

$$y_i(\xi)=C_iz_i(\xi) \tag{5.84}$$

$$y_i(\xi)-\hat{y}_i(\xi)=C_ie_i(\xi) \tag{5.85}$$

接着，将式 (5.84) 代入式 (5.80)，得到

$$\dot{z}_{iR}(\xi)=-B_{iR}EC_i\hat{z}_i(\xi)-B_{iR}EC_ie_i(\xi)+A_{iR}z_{iR}(\xi) \tag{5.86}$$

然后，将式 (5.85) 代入式 (5.71)，得到

$$\dot{\hat{z}}_i(\xi)=A_0\hat{z}_i(\xi)+A_1\hat{z}_i(\xi-\jmath_1)+A_2\hat{z}_i(\xi-\jmath_2)+Bu_{if}(\xi)+L_iC_ie_i(\xi) \tag{5.87}$$

同时，将式 (5.68) 减去式 (5.71)，有

$$\begin{aligned}\dot{e}_i(\xi) = &(A_0 - L_iC_i)e_i(\xi) + A_1e_i(\xi - \jmath_1) + A_2e_i(\xi - \jmath_2)\\ &+ Bu_i(\xi) - Bu_{if}(\xi) + \widetilde{A}_0z_i(\xi) + \widetilde{B}_{i0}\varGamma_i(\xi)\end{aligned} \tag{5.88}$$

将式 (5.69)、式 (5.72) 和式 (5.78) 代入式 (5.88)，得到

$$\begin{aligned}\dot{e}_i(\xi) = &(A_0 + \widetilde{A}_0 - L_iC_i)e_i(\xi) + A_1e_i(\xi - \jmath_1) + A_2e_i(\xi - \jmath_2)\\ &+ \widetilde{A}_0\hat{z}_i(\xi) + \widetilde{B}_{i0}\varGamma_i(\xi) - BC_{iF}z_{iF}(\xi)\end{aligned} \tag{5.89}$$

最后，将式 (5.69) 和式 (5.77) 代入式 (5.78)，得到

$$\dot{z}_{iF}(\xi) = (A_{iF} + B_{iF}C_{iF})z_{iF}(\xi) + B_{iF}B^+L_iC_ie_i(\xi) \tag{5.90}$$

定义闭环系统的状态量 $\delta_i(\xi) = \mathrm{col}\{\hat{z}_i(\xi),\ e_i(\xi),\ z_{iF}(\xi),\ z_{iR}(\xi),\ \varGamma_i(\xi)\}$，$i = \alpha, \varphi$。联合式 (5.85) ～ 式 (5.90)，钻进轨迹系统的状态空间方程为

$$\dot{\delta}_i(\xi) = \overline{A}_{i0}\delta_i(\xi) + \overline{A}_{i1}\delta_i(\xi - \jmath_1) + \overline{A}_{i2}\delta_i(\xi - \jmath_2) + \overline{B}_iu_{if}(\xi) \tag{5.91}$$

控制律为

$$u_{if}(\xi) = \overline{K}_i\delta_i(\xi),\quad \overline{K}_i = \begin{bmatrix} K_{iP} & 0 & 0 & K_{iR} & 0 \end{bmatrix} \tag{5.92}$$

将式 (5.92) 代入式 (5.91)，得到

$$\dot{\delta}_i(\xi) = (\overline{A}_{i0} + \overline{B}_i\overline{K}_i)\delta_i(\xi) + \overline{A}_{i1}\delta_i(\xi - \jmath_1) + \overline{A}_{i2}\delta_i(\xi - \jmath_2) \tag{5.93}$$

将式 (5.93) 中的标称项和不确定项进行分离，得到具有不确定性的闭环动态性能，可描述为

$$\dot{\delta}_i(\xi) = \mathcal{A}_{i0}\delta_i(\xi) + \mathcal{A}_{i1}\delta_i(\xi - \jmath_1) + \mathcal{A}_{i2}\delta_i(\xi - \jmath_2) + \mathcal{B}_i\varXi_i(\xi) \tag{5.94}$$

4. 鲁棒稳定性分析与多参数耦合控制器设计

引理 5.1 [17]　假定 $\varPsi_{i0}(\xi)$ 和 $\varPsi_{i1}(\xi)$ 在域 $\mathbb{R}^n$ 中是二次函数，如果 $\varPsi_{i1}(\xi) \leqslant 0$，$\forall\, \xi \in \mathbb{R}^n - \{0\}$，则 $\varPsi_{i0}(\xi) < 0$ 的充要条件是存在 $\varepsilon \geqslant 0$，使得 $\varPsi_{i0}(\xi) - \varepsilon\varPsi_{i1}(\xi) < 0$ 成立。

关于钻进轨迹闭环控制系统 (5.94) 的稳定性描述，给出如下定理。

定理 5.2　给定标量 $\jmath_{ik} \geqslant 0\ (k=1,2)$，如果存在对称正定矩阵 $\mathcal{X}_{ij}$、$\mathcal{Y}_{ij}$、$\mathcal{M}_{ij}\ (i=\alpha,\varphi,\ j=1,2,3,4)$、$\mathcal{X}_{i11}$ 和 $\mathcal{X}_{i22}$，适当矩阵 $\mathcal{W}_{i1}$、$\mathcal{W}_{i2}$ 和 $\mathcal{W}_{i3}$，以及标量 $\varepsilon>0$，使得如下 LMI 可行：

$$\begin{bmatrix} \Omega_{i11} & \Omega_{i12} & \Omega_{i13} & \Omega_{i14} & \Omega_{i15} & \Omega_{i16} & \Omega_{i17} \\ * & -\Omega_{i22} & 0 & 0 & 0 & 0 & 0 \\ * & * & -\Omega_{i33} & 0 & 0 & 0 & 0 \\ * & * & * & -\Omega_{i44} & 0 & 0 & 0 \\ * & * & * & * & -\Omega_{i55} & 0 & 0 \\ * & * & * & * & * & -\Omega_{i66} & 0 \\ * & * & * & * & * & * & -\Omega_{i77} \end{bmatrix} < 0 \tag{5.95}$$

那么，基于控制律 (5.92) 的控制系统 (5.94) 是鲁棒稳定的。

证明　闭环控制系统 (5.94) 是含有不确定项的时滞系统。由于系统延迟和钻压不确定性，系统 (5.94) 和实际工程很接近。在稳定性分析中，首先考虑系统的时延，然后讨论钻压不确定性对系统的影响。□

选择如下 Lyapunov 函数：

$$V(\delta_i(\xi)) = \delta_i^{\mathrm{T}}(\xi)\mathcal{P}_i\delta_i(\xi) + \int_{\xi-\jmath_1}^{\xi} \delta_i^{\mathrm{T}}(s)\mathcal{R}_i\delta_i(s)\mathrm{d}s + \int_{\xi-\jmath_2}^{\xi} \delta_i^{\mathrm{T}}(s)\mathcal{Q}_i\delta_i(s)\mathrm{d}s \tag{5.96}$$

式中，$\mathcal{P}_i$、$\mathcal{R}_i$ 和 $\mathcal{Q}_i$ 都是正定的对角矩阵，$i=\alpha,\varphi$。

计算系统 (5.94) 不确定项 $V(\delta_i(\xi))$ 的微分项：

$$\begin{aligned} \dot{V}(\delta_i(\xi)) &= \delta_i^{\mathrm{T}}(\xi)\mathcal{P}_i\dot{\delta}_i(\xi) + \dot{\delta}_i^{\mathrm{T}}(\xi)\mathcal{P}_i\delta_i(\xi) + \delta_i^{\mathrm{T}}(\xi)\mathcal{R}_i\delta_i(\xi) \\ &\quad + \delta_i^{\mathrm{T}}(\xi)\mathcal{Q}_i\delta_i(\xi) - \delta_i^{\mathrm{T}}(\xi-\jmath_1)\mathcal{R}_i\delta_i(\xi-\jmath_1) - \delta_i^{\mathrm{T}}(\xi-\jmath_2)\mathcal{Q}_i\delta_i(\xi-\jmath_2) \\ &= \upsilon_i^{\mathrm{T}}(\xi)\lambda_i\upsilon_i(\xi) + 2\delta_i^{\mathrm{T}}(\xi)\mathcal{P}_i\mathcal{B}_i\Xi_i(\xi) \end{aligned} \tag{5.97}$$

式中，$\upsilon_i(\xi) = \begin{bmatrix} \delta_i^{\mathrm{T}}(\xi) & \delta_i^{\mathrm{T}}(\xi-\jmath_1) & \delta_i^{\mathrm{T}}(\xi-\jmath_2) \end{bmatrix}^{\mathrm{T}}$，而且

$$\lambda_i = \begin{bmatrix} \lambda_{i1} & \mathcal{P}_i\mathcal{A}_{i1} & \mathcal{P}_i\mathcal{A}_{i2} \\ * & -\mathcal{R}_i & 0 \\ * & * & -\mathcal{Q}_i \end{bmatrix} \tag{5.98}$$

因此，有

$$\dot{V}(\delta_i(\xi)) - (\Xi_i^{\mathrm{T}}(\xi)\Xi_i(\xi) - \delta_i^{\mathrm{T}}(\xi)E_i^{\mathrm{T}}E_i\delta_i(\xi)) = \begin{bmatrix} \upsilon_i^{\mathrm{T}}(\xi) & \Xi_i^{\mathrm{T}}(\xi) \end{bmatrix} \tilde{\lambda}_i \begin{bmatrix} \upsilon_i(\xi) \\ \Xi_i(\xi) \end{bmatrix} \tag{5.99}$$

式中，

$$\tilde{\lambda}_i = \begin{bmatrix} \lambda_{i1} & \mathcal{P}_i\mathcal{A}_{i1} & \mathcal{P}_i\mathcal{A}_{i2} & \mathcal{P}_i\mathcal{B}_i \\ * & -\mathcal{R}_i & 0 & 0 \\ * & * & -\mathcal{Q}_i & 0 \\ * & * & * & -I \end{bmatrix} + \begin{bmatrix} E_i^{\mathrm{T}} \\ 0 \end{bmatrix} \begin{bmatrix} E_i & 0 \end{bmatrix} \tag{5.100}$$

应用舒尔补定理，式 (5.100) 等效为

$$\begin{bmatrix} \bar{\lambda}_{i1} & \mathcal{P}_i\mathcal{A}_{i1} & \mathcal{P}_i\mathcal{A}_{i2} & \mathcal{P}_i\mathcal{B}_i & E_i^{\mathrm{T}} & I & I \\ * & -\mathcal{R}_i & 0 & 0 & 0 & 0 & 0 \\ * & * & -\mathcal{Q}_i & 0 & 0 & 0 & 0 \\ * & * & * & -I & 0 & 0 & 0 \\ * & * & * & * & -I & 0 & 0 \\ * & * & * & * & * & -\mathcal{R}_i^{-1} & 0 \\ * & * & * & * & * & * & -\mathcal{Q}_i^{-1} \end{bmatrix} < 0 \tag{5.101}$$

式中，$\bar{\lambda}_{i1} = \mathcal{P}_i\mathcal{A}_{i0} + \mathcal{A}_{i0}^{\mathrm{T}}\mathcal{P}_i$。令

$$\mathcal{X}_{ij} = \mathcal{P}_{ij}^{-1}, \quad \mathcal{Y}_{ij} = \mathcal{R}_{ij}^{-1}, \quad \mathcal{M}_{ij} = \mathcal{Q}_{ij}^{-1} \tag{5.102}$$

使用块矩阵 σ_i 左乘右乘式 (5.101)，得块矩阵为

$$\sigma_i = \mathrm{diag}\{\mathcal{X}_i, \mathcal{Y}_i, \mathcal{M}_i, I, I, I, I\}, \quad i = \alpha, \varphi \tag{5.103}$$

可以得到

$$\begin{bmatrix} \bar{\bar{\lambda}}_{i1} & \mathcal{A}_{i1}\mathcal{Y}_i & \mathcal{A}_{i2}\mathcal{M}_i & \mathcal{B}_i & \mathcal{X}_iE_i^{\mathrm{T}} & \mathcal{X}_i & \mathcal{X}_i \\ * & -\mathcal{Y}_i & 0 & 0 & 0 & 0 & 0 \\ * & * & -\mathcal{M}_i & 0 & 0 & 0 & 0 \\ * & * & * & -I & 0 & 0 & 0 \\ * & * & * & * & -I & 0 & 0 \\ * & * & * & * & * & -\mathcal{Y}_i & 0 \\ * & * & * & * & * & * & -\mathcal{M}_i \end{bmatrix} < 0 \tag{5.104}$$

式 (5.104) 不是 LMI，为此，应用引理 4.3，则有

$$\overline{\mathcal{X}}_{i2} = U_iS_i\mathcal{X}_{i11}S_i^{-1}U_i^{\mathrm{T}} \tag{5.105}$$

使得

$$C_i\mathcal{X}_{i2}=\overline{\mathcal{X}}_{i2}C_i,\quad i=\alpha,\varphi \tag{5.106}$$

令

$$K_{iP}\mathcal{X}_{i1}=\mathcal{W}_{i1},\ K_{iR}\mathcal{X}_{i4}=\mathcal{W}_{i3},\ L_i\overline{\mathcal{X}}_{i2}=\mathcal{W}_{i2} \tag{5.107}$$

将式 (5.106) 和式 (5.107) 代入式 (5.104)，即可获得 LMI (5.95)。

同时，针对式 (5.99) 应用引理 5.1，考虑 $\varepsilon=1$，从上述分析可知，如果 $\tilde{\lambda}<0$，有 $\dot{V}(\delta_i(\xi))<0$，则不确定系统 (5.94) 是渐近稳定的。 □

注释 5.1　在钻进轨迹系统中引入干扰估计器，以提高轨迹系统对未知扰动的抑制能力。定理 5.2 给出了闭环控制系统鲁棒稳定的充分条件，在此基础上获得控制器的相关参数。

5. 仿真分析

考虑两个稳定器，BHA 由一系列无限刚度钢管组成。基于工程实际需求，BHA 固有特性参数设置如下：杨氏模量 E 为 $2\times10^{11}\mathrm{N/m^2}$、密度 ρ 为 $7800\mathrm{kg/m^3}$、分布式重力项 w 为 $1.08\times10^3\mathrm{N/m}$。

为简化计算，这里考虑轨迹井斜角和方位角传感器放在同一位置的典型情况。根据闭环系统稳定性分析和控制器参数设计，通过求解 LMI (5.95)，可得 $K_{iP}=[-2685\ -1283\,476]$、$K_{iR}=4091$、$l_{i1}=127.5$、$l_{i2}=3367$，$i=\alpha,\varphi$。

为贴合实际情况，这里设计的轨迹为普通定向轨迹，该轨迹由垂直段、造斜段和水平段组成。规划轨迹涉及的轨迹井斜角和轨迹方位角设置为

$$\alpha_r(\xi)=\begin{cases}1^\circ, & \xi\in[0,100]\\ 1^\circ+0.89^\circ\xi, & \xi\in(100,200]\\ 90^\circ, & \xi\in(200,300]\end{cases} \tag{5.108}$$

$$\varphi_r(\xi)=\begin{cases}95^\circ, & \xi\in[0,100]\\ 95^\circ-0.95^\circ\xi, & \xi\in(100,200]\\ 0^\circ, & \xi\in(200,300]\end{cases} \tag{5.109}$$

需要指出的是，从式 (5.65) 所示的轨迹方位角模型可知，井斜角和方位角之间存在耦合关系，轨迹井斜角不能设置为零，结合实际情况，将轨迹井斜角设置为 1°。同时，在刚开始钻进时，转向装置不能直接将方位角的角度转至 95°，为了不改变轨迹的设计和走向，对轨迹方位角进行 $\varphi_r(\xi)-95^\circ$ 的数学处理。

为说明所提控制策略的有效性，分别对钻进轨迹的造斜段和水平段进行扰动抑制分析。

1) 轨迹造斜段扰动抑制分析

由于钻进轨迹造斜段的工况比较复杂，为了更好地模拟实际情况，在造斜部分设置未知扰动，未知扰动 ξ 设置在 $130 \sim 170$。这种扰动工况在实际工程中极具挑战，对转向装置的要求较高，能较好地反映实际极端情况，扰动表达式为

$$d_{\mathrm{i1}}(\xi) = 0.15 \times (-1 + \sin(4\pi\xi) + \cos(2\pi\xi) + \sin(\pi\xi) + \sin(0.5\pi\xi)) \tag{5.110}$$

为说明鲁棒 EID 方法的有效性，与传统 PID 和 SMC 方法进行对比分析。从图 5.9(a) 可知，鲁棒 EID 方法的轨迹井斜角跟踪误差明显减少。对比 PID 方法，鲁棒 EID 方法的跟踪误差峰峰值下降了 50%；对比 SMC 方法，鲁棒 EID 方法在振荡消除和轨迹平滑度上表现更好。可见，鲁棒 EID 方法可以大大降低钻具磨损，节约工程造价。从图 5.9(b) 可知，对比 PID 方法，鲁棒 EID 方法使得轨迹方位角跟踪误差峰峰值从 10° 下降到 2°，下降了 80%。鲁棒 EID 方法和 SMC 方法的扰动处理效果相当，但 SMC 方法的振荡消除效果稍差。

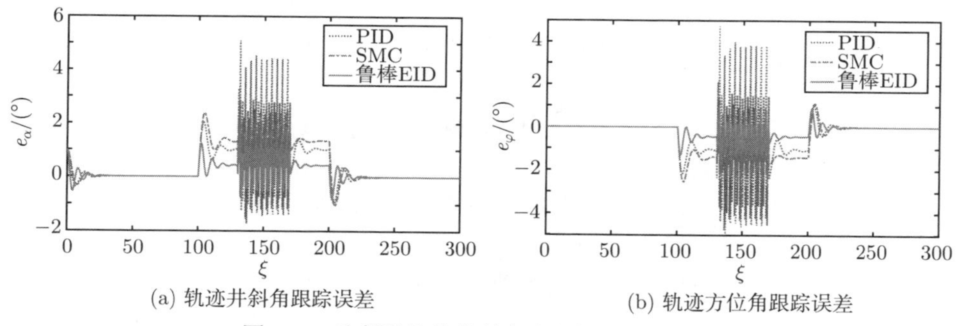

(a) 轨迹井斜角跟踪误差　(b) 轨迹方位角跟踪误差

图 5.9　造斜段轨迹井斜角和方位角跟踪误差

上述结果表明，鲁棒 EID 方法使得跟踪误差波动减小，快速地收敛到零，对造斜段的扰动抑制性能有较大的改善，所设计的控制系统有较好的鲁棒性。

2) 轨迹水平段扰动抑制分析

轨迹水平段的工况相对造斜段要简单。针对这一实际工程条件，可能会出现一些周期性扰动等的扰动，因此一类未知扰动设计为

$$d_{i2}(\xi) = 0.4\tanh\xi - 0.4\tanh(0.5\xi) + 0.8\sin(0.5\pi\xi) \tag{5.111}$$

考虑钻进过程的变化特性，水平段的扰动 ξ 限制在 $230 \sim 270$。该区间的设置主要用于讨论系统跟踪和扰动抑制情况。如图 5.10(a) 和图 5.10(b) 所示，鲁棒 EID 方法能有效地降低轨迹井斜角和方位角跟踪误差。轨迹井斜角的峰峰值控制在 2° 以内，轨迹方位角的峰峰值控制在 2.5° 以内。对比 PID 方法，鲁棒 EID 方法使得轨迹井斜角的误差下降了 46.7%，轨迹方位角的误差下降了 50%。SMC 方

法在水平段和造斜段的控制效果类似。上述轨迹井斜角和方位角的跟踪误差变化均与误差估计的设计有关。

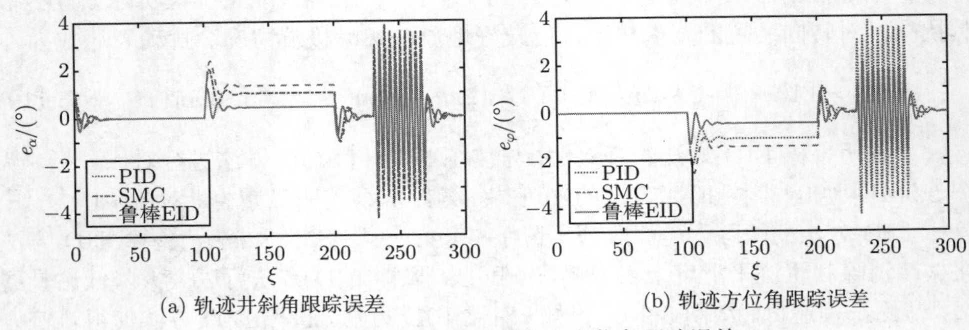

(a) 轨迹井斜角跟踪误差　(b) 轨迹方位角跟踪误差

图 5.10　水平段轨迹井斜角和方位角跟踪误差

设计的控制系统能准确跟踪钻进轨迹的变化，同时，在扰动抑制方面效果显著。控制系统能处理轨迹造斜段的极端扰动情况，尽管处理后的跟踪误差相比于轨迹水平段要大些，但造斜段的控制难度更大。

5.2　垂钻轨迹纠偏控制

垂钻过程定向纠偏控制方法对深层地质钻探具有重要意义。地层倾角、各向异性、岩性软硬交替以及下部钻具受力与弯曲变形等因素，在工程中容易造成钻进轨迹偏斜。钻进轨迹偏斜使得现场施工和初始设计方案有较大的偏差，从而降低了资源采收率；同时过大的井斜角与方位角还容易造成起下钻困难、钻杆工作条件恶化、黏附卡钻、键槽卡钻等复杂问题，严重影响钻进过程的安全性 [18]。为解决钻进轨迹偏斜问题，本节从地质钻探垂钻工艺角度出发，探讨垂钻过程的特性，建立垂钻轨迹延伸模型；针对钻进过程中存在测量噪声的工程应用场景，提出基于粒子滤波器和模型预测控制 (model predictive control, MPC) 的垂钻轨迹纠偏控制方法；针对高质量垂钻轨迹纠偏问题，考虑造斜率不确定性对约束控制问题的影响，提出基于自适应管约束鲁棒 MPC 的垂钻轨迹纠偏控制方法 [19]。

5.2.1　垂钻轨迹延伸模型

垂钻轨迹延伸模型的基础是垂钻定向纠偏工艺特性分析，这里首先介绍地质钻探领域主要的钻进设备和纠偏工具，分析垂钻定向纠偏工艺，明确定向纠偏系统组成与纠偏机理；然后依据上述工艺分析，总结与定向纠偏控制相关的系统状态量与控制量；最后遵照实际工程需要和模型简化原则，结合钻具姿态变化规律与轨迹延伸微分方程，构建垂钻轨迹延伸模型，用于描述定向纠偏钻进过程 [20]。

1. 垂钻轨迹纠偏过程描述

钻进过程中与定向纠偏相关的结构主要有 BHA、钻杆、钻头、测量系统和井上系统。井上系统包括游车、转盘、主绞车和泥浆泵等，主要用于提供钻进所需的钻压、转速与泵量。测量系统由打捞绞车和测斜仪组成，主要用于定点测斜。另外，由于成本和钻孔口径限制，基于滑动导向的纠偏工艺仍然是当今的主流工艺，而滑动导向主要通过基于螺杆钻具的底部钻具组合 (以下所提底部钻具组合或 BHA 均指基于螺杆钻具的底部钻具组合) 实现。该底部钻具组合主要由稳定器、井下马达总成、传动轴总成、万向轴总成和上部接头组成，负责提供造斜能力，可以说底部钻具组合是定向纠偏的核心部件。

定向纠偏过程如下：每钻进一定深度，停止钻进，由打捞绞车在钻杆内部下放测斜仪至井底，静态测量井底处的井斜角与方位角；结合历史测斜数据，计算整条钻进轨迹，同时确定当前偏斜参数；由工程师设定下一段井段的纠偏控制量；启动钻进，通过转盘和底部钻具组合的配合，依据控制量实现定向造斜，钻进一定深度，再次对井下轨迹进行测斜；通过定点测斜与控制，实现垂钻轨迹的纠偏。纠偏的前提是系统能够正常钻进，主要通过井上系统的配合为系统提供必要的钻进参量，即钻压、转速和泵量，从而实现正常钻进。

定点测量过程描述如下：为了达到一定的测量精度，工程中一般采用静态测量的方式对钻进轨迹进行测斜，即每钻进一定距离停钻测量一次，一般为一根钻杆的长度，即 9m；同时受地层变化、钻进事故等因素的影响，钻速具有波动特性，停钻测量的时间间隔不是固定的。井下测量参数仅包括井眼轨迹的井斜角与方位角，井深由井上装置测量得到。将这三个参数输入到井眼轨迹计算模型中，可获取井眼轨迹的其他参数，包括闭合距等。典型的井眼轨迹计算模型包括自然曲线法与最小曲率法。

垂钻轨迹纠偏控制的目标是在保证井斜角较小的同时，提高钻进轨迹的垂直精度，其中垂直精度主要通过井斜角与闭合距来描述，闭合距即钻进轨迹上离井口铅垂线的水平偏移。另外，钻进轨迹的调整主要依靠转盘与底部钻具组合配合实现，而操作依据的工程参量称为工具面向角与导向率，分别对应着纠偏过程中对钻进方向与钻进曲率调整的大小。

2. 垂钻轨迹纠偏过程建模

钻进轨迹的变化是一个十分复杂的过程，涉及的动力学参数众多，然而由于测量条件有限，大部分参数无法从实际工程钻进中获得，使得建立的动力学模型难以在工程中直接应用。另外，目前地质钻探主要采用定点测量方式测量轨迹参数，这对动力学模型来说测量信号过长，有限的测量值难以唯一而准确地反映出工程中实际井下钻具各个时间点的状态。由于反馈周期的长度问题，研究各种干扰对钻进过程的影响也显得十分困难。

为了简化建模，从钻具运动学角度建立钻具运动模型。由垂钻轨迹纠偏过程工艺分析可知，垂钻轨迹纠偏过程的核心是通过控制工具面向角与导向率，减少钻进轨迹的偏差，钻进轨迹的偏差主要通过井斜角和闭合距进行描述。为了更直观地描述垂钻轨迹纠偏过程中轨迹的延伸过程，建立如图 5.11 所示的三维地层坐标系。Z 轴指向井口铅垂线方向，正向向下，X 轴正向指向正东方向，Y 轴正向指向磁北方向，X、Y、Z 三轴两两正交。

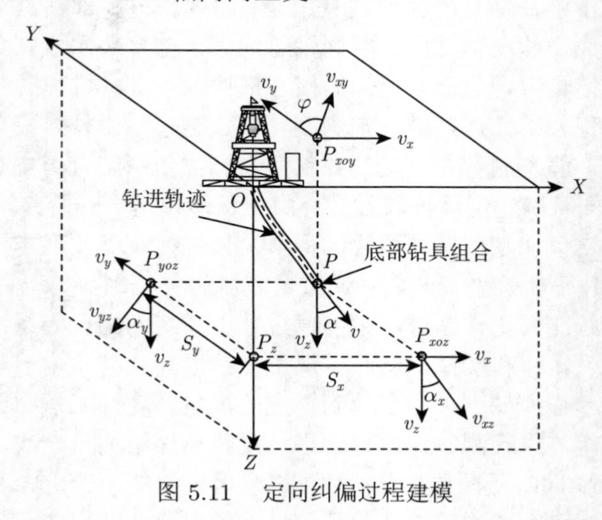

图 5.11　定向纠偏过程建模

在图 5.11 中，O 点为井口所在位置，OZ 为井口铅垂线；P 点为井底钻具组合所在位置，也即井底位置；OP 曲线为已钻钻进轨迹，井底轨迹朝向为向量 s 所指正方向；α 为井斜角，φ 为方位角，α 和 φ 由测斜仪定点测量得到。

为了更清晰地描述轨迹偏斜情况，将井斜角与闭合距分解到两个平面上。设定平面 XOZ 为三维地层坐标系的正向平面，平面 YOZ 为三维地层坐标系的侧向平面，平面 XOY 为三维地层坐标系的水平面。P_{xoz}、P_{yoz}、P_{xoy} 分别为 P 点在三个平面上的垂直投影，P_z 为 P 点在井口铅垂线 OZ 上的垂直投影。向量 v 为当前钻速，v_x、v_y、v_z、v_{xy}、v_{xz}、v_{yz} 分别为三个方向的分量和三个平面上的合分量。依据 α 与 φ 的定义，α 为钻速 v 与 v_z 的夹角，φ 为 v_{xy} 与 v_y 的夹角。α_x 和 α_y 分别为平面 XOZ 和 YOZ 上井斜角 α 的垂直投影，描述钻进轨迹的井斜偏移；同样 s_x 和 s_y 分别为平面 XOZ 和 YOZ 上闭合距的垂直投影，描述钻进轨迹的水平偏移。

如图 5.11 所示，钻进轨迹延伸主要与井底钻具组合的两种运动相关，分别为钻具姿态的运动以及钻具以一定曲率的圆周运动，因此考虑从这两个部分构建纠偏过程的数学方程，即钻进轨迹微分方程与钻具姿态微分方程，前者描述钻进轨迹水平偏移的变化规律，后者描述钻进轨迹井斜偏移的变化规律。

针对钻进轨迹微分方程，依据分量的定义，v_x、v_y、v_z 与 v、α、φ 的关系为

$$v_x = v\sin\alpha\sin\varphi,\ v_y = v\sin\alpha\cos\varphi,\ v_z = v\cos\alpha \tag{5.112}$$

由于定点测量工艺的特点，测量周期不固定，但测量点的井深是固定的，这是因为井斜角与方位角仅在固定钻进一定距离后测量。显然，测量周期与钻速相关，但钻速并非一成不变，因此造成测量时间无法确定，而测量点处的井深是已知的。为了便于后续处理，考虑将时间域转化为井深域进行研究。将式 (5.112) 两边乘以 $\mathrm{d}t/\mathrm{d}s$(s 为井深)，转化为

$$\mathrm{d}s_x/\mathrm{d}s = \sin\alpha\sin\varphi,\ \mathrm{d}s_y/\mathrm{d}s = \sin\alpha\cos\varphi,\ \mathrm{d}s_z/\mathrm{d}s = \cos\alpha \tag{5.113}$$

式 (5.113) 是钻进轨迹的微分方程，也是钻进轨迹的一般几何规律，符合一般钻进轨迹的假设，即钻进轨迹光滑，在某点不会出现突变或折线。

针对钻具姿态微分方程，参考 Panchal 等 [21] 的研究成果，设定 $\dot{s}_x = \mathrm{d}s_x/\mathrm{d}s$，$\dot{s}_y = \mathrm{d}s_y/\mathrm{d}s$，$\dot{s}_z = \mathrm{d}s_z/\mathrm{d}s$，$\dot{\alpha} = \mathrm{d}\alpha/\mathrm{d}s$，$\dot{\varphi} = \mathrm{d}\varphi/\mathrm{d}s$，轨迹延伸方程描述为

$$\begin{cases} \dot{s}_x = \sin\alpha\sin\varphi,\ \dot{s}_y = \sin\alpha\cos\varphi,\ \dot{s}_z = \cos\alpha \\ \dot{\alpha} = r\omega_{\mathrm{SR}}\sin\psi \\ \dot{\varphi} = r\omega_{\mathrm{SR}}\dfrac{\cos\psi}{\sin\alpha} \end{cases} \tag{5.114}$$

式中，ω_{SR} 为导向率。

3. 模型修正

对于垂钻过程，井斜角一般小于 3°。对照式 (5.114)，当井斜角较小时，方位角变化率大于 20°/30m，这使得式 (5.114) 并不适用于垂钻过程。不仅如此，随着井斜角的减小，方位角变化率将显著增加，而当井斜角低于 1° 时，方位角变化将变得过于剧烈，严重影响小井斜角下钻进参数的计算。另外，Panchal 等 [21] 的模型主要用于描述定向水平井钻进过程中的钻具姿态变化，采用高边工具面向角作为控制量，而在井斜偏移较小时，磁工具面向角才是纠偏的主要控制量。因此，为了使构造的轨迹延伸模型能够适用于垂钻过程，有必要对式 (5.114) 进行调整。根据磁工具面向角的定义，垂钻过程钻具姿态方程可重新定义为

$$\begin{cases} \dot{\alpha}_x = \omega_x = r\omega_{\mathrm{SR}}\sin\tilde{\theta}_{\mathrm{tf}} \\ \dot{\alpha}_y = \omega_y = r\omega_{\mathrm{SR}}\cos\tilde{\theta}_{\mathrm{tf}} \end{cases} \tag{5.115}$$

式中，$\tilde{\theta}_{\mathrm{tf}}$ 为磁工具面向角。

由于式 (5.116) 计算的是井斜角分量，而实际使用的变量是井斜角与方位角，所以应构建 α、φ 到 α_x、α_y 的转换。根据三角函数，得到四个角度的关系式为

$$\begin{cases} \tan \alpha_x = \tan \alpha \sin \varphi \\ \tan \alpha_y = \tan \alpha \cos \varphi \end{cases} \tag{5.116}$$

由于垂钻过程井斜偏差较小，对式 (5.115) 中的角度做如下简化：$\sin \alpha \sin\varphi \approx \tan \alpha \sin \varphi = \tan \alpha_x$, $\sin \alpha \cos \varphi \approx \tan \alpha \cos \varphi = \tan \alpha_y$，将该等式代入式 (5.115)，得到最终的垂钻轨迹延伸模型：

$$\begin{cases} \tan \alpha_x = \tan \alpha \sin \beta, \ \tan \alpha_y = \tan \alpha \cos \beta \\ \dot{s}_x = \tan \alpha_x, \ \dot{s}_y = \tan \alpha_y, \ \dot{s}_z = \cos \alpha \\ \dot{\alpha}_x = \omega_x = r\omega_{\mathrm{SR}} \sin \tilde{\theta}_{\mathrm{tf}} \\ \dot{\alpha}_y = \omega_y = r\omega_{\mathrm{SR}} \cos \tilde{\theta}_{\mathrm{tf}} \end{cases} \tag{5.117}$$

模型状态量为水平偏移状态参数 s_x 和 s_y，井斜偏移状态量为 α_x 和 α_y。

5.2.2 考虑测量噪声的垂钻轨迹纠偏控制方法

垂钻轨迹纠偏控制方法虽然在一定程度上能够解决轨迹偏斜的问题，但针对垂钻过程纠偏控制精度受测量噪声影响的问题讨论较少。测量噪声会导致控制精度下降，增大了控制器处理状态约束的难度。

本节提出基于粒子滤波器和 MPC 方法的垂钻轨迹纠偏控制方法，将粒子滤波器与改进型 MPC 方法相结合，降低测量噪声对纠偏控制的负面影响。首先分析垂钻轨迹纠偏控制的需求与工艺限制，研究垂钻过程测量噪声与过程噪声的大小和分布特性，进而给出垂钻轨迹纠偏控制问题的数学描述。然后考虑垂钻轨迹纠偏控制精度受测量噪声影响的问题，引入粒子滤波器，以提高控制精度。最后设计 MPC 控制器，实现钻进轨迹的纠偏纠斜，同时通过引入软约束和可变优化权重的方式改进 MPC 方法，以降低测量噪声对控制器的不利影响 [22]。

1. 具有测量噪声的纠偏控制问题

本节主要阐述具有测量噪声的纠偏控制问题。基于 5.2.1 节中已给出的垂钻轨迹延伸模型，使用 μ_x 和 μ_y 描述钻进过程中的干扰，将这部分干扰称为测量噪声。为了保证构建的滤波器的滤波精度，这里不能仅评估测量噪声的期望，还需要明确测量噪声的分布状态。基于实际钻进过程数据，测量噪声使得系统最大造斜率 r 在 $1.4°/30\mathrm{m} \sim 9.2°/30\mathrm{m}$ 浮动，近似服从一个在尺度和幅值上调整了的伽马 $\Gamma(3, 2)$ 分布。

井内恶劣环境使得测量具有一定的噪声 [23]。在垂钻过程中，纠偏控制精度对这种测量噪声十分敏感，定义带有测量噪声的测量值为

$$\begin{cases} \bar{\alpha}_x = \alpha_x + \nu_{\alpha,x} \\ \bar{\alpha}_y = \alpha_y + \nu_{\alpha,y} \end{cases} \tag{5.118}$$

式中，$\bar{\alpha}_x$、$\bar{\alpha}_y$ 为测量值；$\nu_{\alpha,x}$、$\nu_{\alpha,y}$ 为测量噪声。

测斜仪主要使用加速度和磁通门传感器进行轨迹测量，测量噪声主要来源于电子热噪声，噪声服从正态分布，随着井深的增加，井斜角的最大测量噪声甚至可能超过 1.5°[24, 25]。由于受地质钻进测量的限制，工程中常采用定点测量工艺，即在单根钻杆钻进结束后，停钻测量轨迹参数，同时为保证轨迹质量，需尽量保持井斜角小于 $\alpha_{\max}$。

2. 基于粒子滤波器和 MPC 方法的垂钻轨迹纠偏控制系统结构

图 5.12 为基于粒子滤波器和 MPC 方法的垂钻轨迹纠偏控制系统结构，r_{in} 为参考轨迹输入，s_x、s_y、α 和 φ 为实际钻进过程的四个轨迹参数，s_x、s_y 为井深，$\tilde{\theta}_{\text{tf}}$ 和 ω_{SR} 为系统控制量；$\bar{\alpha}$、$\bar{\varphi}$ 分别为由测斜仪得到的井斜角、方位角的测量值，$\hat{s}_x$、$\hat{s}_y$、$\hat{\alpha}$ 和 $\hat{\varphi}$ 为粒子滤波器输出的滤波量。

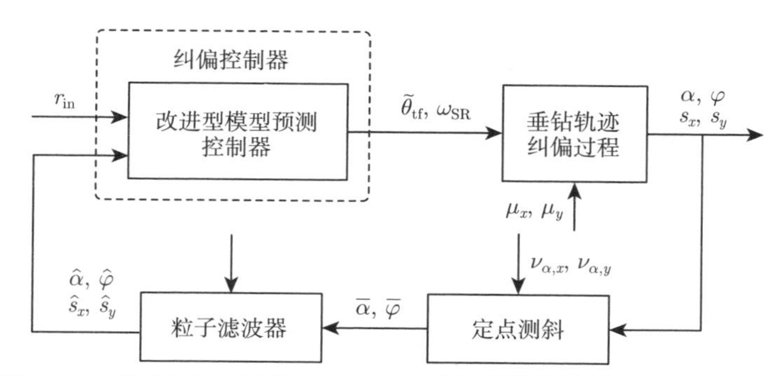

图 5.12　基于粒子滤波器和 MPC 方法的垂钻轨迹纠偏控制系统结构

由图 5.12 可知，测斜仪主要负责定点测定轨迹参数，由于受测量干扰，轨迹参数的测定值 $\bar{\alpha}$、$\bar{\varphi}$ 与实际值有一定的差异。粒子滤波器包含两部分工作：一是通过测量值 $\bar{\alpha}$、$\bar{\varphi}$ 测算出模型所需的轨迹参数 $\bar{s}_x$、$\bar{s}_y$、$\bar{\alpha}_x$、$\bar{\alpha}_y$；二是对测算的轨迹参数进行滤波，获得更加准确的轨迹参数 $\hat{s}_x$、$\hat{s}_y$、$\hat{\alpha}_x$、$\hat{\alpha}_y$。将 $\hat{s}_x$、$\hat{s}_y$、$\hat{\alpha}_x$、$\hat{\alpha}_y$ 输入到 MPC 控制器中，从而生成下一井段钻进所用的控制量 $\tilde{\theta}_{\text{tf}}$ 和 ω_{SR}。

在实际工程应用中，最大测量与测量噪声无法评估，要将井斜角完全控制在约束范围内几乎不可能。因此，在工程应用中可放宽对井斜角的约束，即在井斜角超过 $\alpha_{\max}$ 时，钻进系统应优先降低井斜角，以保证钻进轨迹的质量。

为了解决可能存在的井斜角超限问题，对 MPC 控制器中权重矩阵进行动态调整，分别在井斜角大于和小于 $\alpha_{\max}$ 时使用不同的权重矩阵，以完成纠偏优先度的变换。而当井斜角过大时，会出现 MPC 控制器在原有控制量约束下无解的情况，这时适当放宽对井斜角的约束可以保证 MPC 控制器的正常运行。

3. MPC 控制器设计

为了使控制器具有更高的鲁棒性和显示处理控制限制的能力，纠偏控制选择 MPC 方法。

首先需设计 MPC 控制器的预测方程。基于建立的垂钻轨迹延伸模型，对该模型进行线性化与离散化，以降低控制器设计难度。将井斜角 α_x 和 α_y 与钻具在 X 轴和 Y 轴的位移 s_x、s_y 作为状态量，ω_x、ω_y 为控制量 (ω_x 与 ω_y 由导向率 ω_{SR} 与磁工具面向角 $\tilde{\theta}_{\mathrm{tf}}$ 计算获得)。为保障控制精度，将滤波器输出 $\hat{s}_x$、$\hat{s}_y$、$\hat{\alpha}_x$、$\hat{\alpha}_y$ 作为 MPC 控制器的反馈信号，同时考虑垂钻过程井斜角较小的客观因素，可得到垂钻过程轨迹延伸线性模型：

$$\begin{bmatrix} \dot{\hat{s}}_x \\ \dot{\hat{\alpha}}_x \\ \dot{\hat{s}}_y \\ \dot{\hat{\alpha}}_y \end{bmatrix} = \begin{bmatrix} 0 & \dot{S} & 0 & 0 \\ 0 & 0 & 0 & 0 \\ 0 & 0 & 0 & \dot{S} \\ 0 & 0 & 0 & 0 \end{bmatrix} \begin{bmatrix} \hat{s}_x \\ \hat{\alpha}_x \\ \hat{s}_y \\ \hat{\alpha}_y \end{bmatrix} + \begin{bmatrix} 0 & 0 \\ 1 & 0 \\ 0 & 0 \\ 0 & 1 \end{bmatrix} \begin{bmatrix} \omega_x \\ \omega_y \end{bmatrix} \tag{5.119}$$

工程中随钻测量系统并非动态测量轨迹参数，而是每钻进一定距离停钻测量一次，因此该模型并不能直接用于控制器设计。在对模型进行离散化后，线性离散状态空间方程为

$$\begin{bmatrix} \hat{s}_x(k+1) \\ \hat{\alpha}_x(k+1) \\ \hat{s}_y(k+1) \\ \hat{\alpha}_y(k+1) \end{bmatrix} = \begin{bmatrix} 1 & L & 0 & 0 \\ 0 & 1 & 0 & 0 \\ 0 & 0 & 1 & L \\ 0 & 0 & 0 & 1 \end{bmatrix} \begin{bmatrix} \hat{s}_x(k) \\ \hat{\alpha}_x(k) \\ \hat{s}_y(k) \\ \hat{\alpha}_y(k) \end{bmatrix} + \begin{bmatrix} p_a & 0 \\ L & 0 \\ 0 & p_a \\ 0 & L \end{bmatrix} \begin{bmatrix} \omega_x(k) \\ \omega_y(k) \end{bmatrix} \tag{5.120}$$

基于上述离散状态空间方程，MPC 控制器的预测方程可写为

$$Y(k) = \varXi_k x(k|k) + \alpha_k W(k) \tag{5.121}$$

基于前述的约束分析，井斜角需满足一定的要求，此外，导向钻具造斜率 r 有限。因此，结合约束条件，针对纠偏控制系统，建立如下优化问题：

$$\begin{aligned} &\min\ \{J(Y(k),U(k)) = Y(k)^{\mathrm{T}}QY(k) + W(k)^{\mathrm{T}}RW(k)\} \\ &\text{s.t.} \begin{cases} |\hat{\alpha}(k+n)| \leqslant \alpha_{\max} \\ |r\omega_{\mathrm{SR}}(k+n)| \leqslant r \end{cases} \end{aligned} \tag{5.122}$$

在式 (5.122) 中，Q 与 R 分别为状态量与控制量的权值矩阵，较大的 Q 值能保证跟踪误差更小，但有可能引起振荡，较大的 R 值能够保证控制量变化更平缓。在轨迹纠偏过程中，井斜角一般会接近 $\alpha_{\max}$，以期更快速地完成纠偏工作。然而，受到测量噪声的影响，倾斜角不免波动，极端情况可能会使井斜角大大超

出 $\alpha_{\max}$，当井斜角 $\hat{\alpha} > \alpha_{\max} + \omega_{\alpha\max}$ 时 ($\omega_{\alpha\max}$ 为执行器一周期能提供的最大造斜率)，上述优化问题没有可行解，从而导致 MPC 控制器计算错误。

为解决这一问题，本节引入一个软约束和可变优化权重。利用软约束保证 MPC 控制器总有可行解，同时结合基于 sigmoid 函数的可变优化权重，在井斜角超出 $\alpha_{\max}$ 时，使系统优先降低井斜角，以保证钻进轨迹的质量。给出可变优化权重为

$$f(x) = \frac{b_Q}{1 + \mathrm{e}^{-a_Q(\hat{\alpha} - c_Q)}} + d_Q \tag{5.123}$$

结合软约束和可变优化权重，整理得到预测控制优化问题为

$$\begin{aligned} &\min \ \{J(Y(k), U(k)) = Y(k)^{\mathrm{T}} Q Y(k) + W(k)^{\mathrm{T}} R W(k)\} \\ &\text{s.t.} \begin{cases} (\hat{\alpha}_x(m))^2 + (\hat{\alpha}_y(m))^2 \leqslant \alpha_{\max}^2, & |\hat{\alpha}(k)| \leqslant \alpha_{\max} \\ (\hat{\alpha}_x(m))^2 + (\hat{\alpha}_y(k))^2 \leqslant (\hat{\alpha}(m))^2, & |\hat{\alpha}(k)| > \alpha_{\max} \\ (\omega_x(m))^2 + (\omega_y(m))^2 \leqslant r^2 \end{cases} \end{aligned} \tag{5.124}$$

式中，Q 的维度与预测时域长度相关。

由于控制器优化的控制量输出是相对于参考控制量的控制增量，所以实际控制量还需在控制增量的基础上增加参考控制量。依据 MPC 的控制规律，实际控制增量应取优化计算后 $W(k)$ 序列的前两个值 ω_x 与 ω_y，最终可得实际控制量为

$$\begin{cases} \omega_{\mathrm{SR}} = \sqrt{\omega_x^2 + \omega_y^2}/r \\ \tilde{\theta}_{\mathrm{tf}} = [1 - \mathrm{sign}\,(\arctan\,(\omega_x/\omega_y))] \times 180^\circ + \arctan\,(\omega_x/\omega_y) \end{cases} \tag{5.125}$$

4. 仿真分析

设计数值仿真实验对纠偏控制方法进行验证。依据前面的过程分析，假设测量噪声服从高斯分布 $\nu_k \sim N(0, 0.49)$，其意味着最大测量噪声在 1.4° 左右，过程噪声服从伽马分布 $(12 \times \mu_x + 6) \sim \Gamma(3, 2)$，其意味着最大过程噪声在 3.4°/30m 左右，轨迹状态结果如图 5.13 所示。为了验证方法的有效性，同时对比 MPC 方法、仅带粒子滤波的 MPC 方法 (即 PFMPC 方法)。

仿真结果表明，本节方法能够有效修正井斜偏移和水平偏移。将本节方法与 MPC 方法进行比较，可以看出，由于测量噪声的影响，应用 MPC 方法控制时的轨迹井斜角波动剧烈，很容易超过角度约束。同时，从测量值直接计算轨迹的水平偏移 s_x、s_y，使得在 870m 后测量轨迹与实际轨迹的差异变大，严重降低了钻进轨迹的精度和质量。

将本节方法与 PFMPC 方法进行比较，在轨迹水平偏移方面的控制，两者控制效果相差不大。对于井斜角的控制，应用本节方法时，在 715 ~ 805m 井深，井斜角均小于最大角度限值，但应用 PFMPC 方法时，井斜角要高于最大角度限值。

这意味着，本节方法更倾向于将井斜角降低到小于最大角度限值的范围内，有助于提升钻进轨迹质量。

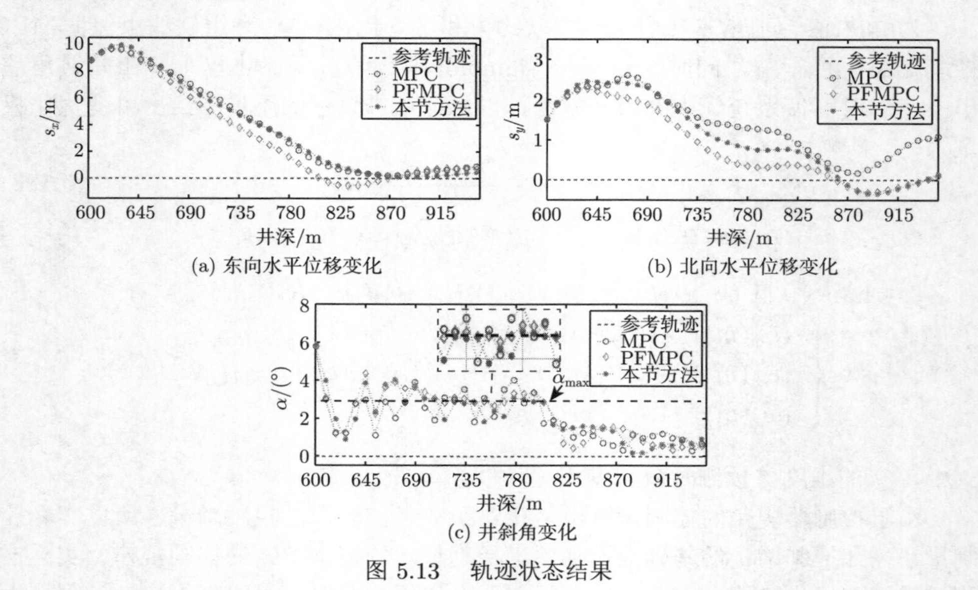

(a) 东向水平位移变化　　(b) 北向水平位移变化

(c) 井斜角变化

图 5.13　轨迹状态结果

5.2.3　考虑造斜率不确定性的垂钻轨迹纠偏控制方法

地层突变、地层特性不确定、滑动导向钻具精度有限等干扰因素，使得钻具造斜率在大小和方向上发生不同程度的改变，从而造成钻进轨迹的变化。这种情况称为造斜率的不确定性，其将在一定程度上影响轨迹质量，增大约束控制问题的难度。针对钻进轨迹质量有较高要求的工程纠偏场景，本节提出一种管约束鲁棒 MPC 垂钻轨迹纠偏控制方法 [26]。

1. 具有造斜率不确定性的纠偏问题

由于地层突变、地层倾角、软硬地层交替以及地层各向异性的变化等因素，井底钻具组合的造斜率与造斜方向会在不同程度上发生改变。地层的干扰因素使得钻成轨迹的曲率发生了改变，即使得井底钻具组合的造斜率变得不确定。

为了描述这种具有造斜率不确定性的定向纠偏过程，本节在轨迹延伸模型中加入两个不确定项，如式 (5.126) 所示，使用 $\varDelta_x$、$\varDelta_y$ 分别表示 x 与 y 方向上工具造斜率的不确定性：

$$\begin{cases} \tan\alpha_x = \tan\alpha\sin\beta,\ \tan\alpha_y = \tan\alpha\cos\beta \\ \dot{s}_x = \tan\alpha_x,\ \dot{s}_y = \tan\alpha_y \\ \dot{\alpha}_x = (r+\varDelta_x)\,\omega_{\mathrm{SR}}\sin\tilde{\theta}_{\mathrm{tf}} \\ \dot{\alpha}_y = (r+\varDelta_y)\,\omega_{\mathrm{SR}}\cos\tilde{\theta}_{\mathrm{tf}} \end{cases} \tag{5.126}$$

由式 (5.126) 得到纠偏控制的基本优化控制问题为

$$\min\ \{J_{\mathrm{MPC}}=Y_{n-1}^{\mathrm{T}}QY_{n-1}+W_{n-1}^{\mathrm{T}}RW_{n-1}+y_n^{\mathrm{T}}Q_fy_n\}$$
$$\text{s.t.}\begin{cases}(\alpha_x(k))^2+(\alpha_y(k))^2\leqslant\alpha_{\max}^2\\ r\omega_{\mathrm{SR}}(k)\leqslant\omega_{\max}\\ \tilde{\theta}_{\mathrm{tf}}\in[0,360]\end{cases}\tag{5.127}$$

式中，Y_{n-1} 为 n 步状态序列 $[s_x(k_0),\ s_y(k_0),\ \alpha_x(k_0),\ \alpha_y(k_0),\cdots,\ s_x(k_0+n-1),\ s_y(k_0+n-1),\ \alpha_x(k_0+n-1),\ \alpha_y(k_0+n-1)]^{\mathrm{T}}$；$W_{n-1}$ 为 $[r\omega_{\mathrm{SR}}(k_0)\sin\tilde{\theta}_{\mathrm{tf}}(k_0),\ r\omega_{\mathrm{SR}}(k_0)\cos\tilde{\theta}_{\mathrm{tf}}(k_0),\ \cdots,\ r\omega_{\mathrm{SR}}(k_0+n-1)\sin\tilde{\theta}_{\mathrm{tf}}(k_0+n-1),\ r\omega_{\mathrm{SR}}(k_0+n-1)\cos\tilde{\theta}_{\mathrm{tf}}(k_0+n-1)]$；$y_n$ 为终端状态 $[s_x(k_0+n),\ s_y(k_0+n),\ \alpha_x(k_0+n),\ \alpha_y(k_0+n)]$；$\alpha_{\max}$ 和 $\omega_{\max}$ 为最大约束参数；Q、Q_f、R 为权重矩阵。

在纠偏控制中，校正偏斜钻进轨迹是主要控制目的，总曲率 $r\omega_{\mathrm{SR}}(k)$ 和角度 $\alpha_x(k)$、$\alpha_y(k)$ 等是衡量钻进轨迹质量的重要指标。在工程实践中，总是期望钻进轨迹的曲率要尽可能小。

造斜率的不确定性不仅会造成钻进轨迹参数剧烈波动，而且会使控制约束难以得到满足，而管约束鲁棒 MPC 方法是解决这类具有不确定性约束控制问题的有效方法。为了将管约束鲁棒 MPC 方法应用于垂钻轨迹纠偏控制，需要解决以下三个问题：

(1) 状态变量的数量。存在四个状态变量和非线性约束，使得控制器的管约束计算十分困难，需要将高阶模型划分为低阶模型，并重新定义约束条件。

(2) 确定最小扰动不变集的不确定性最大幅值的评估，最大幅值的评估将直接影响控制器的控制性能。期望最大幅值不能设置得过大，以降低控制器的保守性，也不能设置得过小，以保证带有不确定性纠偏系统的稳定性。

(3) 应重新定义管约束鲁棒 MPC 方法的控制参数，以减小钻进轨迹的曲率和计算时间。曲率反映了轨迹的质量，而速度是控制算法的性能指标之一。

管约束鲁棒 MPC 方法的控制约束为

$$\begin{cases}\bar{\omega}_k\in W_c\ominus KZ\\ \bar{y}_k\in Y_c\ominus Z\\ \bar{y}_n\in Y_f\\ y_k\in\bar{y}_k\oplus Z\\ k=k_0,k_0+1,\cdots,k_0+n-1\end{cases}\tag{5.128}$$

式中，K 为状态反馈律的增益系数，可以通过线性二次调节器得到 [27]；W_c 为控制输入约束所定义的区域，决定了钻井轨迹的曲率大小；Y_c 为系统状态约束所定义的区域，决定了井斜角的最大幅值；$\bar{\omega}_k$、$\bar{y}_k$ 和 $\bar{y}_n$ 分别为管约束鲁棒 MPC 标称系统的控制输入、状态矢量和终端状态；Y_f 为终端状态约束定义的区域。

位置偏差的大小决定了控制器中干扰不变集的计算量。为了提高轨迹质量，减少计算量，应合理设计 W_c，重新定义偏差。

2. 考虑造斜率不确定性的纠偏控制系统结构

控制系统设计的基本目标仍然是纠正轨迹的偏差，偏差采用 s_x、s_y、α_x 和 α_y 四个量表征。在考虑存在造斜率不确定性的情况下，钻进轨迹工程约束难以得到满足。考虑建立管约束鲁棒 MPC 控制器提升约束处理能力，进而提高轨迹质量。考虑造斜率不确定性的纠偏控制系统结构如图 5.14 所示。

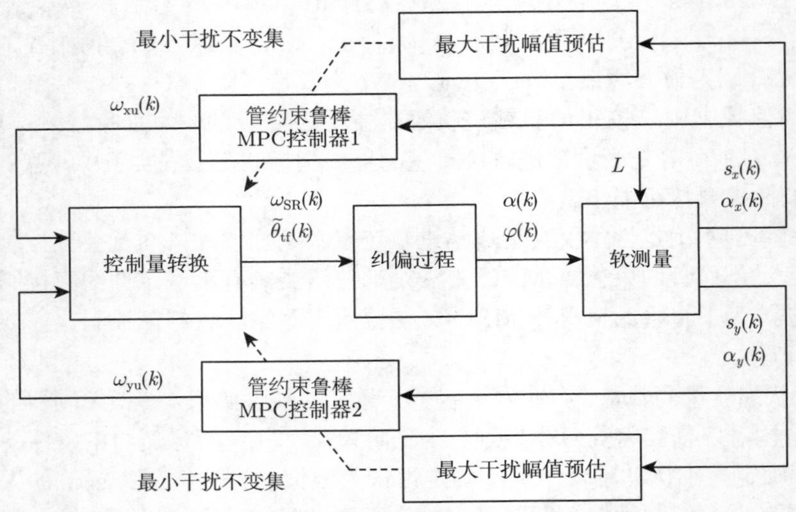

图 5.14　考虑造斜率不确定性的纠偏控制系统结构

该控制系统由两个管约束鲁棒 MPC 控制器、两个最大干扰幅值预估模块、软测量模块和控制量转换模块组成。一个控制周期内的控制流程描述如下：首先，在第 k 井段测点测量井斜角和方位角，根据测量结果进行软测量，计算出 $s_x(k)$、$s_y(k)$、$\alpha_x(k)$ 和 $\alpha_y(k)$。然后，由两个管约束鲁棒 MPC 控制器获取控制输入 $\omega_{\rm xu}(k)$ 和 $\omega_{\rm yu}(k)$，其参数根据不确定性在线估计结果自适应调整。最后，通过变换函数得到井底钻具组合的实际控制量。为了建立管约束鲁棒 MPC 控制器，需要解决三个问题，包括模型转换、不确定性边界估计和参数调整。

为了进行模型转换，将垂钻轨迹延伸模型划分为两个低阶模型，以保证管扰动不变集的可计算性，利用这两个模型分别建立两种管约束鲁棒 MPC 控制器。管约束鲁棒 MPC 控制器 1 主要负责减少偏差 s_x 和 α_x，管约束鲁棒 MPC 控制器 2 主要负责减少偏差 s_y 和 α_y。

对于估计，需要估计不确定性的边界，以计算控制器的最小扰动不变集。由于测量的局限性，可用来估计的数据不多。在控制方法中，引入滑动窗自举采样法在线获取小样本的不确定性边界。自举抽样是一种统计重抽样方法，它从原始抽样集出发，通过置换随机抽样，建立若干组自举抽样集，并根据 Bootstrap 采样集计算统计参数。Bootstrap 采样在小样本的数值估计中具有较高的性能，因此将自举抽样应用于不确定性边界估计进行偏差校正是一种很好的方法。

在参数调整方面，基于最小扰动不变集自适应调整控制约束，提高了控制性能。该方法可以保证更小的钻井轨迹曲率，降低控制器的保守性。为了减少计算时间，还需要在线设计一个基于规则和真实状态的中间偏差，代替控制器的真实偏差。

另外，在根据上述参数建立管约束鲁棒 MPC 控制器后，控制器的输出不能直接作为 BHA 的控制量。所以，有必要依据 $\omega_{\mathrm{xu}}=r\omega_{\mathrm{SR}}\cos\tilde{\theta}_{\mathrm{tf}}$、$\omega_{\mathrm{yu}}=r\omega_{\mathrm{SR}}\sin\tilde{\theta}_{\mathrm{tf}}$ 计算 ω_{SR} 和 θ_{tf}。此外，对于软测量，由于只有井深、井斜角和方位角是可测的，利用垂钻轨迹延伸模型对测量值 α 和 φ 进行简单积分，计算轨迹参数 $s_x(k)$、$s_y(k)$、$\alpha_x(k)$ 和 $\alpha_y(k)$。

1) 模型转换

管约束鲁棒 MPC 控制器的应用前提是最小扰动不变集的可计算性，最小扰动不变集的计算难度直接决定了基于管约束鲁棒 MPC 控制器的设计难度。状态变量越多，最小扰动不变集的计算难度越大。当选择四个状态变量 $s_x(k)$、$s_y(k)$、$\alpha_x(k)$ 和 $\alpha_y(k)$ 描述系统状态时，最小扰动不变集的计算是一项艰巨的任务。

为了解决这一问题，引入模型变换，将垂钻轨迹延伸模型划分为两个低阶模型。其基本思想是：将 BHA 的运动分别转化为 XOZ 平面和 YOZ 平面上的运动，其中 $s_x(k)$ 和 $\alpha_x(k)$ 描述 XOZ 平面上的偏差，$s_y(k)$ 和 $\alpha_y(k)$ 描述 YOZ 平面上的偏差。因此，垂钻轨迹延伸模型可以重写为

$$\begin{cases}\dot{s}_x=\dot{s}\tan\alpha_x,\ \dot{\alpha}_x=r\omega_{\mathrm{SR}}\sin\tilde{\theta}_{\mathrm{tf}}+\varDelta_x\omega_{\mathrm{SR}}\sin\tilde{\theta}_{\mathrm{tf}}\\ \dot{s}_y=\dot{s}\tan\alpha_y,\ \dot{\alpha}_y=r\omega_{\mathrm{SR}}\cos\tilde{\theta}_{\mathrm{tf}}+\varDelta_y\omega_{\mathrm{SR}}\cos\tilde{\theta}_{\mathrm{tf}}\end{cases}\tag{5.129}$$

由于 $\sin\tilde{\theta}_{\mathrm{tf}}$ 和 $\cos\tilde{\theta}_{\mathrm{tf}}$ 不大于 1，引入 $\tilde{\varDelta}_x$ 和 $\tilde{\varDelta}_y$ 替换 $\varDelta_x$ 和 $\varDelta_y$，假设 $\tilde{\varDelta}_x\geqslant\varDelta_x\omega_{\mathrm{SR}}\sin\tilde{\theta}_{\mathrm{tf}}$ 和 $\tilde{\varDelta}_y\geqslant\varDelta_y\omega_{\mathrm{SR}}\cos\tilde{\theta}_{\mathrm{tf}}$，同时，$\omega_{\mathrm{xu}}=r\omega_{\mathrm{SR}}\sin\tilde{\theta}_{\mathrm{tf}}$ 和 $\omega_{\mathrm{yu}}=r\omega_{\mathrm{SR}}\cos\tilde{\theta}_{\mathrm{tf}}$ 是两个控制器的输出，则模型可以表示为

$$\begin{cases}\dot{s}_i=\dot{s}\tan\alpha_i\\ \dot{\alpha}_i=\omega_{iu}+\tilde{\varDelta}_i\end{cases}\tag{5.130}$$

在钻进一定距离后测量钻井轨迹参数，设采样间隔为 L，深度域模型可表示为

$$\begin{bmatrix}s_i(k+1)\\ \alpha_i(k+1)\end{bmatrix}=\begin{bmatrix}1 & L\\ 0 & 1\end{bmatrix}\begin{bmatrix}s_i(k)\\ \alpha_i(k)\end{bmatrix}+\begin{bmatrix}a\\ L\end{bmatrix}\omega_{iu}(k)\tag{5.131}$$

式 (5.131) 主要用于建立管约束鲁棒 MPC 控制器的预测方程。

2) 不确定性边界估计

在计算最小扰动不变集之前，应评估不确定性的最大幅度，因为最小扰动不变集是管约束鲁棒 MPC 控制器的基础。简单地选取测量值的最大值作为不确定性边界是不合适的，因为很难从单个样品中获得下一井段的真实最大不确定度。采用统计方法，可获得下一井段更合理的振幅，然而由于井下测量间隔太大，测量值仍然太小，无法进行估算。为了解决这一问题，引入 Bootstrap 采样方法，它在小样本情况下具有较高的估计性能。不确定性边界估计流程如图 5.15 所示。

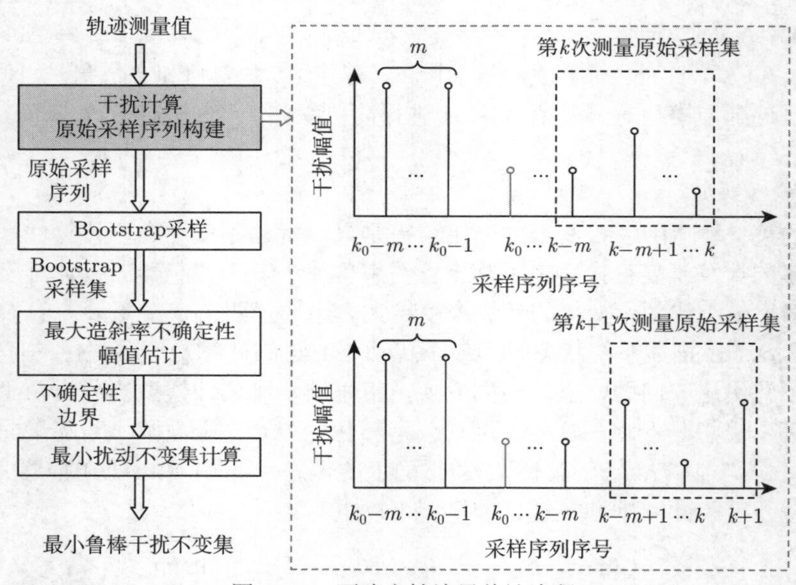

图 5.15　不确定性边界估计流程

基于垂钻轨迹延伸模型，收集从测量中得到的扰动序列，建立原始采样集。地层特征随井深的增加而变化，很难从早期测量中获得有用的信息来进行不确定性边界估计。因此，选择在 $k-m$ 和 k 之间滑动窗口的数据作为原始采样集，其中 k 是当前井段，m 是原始采样集的大小。定义第 k 井段的两个原始采样集为 $\tilde{\Delta}_x(k-m), \tilde{\Delta}_x(k-m+1), \cdots, \tilde{\Delta}_x(k)$ 和 $\tilde{\Delta}_y(k-m), \tilde{\Delta}_y(k-m+1), \cdots, \tilde{\Delta}_y(k)$。

在纠偏的起始阶段第 k_0 井段没有测量或测量不足，需要在校正前设置初始采样集。从图 5.15 中可以看出，k_0 之前有 m 个初值来补充采样集。由于滑动窗口的存在，太早的采样数据不会影响后续最大干扰幅值的预估，随着纠偏过程的进行，实际采样数据会慢慢修正估计值，使估计值逐渐与实际干扰边界相贴近。

基于 Bootstrap 采样的最大干扰幅值估计的步骤包括：从测量值中计算出干扰幅值，并更新扰动序列；从序列中建立具有滑动窗的原始采样集；从原始采样集中得到 1000 组以上的 Bootstrap 采样集；计算每个集合的最大值，得到 99% 的置信区间；将置信区间的上边界设为不确定性的真实最大干扰幅值的估计值。

3. 自适应管约束鲁棒 MPC 控制器设计

为了提高校正性能，应该对管约束鲁棒 MPC 的约束条件进行重新定义，为垂钻轨迹纠偏管约束鲁棒 MPC 控制器的约束设计提供一定的规则。

控制约束直接决定了钻进轨迹的曲率。为了获得更低的曲率，控制约束 W_x 和 W_y 的 ω_{xu} 和 ω_{yu} 应尽可能小。然而，若 W_x 和 W_y 过小，则无法保证管约束鲁棒 MPC 控制器的稳定性。假设系统的控制约束 $\tilde{W}_x$ 和 $\tilde{W}_y$ 是封闭的非空集，且每个控制约束的内部都包含原点，那么管约束鲁棒 MPC 控制器可以处理受式 (5.132) 约束的 ω_{xu} 和 ω_{yu} 的不确定性。

$$\begin{cases} \omega_{iu}(k) \in \tilde{W}_i \oplus KZ \\ \tilde{W}_i \neq \phi \end{cases} \tag{5.132}$$

为实现较小的曲率，$\tilde{W}_x$ 和 $\tilde{W}_y$ 应设置为足够小的值。一般情况下，根据实际应用需要，选择一个合适的固定闭非空集 $\tilde{W}_{\min}$，如 $[-0.1719°/30\text{m}, 0.1719°/30\text{m}]\tilde{W}_x$ 和 $\tilde{W}_y$，实际控制约束可根据 $\omega_{\text{xu}} \in \tilde{W}_{\min} \oplus KZ$ 和 $\omega_{\text{yu}} \in \tilde{W}_{\min} \oplus KZ$ 自适应调整。Z 为最小扰动不变集，K 为状态反馈律的增益系数，可由线性二次调节器计算得到。同时，角度约束 $\tilde{A}_x$、$\tilde{A}_y$ 和位置偏差约束 $\tilde{S}_x$、$\tilde{S}_y$ 应服从式 (5.133)，以确保管约束鲁棒 MPC 控制器具有可行解。

$$\begin{cases} \alpha_i(k) \in \tilde{A}_i \oplus \mathcal{Z},\ s_i(k) \in \tilde{S}_i \oplus \mathcal{Z} \\ \alpha_i(n) \in A_{\text{fi}},\ s_i(n) \in S_{\text{fi}} \\ \tilde{A}_i \neq \phi,\ \tilde{S}_i \neq \phi \end{cases} \tag{5.133}$$

式中，$\mathcal{Z}$ 表示控制器的保守性。如果 $\mathcal{Z}$ 估计错误，则会导致 $\tilde{A}_x$、$\tilde{A}_y$ 变小，表明所设计的控制器具有较高的保守性，增加偏差校正时间。

在计算时间上，为了满足终端约束 A_{fx}、A_{fy} 和 S_{fx}、S_{fy}，随着位置偏差的增加而迅速增大管约束鲁棒 MPC 控制器的预测时域。预测时域越大，计算量越大，计算时间明显也就越长。这里，设置一个小的中间偏差 $s_{r\max}$ 来减小管约束鲁棒 MPC 控制器的预测时域。随着偏差的减小，中间偏差最终等于实际偏差。具有中间偏差的深度域模型可记为式 (5.134)，用作控制器的预测函数。

$$\begin{gathered} \begin{bmatrix} s_i(k+1) \\ \alpha_i(k+1) \end{bmatrix} = \begin{bmatrix} 1 & L \\ 0 & 1 \end{bmatrix} \begin{bmatrix} s_i(k) \\ \alpha_i(k) \end{bmatrix} + \begin{bmatrix} a \\ L \end{bmatrix} \omega_{\text{iu}}(k) - \begin{bmatrix} s_{\text{ri}}(k) \\ 0 \end{bmatrix} \\ \text{s.t} \begin{cases} |s_i(k) - s_{\text{ri}}(k)| = s_{r\max}, & |s_i(k) - s_{\text{ri}}(k)| > s_{r\max} \\ s_{\text{ri}}(k) = 0, & |s_i(k) - s_{\text{ri}}(k)| \leqslant s_{r\max} \end{cases} \end{gathered} \tag{5.134}$$

综上所述，在实际应用中，$\tilde{W}_{\min}$、$\alpha_{\max}$、$s_{r\max}$ 应在钻取前设置，在每个控制周期中可根据上述规则设置控制器的约束条件。最后，根据上述参数可以建立自适应管约束鲁棒 MPC 控制器。

4. 仿真分析

下面使用实际钻进过程数据，基于垂钻轨迹延伸模型，验证本节方法的轨迹纠偏控制效果，同时对比 MPC 和管约束鲁棒 MPC 两种控制方法，说明本节方法的优越性。

仿真参数设置如下：L 为 9m、s_x 为 -16m、s_y 为 -8m、α_x 为 $-1°$、α_y 为 $-1.5°$。对于 $\tilde{\Delta}_x$ 和 $\tilde{\Delta}_y$，最大幅值在开始时设为 2°/30m，在模拟深度为 270m 时设为 1°/30m，在模拟井深为 450m 时设为 1.667°/30m。对于控制器参数，$\tilde{W}_{\min}$ 为 $[-0.1719°/30\text{m}, 0.1719°/30\text{m}]$，$\tilde{A}_{\min x}\oplus Z$ 和 $\tilde{A}_{\min y}\oplus Z$ 分别为 $[-2.1213°, 2.1213°]$、$s_{r\max}$ 为 5m。为三个控制器设置相同的权重矩阵，并根据每个控制器的要求设置预测时域 p, r 为 6°/30m。选取以下三个指标表示控制性能：最大井斜角 $\alpha_{\max}$，修正距离 $L_{\text{DC}x}$(即 $s_x(k)$ 第一次小于 0.5m 的井深)，最大曲率 $\omega_{\max}$。

表 5.1 和图 5.16 显示了三种方法的偏差校正结果。黑线表示应该满足的角度约束。星状线、菱形线和圆圈线分别表示本节方法、MPC 方法和管约束鲁棒 MPC 方法的实际控制效果。图 5.17 分别显示了本节方法和管约束鲁棒 MPC 方法在每个控制周期中计算的扰动不变集。

表 5.1　纠偏控制结果

方法	$\alpha_{\max}/(°)$	$L_{\text{DC}x}$/m	$\omega_{\max}/((°)/30\text{m})$
本节方法	3.025	603	3.93
MPC	3.8	351	6
管约束鲁棒 MPC	2.907	657	5.634

虽然 MPC 方法的 $L_{\text{DC}x}$ 最短，但该方法的 $\alpha_{\max}$ 和 $\omega_{\max}$ 最大。图 5.16 表明 MPC 方法的井斜角 α 总是超过角度约束。同时，MPC 方法在 0m 和 432m 处计算出的控制输入较大，显著增大了轨迹曲率。仿真结果表明，MPC 方法可以快速修正轨迹偏差，但无法保证轨迹质量。

与管约束鲁棒 MPC 方法相比，当修正距离减小 54m 时，本节方法对位置偏差 s_x 的修正速度更快，最大曲率更小，最大曲率 $\omega_{\max}$ 同比减小了 1.704°/30m，说明本节方法具有较低的保守性，根据估计结果自适应调整管约束范围，可以获得质量较高的轨迹。从图 5.17 中可以看出，当 $\tilde{\Delta}_x$ 在 270m 处改变时，本节方法中管的尺寸逐渐变小，通过适当提升 $\tilde{A}_x$ 可以减少偏差修正耗时。

表 5.2 为各个方法的平均计算耗时，MPC 方法的耗时最短，本节方法与 MPC 方法的耗时没有显著差异。然而，由于管约束鲁棒 MPC 方法的 p 尺寸更大，所以

需要更多的计算耗时。同时，管约束鲁棒 MPC 方法的 p 随位置偏差的增加而增大，使得计算耗时更长。综上，本节方法在工程应用中具有更大的优势。

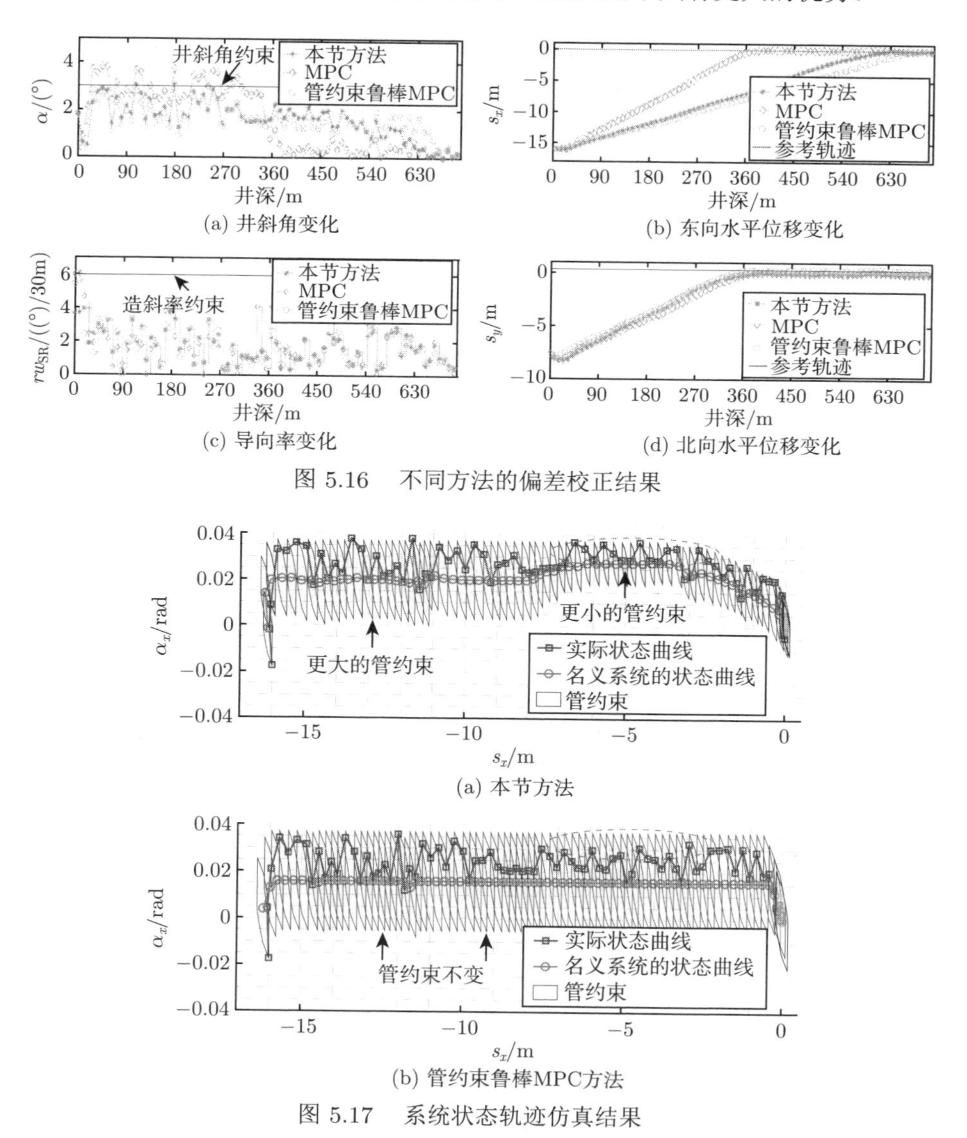

图 5.16　不同方法的偏差校正结果

图 5.17　系统状态轨迹仿真结果

表 5.2　平均计算耗时

方法	耗时/s	p 尺寸
本节方法	0.6262	80
MPC	0.1849	5
管约束鲁棒 MPC	4.1550	300

5.3 本章小结

本章对定向钻进轨迹控制和垂钻轨迹纠偏控制进行了讨论，分别从动力学与运动学角度建立了控制对象模型，同时结合不同工艺工况提出了相应控制策略，为实现精确高质量的钻井轨迹控制奠定了基础。

5.1 节针对定向钻具和钻进轨迹的控制提出了符合工程实际的控制方法。首先分析了钻具运动过程特性，提出了融合 PI 控制器和补偿器的钻具运动控制方法，实现了定向钻具在复杂地质条件下的精准运动控制；然后，针对定向钻具的井斜角和方位角与钻进轨迹的井斜角和方位角的不同，考虑到钻进轨迹的井斜角和方位角无法直接通过角度和方位传感器测量获取，通过设计井斜角和方位角的观测器，实现对钻进轨迹井斜角和方位角的准确跟踪控制；随着钻进深度的增加，地层变化导致钻压波动，为有效地抑制钻压波动和外界扰动对钻进轨迹的影响，提出了一种考虑钻压不确定性的定向钻进轨迹控制方法，构建了轨迹井斜角和方位角的扰动补偿控制结构，实现地层不稳定情况下的定向钻进轨迹控制。

5.2 节针对垂钻定向纠偏过程建模与控制问题，分别开展了垂钻轨迹延伸模型和纠偏控制方法研究。首先从地质钻探垂钻工艺角度出发，分析垂钻过程及其特性，并结合钻具姿态变化规律与轨迹延伸微分方程，依据不同地层环境与工艺需求，建立垂钻轨迹延伸模型。然后针对钻进过程中存在测量噪声的工程应用场景，引入粒子滤波器，从较低质量的测量数据中评估出实际垂钻轨迹的状态，以提高测量得到的轨迹参数的准确性；提出了基于粒子滤波器和 MPC 方法的垂钻轨迹纠偏控制方法，并通过引入软约束和可变优化权重的方式改进 MPC 方法的控制器，以确保控制器在纠偏过程中能够按照预定要求运行。最后分析钻进工程约束与轨迹质量之间的关系，考虑造斜率不确定性对约束控制问题的影响，使用带有滑动窗口的 Bootstrap 采样方法从具备小样本特点的测量数据中预估下一待钻井段的最大干扰幅值，并依此提出了垂钻轨迹纠偏自适应管约束鲁棒 MPC 方法。

参考文献

[1] 蔡振. 基于钻具姿态控制的地质定向钻进轨迹跟踪控制方法 [D]. 武汉：中国地质大学(武汉), 2021.

[2] 蔡振, 赖旭芝, 吴敏, 等. 定向钻具姿态的双线性补偿控制策略 [J]. 控制与决策, 2020, 35(7): 1758-1764.

[3] Perneder L, Detournay E. Steady-state solutions of a propagating borehole [J]. International Journal of Solids and Structures, 2013, 50: 1226-1240.

[4] Perneder L, Detournay E. Equilibrium inclinations of straight boreholes [J]. SPE Journal, 2013, 18(3): 395-405.

[5] Sun H, Li Z, Hovakimyan N, et al. $\mathcal{L}_1$ adaptive control for directional drilling systems [J]. IFAC Proceedings Volumes, 2012, 45(8): 72-77.

[6] Perneder L. A Three-Dimensional Mathematical Model of Directional Drilling [M]. Minnesota: University of Minnesota, 2013.

[7] Cheng J, Wu M, Wu F, et al. Modeling and control of drill-string system with stick-slip vibrations using LPV technique [J]. IEEE Transactions on Control Systems and Technology, 2021, 29(2): 718-730.

[8] Lu C D, Wu M, Chen L F, et al. An event-triggered approach to torsional vibration control of drill-string system using measurement-while-drilling data [J]. Control Engineering Practice, 2021, 106: 104668.

[9] Shinmoto Y, Miyazaki T, Miyazaki E, et al. Weight-on-bit fluctuations for coring operations on the D/V CHIKYU during the Nankai-trough seismogenic zone experiments [C]. The twenty-first International Offshore and Polar Engineering Conference, Hawaii, 2011: 63-69.

[10] Dunayevsky V, Abbassian F, Judzis A. Dynamic stability of drillstrings under fluctuating weight on bit [J]. SPE Drilling & Completion, 1993, 8(2): 84-92.

[11] Kremers N H, Detournay E, van de Wouw N. Model-based robust control of directional drilling systems [J]. IEEE Transactions on Control Systems Technology, 2015, 24(1): 226-239.

[12] Auriol J, Shor R J, Aarsnes U J F, et al. Closed-loop tool face control with the bit off-bottom [J]. Journal of Process Control, 2020, 90: 35-45.

[13] Cai Z, Lai X Z, Wu M, et al. Observer-based trajectory control for directional drilling process [J]. Asian Journal of Control, 2022, 24: 259-272.

[14] Cai Z, Lai X Z, Wu M, et al. Trajectory azimuth control based on equivalent input disturbance approach for directional drilling process [J]. Journal of Advanced Computational Intelligence and Intelligent Informatic, 2021, 25(1): 31-39.

[15] Shakib M, Detournay E, van de Wouw N. Nonlinear dynamic modeling and analysis of borehole propagation for directional drilling [J]. International Journal of Non-Linear Mechanics, 2019, 113: 178-201.

[16] Cai Z, Lai X Z, Wu M, et al. Equivalent-input-disturbance-based robust control of drilling trajectory with weight-on-bit uncertainty in directional drilling [J]. ISA Transactions, 2022, 127: 370-382.

[17] Liu R J, Liu G P, Wu M, et al. Robust disturbance rejection based on equivalent-input-disturbance approach [J]. IET Control Theory Applications, 2013, 7(9): 1261-1268.

[18] Macpherson J D, Wardt J P, Florence F. Drilling-systems automation: Current state, initiatives, and potential impact [J]. SPE Drilling & Completion, 2013, 28(4): 296-308.

[19] 张典. 基于模型预测控制的地质钻进过程定向纠偏方法 [D]. 武汉: 中国地质大学 (武汉), 2022.

[20] Zhang D, Wu M, Chen L, et al. Model predictive control strategy based on improved trajectory extension model for deviation correction in vertical drilling process [J]. IFAC-PapersOnLine, 2020, 53(2): 11213-11218.

[21] Panchal N, Bayliss M T, Whidborne J F. Robust linear feedback control of attitude for directional drilling tools [J]. IFAC-PapersOnLine, 2010, 43(9): 92-97.

[22] Zhang D, Wu M, Chen L, et al. A deviation correction strategy based on particle filtering and improved model predictive control for vertical drilling [J]. ISA Transactions, 2021, 111: 265-274.

[23] Liu Z, Song J. A low-cost calibration strategy for measurement-while-drilling system [J]. IEEE Transactions on Industrial Electronics, 2018, 65(4): 3559-3567.

[24] Yang H, Rao Y, Li L, et al. Dynamic measurement of well inclination based on UKF and correlation extraction [J]. IEEE Sensors Journal, 2021, 21(4): 4887-4899.

[25] Wang L, Noureldin A, Iqbal U, et al. A reduced inertial sensor system based on mems for wellbore continuous surveying while horizontal drilling [J]. IEEE Sensors Journal, 2018, 18(14): 5662-5673.

[26] Zhang D, Wu M, Lu C, et al. Tube-based adaptive model predictive control method for deviation correction in vertical drilling process [J]. IEEE Transactions on Industrial Electronics, 2022, 69(9): 9419-9428.

[27] Mayne D Q, Seron M M, Rakovic S V. Robust model predictive control of constrained linear systems with bounded disturbances [J]. Automatica, 2005, 41(2): 219-224.

第 6 章　钻进过程智能优化

钻进过程正常钻进时间占比相对较少，因此提升钻进效率对降低钻进成本具有重要作用。由于钻进过程存在不确定性、非线性以及多回路耦合，采用人工经验判断钻进状态、设定钻进过程参数的传统方法，难以满足复杂地质钻进过程优化调节的需要。本章运用新一代信息技术和人工智能技术，阐述智能钻进状态建模方法，建立钻进状态预测模型，提出适合复杂地质钻进过程的智能优化算法。

6.1　钻进状态预测

钻速是指钻进过程中单位时间内的钻头进尺，是衡量钻进效率的重要指标。建立合适的钻速预测模型能够为后续钻进过程参数优化奠定重要基础，是提高钻进过程效率的关键一环。然而，地质勘探环境非常恶劣，时常遭遇软硬交替、岩石破碎等不确定地层，导致钻探机理与工艺越发复杂，难以建立准确的钻速预测模型。

钻进过程的安全性同样不能忽视。井底压力作为钻进安全的难以检测的指标，构建精确的总池体积模型对分析井底压力具有重要意义。总池体积受到井下钻杆、泥浆与地层相互作用的影响，呈现复杂的非线性与时间序列特性。单一建模方法难以建立精确的总池体积模型，需要构建有效的混合模型来描述总池体积的变化，进而分析井底压力状态是否稳定。

6.1.1　基于混合支持向量回归的钻速预测模型

目前，不少学者采用机理分析或机器学习方法建立钻速预测模型，通过仿真实验与工程应用验证了所提方法的有效性。但实际钻进过程具有强烈的非线性、耦合性，导致钻速机理模型或未经优化的机器学习模型存在预测精度不高的问题。同时，考虑到模型超参数空间呈现高维度与多模态特性，传统启发式优化算法在针对这类问题时难以实现全局最优搜索。为此，需要研究合适的方法实现钻速精准预测。

1. 模型构建

本节提出基于混合支持向量回归的钻速预测模型，结构如图 6.1 所示 [1]。模型分为三个阶段：第一阶段采用频谱分析方法判断钻进数据中的噪声分布情况，然后运用小波滤波方法剔除数据中存在的部分毛刺与尖峰；第二阶段基于互信息分析方法分析影响钻速的主要因素，并将其作为模型输入变量；第三阶段建立基于改进蝙蝠算法 [2] 优化支持向量回归的钻速预测模型，实现钻速高精度预测。

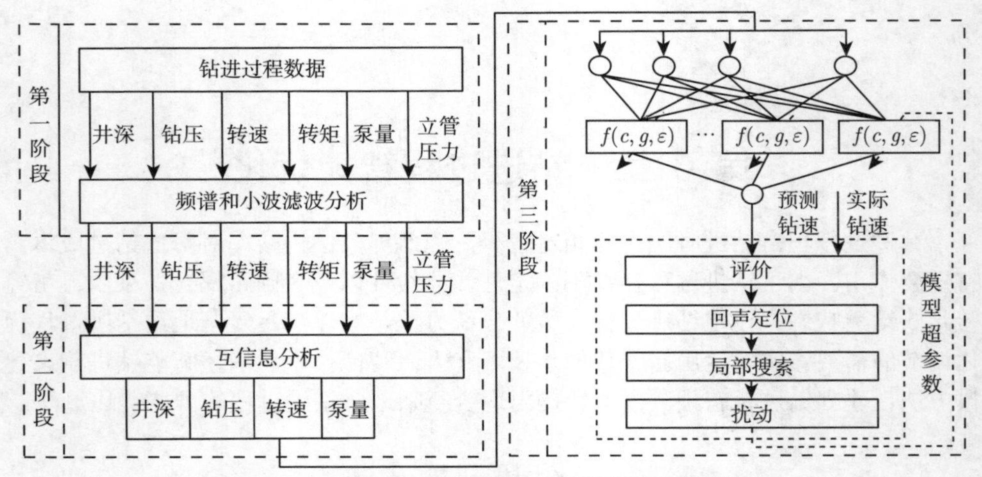

图 6.1　基于混合支持向量回归的钻速预测模型结构

1) 基于频谱和小波滤波分析的钻进过程数据预处理

为确定钻进过程数据中存在的高低频噪声并选择合适的滤波方法，引入频谱分析方法对钻进过程数据的高低频特性进行分析。由实验结果可知，钻压同时含有部分低频噪声与高频噪声，这可能与地区的地层岩性突变密切相关。其余六个钻进参数 (立管压力、泵量、转矩、转速、井深、钻速) 则主要受低频噪声的影响。

本节引入小波滤波分析方法对实际钻进数据进行过滤，该方法能够大幅度降低噪声影响并在一定程度上保留数据的原始特性。小波变换表达式定义为

$$W_f(a,b)=\frac{1}{\sqrt{a}}\int_{-\infty}^{\infty}X(t)\psi\left(\frac{t-b}{a}\right)\mathrm{d}t \tag{6.1}$$

式中，a 为伸缩因子；b 为尺度因子；$\psi(\cdot)$ 为小波基函数。

通过重复试错实验获取小波滤波方法的参数，其中小波基函数为 dmey，截止频率为 1/240Hz，小波分解次数设为 2。小波逆变换表达式为

$$f(t)=\frac{1}{c_\psi}\int_{-\infty}^{\infty}\int_{-\infty}^{\infty}\frac{1}{a^2}W_f(a,b)\psi\left(\frac{t-b}{a}\right)\mathrm{d}a\mathrm{d}b \tag{6.2}$$

式中，c_ψ 为小波因子。

2) 基于互信息分析的模型参数降维

本节利用互信息分析方法分析输入参数之间的耦合关系，确定与钻速相关性较强的独立输入参数。该方法通过量化分析不同参数间的耦合程度，可知转矩与立管压力、钻压、井深的相关性较强，其归一化互信息值分别为 0.830、0.848、0.917；立管压力与转矩、钻压和井深之间也存在强相关性，其归一化互信息值分

别为 0.830、0.823、0.892。转矩、立管压力不适合与其他钻进参数一同作为模型输入，因为它们与这些参数之间存在较强的耦合性。同时，考虑到井深与钻速之间的相关性较大，泵量、转速和钻压都属于钻进操作变量且对钻速准确预测非常重要，故将这四个钻进参数作为模型输入。综上所述，选取井深、泵量、转速和钻压作为钻速预测模型的输入参数。

3) 基于改进蝙蝠算法优化支持向量回归的钻速预测模型

为提高钻速的预测精度，运用改进蝙蝠算法优化支持向量回归建立钻速预测模型，模型函数可定义为

$$f(X)=\sum_{i=1}^{k}(\alpha_i-\alpha_i^o)K(X_i,X)+b \tag{6.3}$$

式中，α_i 和 α_i^o 为拉格朗日乘子；高斯 RBF 核函数 $K(X_i,X)=\exp(-g\|X_i-X\|^2)$ 已指定；b 是偏置。$K(X_i,X)$ 满足 Mercer 条件：

$$\min_{\alpha_i,\alpha_i^o}\left\{\frac{1}{2}\sum_{i,j=1}^{k}(\alpha_i^o-\alpha_i)(\alpha_j^o-\alpha_j)K(X_i,X_j)+\varepsilon\sum_{i=1}^{k}(\alpha_i^o+\alpha_i)-\sum_{i=1}^{k}y_i(\alpha_i^o-\alpha_i)\right\}$$
$$\text{s.t.}\begin{cases}\displaystyle\sum_{i=1}^{k}(\alpha_i^o-\alpha_i)=0\\ 0\leqslant\alpha_i,\ \alpha_i^o\leqslant c,\ i=1,2,\cdots,k\end{cases} \tag{6.4}$$

式中，c 是惩罚因子；g 是核函数参数；ε 是阈值。

通过改进蝙蝠算法方法对支持向量回归模型的超参数（c、g 和 ε）进行优化，经过大量的十折交叉验证计算，可以确定 c、g 和 ε，并最终建立钻速预测模型。

2. 实验验证

选用湖北神农架地区 Wz2 井的钻进过程数据为所提基于混合支持向量回归的钻速预测模型提供数据支撑，以此测试该模型的预测性能。

研究区域具体位于神农顶至松柏一带，所用钻进过程数据全部来源于此处的 Wz2 井。该区域属于华南克拉通扬子地块北缘，地层以震旦系地层与神农架群为主，其中神农架群代表了一系列中元古代沉积岩地层 [3]。Wz2 井正好处在震旦系地层与神农架群的交界地带，岩石年代跨越中元古代与新元古代。Wz2 井的完钻深度为 2350m，时常遭遇软硬交替层与岩石破碎地带，岩石类型多为砾岩、泥岩和白云岩等。

选择来自 Wz2 井的 95 组钻进过程数据作为样本总集，将其中 80 组数据作为训练集和验证集，剩下 15 组数据作为测试集。分别对训练集和验证集进行十

折交叉验证实验，对测试集进行最终测试实验。同时，选取均方根误差、归一化均方根误差、平均绝对误差和平均绝对百分比误差(mean absolute percent error, MAPE) 作为模型的综合评价指标，其中前三个评价指标已在前面做过详细阐述，此处不再介绍。MAPE 表达式为

$$\mathrm{MAPE}=\frac{1}{n}\sum_{i=1}^{n}\left|\frac{\hat{y}_i-y_i}{y_i}\right|\times 100\% \tag{6.5}$$

式中，$\hat{y}_i$ 和 y_i 分别对应模型预测值和实际值。

利用十折交叉验证实验确定模型最优超参数后，将所提方法与其他钻速优化算法进行对比验证，具体包括 BPNN、ELM、RS、RF、SVR、最小二乘支持向量回归 (least square support vector regression, LSSVR)、PSO-SVR、单纯形算法优化支持向量回归 (SVR-Simplex)、本节方法不包含频谱和小波滤波分析 (N1)、本节方法不包含互信息分析 (N2)、本节方法既不包含频谱和小波滤波分析又不包含互信息分析 (N3)，在测试集的基础上检验各钻速模型的性能，预测结果如图 6.2 所示 [4]。可以观察到，所提方法相比其他方法在预测精度方面具有一定的优越性，能够及时追踪并预测实际钻速的剧烈变化。同时，实验结果也表明，改进蝙蝠算法优化的支持向量回归模型可以提升钻速预测能力。

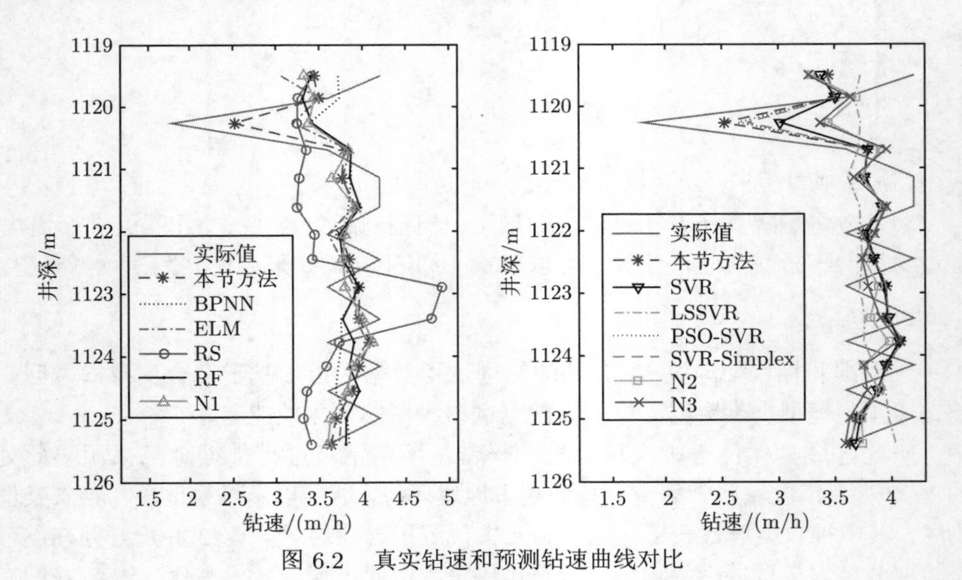

图 6.2　真实钻速和预测钻速曲线对比

各钻速预测方法的模型性能评价指标 (RMSE、NRMSE、MAE、MAPE) 对比结果如表 6.1 所示 [4]。可以看出，本节方法在上述指标中的性能最优，其 RMSE、NRMSE、MAE、MAPE 分别为 0.398、10.586%、0.343、10.114%。本节方法为钻进过程效率优化奠定了重要基础。

表 6.1 各方法与真实钻速误差对比结果

方法	RMSE	NRMSE/%	MAE	MAPE/%
本节方法	0.398	10.586	0.343	10.114
BPNN	0.525	13.974	0.399	13.251
ELM	0.549	14.599	0.413	13.172
RS	0.760	20.222	0.642	19.044
RF	0.560	14.784	0.434	14.254
SVR	0.476	12.655	0.380	12.048
LSSVR	0.604	16.069	0.421	14.477
PSO-SVR	0.414	11.015	0.350	10.553
SVR-Simplex	0.425	11.291	0.354	10.808
N1	0.565	15.022	0.423	13.838
N2	0.582	15.469	0.451	14.681
N3	0.577	15.335	0.437	14.124

6.1.2 基于混合建模的总池体积预测模型

在钻进过程中，维持井底压力状态的目的是减少泥浆漏失或抑制井涌，构建准确的井底压力模型对井底压力状态判断以及钻进安全具有重要意义。在地质钻进过程中，由于井眼口径的限制，较难安装合适的测量与传输装置来实现井底压力的直接测量，总池体积 (mud pit volume, MPV) 能够反映井底压力状态的变化，可通过构建总池体积模型实现井底压力的软测量。

钻进工艺与井下复杂的相互作用，使得总池体积与其他钻进参数间呈现复杂的非线性，需要通过合适的非线性建模方法来构建预测模型。总池体积的变化在时间序列上也存在明显变化，在长的时间尺度上，随着进尺不断加深，泥浆逐渐消耗，总池体积逐渐减小，在短的时间尺度上，总池体积的变化类似于正弦波。为跟随总池体积在长短时间尺度上变化，还需引入合适的方法构建时间序列预测模型来对非线性模型的输出进行微调。

1. 总池体积混合建模方法

针对单一模型难以准确预测 MPV 的问题，提出一种总池体积混合预测模型，模型框架如图 6.3 所示，包括模型融合、模型微调和模型更新三个部分 [5]。该模型能够建立钻进参数与 MPV 间的非线性关系并记录 MPV 的时间序列特性。在此基础上，引入改进的滑动窗口方法，实现模型的在线更新，以应对复杂多变的钻进过程。

(1) 模型融合。BPNN 方法与 SVR 方法分别用来构建预测模型。BPNN 与 SVR 在复杂工业建模领域得到了广泛应用并取得了良好效果。为融合 SVR 模型与 BPNN 模型，引入一种线性融合方法，根据评估性能融合子模型。这里采用 RMSE、MAE 与 MAPE 三个评价标准确定子模型的权重。

(2) 模型微调。通过构建长短期记忆神经网络 (long-short term memory neural network, LSTMNN)预测模型 [6]，对融合模型进行微调，以跟随 MPV 的时间序列趋势。如上述所示，MPV 的长期趋势和短期趋势都具有明显的时间序列特征。LSTMNN 是一种改进的循环神经网络，可以跟踪长期时间序列和短期时间序列的趋势，广泛用于解决时间序列预测问题。微调规划由 LSTMNN 模型的输出和融合模型的输出之间的差异决定。

(3) 模型更新。开发改进的滑动窗口方法更新由上述方法构建的离线模型。滑动窗口方法可以更新预测模型以应对复杂多变的钻进过程。与传统的滑动窗口方法不同，改进的滑动窗口方法通过比较测试集和训练集数据的相似性，向训练集添加合适的数据。这样可以避免训练集中相似数据过多或数据类型不足。

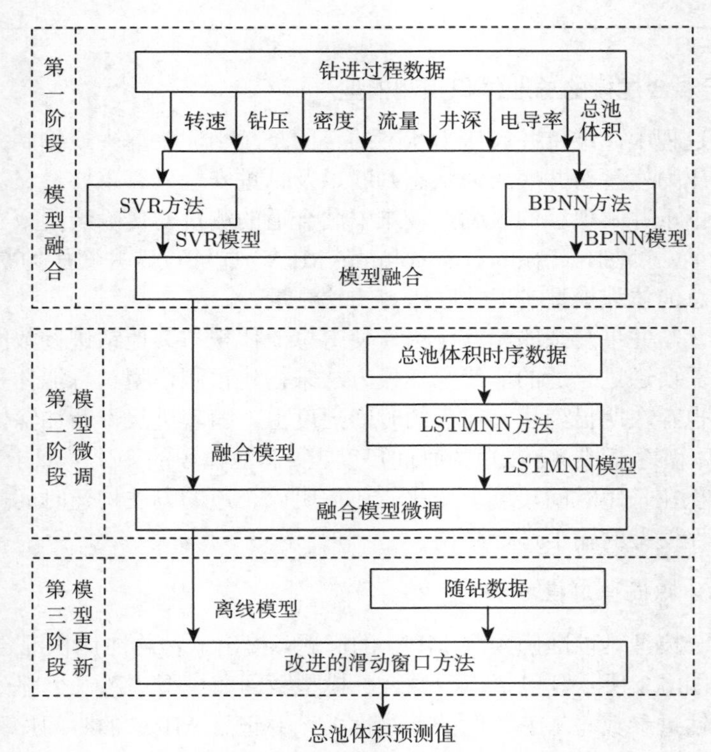

图 6.3 总池体积混合预测模型框架

1) 基于 SVR 与 BPNN 的总池体积融合模型

在本节中，使用 SVR 方法和 BPNN 方法构建 MPV 融合预测模型。这两种方法构建的融合模型是建立钻进变量与 MPV 的关系，作为钻进过程优化调整的依据。SVR 模型 [7] 和 BPNN 模型 [8] 具有良好的非线性数据拟合能力，已在钻进过程的建模中得到应用。SVR 和 BPNN 的融合有助于进一步提高模型性能，本节采用线性组合方法确定融合权重。使用 N 组输入 $U_{\text{in},i}$ 和输出 $H_{\text{out},i}$ 数据构建 SVR 与 BPNN 预测模型。输入 $U_{\text{in},i}$ 为当前钻进时刻的钻压、转速、密度、流量、总池体积、电导率、井深，输出 $H_{\text{out},i}$ 为下一时刻的总池体积。SVR 与 BPNN 的结构见后续部分所述。

SVR 模型的主要形式为

$$\hat{H}_{\text{out},i}^{\text{SVR}} = \omega\phi\left(U_{\text{in},i}\right) + b \tag{6.6}$$

式中，$\phi(\cdot)$ 为非线性映射；ω 为权值；b 为偏置。

这个非线性拟合问题可以转换为带约束的优化问题：

$$\min\left\{\frac{1}{2}\|\omega\|^2 + C\sum_{i=1}^{n}\left(\xi_i + \xi_i^*\right)\right\}$$

$$\text{s.t.}\begin{cases} H_{\text{out},i} - \omega\phi\left(U_{\text{in},i}\right) - b \leqslant \varepsilon + \xi_i \\ -H_{\text{out},i} + \omega\phi\left(U_{\text{in},i}\right) + b \leqslant \varepsilon + \xi_i^* \\ \xi_i \geqslant 0, \quad \xi_i^* \geqslant 0 \end{cases} \tag{6.7}$$

式中，C 为惩罚因子；ε 为很小的正数；ξ_i 和 ξ_i^* 为松弛变量。

将广泛应用的径向基函数作为 SVR 的核函数：

$$K\left(x, x'\right) = \exp\left(\frac{-\|x - x'\|^2}{2\sigma^2}\right) \tag{6.8}$$

式中，σ 为核函数带宽。

对于 SVR 模型，需要设计超参数 C 和 σ。为了保障模型的精度，使用网格搜索和 k 折交叉验证方法确定最佳的模型参数。

BPNN 模型的隐藏层神经元激活函数为 sigmoid 函数,输出层激活函数为 purelin 函数，这种通用结构简单，能够满足钻进的需要。BPNN 模型输出为

$$\hat{H}_{\text{out}}^{\text{BP}} = f\left(\sum_{j=1}^{n_B}\omega_j f\left(\sum_{i=1}^{n}\omega_{ij} + \theta_j\right) + \theta_B\right) \tag{6.9}$$

式中，ω_{ij} 为输入层到隐含层的权值；θ_j 为隐含层阈值；ω_j 为隐含层到输出层的权值；θ_B 为输出层阈值；n 为输入个数；n_B 为隐含层神经元个数。

基于梯度下降的搜索算法常用于优化 BPNN 模型的参数，但模型的非线性特性使其容易陷入局部最优，可采用 PSO 算法 [9] 选择权重和阈值的初始值，以确保模型性能。

SVR 和 BPNN 方法在解决非线性拟合问题方面都有显著的效果，SVR 更适用于小样本拟合，BPNN 偏向于足够样本拟合。在模型结合过程中，需要设计各个模型的权值，以保证模型的有效性。这里引入线性结合的方法 [10]，使用式 (6.10) 计算结合后模型的输出：

$$H_{\text{out},i}^{\text{combined}} = \omega_1 \hat{H}_{\text{out},i}^{\text{SVR}} + \omega_2 \hat{H}_{\text{out},i}^{\text{BP}} \tag{6.10}$$

通过 RMSE、MAE、MAPE 三个评价指标确定结合模型的权值。随着井深的增加，钻进数据不断扩充，这三个评价标准确定的权重可以保证预测模型的准确性和可靠性。MAE 在评估平均绝对预测误差方面是有效的；RMSE 具有与 MAE 相同的优点，但它更稳定，对极端误差的表现更不敏感；MAPE 擅长评估平均绝对误差的百分比。结合模型的权值定义为

$$\begin{cases} \omega_1 = \dfrac{v_1}{v_1 + v_2} \\ \omega_2 = \dfrac{v_2}{v_1 + v_2} \end{cases} \tag{6.11}$$

式中

$$\begin{aligned} v_1 &= 1/\text{RMSE}_{\text{SVR}} + 1/\text{MAE}_{\text{SVR}} + 1/\text{MAPE}_{\text{SVR}} \\ v_2 &= 1/\text{RMSE}_{\text{BPNN}} + 1/\text{MAE}_{\text{BPNN}} + 1/\text{MAPE}_{\text{BPNN}} \end{aligned} \tag{6.12}$$

SVR 和 BPNN 方法构建的融合模型可以建立 MPV 与钻进变量之间的非线性关系，可以作为钻进过程优化调整的依据。SVR 和 BPNN 预测模型的输入输出时间跨度为 30min，而 MPV 时间序列数据的时间间隔为 1min。构建的 SVR 和 BPNN 模型难以跟随总池体积的时间序列变化，这就需要采用 LSTMNN 构建预测模型，根据 MPV 的时间序列数据对 SVR 和 BPNN 的融合模型进行微调。

2) 基于 LSTMNN 的预测模型微调

在钻进过程中，MPV 随着泥浆的消耗量在较长时间内逐渐降低。从较短的时间尺度来看，由于钻柱的振动，MPV 像正弦波一样变化。因此，引入 LSTMNN 微调组合预测模型的输出，以跟随 MPV 的时间序列变化。

LSTMNN 是一种改进递归神经网络 (recurrent neural network, RNN)，相对于传统的 RNN 结构，它通过引入遗忘门、输入门和输出门，将长短时间序列状态保存在细胞块中，解决了长时间序列情况下的梯度爆炸与梯度消失等问题。

模型微调的原理是比较融合模型的预测趋势和 LSTMNN 模型的预测趋势，通过 LSTMNN 模型的输出对融合模型的输出进行微调，具体规则如式 (6.13) 所示：

$$\hat{H}_{\mathrm{out},i}^{\mathrm{ft}}=\begin{cases}\hat{H}_{\mathrm{out},i}^{\mathrm{combined}}-0.1e_i, & \dfrac{\hat{H}_{\mathrm{out},i}^{\mathrm{combined}}-H_{\mathrm{out},i-1}}{\left|\hat{H}_{\mathrm{out},i}^{\mathrm{combined}}-H_{\mathrm{out},i-1}\right|}=\dfrac{\hat{H}_{\mathrm{out},i}^{\mathrm{lstm}}-H_{\mathrm{out},i-1}}{\left|\hat{H}_{\mathrm{out},i}^{\mathrm{lstm}}-H_{\mathrm{out},i-1}\right|}\\ \hat{H}_{\mathrm{out},i}^{\mathrm{combined}}-0.1e_i, & \dfrac{\hat{H}_{\mathrm{out},i}^{\mathrm{combined}}-H_{\mathrm{out},i-1}}{\left|\hat{H}_{\mathrm{out},i}^{\mathrm{combined}}-H_{\mathrm{out},i-1}\right|}\neq\dfrac{\hat{H}_{\mathrm{out},i}^{\mathrm{lstm}}-H_{\mathrm{out},i-1}}{\left|\hat{H}_{\mathrm{out},i}^{\mathrm{lstm}}-H_{\mathrm{out},i-1}\right|}\end{cases} \tag{6.13}$$

式中，$e_i=\hat{H}_{\mathrm{out},i}^{\mathrm{combined}}-\hat{H}_{\mathrm{out},i}^{\mathrm{lstm}}$；$\hat{H}_{\mathrm{out},i}^{\mathrm{lstm}}$ 为 LSTMNN 模型的预测输出。

SVR、BPNN 和 LSTMNN 方法构建的混合预测模型可以有效拟合非线性关系，跟随 MPV 的时间序列变化。基于这三种方法建立的混合模型为离线模型，模型精度不足，难以应对复杂多变的钻进过程。

3) 模型更新

应用改进滑动窗口方法对模型进行更新。对于传统的滑动窗口方法，删除训练集中最开始的 k 组数据并添加已经训练的 k 组数据，这会导致模型精度的降低。因此，应用改进滑动窗口方法确保模型精度。改进滑动窗口方法如图 6.4 所示，通过对比测试集与训练集的相似度，选择合适的数据更新模型，这样可以避免过多的相似数据，同时保证样本的多样性。

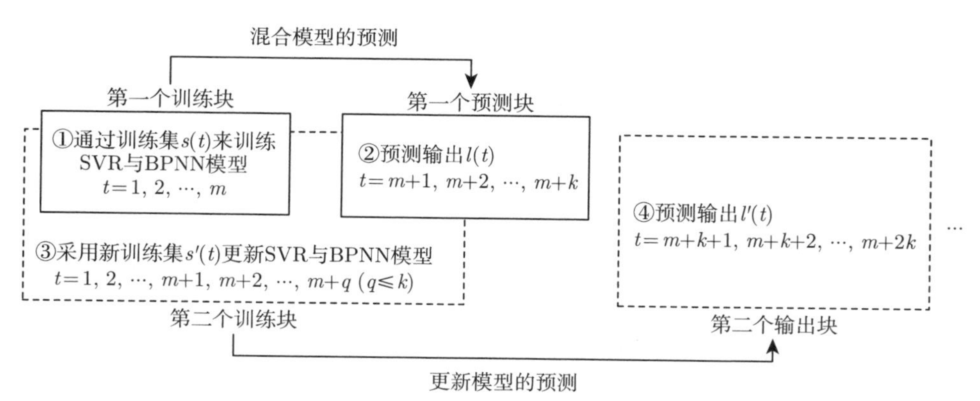

图 6.4　改进滑动窗口方法

通过相似度 $s=[s_1,s_2,\cdots,s_i,\cdots,s_k]$ 确定合适的 q 组数据来更新模型，相似度 [11] 的定义为

$$s_i=\max\left(\lambda\sqrt{\mathrm{e}^{-d_{ij}^2}}+(1-\lambda)\cos\psi_{ij}\right),\quad j=1,2,\cdots,m \tag{6.14}$$

式中，m 为训练集的样本数；λ 为权值；$\cos\psi_{ij}$ 和 d_{ij} 分别设定为

$$\cos\psi_{ij}=\frac{X_i^{\mathrm{T}}X_j}{\|X_i^{\mathrm{T}}\|_2\|X_j\|_2},\quad j=1,2,\cdots,m \tag{6.15}$$

$$d_{ij} = \|X_i - X_j\|, \quad j = 1, 2, \cdots, m \tag{6.16}$$

式中，X_i 为测试集中的一组数据；X_j 为训练集中的一组数据。

通过以上步骤构建的在线混合模型可以应对总池体积的非线性、时序性以及复杂多变的特性，确保模型精度。

2. 实验验证

应用松辽盆地勘探井的实际钻进过程数据验证方法的有效性，选取 352 组数据构建 MPV 预测模型。对于 SVR 与 BPNN 预测模型，前 322 组数据作为训练集，后 30 组数据作为测试集。训练集中的后 200 组时间序列数据构成的 MPV 序列用来构建 LSTMNN 预测模型。构建的 LSTMNN 预测模型的输入和输出之间的时间跨度为 1min，但由 SVR 和 BPNN 构建的预测模型，时间跨度为 30min。为了满足模型微调的要求，使用 LSTMNN 模型预测的 MPV 值更新 LSTMNN 预测模型，直至满足 30min 的时间跨度。为验证模型的有效性，采用 RMSE、MAE、MAPE 和最大绝对误差(maximum absolute error, MAAE) 评价模型性能。RMSE、MAE 和 MAPE 能够评估模型的整体性能，MAAE 是预测模型的误差极值。RMSE、MAE 和 MAPE 在前面已经进行了描述，MAAE 定义为

$$\mathrm{MAAE} = \max|\hat{y}_i - y_i| \tag{6.17}$$

式中，$\hat{y}_i$ 和 y_i 分别对应模型的预测值和实际值。

为了展现所提方法的性能，对比方法包括 BPNN、SVR、ELM 和径向基函数神经网络 (radial basis function neural network, RBFNN)，这四种方法也在钻进状态的建模中得到了广泛应用 [12]。这四种方法构建的模型采用同样的改进滑动窗口方法进行更新，例如，在线反向传播神经网络 (online back propagation neural network，OBPNN) 模型由 BPNN 方法与滑动窗口方法共同构建。

OBPNN 模型、在线支持向量回归 (online support vector regression，OSVR) 模型、在线径向基函数神经网络 (online radial basis function neural network，ORBFNN) 模型、在线极限学习机 (online extreme learning machine，OELM) 模型以及在线混合模型 (所提模型) 的预测结果如图 6.5 所示 [5]。图 6.5 的结果显示，在线混合模型具有最小的预测误差，这表明总池体积混合建模方法相比其他方法更加准确。进一步，将各个总池体积模型通过评价指标 (RMSE、MAE、MAPE 和 MAAE) 进行对比，评价结果如表 6.2 所示 [5]。实验结果表明，所开发的总池体积预测模型在评价指标中均表现出最好的性能，这表明所开发的总池体积预测模型的有效性。

以上结果展现出混合建模方法在非线性回归方面的良好性能。但是，跟随 MPV 变化趋势的能力同样重要，这种能力表明预测趋势与实际趋势的一致性程

度。如果预测值与实际值都大于 (或者小于) 当前值，那么对 MPV 趋势的预测就是准确的；反之，则对 MPV 趋势的预测不准确。当前值是指在当前时间检测到的 MPV，实际值是 30min 后检测到的 MPV。基于此，引入评价指标预测趋势准确度 (predicted trend accuracy，PTA)：

$$\mathrm{PTA}=\frac{N_{\mathrm{correct}}}{N_{\mathrm{sample}}}\times 100\% \tag{6.18}$$

式中，N_{correct} 为实现变化趋势准确预测的数量；N_{sample} 为总样本数量。

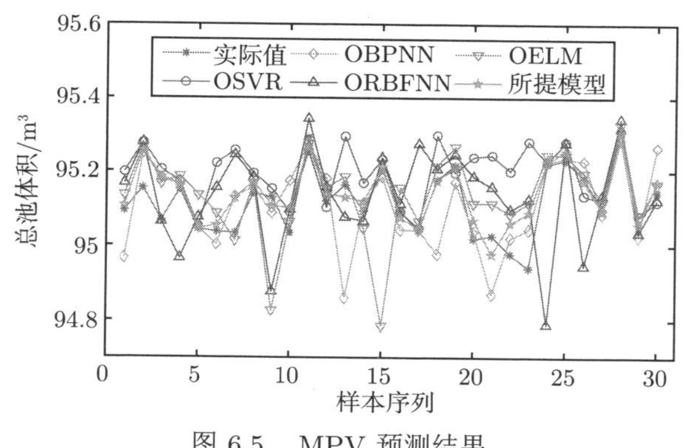

图 6.5　MPV 预测结果

表 6.2　总池体积建模方法评价结果

方法	RMSE	MAE	MAPE/%	MAAE
OSVR	0.122	0.085	0.089	0.342
OBPNN	0.094	0.065	0.069	0.302
ORBFNN	0.141	0.103	0.108	0.431
OELM	0.112	0.071	0.074	0.418
所提方法	0.051	0.034	0.036	0.148

当前值与未来值的差值如图 6.6 所示 [5]，用于说明 MPV 预测值和相应的实际值是否都大于 (或小于) 当前值。错误的预测趋势在模拟结果中用三个黑色矩形标记，对于混合建模方法，PTA 是 90%。圆圈指当前值与实际值的差值，菱形指当前值与预测值的差值。虚线表示前一步值和当前值没有差异。虚线上方的圆圈 (或菱形) 表示实际值 (或预测值) 小于当前值。虚线下方的圆圈 (或菱形) 表示实际值 (或预测值) 大于当前值。

MPV 趋势的准确预测为判断井底压力状态的依据，可作为钻进工艺优化调整的参考。当圆圈和菱形在虚线的同一侧时，表明方法有跟随 MPV 变化的能力。在图 6.6 中，第 6 个、10 个和 20 个样本不在虚线的同一侧，即带黑色方框的样本，在这些样本中，第 10 个样本中圆圈距离菱形的距离最远，但小于 0.1。从预测值与实际值的时间跨度来看，预测值与实际值之间只有 0.1 的差距是正常的，这并不会影响对 MPV 变化的判断以及钻进的操作。实验结果表明，所提总池体积混合模型能够有效跟踪 MPV 的变化趋势。跟踪 MPV 时间序列变化的能力为间接判断井底压力状态提供了准确的数据基础。

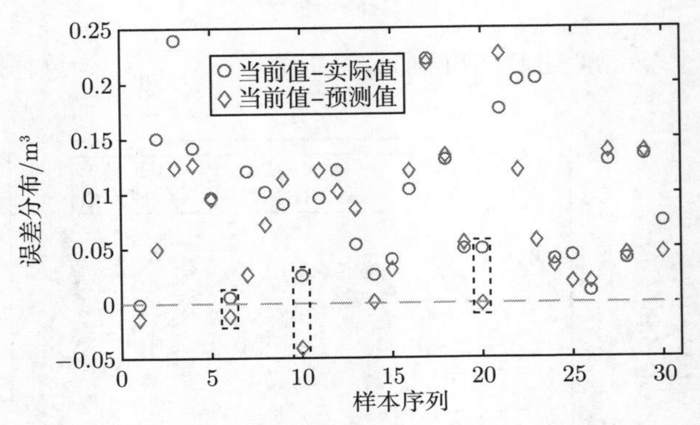

图 6.6　t 时刻 MPV 与 $t+1$ 时刻 MPV 的差值

6.2　钻进过程智能协调优化

钻速是评价钻进效率高低的核心因素，实际钻进过程通常通过更换钻头、钻具或改变井身结构实现钻速优化，然而这类措施不仅需要花费高昂的成本，还很难根据地层岩性变化进行快速调节。目前，不少学者已开始运用机理分析或机器学习方法建立钻速预测模型，并采取启发式或确定性优化策略实现钻速优化。考虑到钻进过程存在机理复杂、强非线性以及约束众多等特性，需要设计合适的钻速优化算法解决上述问题。

钻进安全性同样需要考虑。在钻进过程中，只调节单一钻进变量会让不同的钻进状态向相反的方向发展，例如，钻压的调节可以提升钻速，但在一定程度上也会造成井壁失稳，进而导致总池体积的波动。为实现钻速提升与总池体积的稳定，需要开发合适的多目标优化算法。由于多目标优化算法得到的解都是平等的，还需确定最佳的解用于钻进操作。

6.2.1　基于混合蝙蝠算法的钻柱系统钻速优化

本节针对具有非线性约束条件的钻速非凸优化问题，提出一种基于混合蝙蝠算法 (hybrid bat algorithm, HBA)的钻速优化算法，并在实钻数据的基础上将所提算法与多种知名钻速优化算法进行对比，验证所提算法的有效性。

1. 基于混合蝙蝠算法的钻速优化模型结构

基于混合蝙蝠算法的钻速优化模型结构如图 6.7 所示。首先，根据 6.1.1 节中的互信息分析结果选取钻压、转速、泵量和井深作为模型的输入。然后，对钻进过程数据进行小波滤波处理，以此提升钻进过程数据的价值密度。最后，在预处理数据与已建立的钻速预测模型 (钻速预测模型的搭建流程参考 6.1.1 节) 的基础上采用混合蝙蝠算法对钻进操作参数 (钻压、转速、泵量) 进行优化，从而实现钻速优化。

2. 实验验证

本节利用湖北神农架地区 Wz2 井采集的钻进过程数据验证所提算法的可行性。需要注意的是，在实例测试中既要全面分析钻进过程中存在的众多非线性约束，也要对钻速优化结果进行进一步探讨。

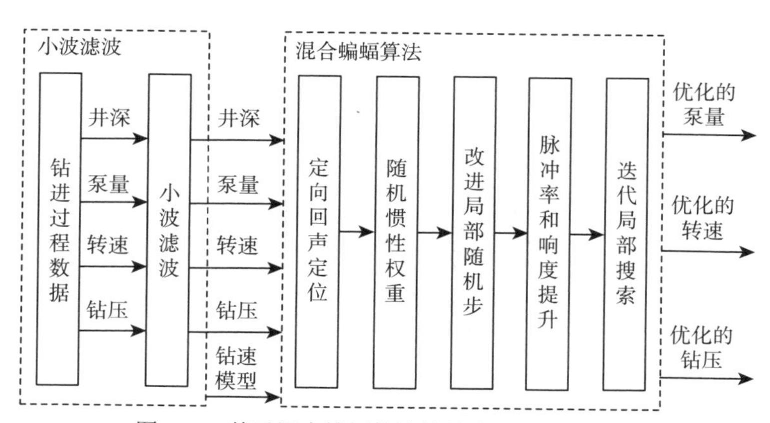

图 6.7　基于混合蝙蝠算法的钻速优化模型结构

考虑到地质钻进对井壁稳定性、井底净化等方面有一定的需求，为符合实际钻进机理与工艺要求，需要对钻压 (WOB)、转速 (RPM)、泵量 (Q) 和钻速 (ROP) 进行范围约束 [13]。同时，钻进过程中的钻头磨损与地层变化也会产生非线性约束 [14,15]，具体表示为

$$\begin{cases} \mathrm{WOB_{min}} \leqslant \mathrm{WOB} \leqslant \mathrm{WOB_{max}},\ \mathrm{RPM_{min}} \leqslant \mathrm{RPM} \leqslant \mathrm{RPM_{max}} \\ Q_{\min} \leqslant Q \leqslant Q_{\max},\ \mathrm{ROP_{min}} \leqslant \mathrm{ROP} \leqslant \mathrm{ROP_{max}} \\ \mathrm{WOB} \cdot \mathrm{RPM} < K \\ P\left((\mathrm{WOB} = \mathrm{WOB_{max}})\left(\mathrm{RPM} \leqslant \mathrm{RPM_{max}}\right)\right) = 0 \\ T_f = \left[\dfrac{C_1}{2} + 1 - \left(\dfrac{C_1}{2}h^2 + h\right)\right] \dfrac{D_2 - D_1\mathrm{WOB}}{A_f\left(a_1\mathrm{RPM} + a_2\mathrm{RPM}^3\right)} \geqslant T \end{cases} \tag{6.19}$$

式中，T_f 为钻头寿命；$P(\cdot)$ 为概率。

本节选择来自 Wz2 井的 95 组钻进过程数据 (钻压、转速、泵量和井深) 作为样本总集。其中，80 组数据作为训练集和验证集，主要用于开展十折交叉验证实验并建立钻速预测模型；剩余 15 组数据作为测试集 ($i = 1, 7, \cdots, 85$，i 是样本总集的序号)，主要用于实施钻速优化。

为验证所提基于 HBA 的钻速优化算法的优越性，将其与四种知名的钻速优化算法进行对比，具体包括 BA、PSO、下山单纯形 (Nelder-Mead, NM) 算法以及模拟退火 (simulated annealing, SA) 算法, 钻速优化结果曲线与箱型图对比如图 6.8 所示 [16]。可以看出，所提算法的钻速优化效果比其他四种算法好，在钻速提升率方面也明显高于其他算法。虽然 NM 算法在前期优化过程中同样表现出较好的效果，但在后期优化过程中表现不理想，存在大幅度波动现象。由此说明，所提算法在面对多种非线性钻进约束时依然能够保持很好的钻速优化性能。

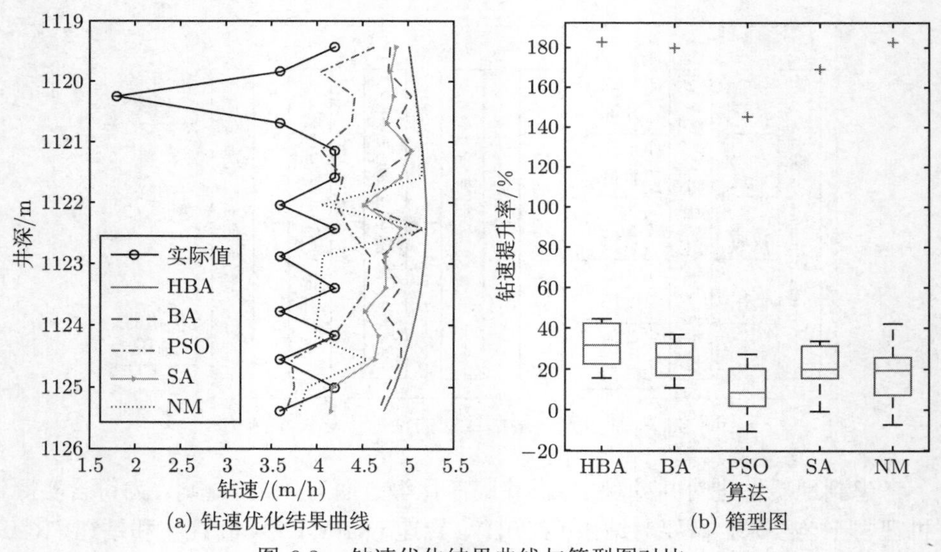

(a) 钻速优化结果曲线　　(b) 箱型图

图 6.8　钻速优化结果曲线与箱型图对比

根据仿真实验结果可知，各钻速优化算法 (HBA、BA、PSO、SA、NM) 相较于实际平均钻速分别提升了 34.84%、28.62%、24.76%、20.85%、12.07%。同时，HBA 在收敛速度与搜索能力方面也展现出了优异的性能。综上所述，本节所提算法具有很好的优化精度与全局搜索能力，能够满足实际钻进需求。

6.2.2　考虑系统间耦合关系的钻柱系统与循环系统协调优化

钻进过程协调优化是一个多目标优化问题，包括钻速提升与总池体积波动抑制。NSGA-II 在解决两个目标的优化问题方面具有良好的性能 [17]，被广泛应用于多目标优化问题中。本节通过调节钻压、转速、泵量和密度来提升钻速并抑制总池体积的波动。

1. 钻进过程协调优化框架

整个钻进过程的协调优化框架如图 6.9 所示 [18]。在模型构建阶段，构建两个预测模型，分别用来预测 ROP 与 MPV。在协调优化阶段，结合 NSGA-II 与 TOPSIS 方法 [19] 筛选出最优解。

对于预测模型，考虑到钻进过程的非线性，采用 SVR 方法构建钻进状态预测模型。建立的 ROP 模型与 MPV 模型采用钻进过程参数 (钻压、转速、泵量和密度) 作为模型的共同输入，在后续的优化阶段用于提升 ROP 并抑制 MPV 波动。

在协调优化阶段，采用 NSGA-II 解决钻进优化的多目标优化问题。一方面，基于预测模型的优化模型包含黑盒特点和难以分析的机理，NSGA-II 只需要优化模型的输入，即可在不了解模型内部机制的情况下实现优化目标。另一方面，NSGA-II 在解决双目标优化问题上有很好的效果，可以在抑制 MPV 波动的情况下获得最大的 ROP。优化后，采用 TOPSIS 方法在解集中选择最佳偏好解。本节利用上述建立的预测模型对钻进过程参数进行优化，使后续状态达到满意的效果。在随后的部分中给出了详细描述。

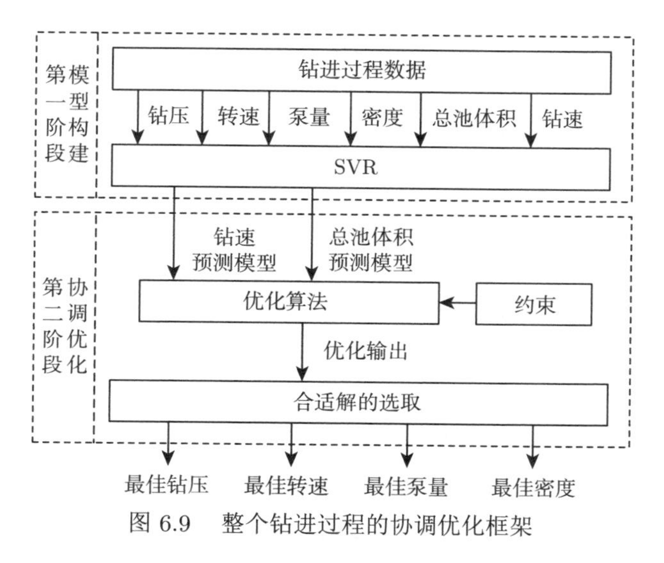

图 6.9　整个钻进过程的协调优化框架

2. 钻进系统间协调优化算法

在钻进过程中，操作者调整钻进过程参数以获得高 ROP 并抑制 MPV 波动。为了实现这两个目标并获得最优的钻进过程参数值，本节提出一种钻进过程协调优化算法。其主要步骤是：首先利用 NSGA-II 优化钻压、转速、泵量和密度的值；

然后利用 TOPSIS 方法选择最佳偏好解。优化目标通过优化 ROP 和 MPV 预测模型的操作参数实现。在优化之前，需要将 MPV 和 ROP 预测模型转化为多目标优化问题。基于预测模型，多目标优化问题可以表述为

$$\min\{f_1 = P^*, f_2 = |V - V_{\text{set}}|\}$$
$$\begin{cases} P^* = 60/\text{OSVR}(\mu_1), V = \text{OSVR}(\mu_2) \\ \mu_1 = \{\text{WOB}, \text{RPM}, Q, \text{MW}, \text{ROP}\} \\ \mu_2 = \{\text{WOB}, \text{RPM}, Q, \text{MW}, \text{MPV}\} \end{cases} \tag{6.20}$$

钻进系统协调优化共有两个优化目标。优化目标 f_1 指钻进 1m 需要的时间，f_2 指总池体积的波动量，V_{set} 根据 MPV 的变化趋势来设定。在钻进优化问题中，决策变量为 WOB、RPM、Q 和 MW。决策变量的调节范围作为钻进的约束，具体为

$$\begin{cases} \text{WOB}_{\min} \leqslant \text{WOB} \leqslant \text{WOB}_{\max}, \quad \text{RPM}_{\min} \leqslant \text{RPM} \leqslant \text{RPM}_{\max} \\ \text{MW}_{\min} \leqslant \text{MW} \leqslant \text{MW}_{\max}, \quad Q_{\min} \leqslant Q \leqslant Q_{\max} \end{cases} \tag{6.21}$$

采用 NSGA-II 来提升钻速与抑制总池体积波动。NSGA-II 是一种带精英策略的多目标优化算法，它在解决两个目标的问题上具有良好的性能。NSGA-II 得到解集中的解是等价的，这使得很难选择指导钻进过程的最优解，可结合钻进要求确定最佳优选方案。采用理想点法从解集中选择最佳偏好解，引入 TOPSIS 方法评估指标设置解的选择偏好。

首先，设置两个评价因子 ω_{1i} 和 ω_{2i}，分别为

$$\omega_{1i} = 0.3 - f_{2i}, \quad \omega_{2i} = \max(f_{1i}) - f_{1i}, \quad i = 1, 2, \cdots, m \tag{6.22}$$

式中，f_{2i} 为 i 个解的优化目标 f_2 的值；f_{1i} 为 i 个解的优化目标 f_1 的值；m 为满足 $f_2 < 0.3$ 的解的个数。

然后，确定两个参考点

$$Z^+ = (\max \omega_{1i}^{\text{norm}}, \max \omega_{2i}^{\text{norm}}), \quad Z^- = (\min \omega_{1i}^{\text{norm}}, \min \omega_{2i}^{\text{norm}}) \tag{6.23}$$

式中，$\omega_{1i}^{\text{norm}}$ 和 $\omega_{2i}^{\text{norm}}$ 为 ω_{1i} 和 ω_{2i} 归一化后的值。

基于确定的理想点，得到正负理想点的相似度为

$$C_i^* = \frac{D_i^-}{D_i^- + D_i^+}, \quad i = 1, 2, \cdots, m \tag{6.24}$$

式中，D_i^- 和 D_i^+ 分别为解到 Z^- 和 Z^+ 的欧氏距离。选取最大 C_i^* 对应的解作为最佳偏好解。

3. 仿真分析

为验证协调优化算法的有效性，共进行了 12 组实验，协调优化结果如表 6.3 所示 [18]，第二、三列为未优化的结果，第四、五列为协调优化结果，NSGA-II 种群数量和迭代次数分别为 100 和 200。从表 6.3 中可以看出，协调优化结果显著提高了 ROP，同时保持 MPV 不变。前四组实验的 PF 如图 6.10 所示 [18]，

表 6.3　协调优化结果

实验	ROP	$\|V-V_{\text{set}}\|$	ROP^*_{NT}	$\|V-V_{\text{set}}\|^*_{\text{NT}}$
1	3.44	0.38	3.72	0.14
2	4.22	0.35	5.55	0.02
3	3.37	0.06	4.85	0.14
4	3.62	0.11	5.10	0.05
5	3.56	0.31	5.67	0.11
6	2.84	0.36	3.80	0.03
7	3.05	0.01	4.61	0.11
8	4.90	0.54	5.79	0.06
9	3.02	0.16	4.23	0.05
10	3.19	0.24	4.11	0.06
11	3.20	0.15	5.19	0.02
12	3.43	0.10	5.88	0.06

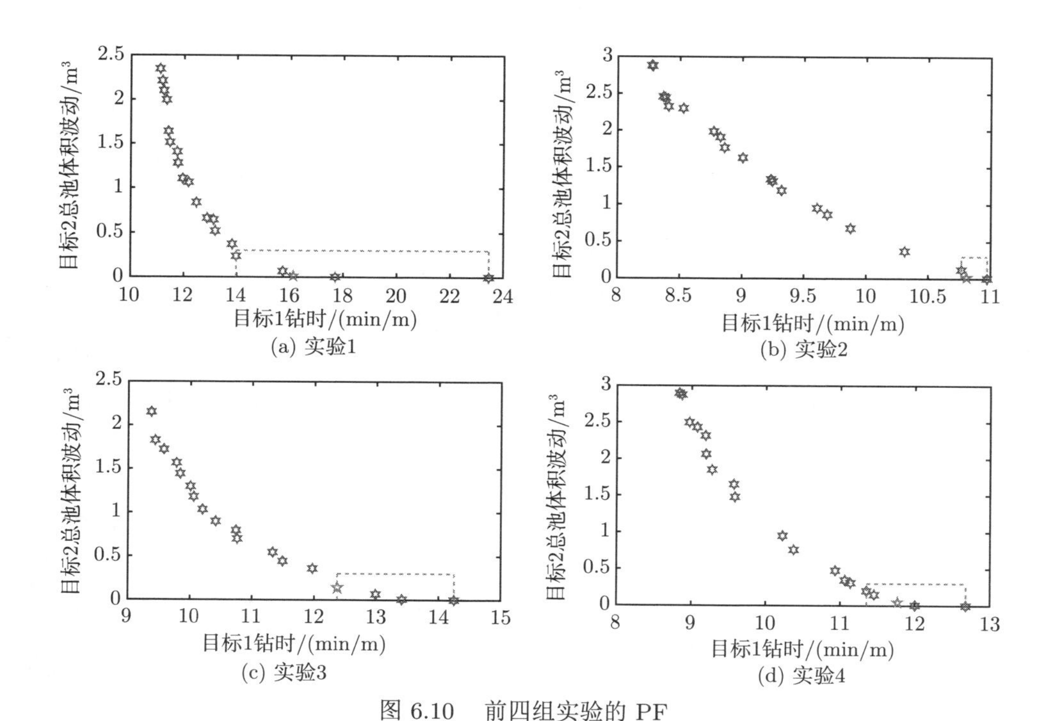

图 6.10　前四组实验的 PF

这些图中的星形图案表示最佳偏好解。在图 6.10 中，最佳偏好解已通过 TOPSIS 方法限制在适当范围内。限制区域中优化的 ROP 高于未优化的 ROP，并且 $|V - V_{\text{set}}|$ 在限制区域内可以保证钻进过程稳定。因此，限制区域内的解决方案是合理且有效的。

如表 6.3 所示，在应用该协调优化算法后，ROP 平均提升了 39.8%，MPV 波动平均减小了 69.3%，展现出该算法的优越性能。从 PF 的结果来看，钻进过程参数的调整使目标向不同方向发展，说明了协调优化的必要性。此外，PF 的端点解可能不适合优化调整，TOPSIS 方法可以选择一个合适的解决方案并将其应用于优化调整，这也说明了该算法的有效性。

协调优化的仿真结果表明，所提算法能够在考虑系统间耦合性的情况下，在提升 ROP 的同时抑制 MPV 波动，实现钻进效率与安全性之间的平衡，对维持钻进过程的稳定具有重要意义。

6.3 本 章 小 结

本章通过分析不同钻进系统的特性，分别构建了钻速预测模型与总池体积预测模型。在构建的模型的基础上，分别设计单目标优化算法与协调优化算法实现钻速优化以及各系统的协调优化。

6.1 节针对复杂地质钻进过程，分别构建了基于混合支持向量回归的钻速预测模型与基于混合建模的总池体积预测模型。钻速预测模型首先采用小波分析滤除数据中的噪声，然后采用互信息方法确定模型输入，最后采用改进蝙蝠优化算法优化支持向量回归的方法构建钻速预测模型。仿真结果表明，所提出的钻速建模方法在 RMSE、NRMSE、MAE、MAPE 上都优于其他对比方法。针对总池体积预测，结合支持向量回归与反向传播神经网络构建的融合模型用来解决总池体积模型的非线性问题，长短期记忆神经网络用来微调融合模型的输出，进而应用改进的滑动窗口方法对总池体积模型进行更新。实验结果表明，构建的总池体积模型在多种评价指标方面均取得了良好的效果，并且能够跟随总池体积的时间序列变化。

6.2 节针对钻进过程的实际运行需求，提出了一种钻速优化算法以及一种系统间协调优化算法。钻速优化算法通过设计改进蝙蝠优化算法来调节钻进操作参数，实现钻速提升。与其他单目标优化算法相比，所提算法在提升钻速方面性能最优，平均提升了 34.8%。系统间协调优化算法是在钻速预测模型与总池体积预测模型的基础上采用多目标优化算法，在提升钻速的同时抑制总池体积波动，钻速平均提升了 39.8%，总池体积波动平均下降了 69.3%。仿真结果表明，所提算法能够有效提升钻进过程效率。

参 考 文 献

[1] 甘超. 复杂地层可钻性场智能建模与钻速优化 [D]. 武汉: 中国地质大学 (武汉), 2019.

[2] Gan C, Cao W H, Wu M, et al. A new bat algorithm based on iterative local search and stochastic inertia weight [J]. Expert Systems with Applications, 2018, 104: 202-212.

[3] Qiu X F, Ling W L, Liu X M, et al. Recognition of Grenvillian volcanic suite in the Shennongjia region and its tectonic significance for the South China Craton [J]. Precambrian Research, 2011, 191: 101-119.

[4] Gan C, Cao W H, Wu M, et al. Prediction of drilling rate of penetration (ROP) using hybrid support vector regression: A case study on the Shennongjia area, central China [J]. Journal of Petroleum Science and Engineering, 2019, 181: 106200.

[5] Zhou Y, Chen X, Fukushima E F, et al. An online hybrid prediction model for mud pit volume in the complex geological drilling process [J]. Control Engineering Practice, 2021, 111: 104793.

[6] Hochreiter S, Schmidhuber J. Long short-term memory [J]. Neural Computation, 1997, 9 (8): 1735-1780.

[7] Ahmed O S, Adeniran A A, Samsuri A. Computational intelligence based prediction of drilling rate of penetration: A comparative study [J]. Journal of Petroleum Science and Engineering, 2019, 172: 1-12.

[8] Ashrafi S B, Anemangely M, Sabah M, et al. Application of hybrid artificial neural networks for predicting rate of penetration (ROP): A case study from Marun oil field [J]. Journal of Petroleum Science and Engineering, 2019, 175: 604-623.

[9] Chen X, Chen X, She J, et al. Hybrid multistep modeling for calculation of carbon efficiency of iron ore sintering process based on yield prediction [J]. Neural Computing and Applications, 2017, 28: 1193-1207.

[10] Zhou K L, Chen X, Wu M, et al. A new hybrid modeling and optimization algorithm for improving carbon efficiency based on different time scales in sintering process [J]. Control Engineering Practice, 2019, 91: 104104.

[11] Chen X, Chen X, She J, et al. A hybrid just-in-time soft sensor for carbon efficiency of iron ore sintering process based on feature extraction of cross-sectional frames at discharge end [J]. Journal of Process Control, 2017, 54: 14-24.

[12] Barbosa L F F M, Nascimento A, Mathias M H, et al. Machine learning methods applied to drilling rate of penetration prediction and optimization—A review [J]. Journal of Petroleum Science and Engineering, 2019, 183: 106332.

[13] Hegde C, Daigle H, Gray K E. Performance comparison of algorithms for real-time rate-of-penetration optimization in drilling using data-driven models [J]. SPE Journal, 2018, 23(5): 1706-1722.

[14] Bourgoyne A T, Young F S. A multiple regression approach to optimal drilling and abnormal pressure detection [J]. SPE Journal, 1974, 14(4): 371-384.

[15] Gan C, Cao W H, Liu K Z. To improve drilling efficiency by multi-objective optimization of operational drilling parameters in the complex geological drilling process [C]. The Proceedings of 37th Chinese Control Conference, Wuhan, 2018: 10238-10243.

[16] Gan C, Cao W H, Liu K Z, et al. A new hybrid bat algorithm and its application to the ROP optimization in drilling processes [J]. IEEE Transactions on Industrial Informatics, 2020, 16(12): 7338-7348.

[17] Deb K, Pratap A, Agarwal S, et al. A fast and elitist multiobjective genetic algorithm: NSGA-II [J]. IEEE Transactions on Evolutionary Computation, 2002, 6(2): 182-197.

[18] Zhou Y, Chen X, Wu M, et al. Modeling and coordinated optimization method featuring coupling relationship among subsystems for improving safety and efficiency of drilling process [J]. Applied Soft Computing, 2021, 99: 106899.

[19] Lin Y, Chang P, Yeng L C, et al. Bi-objective optimization for a multistate job-shop production network using NSGA-II and TOPSIS [J]. Journal of Manufacturing Systems, 2019, 52: 43-54.

第 7 章　钻进过程状态监测

复杂地质钻进过程工况多变、孔内环境恶劣，给钻进过程的安全高效运行带来挑战。本章考虑钻进信息多源多尺度、不完备特性，以及多种钻进工况下的不同过程特征，研究钻进工况识别与状态评估技术，在此基础上，针对井漏、井涌、卡钻等典型故障，提出钻进过程异常检测与安全预警算法，设计故障诊断及报警策略，为保障钻进过程安全提供有效解决方案。

7.1　钻进工况识别与状态评估

钻进过程中的运行性能可能会偏离设定目标，导致钻进效率下降、成本增加等后果，甚至造成安全事故，带来直接经济损失。因此，需要进行钻进工况识别与性能评估，以便采取相应的调整措施，避免运行状态恶化。准确的工况识别与合理的运行性能评估结果对提升钻进效率、保证钻进安全具有重要作用。

7.1.1　钻进数据可靠性判别与校正

钻进过程受复杂地质条件、恶劣工作环境等因素的影响，钻进数据可能产生异常波动，从而降低钻进状态的监测效果。需要针对不同原因导致的异常波动数据采取相应的处理策略，开展钻进数据可靠性判别与校正研究。

1. *问题描述*

在钻进过程中，异常波动数据可分为两类：一类是由传感器故障、操作失误等外界因素导致的异常波动数据，称为干扰数据，需要校正；另一类是由钻进事故导致的异常波动数据，称为事故数据，包含事故特性且具有实际意义，需要保留。因此，在开展钻进数据可靠性判别与校正研究时，不仅需要检测异常波动数据，还需要进一步判别导致数据异常波动的原因，从而有针对性地对异常波动数据进行校正。

以襄阳地热井卡钻事故时的扭矩和转速检测数据为例，对由不同原因导致的异常波动数据进行具体说明。如图 7.1 所示，在 $7\sim27$min 发生卡钻事故，其他时间正常钻进。A、B 处数据点与周围数据点相比均具有较大偏差，经检测属于异常波动数据，称为离群点。然而，A 点所在时刻处于卡钻事故阶段，因此 A 点处数据是由钻进事故导致的异常波动数据，包含事故特性，需要保留，而 B 点所在时刻处于正常钻进阶段，是由外界因素导致的异常波动数据，属于干扰数据，需要校正。因此，在经离群点检测得到异常波动数据后，需要判别导致数据异常波动的原因，即离群原因判别，在此基础上开展干扰数据校正，从而提高数据质量。

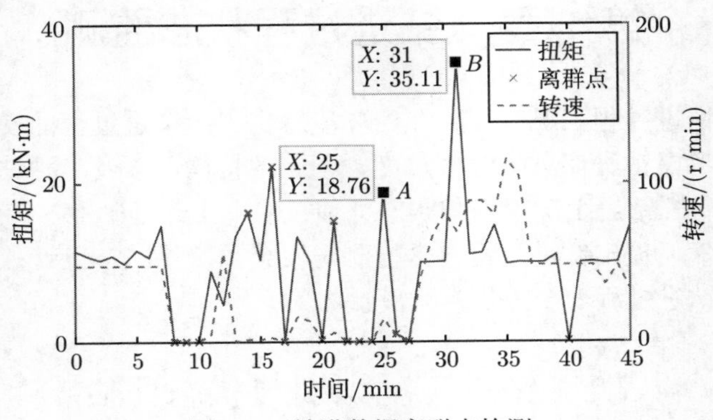

图 7.1　钻进数据离群点检测

2. 钻进过程干扰数据判别与校正方案设计

针对钻进过程干扰数据导致监测性能下降的问题，建立基于动态时间规整 (dynamic time wraping, DTW)和模糊 C 均值 (fuzzy C-means, FCM)聚类算法的钻进过程干扰数据判别及校正方法，如图 7.2 所示 [1]。首先，利用局部异常因子 (local outlier factor, LOF)方法检测得到所有离群点；然后，结合动态时间规整和模糊 C 均值聚类算法判别导致数据异常波动的原因；在离群原因判别的基础上，校正由传感器故障等外界干扰导致的干扰数据，保留由钻进事故引起的离群点。

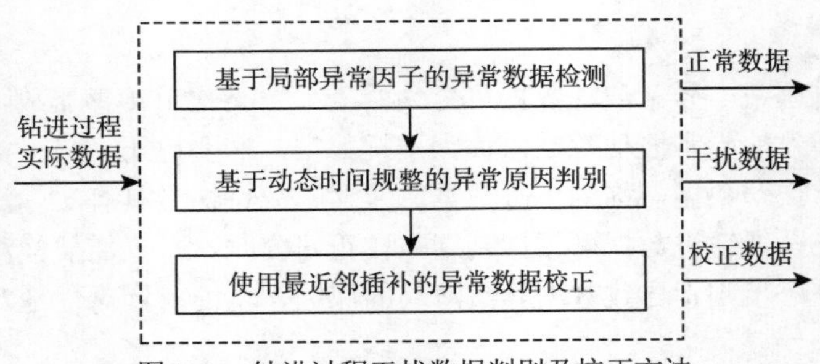

图 7.2　钻进过程干扰数据判别及校正方法

1) 钻进数据离群点检测

为降低离群原因判别的计算复杂度，首先检测序列中所有离群点，针对离群点开展离群原因判别。LOF 方法是一种基于密度的离群点检测方法 [2]，其优势在于：通过搜索待检测点的邻域实现局部数据序列检测，而非在整个数据序列上进行，有效避免了离群点对整体数据序列的影响。假设有一数据序列描述为 $\{x_i \mid i=1,2,\cdots,N\}$，其中，$N$ 为该数据序列的样本数量，则离群点检测步骤如下。

步骤 1　计算待检测点 x_i 的第 w 距离 $w\_d(x_i)$，定义为 $w\_d(x_i)=d(x_i,x_o)$，即点 x_i 与集合中某一样本 x_o 之间的距离，需满足两个条件：① 在集合中至少有不包括 x_i 在内的 w 个点 $\grave{x}_o$，满足 $d(x_i,\grave{x}_o)\leqslant d(x_i,x_o)$；② 在集合中最多有不包括 x_i 在内的 $w-1$ 个点 $\grave{x}_o$，满足 $d(x_i,\grave{x}_o)<d(x_i,x_o)$。

步骤 2　获取点 x_i 的第 w 距离邻域 $N_w(x_i)$，点 x_i 的第 k 距离内的所有点的集合，包括第 k 距离上的点。

步骤 3　计算点 x_i 到点 x_o 的可达距离为

$$\text{reach\_dist}(x_i,x_o)=\max\{w\_d(x_o),d(x_i,x_o)\} \tag{7.1}$$

步骤 4　计算点 x_i 的局部可达密度为

$$\text{lrd}\,(x_i)=\frac{1}{\displaystyle\sum_{x_o\in N_w(x_i)}\text{reach\_dist}\,(x_i,x_o)/|N_w\,(x_i)|} \tag{7.2}$$

步骤 5　通过计算 lof 值表征点 x_i 属于离群点的概率，点 x_i 的 lof 值为 x_i 所有邻域点的局部可达密度与 x_i 的局部可达密度之比的平均数，即

$$\text{lof}\,(x_i)=\frac{\displaystyle\sum_{x_o\in N_w(x_i)}\frac{\text{lrd}\,(x_o)}{\text{lrd}\,(x_i)}}{|N_w\,(x_i)|} \tag{7.3}$$

在得到点 x_i 属于离群点的概率后，通过核密度估计 (kernel density estimation, KDE) 确定概率阈值，取式 (7.4) 中密度峰值的 90% 对应的 lof 值作为概率阈值，大于该阈值的点为离群点。

$$f(x)=\frac{1}{Nh}\sum_{i=1}^{N}K\left(\frac{x_i-\text{lof}(x_i)}{h}\right) \tag{7.4}$$

式中，$h>0$ 为带宽；$K(\cdot)$ 为高斯核函数。

2) 钻进数据离群原因判别

不同类别的异常波动数据呈现不同的变化特征，对于由钻进事故导致的数据异常波动的情况，通常有两个或两个以上的变量同时发生变化，序列相似性高；对于因传感器故障等因素导致的数据异常波动的情况，序列相似性低。根据钻进过程的这种特性，采用时间序列相似性度量分析进行离群原因判别。

目前，已有许多关于时间序列相似性度量方面的研究 [3]，主要通过计算序列间的距离实现，包括欧氏距离、马氏距离、DTW 距离等，其中 DTW 距离能够用于衡量非等长序列之间的距离，具有更强的鲁棒性，获得了广泛应用。现以两个长度分别为 a 和 b 的序列 α 和 β 为例，对 DTW 距离进行说明。

如图 7.3 所示，大小为 $a\times b$ 的矩阵上，每个网格点表示 α_i $(i=1,2,\cdots,a)$ 和 β_j $(j=1,2,\cdots,b)$ 两个数据点间的距离 $(d(\alpha_i,\beta_j)=(\alpha_i-\beta_j)^2)$，DTW 距离可以简化为：在矩阵中寻找一条最短路径，使得所有网格点数值的累积和最小，将此最小值作为序列距离，即两个序列的相似性度量值 $d_w(\alpha,\beta)$，数学表达式为

$$\begin{cases} \gamma(i,j)=\min\{\gamma(i-1,j),\gamma(i-1,j-1),\gamma(i,j-1)\}+d(\alpha_i,\beta_j) \\ d_w(\alpha,\beta)=\gamma(a,b) \end{cases} \tag{7.5}$$

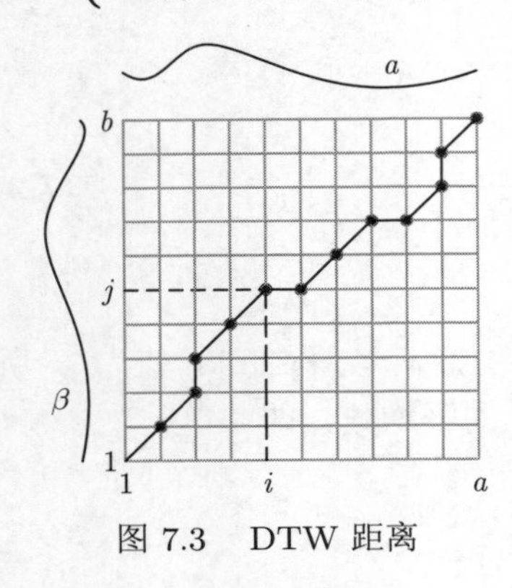

图 7.3　DTW 距离

根据式 (7.5) 得到待判别变量的数据序列与模板数据序列的相似性度量值 d_{wn}，以及正常钻进情况下该变量的数据序列与模板数据序列的相似性度量值 d_{wp}，通过比较 d_{wn} 和 d_{wp} 的差值 d_{sn} 进行离群原因判别。d_{wn} 和 d_{wp} 的关系分为大于、小于和近似于三种情况，当且仅当两者近似时，对应离群点判别为由钻井事故导致的异常波动数据，需要保留，此时 d_{sn} 较小；当两者的关系属于大于或小于时，d_{sn} 较大。

由分析可知，当数据点离群原因不同时，d_{sn} 具有不同的分布特征，因而可通过对 d_{sn} 进行聚类分析进行离群原因判别。采用 FCM 方法，将聚类中心最小时所属类别对应的数据判别为由钻进事故导致的异常波动数据，需要保留，其他类别对应的数据判别为由外界干扰导致的异常波动数据，需要校正。

3) 钻进干扰数据校正

针对经离群原因判别得到的干扰数据，使用最近邻插补方法进行干扰数据校正。最近邻插补方法的基本思想为：计算待校正干扰数据与其他所有正常数据之间的距离，搜寻得到 k 个距离最近的正常数据，将 k 个正常数据的加权平均值作为校正数据，实现干扰数据的校正，具体步骤包括：

步骤 1　对于某一待校正干扰数据，计算其与所有正常数据的欧氏距离。

步骤 2　在计算得到的距离序列中选择 k 个最小距离以及对应的正常数据，将正常数据的加权平均值作为校正值。

步骤 3　对于其他待校正干扰数据，重复步骤 1 和步骤 2，直至所有判别得到的干扰数据点完成校正。

3. 实验验证

使用襄阳地热井的钻进过程数据进行实验验证，收集的数据涉及井漏、卡钻和正常钻进等多种钻进状态。经过离群原因判别及干扰数据校正处理的数据如图 7.4 所示，将其与未经处理的数据和仅经离群检测及干扰数据校正处理的数据进行对比。图 7.4 中 7 ~ 27min 时段出现卡钻，该段数据包含事故特性，需要保留，31min 处为由外界干扰导致的异常波动数据，需要校正。经所提方法处理后，7 ~ 27min 时段的事故数据得到了较好的保留，同时，31min 处的干扰数据得到了校正，而仅经离群检测及校正处理时，该段数据被错误地校正，说明所提方法能够较好地实现离群原因判别，并有针对性地进行干扰数据校正。

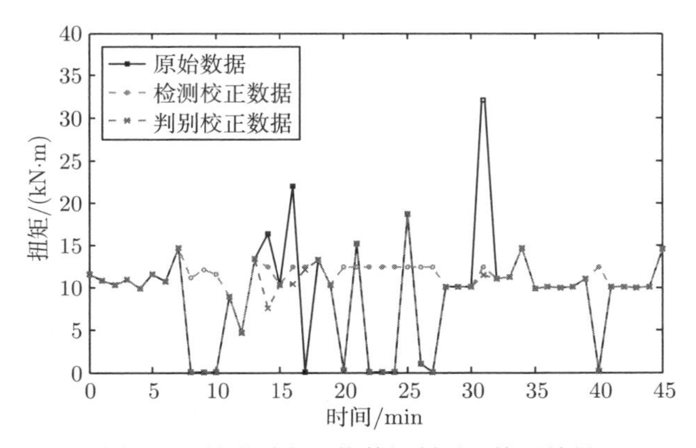

图 7.4 钻进过程干扰数据判别及校正结果

为进一步说明干扰数据对钻进状态监测效果的影响以及所提方法的必要性，首先，建立以 PNN[4] 为基分类器的钻进状态监测模型，将未经处理的数据和仅经离群检测及干扰数据校正处理的数据以及经所提方法处理的数据分别作为模型输入，具体参数包括转速、扭矩、立管压力、出口流量、总池体积，模型输出为分类中常用的四个评价指标，包括准确率、精度、召回率和 F_1。同时，将基于 BPNN 建立的钻进状态监测模型作为补充说明。最终结果如表 7.1 所示，由表可知，不

表 7.1 使用不同方法处理后数据作为模型输入时的监测效果 (单位:%)

具有不同数据输入的模型		准确率	精度	召回率	F_1
基于 PNN 的监测模型	检测校正数据	60.94	60.97	67.01	63.85
	原始数据	84.89	87.91	91.53	89.69
	判别校正数据	87.50	89.31	92.76	91.00
基于 BPNN 的监测模型	检测校正数据	65.63	75.36	69.38	72.24
	原始数据	87.50	83.96	90.23	86.98
	判别校正数据	92.71	90.59	93.18	91.87

论是基于 PNN 还是基于 BPNN 的钻进状态监测模型，在将应用所提方法处理的数据作为模型输入后，监测效果均得到了较大改善。

基于实际钻进数据的实验结果表明，所提方法能够在提高数据质量的同时，保留事故特性数据，而且在使用该方法进行数据处理后，钻进状态监测模型的性能得到进一步提升。

7.1.2 钻进过程智能工况识别

在钻进作业中，钻机运行环境经常发生改变，若不能进行有效调整，则会对钻进效率产生影响，导致钻进费用增加，甚至引发井下事故。钻进工况是钻进系统运行状态的反映，钻进工况的准确识别是钻进过程最优化控制的前提。钻进工艺参数设置、钻井液调配、进给模式等都要根据钻进工况进行相应调整，但钻进作业是一个大滞后、非线性、多扰动的复杂系统，各种控制手段的实施都要耗费很长时间，所以必须对钻进作业状态进行识别。准确的钻进工况识别对钻进系统的稳定、安全、高效具有重要意义，有助于企业达到提升钻机生产力、节约成本、提高效益的目标。

1. 钻进工况识别方法

钻进系统是一个协调统一的整体，具有强耦合性，钻进工况的改变会引起钻进状态参数的波动，准确的钻进工况识别结果有助于提升系统的运行效率。本节提出一种面向地质钻进过程的工况识别方法，利用钻进参数趋势分析进行钻进工况的智能识别。该方案包含钻进数据趋势分析和识别模型搭建两个部分，钻进工况识别方案如图 7.5 所示。结合现场工人操作经验与钻进工况作用机理，可以得出钻进数据变化趋势与钻进工况的关系。在此基础上，通过分析参数趋势特征和统计特征建立钻进工况切换与运行参数变化趋势的对应关系，并将不同钻进操作变量的影响因子引入钻进工况识别过程，提升识别准确率。

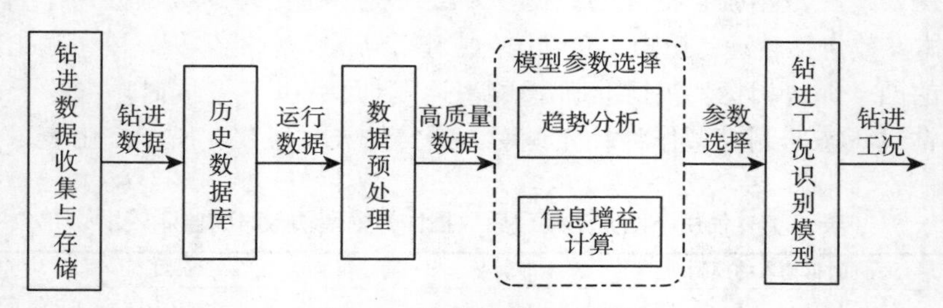

图 7.5 钻进工况识别方案

1) 钻进数据趋势分析

常见钻进工况包括接单根、下钻、提升、倒划眼、旋转钻进。现场操作人员通过监测司钻房内显示的实时钻进参数，如立管压力、泵量、转矩、转速、钻压、钻进深度、钻速等，及时调整操作参数以适应生产需要。为了建立准确的钻进工况智能识别模型，首先针对运行数据开展趋势与统计特征分析，选定与工况识别关联度较大的决策变量作为钻进工况识别模型输入。常见钻进工况与主要监测数据变化趋势的对应关系如表 7.2 所示。

表 7.2 常见钻进工况与主要监测数据变化趋势的对应关系

工况类别	大钩高度 /m	钩载 /t	钻压 /kN	转速 /(r/min)	扭矩 /(N·m)	立管压力 /MPa	总池体积 /L
接单根	—	↑	0	0	0	0	↑
下钻	↑	↑	0	0	0	0	↑
提升	↑	↓	0	0	0	0	↓
倒划眼	↑	—	—	> 0	> 0	> 0	↓
旋转钻进	↓	↑	> 0	> 0	> 0	> 0	↓

由表 7.2 可知，钻进数据的历史走势能够部分反映出目前的钻进工况，不同变量的历史走势能够代表特定钻进工况下的运行表现。钻进过程是一个包含多变量的复杂过程，在钻进工况识别模型中引入全部变量，不仅会增大建模的困难，而且变量空间较大，使得模型运算效率低下、判别准确率难以保证。为解决识别模型输入参数的选择问题，工业过程通常在建模时先对过程决策变量进行统计分析。这里提出一种面向地质钻进过程的数据驱动钻进工况识别方法。首先，利用信息熵理论分析钻进过程中监测变量对钻进工况切换的影响程度。然后，选择用于钻进工况识别的信息增益较大的决策变量作为识别模型的输入参数。最后，以数据驱动的方式建立钻进工况识别模型，实现钻进工况的智能识别。

信息熵理论 [5] 是一种有效的特征选择方法，基于信息熵理论的信息增益是衡量变量所包含的特征信息量的常用指标，广泛用于工业过程建模的特征选择。假设当前样本集合 D 中第 k 类样本所占比例为 $p_k(k=1,2,\cdots,|y|)$，则 D 的信息熵定义为

$$E(D)=-\sum_{k=1}^{|y|}p_k\log_2 p_k \tag{7.6}$$

信息熵越大，代表该变量包含目标集合的相关特征越多，对目标属性划分的贡献度越高。假定离散属性 a 有 V 个可能的取值 $\{a^1,a^2,\cdots,a^V\}$，若以属性 a 对样本进行划分，则会产生 V 个分类，该划分包含了 H 的全部样本，记作 H^V，则定义以属性 a 划分样本集合时的信息增益为

$$G(H,a)=E(H)-\sum_{i=1}^{V}\frac{|H^i|}{|H|}E\left(H^i\right) \tag{7.7}$$

通常在进行变量特征选择时比较在目标集合划分下各变量的信息熵和信息增益，该变量的信息熵越大，系统获得的信息增益越大，表示以所选变量属性划分样本集合越合理。

2) 基于 SVM 的钻进过程智能工况识别

地质钻进过程是一个非线性、大时滞、强耦合的系统, 难以通过机理分析建立钻进工况识别模型，一般采用历史运行案例学习的方法实现。机器学习方法是针对数据驱动建模的有效手段。SVM 方法是一种有效的小样本分类模型，针对实际钻进工况案例少、线性不可分的特点，采用 SVM 方法对不同钻进工况下的数据进行划分，能够适应钻进过程数据质量不稳定的不利因素，实现钻进工况智能识别，达到理想分类效果。

SVM 方法的基本模型定义是在特征空间上的最大间隔分类器，学习策略是间隔最大化，可形式化为一个求解凸二次规划的问题，也等价于正则化的合页损失函数的最小化问题。SVM 学习问题可以表示成如下优化问题：

$$\min_{w,b}\frac{1}{2}\|w\|^2+C\sum_{i=1}^{N}\xi_i \tag{7.8}$$

式中，w、b 为分类平面超参数；C 为惩罚参数；$\xi_i\geqslant 0$ 为松弛变量。其中，目标函数约束为

$$y_i\left(w^{\mathrm{T}}x_i+b\right)\geqslant 1-\xi_i,\ \ \xi_i\geqslant 0,\quad i=1,2,\cdots,N \tag{7.9}$$

式中，y_i 为样本点标签；N 为建模数据点个数。

求解上述优化问题得到分类平面确定参数 w^*、b^*，从而可以得到分离超平面 $w^*\cdot x+b^*=0$ 以及分类决策函数 $f(x)=\operatorname{sign}(w^*\cdot x+b^*)$。由此确定的平面将作为分类器应用于钻进过程工况的识别中，目标是对钻进过程常见工况进行智能识别。由于钻进变量之间的非线性关系，为将线性分类器推广至分线性空间，可引入带有核函数 $\varphi(\cdot)$ 的 SVM 方法处理非线性可分的问题，提升模型识别准确率。这里选取径向基核函数，γ 为核函数自带参数，核函数形式为

$$\varphi\left(x_i,x_j\right)=\exp\left(-\gamma\|x_i-x_j\|^2\right) \tag{7.10}$$

正常钻进过程中任何变量的变化趋势都不是随机或跳跃的，而是在某种程度上连续的，连续的历史曲线可以反映系统的运行状态，能够为钻进工况识别提供有效参考。模型输入为包含大钩高度、钩载、钻压、载荷、转速、扭矩和总池体积在内的钻进过程监测变量，模型输出为考虑倒划眼、接单根、下钻、提升、旋转钻进和其他在内的六种工况，使用基于径向基核函数的 SVM 方法建立钻进工况识别模型。

2. 实验验证

采用襄阳地热井的实际钻进过程数据进行分析及建模，根据上述步骤分别对钻进过程数据的趋势特征进行统计分析以及建立钻进工况识别模型。现场采集的钻进过程数据包括钻头位置、钻压、转速、扭矩、出口流量等，根据每个参数的变化趋势划分钻进工况的信息增益，如表 7.3 所示。选取信息增益较大的大钩高度、钩载、钻压、转速、扭矩、立管压力、总池体积等七个参数作为工况识别模型输入。

表 7.3　钻进变量信息增益

信息增益	大钩高度/m	钩载/t	钻压/kN	转速/(r/min)	扭矩/(N·m)	立管压力/MPa	总池体积/L
E_g	0.287	0.137	0.108	0.113	0.142	0.062	0.341

在钻进工况识别建模阶段，首先，将钻进数据划分为训练集和测试集，为了消除奇异样本导致的不良影响，在预处理阶段删除异常数据并用平均值代替，同时对数据进行 [0, 1] 标准化处理，统一数据格式。接着，选取不同的核函数采用训练集数据进行模型训练，利用测试集数据检验模型准确度。然后，对获得的模型采用五折交叉验证实验检验选取最佳模型超参数，避免出现过度拟合现象。最后，以上述选取的最佳模型参数构建钻进工况识别模型。利用现场实际运行数据获得的钻进工况识别结果如图 7.6 所示。

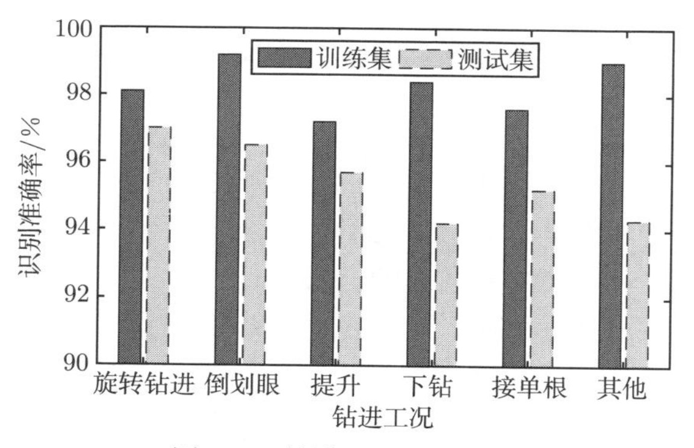

图 7.6　钻进工况识别结果

通过五折交叉验证实验选出最佳惩罚函数 c 和核函数参数 g，选取最佳参数组合的识别准确率可达 95% 以上，根据误差大小选取模型准确率最优点对应参数作为钻进工况识别模型超参数。钻进工况识别结果混淆矩阵如表 7.4 所示，模型对钻进过程正常生产模式，即旋转钻进工况的识别准确率达到 98%，模型整体识别准确率达到 95%。这在一定程度上验证了钻进工况识别模型的有效性，为操作人员在旋转钻进工况下监测运行状态、调整控制策略和优化运行性能提供了参考。

表 7.4 钻进工况识别结果混淆矩阵

预测分类	真实分类					
	旋转钻进	倒划眼	提升	下钻	接单根	其他
旋转钻进	45	2	0	0	0	0
倒划眼	0	18	0	0	1	0
提升	0	0	15	0	0	0
下钻	0	0	0	12	1	0
接单根	0	0	0	0	8	0
其他	1	1	0	0	0	7

钻进工况识别是钻进状态监测技术的应用基础，准确的钻进工况识别结果有助于对钻进系统运行状态进行分析，提取钻进过程关键特征，判断钻进性能优劣程度，并追溯导致非优运行状态的原因，及时指导操作人员调整钻进参数。

7.1.3 钻进过程运行性能评估

钻进过程运行性能是生产效率和能源利用率的综合表现。运行性能评价是保持钻进运行性能处于最优等级的前提。孔内地质环境复杂、压力体系多变，导致钻进过程状态信息缺失，操作人员一般通过经验判断当前运行状态的好坏，缺乏对钻进状态的科学监测和评估，容易出现钻进效率低下、井下钻具组合性能下降、预设井眼轨迹难以保证等技术问题。因此，在钻进过程施工过程中，必须对运行状态进行全面监测与评估，及时掌握其运行状况，以便及时采取应对措施。

1. 运行性能评估方案

运行性能可用于衡量一段生产过程的运行状态，关系到钻进过程的生产和能源利用效率。但是随着时间的推移，运行性能会逐渐偏离最优等级，无法满足生产计划的设定目标。运行状态评价是将一段时间内生产过程的运行状态划分为多个等级，如优、良、一般、差等。针对钻进过程的特点，这里提出一种钻进过程多工况特性的运行性能评估方案，如图 7.7 所示。首先对性能等级进行定义，然后运用最小二乘支持向量机 (least squares support vector machine, LSSVM) 作为性能等级分类器，实现钻进过程运行性能评估。

1) 运行性能等级定义与划分

为实现钻进过程运行性能评价, 需要构建合理的运行性能衡量指标。钻速是钻进过程效率的重要指标, 它是钻头破碎岩石钻进的效率，可表示为

$$V = K_R(W - M)n^{\lambda}\frac{1}{1 + C_2h}C_1C_H \tag{7.11}$$

式中，K_R 为地层可钻性系数；W 为钻压；M 为门限钻压；n 为转速；λ 为转速系数；C_1 为地层压力系数；C_2 为牙齿磨损系数；C_H 为水力净化系数；h 为钻头牙齿磨损量。

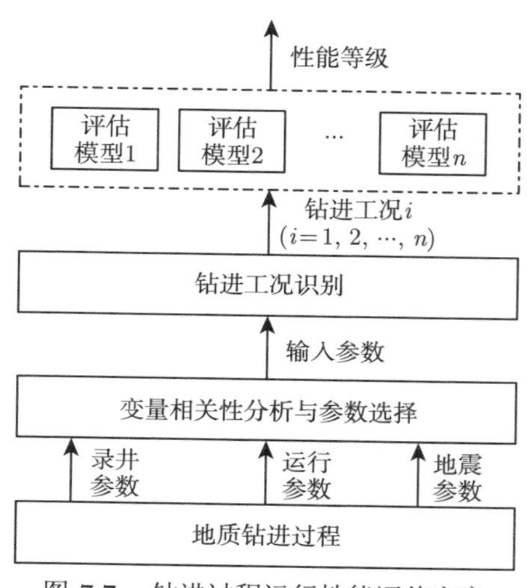

图 7.7　钻进过程运行性能评估方案

受地理条件制约，常规钻速公式在评价钻进工艺的操作性能时往往出现偏差。钻速是以量化的方式反映的，单凭一定时期的相关数据，不可能精确地反映钻进作业的工作状态，而在利用常规方法进行作业效果评估时，往往需要依靠现场作业人员的经验。为克服评价方法受地域限制和依赖先验知识的问题，引入工业过程中常用的过程能力指数作为衡量运行性能的度量基准。过程能力指数是指工序在一定时间内处于控制状态下的实际加工能力，也表示满足产品质量标准要求的程度。

过程能力是过程的一致性，用来衡量改进过程运行状态的潜力，业界经常使用过程能力指数来表征这种能力。过程能力指数一般用来反映工艺波动是否符合要求，主要涉及两个因素：容差限和过程波动。容差限表示系统过程能力与设定值之间的偏离程度，用来衡量系统满足生产指标的能力。过程波动代表系统运行的稳定性，通常用 6σ 过程标准差表示，对于一个正态分布，会有 99.73% 的概率落入容差范围内。当系统运行过程波动范围在允许范围内时，说明系统过程能力充足，反之亦然 [6]。

对钻进过程而言，容差限可以视作所应达到的目标钻速及其下限，过程波动反映钻进系统运行的平稳程度，过度波动可能会导致钻具损耗及事故频发。容差限与过程波动可以由数据的分布获得，假设钻速服从正态分布，为保证数据的平滑性和过程能力定义的合理性，采用窗口长度为 10min 的时间窗口来滑动获取数据。以钻速为决策变量的田口过程能力指数计算公式为

$$C_p = \frac{\text{USL} - \text{LSL}}{6\hat{\sigma}} \tag{7.12}$$

式中，USL、LSL 分别为滑动窗口内钻速的上、下容差限；修正的分布方差 $\hat{\sigma}^2 = \sigma_p^2 + (\mu - \mu_\text{T})^2$，$\mu$ 为时间窗口内钻速均值，μ_T 为设计目标钻速，σ_p 为原始数据方差。C_p 越大，过程能力提升潜力越大。

根据计算得到的过程能力指数数值，对应相应的系统过程能力评价标准，可将钻进工况划分为五个不同的性能等级，记作 $G_1 \sim G_5$，如表 7.5 所示。通常当 $C_p \geqslant 1$ 时，系统的过程能力满足要求，系统处在正常运行状态下。

表 7.5 过程能力指数与运行性能等级对应关系

C_p 取值范围	性能等级	过程能力评价
$C_p \geqslant 1.67$	G_1	过程能力十分充分
$1.33 \leqslant C_p < 1.67$	G_2	过程能力充分
$1.0 \leqslant C_p < 1.33$	G_3	过程能力尚能满足要求
$0.67 \leqslant C_p < 1.0$	G_4	过程能力不足
$C_p < 0.67$	G_5	过程能力严重不足

2) 面向多工况的钻进过程运行性能评价模型

钻进过程中运行性能评价是基于收集的历史运行数据对当前钻进过程的运行状态进行评价，得到系统的运行性能等级。运行性能评价可以提前了解钻进作业状态，有助于司钻工人提前干预，进一步提高钻进效率。传统的基于经验与机理分析的评价方法包含大量无用信息，且由于司钻工人判断的主观性难以避免，会干扰正常的判断而做出误操作，严重时还会导致生产事故。传统的基于集中式构架的全流程运行性能评价模型，会带来更高的计算复杂度，而且容易忽略一些变量的局部特征，得到的评价结果往往不能准确反映全流程的运行状态。因此，本节考虑到钻进数据的多模态性和复杂性，设计一种面向工况特性的分布式钻进过程性能评价方案。

本节提出的钻进过程运行性能评价方案由三个阶段构成：输入数据选择、钻进过程运行性能等级划分以及钻进过程运行性能等级在线更新。首先对钻进过程监测变量进行归一化处理和相关性分析，选取与运行性能关联度较大的变量作为评价模型输入；根据表 7.5 所示的过程能力分级方法，利用时间窗口划分钻进数据时间序列，以钻速为决策变量计算过程能力指数，进一步根据过程能力指数将钻进过程运行性能划分为不同的性能等级，并以性能等级作为评价模型的输出；最终采用 LSSVM 方法作为性能等级分类器，建立钻进过程运行性能评价模型。在

实际钻进过程中，随着运行数据的不断产生，所建立的运行性能评价模型能够实时更新性能等级，为现场司钻工人提供参考，从而对操作参数进行调整。

钻进过程是一个包含多过程的复杂生产过程，各个运行变量之间相互关联，整个过程呈现非线性和强耦合性的动态特征。如果考虑建立单一的性能评价模型，很容易忽略某些变量包含的特征信息，造成评价模型不准确，评价结果失准。针对该问题，所提出的评价模型基于不同钻进工况对钻进运行数据进行划分，在每个工况子块中分别建立评价模型。考虑到钻进过程运行性能在不同等级下呈现不同的数据分布，采用 K 均值聚类算法划分工况子块，使用误差平方和 (sum of squares for error, SSE) 作为度量聚类质量的目标函数，对于不同的聚类结果，可选择误差平方和较小的分类结果，聚类的目标函数为

$$\mathrm{SSE}=\sum_{i=1}^{k}\sum_{j=1}^{n}||w_i-c_j||^2 \tag{7.13}$$

式中，k 为工况种类个数；w_i 为训练数据；c_j 为第 j 个聚类簇的中心；n 为第 i 个工况子块内样本点个数。

钻进过程运行性能评价的本质是一个过程运行能力分类问题。LSSVM 方法作为工业过程中最常用的分类器，因其可解释性好、泛化能力强、复杂度低的特点，在小样本分类问题中有很好的应用效果。LSSVM 方法基于结构风险最小化原理，其目标函数为

$$\min_{w,b}\frac{1}{2}\|w\|^2+C\sum_{i=1}^{N_k}\xi_i \tag{7.14}$$

目标函数的等式约束为

$$\left(w^{\mathrm{T}}\cdot\varphi\left(x_i\right)+b\right)=1-\xi_i,\quad i=1,2,\cdots,N_k \tag{7.15}$$

式中，$\varphi(\cdot)$ 为径向基核函数；C 为惩罚参数，定义与式 (7.8) 和式 (7.9) 一致；$\xi_i\geqslant 0$ 为松弛变量；N_k 为工况子块 k 中的样本个数。

模型通过最小化分类目标，求取最佳的分类平面参数，构成钻进过程运行性能评价模型所需要的分类器。

2. 实验验证

采用襄阳地热井的实际钻进过程数据进行分析及建模。现场数据采样周期为 1s，采用 1119 ~ 1124m 井段的 600 个样本进行测试，设定的时间窗口长度为 10min。首先，利用经过初始化的现场运行数据建立运行性能评价模型。根据 Pearson 相关性分析结合信息熵理论选取模型输入参数，以现场数据计算得到的 Pearson 相关系数与信息增益如表 7.6 所示，钻压、转速、扭矩、立管压力、泵

量与钻进运行性能的相关系数均大于 0.5，表示其所包含的特征与运行性能呈现强相关性，因此选取上述五个决策变量作为运行性能评价模型的输入。

表 7.6　某井场钻进变量相关性分析

相关性指标	钻压/kN	转速/(r/min)	扭矩/(N·m)	立管压力/MPa	泵量/L
Pearson 相关系数	0.61	0.76	0.52	−0.52	0.54
信息增益	0.408	0.353	0.331	0.317	0.263

然后，面向钻进过程的多模态特性，基于不同钻进工况，利用 K 均值聚类算法将钻进数据划分为各个子块，再依次在各个子块上建立评价模型，这样每个局部变量所包含的过程特征信息都将被充分利用，模型评价准确率也会相应提升。

最后，根据数据特征划分不同钻进工况，针对每个工况类别分别建立钻进工况识别模型。模型的输入为上述所选取的钻压、转速、扭矩、立管压力、泵量五个钻进过程变量；模型输出为表 7.5 定义的五种钻进运行性能等级；采用 LSSVM 作为模型分类器。为了提升模型准确度，利用十折交叉验证方法获得的最佳模型参数进行钻进过程运行性能评价，评价结果如表 7.7 所示。

表 7.7　钻进运行性能评价结果　(单位:%)

评价性能等级	真实性能等级					平均准确率
	G_1	G_2	G_3	G_4	G_5	
G_1	81.80	18.20	0	0	0	
G_2	0	93.30	6.70	0	0	
G_3	4.30	7.30	88.40	0	0	86.00
G_4	0	0	0	81.00	19.00	
G_5	0	0	0	26.3	73.70	

从表 7.7 可知，选取最佳的参数组合的评价模型进行运行性能评价的平均准确率达到 86.00%，其中针对钻进过程最常见的运行等级，即 G_2、G_3 的评价准确率分别为 93.30%、88.40%。实验结果在一定程度上验证了模型在钻进过程运行性能评估方面的准确性，为操作人员及时获取钻进过程的运行状态提供了帮助。通过钻进过程运行性能评价，不但能全面掌握系统的运行表现，而且能准确发现性能下降时间点，保证钻进过程的高效开展。

钻进过程运行性能评价是钻进过程状态监测技术的有效应用。所提出的评价模型通过引入过程能力指数，结合钻速等钻进过程性能指标定义了钻进过程运行性能等级。同时，考虑钻进过程的多模态特性，将过程数据以运行工况划分为不同子块。在不同子块内，采用 LSSVM 作为分类器实现性能评价，输出钻进过程运行性能等级。通过现场实际运行数据验证了模型的准确性和泛化能力，所提方法的评估效果优于其他方法且能够满足现场应用要求。

7.2　钻进过程异常检测与预警

随着钻进深度的逐渐增加，孔内环境更加恶劣，对钻进过程的安全运行提出了挑战。复杂多变的地层环境使钻进过程出现孔内异常的概率大幅增加，如果不能及时发现孔内异常，可能发展成严重事故甚至灾难，如深水地平线漏油事故，对生态、经济和社会造成巨大破坏[7]。因此，正确、及时地发现钻井异常，并提前对可能发生的事故进行预警，可有效预防事故发生，保障地质钻进过程的安全。

7.2.1　基于正常工作区域划分的孔内异常检测

针对地质钻进过程操作模式动态变化问题，本节提出一种面向地质钻进过程的数据驱动异常检测方法，基于足够的正常钻进数据构建正常作业区，实现孔内异常检测。

1. 孔内异常检测方案

本节所提方法的主要思想是：先利用扭矩信号确定当前模式，再通过监测关键变量的立管压力，实现孔内异常的自动检测。地质钻探过程孔内异常检测方案如图 7.8 所示，该方案主要包括离线模式聚类以及在线异常检测[8]。

1) 离线模式聚类

在进行钻进过程异常检测前，有必要对当前钻进运行模式进行识别，以便针对不同的钻进运行模式构建正常作业区。考虑到钻进运行数据在不同的正常模式下遵循不同的分布特征，本节通过分布的差异性计算对数据段进行聚类，进而识别当前运行模式。本节采用杰森-香农(Jensen-Shannon，JS) 散度衡量钻进过程数据分布的差异。JS 散度是库尔贝克-莱布勒(Kullback-Leibler，KL) 散度的对称距离度量，在捕捉信号微小变化方面性能优秀[9]。给定两个概率密度函数 P 和 Q，则 P 和 Q 之间的 JS 散度定义为

$$D_{\mathrm{JS}}(P,Q)=\frac{1}{2}\int\left(P\ln\frac{P}{M}+Q\ln\frac{Q}{M}\right)\mathrm{d}x \tag{7.16}$$

式中，$M=\dfrac{1}{2}(P+Q)$ 为混合分布。

首先，通过滑动窗口对长时间的扭矩历史信号进行分割，选择正常模式下的一段稳定信号作为参考段，另一段信号作为在线段。假设参考段 $x^r(t)$ 和在线段 $x^o(t)$ 服从高斯分布，即 $x^r(t)\sim N(\mu^r,\sigma^r)$ 和 $x^o(t)\sim N(\mu^o,\sigma^o)$。

然后，使用 JS 散度衡量参考分布 $N^o=N(\mu^o,\sigma^o)$ 和在线分布 $N^r=N(\mu^r,\sigma^r)$ 之间的差异。钻进信号的平均值 μ 往往随着不同的地层和深度变化，对所有数据

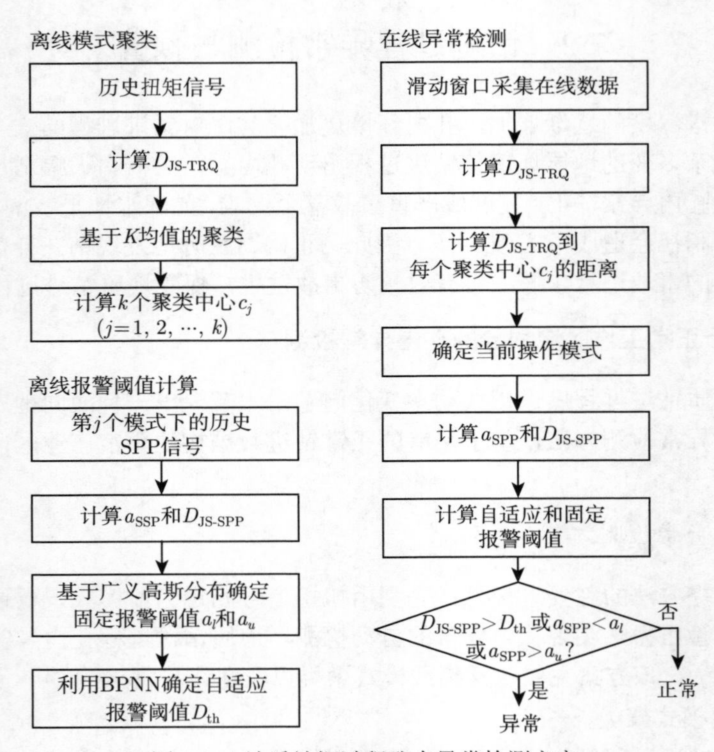

图 7.8　地质钻探过程孔内异常检测方案

段进行归一化处理，即 $\mu^o = 0$ 和 $\mu^r = 0$。N^r 和 N^o 之间 JS 散度的解析形式为

$$D_{\text{JS}}(N^r, N^o) = \frac{1}{2}\left(D_{\text{KL}}(N^r, N_m) + D_{\text{KL}}(N^o, N_m)\right) \tag{7.17}$$

式中，$D_{\text{KL}}(\cdot)$ 为 KL 散度 [8]；$N_m = \dfrac{1}{2}(N^r + N^o)$。

进一步，基于扭矩信号的 JS 散度 $D_{\text{JS-TRQ}}$ 对数据段进行聚类，识别多个正常操作模式。这里利用 K 均值聚类算法分析参考模板和正常信号之间的差异性，并确定每种运行模式下 JS 散度的中心。将计算得到的不同正常模式对应的中心 $\{c_j, j = 1, 2, \cdots, k\}$ 用于在线监测。K 均值聚类簇数由钻进运行模式决定，这里确定为三类。

2) 在线异常检测

为实现孔内异常检测，需建立每个运行模式下的正常工作区域，每个区域代表立管压力数据的正常范围。本节采用变分趋势和分布差异作为特征，正常工作区域建立的关键是计算这两个特征的报警阈值。在钻进过程中，钻进信号的测量和传输容易受到复杂孔内环境的干扰。因此，立管压力信号在正常或异常情况下都在一定范围内波动，使得正常和异常情况下立管压力数据的范围有很大重叠部分，很难设置一个使误报率和漏报率都最小的报警阈值。然而，在孔内异常情况下，立管压力的分布与正常情况有显著差异。图 7.9 给出了一个例子 [8]，显示了正常和异常情况下立管压力信号的时间序列图和直方图，图 7.9 (a) 中深色背景对应异常段，图 7.9 (b) 中正常数据和异常数据的范围有很大的重叠区域，但分布特征的差异明显。因此，可通过判断在线立管压力信号分布与正常情况下分布的差异来检测异常数据，故利用 JS 散度衡量立管压力数据的分布变化。同时，时间序列变化趋势对于孔内异常的早期检测也至关重要，故提取变分趋势特征以辅助设计自适应报警阈值。

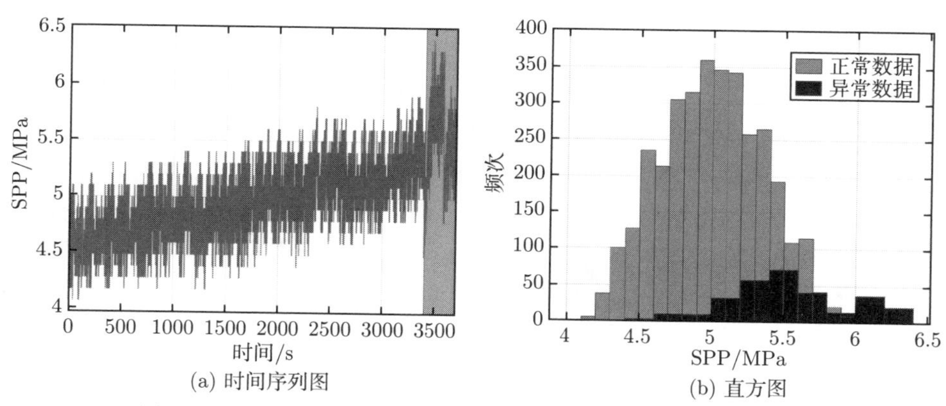

(a) 时间序列图　(b) 直方图

图 7.9　正常和异常情况下立管压力信号的时间序列图和直方图

通过多项式回归拟合滑动窗口中的立管压力信号，提取其变分趋势特征，即线性拟合的斜率项。线性回归模型为

$$\hat{x}(t) = a(t_c)t + b(t_c), \quad t \in [t_c - L + 1, t_c] \tag{7.18}$$

式中，$a(t_c)$ 和 $b(t_c)$ 分别为当前采样时间 t_c 的斜率和截距参数；L 为滑动窗口长度。基于线性最小二乘回归提取斜率 $a(t_c)$，并将其作为变分趋势特征。

针对立管压力信号，将正常模式下的稳定信号段作为参考时间序列 X^r。利用 $D_{\text{JS-SPP}}$ 表示在线时间序列 X^o 和 X^r 之间的 JS 散度，即

$$D_{\text{JS-SPP}} = \frac{1}{4}\ln\frac{(\sigma^o_{\text{SPP}} + \sigma^r_{\text{SPP}})^2}{4\sigma^o_{\text{SPP}}\sigma^r_{\text{SPP}}} \tag{7.19}$$

式中，σ^r_{SPP} 和 σ^o_{SPP} 分别为 X^r 和 X^o 的方差。

为实现孔内异常检测，需判断立管压力对应的 JS 散度 $D_{\text{JS-SPP}}(t_c)$ 和斜率 $a_{\text{SPP}}(t_c)$ 是否均处于正常工作区域 $\{\Omega_i, i = 1, 2, \cdots, k\}$。如果正常工作区域太小，

则正常样本往往会被误判为异常状态并产生误报；如果正常工作区域过大，则异常样本很可能落入正常工作区域，导致无法检测到异常。因此，关键步骤为确定每个正常工作区域 Ω_i 的边界 (即报警阈值)。与固定报警阈值相比，自适应报警阈值更适用于动态过程，故对 $D_{\text{JS-SPP}}$ 设计自适应的报警阈值，使正常工作区域边界围绕正常数据样本。

根据 $a(t)$ 的数据样本，确定变分趋势特征 $a(t_c)$ 的正常范围 (报警上限和报警下限)，假设其服从广义高斯分布(generalized Gaussian distribution，GGD)，给定置信水平 α，报警上限 a_u 和报警下限 a_l 的计算公式为

$$P(a_l \leqslant x \leqslant a_u) = \int_{a_l}^{a_u} \hat{\phi}(x)\mathrm{d}x = 1 - \alpha \tag{7.20}$$

式中，$a_u = 2m - a_l$；$\hat{\phi}$ 为 GGD 的 PDF，可以采用一维数值搜索求解。

相同的 $a(t)$ 可对应多个 $D_{\text{JS-SPP}}$ 值，给定 $a(t)$ 的正常范围后，选择边界点 $\mathcal{E} = \{(a_i^b, D_i^b), i = 1, 2, \cdots\}$ 确定正常区域边界。进一步，需要对非线性映射关系 $\eta : a^b \to D^b$ 进行建模。BPNN 被广泛用于解决工业过程中的非线性拟合和预测问题，能够在克服过拟合问题的同时逼近各种非线性关系，并降低异常值的影响。因此，采用具有一个隐含层的单输入单输出 BPNN，拟合从 a_i^b 到 D_i^b 的非线性关系，从而估计自适应报警阈值。

2. 实验验证

应用山东文登勘探井的实际钻进过程数据验证方法的有效性。数据分为三部分：正常数据作为训练集，用于识别钻进模式和设计报警阈值；异常数据作为测试集，用于在线异常检测；一段稳定的正常信号作为参考模板。

立管压力和扭矩信号的采样周期为 1s，训练集包括正常情况下的 20000 个样本。滑动窗口的长度 L 设置为 2min。以稳定钻进模式下 1000 个样本的时间序列作为参考数据计算 $D_{\text{JS-SPP}}$。

为说明异常情况下固定报警阈值和自适应报警阈值的差异，图 7.10 给出了一段钻进过程信号，包括异常和正常情况下 $D_{\text{JS-SPP}}$ 的时间序列图及其对应的固定报警阈值和自适应报警阈值。可以看出，固定报警阈值和自适应报警阈值均可检测到异常，但与图 7.10 中的固定报警阈值相比，使用自适应报警阈值提前 20s 检测到了异常。虽然降低固定报警阈值可缩短检测延迟，但在正常情况下可能会产生误报。因此，与固定报警阈值相比，自适应报警阈值具有更短的检测延迟和更低的误报率。

为证明所提方法的优越性，与其他方法进行了对比实验，包括主成分分析 (principal component analysis，PCA) 法、偏最小二乘 (partial least squares，PLS)

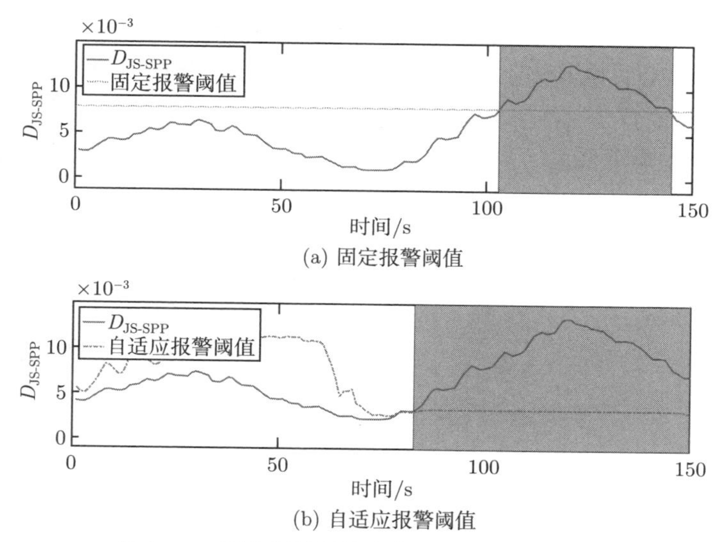

(a) 固定报警阈值

(b) 自适应报警阈值

图 7.10　固定报警阈值和自适应报警阈值对比

法和定性趋势分析 (qualitative trend analysis，QTA) 法。在显著性水平 $\alpha = 0.01$ 下计算上述方法的报警阈值，检测结果对比如表 7.8 所示，所提方法在较低误报率水平下实现了较高的准确率和较低的漏报率，而其他方法在漏报率方面表现不佳。钻进过程数据的采样间隔为 1s，所提方法的运行时间为 8.04×10^{-4}s，满足在线监测的时间要求。因此，所提方法优于其他方法且满足在线监测需求。

表 7.8　不同方法的异常检测结果对比　(单位:%)

方法	误报率	漏报率	准确率
PCA 法的 T^2	46.91	6.08	59.98
PCA 法的 SPE	0	22.95	77.05
PLS 法的 T^2	4.96	15.37	81.42
PLS 法的 SPE	5.71	13.51	82.72
QTA 法	3.29	15.19	82.66
JS-ALCI	5.94	5.32	91.11

7.2.2　基于幅值变化检测的孔内事故检测

孔内事故会导致多类钻进信号发生显著变化，所提方法利用基于 R^2 的幅值变化检测算法，判断钻进过程信号是否出现显著变化，若变化显著，则采用改进 DTW 计算相对变化距离，区分孔内事故与正常钻进状态，实现事故检测目标。

1. 孔内状态判别与事故检测方案

该框架主要分为三个阶段：第一阶段，基于滑动窗口捕获数据段 $x^o(t)$，并在变化监测之前进行归一化处理；第二阶段，通过拟合滑动窗口中的数据，提取归

一化信号 $x(t)$ 的趋势变化特征 $\zeta(t)$，计算幅值变化 $d(t)$；第三阶段，如果检测到幅值出现显著变化，则利用 $\zeta(t)$ 和 $x(t)$ 计算动态时间规整距离 $D_T(X,Y)$，并应用提出的事故检测算法确定出现变化的原因是正常切换或孔内事故。由于地质钻探过程中与事故案例相关的数据样本有限，采用基于案例的方式计算测试数据序列和训练数据序列之间的相似性，以完成事故的检测 [10]。

1) 时间序列信号变化检测

首先，利用滑动窗口从原始钻进信号中捕获数据段，再使用一阶多项式拟合窗口中的原始信号 $x^o(t)$。如图 7.11 所示，由实线表示的 $x^o(t)$ 被划分为一系列滑动窗口长度为 L 的数据段。鉴于不同原始信号的变化特征不同，有必要对数据进行归一化处理，归一化后的信号记为 $x(t)$。

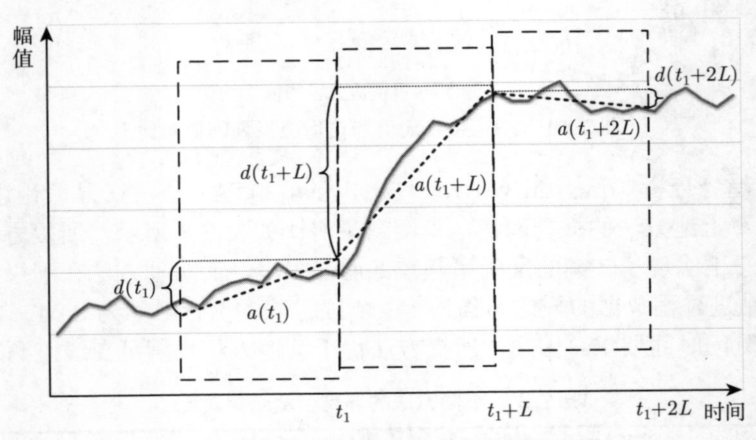

图 7.11　基于滑动窗口的变化监测示意图

假设 L 为滑动窗口长度，在 $\Theta_t=[t-L+1,t]$ 的时间区间内，通过线性回归模型计算 $x\left(k\right)$ 的估计信号 [11]：

$$\hat{x}\left(k\right)=\hat{a}\left(t\right)k+\hat{b}\left(t\right) \tag{7.21}$$

式中，时间变量 $k\in\Theta_t$；t 为采样时刻；$\hat{a}(t)$ 和 $\hat{b}(t)$ 分别为 t 时刻线性回归模型中的斜率和截距参数的估计值。

为了测量两个相邻窗口中信号变化的剧烈程度,引入了 Θ_t 中的幅值变化 $d(t)$,定义为

$$d(t)=\hat{x}(t)-\hat{x}(t-L+1) \tag{7.22}$$

如图 7.11 所示,在得到 t_1+L 处的幅值变化 $d(t_1+L)$ 后,滑动窗口移动到下一个时间间隔 $t\in[t_1+1,t_1+L+1]$,计算在 t_1+L+1 处的幅值变化 $d(t_1+L+1)$。如果 $d(t)$ 大于稳定状态下幅度变化的极限 $|\alpha(t)|$，则判断信号在此刻的幅度变化显著。根据 R^2 统计量确定阈值 $\alpha(t)$，例如，$k=t$ 处的 R^2 定义为

$$R_t^2 = \max\left\{0, \min\left\{1, 1 - \frac{\sum\limits_{k\in\Theta_t}(x(k)-\hat{x}(k))^2}{\sum\limits_{k\in\Theta_t}(x(k)-\bar{x}(k))^2}\right\}\right\} \tag{7.23}$$

进一步，$d(t)$ 的阈值 $\alpha(t)$ 可计算为

$$\alpha(t) = \sqrt{\frac{12R_0^2\hat{\sigma}_t^2(L-1)}{(1-R_0^2)(L+1)}} \tag{7.24}$$

对钻进变量进行幅值变化检测，第 i 个变量幅值变化表示为 $d_i(t)(i=1,2,\cdots,M)$，相应的阈值为 $\alpha_i(t)$。如果所有 M 个变量都满足 $|d_i(t)|-\alpha_i(t)\leqslant 0$，则表示没有显著的幅度变化；如果任一变量变化显著，则提取其变化趋势为

$$\zeta(t) = \begin{cases} 1, & d(t) > \alpha(t) \\ -1, & d(t) < -\alpha(t) \\ 0, & \text{其他} \end{cases} \tag{7.25}$$

式中，符号 1、-1 和 0 分别表示增加、减少和不变的趋势。

如果在钻进过程中检测到显著的幅值变化，则要判断其变化的原因是孔内事故或正常状态切换。所提方法应用 DTW 方法，通过计算在线钻进时间序列与具有状态标签的历史序列之间的差异，实现孔内事故的检测。

2) 序列相似性计算

事故发生时钻进过程信号会出现显著变化，因此采用幅值变化趋势作为事故相关特征描述孔内状态。考虑到信号趋势随时间发生变化，事故检测问题可通过计算两组序列之间的差异实现。给定单变量事故过程序列和在线采集序列，采用 DTW 方法度量二者之间的距离。本节将经典 DTW 算法与过程信号变分趋势特征相结合，定义了趋势动态时间规整(trend dynamic time warping，TDTW)距离指标来衡量变分趋势特征之间的差异 [12]。

同时，本节还收集了正常切换状态下的历史数据作为模板序列。假设切换操作发生在时间 t，则选择时间序列 $[t-L, t+2L]$ 作为模板。正常切换状态的模板分为两类，即增加和减少泥浆入口流量的操作。第 i 个正常切换状态的第 j 个模板表示为 $X_{ij}(i=1,2;j=1,2,\cdots,n_t)$，其中 n_t 表示每个状态下的模板数量。

首先，钻进过程信号第 i 个样本的变化趋势特征定义为 $T(i)=[\zeta_1(i),\zeta_2(i),\cdots,\zeta_M(i)]^{\mathrm{T}}$，模板 X 的变分趋势矩阵为

$$T_x = [T(1), T(2), \cdots, T(n)] \tag{7.26}$$

式中，n 为模板的长度。

然后，多变量序列 X 和 Y 之间的 TDTW 距离 D_T 表示为

$$D_T(X,Y) = D\left(T_x, T_y\right) = \sum_{k=1}^{M} D\left(\zeta_k(i), \zeta_k(j)\right)^2 \tag{7.27}$$

式中，T_x 和 T_y 分别为正常切换状态和在线采集信号的变化趋势特征。

进一步，通过比较在线时间序列与多个正常切换状态的模板序列，判断当前状态属于正常切换或是孔内事故。将正常切换的两个不同模板之间的距离作为距离模板，在线采集信号 Y 与第 i 个正常切换模板 X_i 之间的平均距离计算为

$$\bar{D}_T(X_i,Y) = \frac{1}{j}\sum_{k=1}^{j} D_T(X_{ij},Y) \tag{7.28}$$

基于正常切换状态对应的距离模板，事故检测转化为判断 $\bar{D}_T(X_i,Y)$ 是否与正常切换状态对应的距离模板属于同一类。针对上述分类问题，分别计算在线采集数据序列与各类模板间的相似性，采用具有噪声的基于密度的聚类(density-based spatial clustering of applications with noise，DBSCAN) 算法判断当前状态类别。与原型聚类和层次聚类算法 (如 K 均值聚类算法) 相比，DBSCAN 算法的优点是不需要预先确定聚类的数量，其关键参数包括每个聚类簇的半径和最小邻近点个数，算法的具体流程和关键参数选择参考文献 [10]。孔内状态由簇的数量决定，如果当前数据与历史数据聚为一类，则状态为正常切换；否则，表明发生了孔内事故。

2. 实验验证

钻进数据来源于松辽盆地的地质勘探井，数据被划分为事故数据段、正常数据段和正常切换数据段。事故检测性能的评价指标包括误报率 P_F、漏报率 P_M 和检测符合率 P_D。表 7.9 给出了使用所提方法获得的三个指标的平均值，所提出的基于 TDTW 的方法正确判断出五次孔内状态。

表 7.9　基于所提方法的事故检测结果　(单位:%)

参数	P_F	P_M	P_D
正常切换 (a)	0.69	3.57	98.86
正常切换 (b)	3.13	3.95	96.20
事故 (a)	0.00	1.04	99.43
事故 (b)	0.00	10.40	94.32
事故 (c)	12.50	3.05	95.40

以一段钻进数据为例验证所提方法的有效性。如图 7.12 所示，立管压力的幅值变化信号在第 21 ~ 29 个样本超过了阈值上限。同时，总池体积的幅值变化信

号 $d(t)$ 在第 22 个样本处超过了阈值上限。图 7.13 表明立管压力的趋势特征信号在第 21 ~ 28 个样本上升，而总池体积的趋势特征信号从第 23 个样本开始下降。由于信号出现了显著幅值变化，需要进一步判断是否发生了孔内事故。

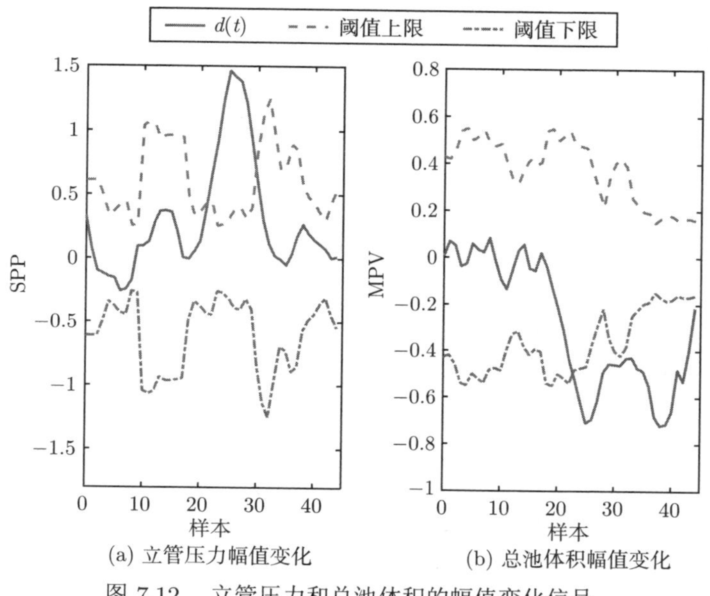

(a) 立管压力幅值变化　(b) 总池体积幅值变化

图 7.12　立管压力和总池体积的幅值变化信号

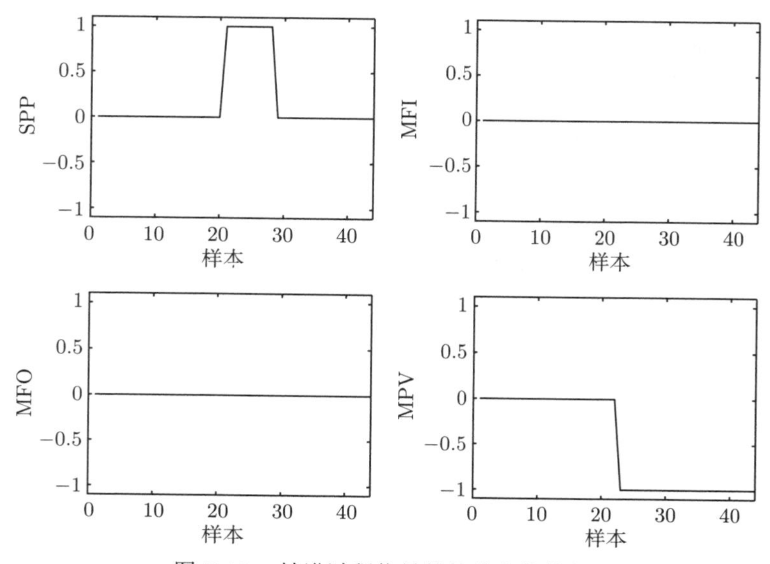

图 7.13　钻进过程信号的趋势变化特征

使用基于 DTW 距离聚类和基于 TDTW 距离聚类的结果如图 7.14 所示，灰色表示正常切换模板样本，深色表示事故样本。图 7.14 (a) 中的深色样本处于正常样本的分布范围内，而图 7.14 (b) 中的黑色样本与正常样本区分明显。因此，在模板样本相同的情况下，所提 TDTW 方法成功检测到事故，而基于原始信号的 DTW 方法未能检测到事故。

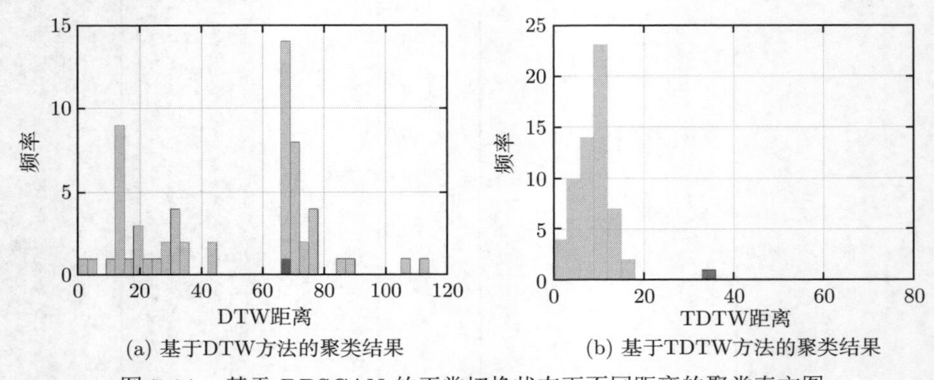

(a) 基于DTW方法的聚类结果　(b) 基于TDTW方法的聚类结果

图 7.14　基于 DBSCAN 的正常切换状态下不同距离的聚类直方图

7.2.3　基于贝叶斯定理的钻进过程事故预警

实际钻进过程复杂多变，存在大量不确定性，例如，当井漏事故发生时，立管压力可能下降，也可能保持不变。Bayes 定理因其在处理不确定性问题上的优势，已在航空航天 [13]、智能交通 [14] 等领域的事故检测预警方面发挥了重要作用。考虑事故发生时钻进参数变化不确定性对预警效果的影响，本节基于 Bayes 定理建立钻进过程井漏、井涌事故预警模型 [15]。

1. 基于 Bayes 定理的钻进事故预警模型

在钻进过程中，针对井漏、井涌事故，如不能及时发现和预警，事故进一步发展恶化会中断正常钻进过程，延误工程进度，造成重大经济损失，甚至可能危害钻井人员的人身安全。如果井漏事故不能及时进行堵漏处理，则可能引起井涌、井塌、卡钻等其他钻进事故；在发生井涌事故时，地层流体的流入会污染钻井液，造成经济损失，在石油天然气、地热钻井等领域，若井涌事故不能被及时发现和处理，则极易诱发井喷等重大安全事故。

为实现井漏、井涌事故的有效预警，需进行事故特性分析，选取适合表征事故特性的钻进参数建立预警模型。当井漏事故发生时，总池体积减小，在入口流量无变化的情况下，出口流量减小，立管压力可能下降。在井漏事故较为严重时，会出现井口无钻井液返出的情况。当井涌事故发生时，总池体积增大，在入口流量无变化的情况下，出口流量增大，立管压力可能下降。在井涌事故较为严重时，即使停泵，井口也会伴随钻井液的外溢。因此，本节选取立管压力、入口流量、出口流量、总池体积等钻进参数，建立钻进过程井漏、井涌事故预警模型。

该钻进过程井漏、井涌事故预警模型包含一个父节点和四个子节点，父节点表示的钻进状态分为正常、井漏和井涌三态，子节点表示的立管压力、入口流量、出口流量、总池体积等钻进参数的状态分为正常、上升和下降三态。通过提取四个钻进参数的趋势特征判断子节点状态，并基于 Bayes 定理判断父节点表示的钻进状态中井漏、井涌事故发生的概率，从而进行井漏、井涌事故预警。

为从实际钻进数据中有效提取钻进参数趋势特征，对 BayesNet 节点进行状态更新，综合运用归一化、滑动平均和最小二乘线性拟合方法，并制定节点状态判断准则。各钻进参数的变化范围通常具有较大差异，例如，立管压力变化范围通常为 $0\sim10\text{MPa}$，而总池体积变化范围可能为 $0\sim120\text{m}^3$。为方便后续趋势特征提取和节点状态判断，将各钻进参数归一化映射到区间 $[0,1]$。实际钻进数据通常含有噪声，为降低噪声对趋势特征提取的影响，采用滑动平均法对归一化后的数据进行处理。为定量描述钻进参数趋势特征，采用最小二乘线性拟合方法进行趋势特征提取。该方法以实际值和估计值的误差平方和最小为目标进行线性拟合，即

$$\min_{a,b}\sum_{i=1}^{n}\left[y(i)-(ax(i)+b)\right]^2 \tag{7.29}$$

式中，a 为一次项系数；b 为常数；x 为自变量；y 为因变量；n 为滑动窗口宽度。基于一次项系数 a 进行趋势判断，具体计算形式为

$$a=\frac{\displaystyle\sum_{i=1}^{n}y(i)(x(i)-\bar{x})}{\displaystyle\sum_{i=1}^{n}(x(i)-\bar{x})^2} \tag{7.30}$$

基于上述最小二乘线性拟合方法求得的一次项系数 a，制定子节点状态判断规则。设定 k 为趋势判断界限，子节点状态判断规则如下：

(1) $-k\geqslant a\geqslant k$，判断子节点状态为正常。

(2) $a<-k$，判断子节点状态为下降。

(3) $a>k$，判断子节点状态为上升。

在对钻进参数进行上述处理后，实时更新钻进过程井漏、井涌事故预警模型中各子节点的状态，并基于 Bayes 定理计算井漏、井涌事故发生的概率，若超出设定报警阈值，则触发事故的预警信息。

2. 实验验证

本节选取松辽盆地的实际钻进过程数据进行井漏、井涌事故预警模型验证。该段数据对应地层为登娄库组三段，多为泥岩、细砂岩、粉砂质泥岩等，地层压力安全密度窗口较小，易发生井漏、井涌等事故。钻进数据采样间隔为 2min/次，选取训练数据进行预警模型的参数学习，并另选取一组井漏事故和井涌事故进行验证。设定报警阈值为 0.5，即井漏、井涌事故发生概率超出 0.5 则触发预警。

图 7.15 为井漏事故发生时的钻进参数变化情况。在入口流量保持 1.982L/s 不变的情况下，总池体积从最初的 102.05m^3 下降到 95.76m^3，钻井液的漏失总量为 6.29m^3。出口流量波动较大，但总体呈下降趋势，可判定发生井漏事故。本次井漏事故发生时立管压力并未发生下降，甚至从 4.2MPa 升至 4.3MPa。不同 k 值和 n 值下的井漏事故预警结果如图 7.16 所示，井漏报警性能统计分析见表 7.10。其中，报警延迟以采样周期为单位，报警延迟为 0 表示事故发生的下一个采样周期就触发报警。误报数表示正常钻进情况下触发报警的个数。漏报数表示事故发生情况下未触发报警的个数。分析可知，取 $k = 0.01$、$n = 3$ 较为合适，其产生的两次误报是由事故结束后滑动窗口中未完全移出事故阶段导致的，可通过后续设计相应的报警解除策略予以解决。

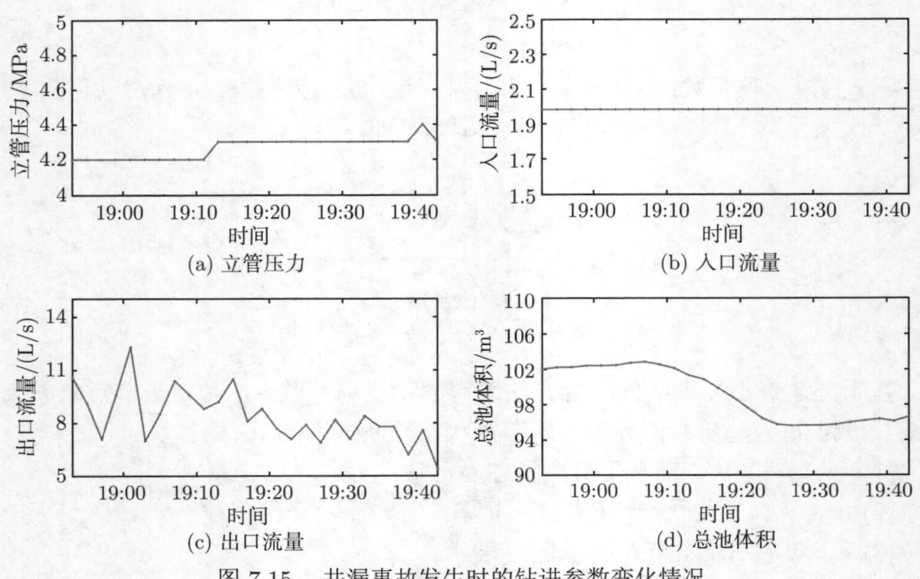

图 7.15 井漏事故发生时的钻进参数变化情况

图 7.17 为井涌事故发生时的钻进参数变化情况。在入口流量保持 1.586L/s 不变的情况下，总池体积从 87.8m^3 上升到 99.44m^3，井涌量为 11.64m^3。出口流量波动较大，但总体呈缓慢上升趋势，可判定发生井涌事故。本次井涌事故发生时，

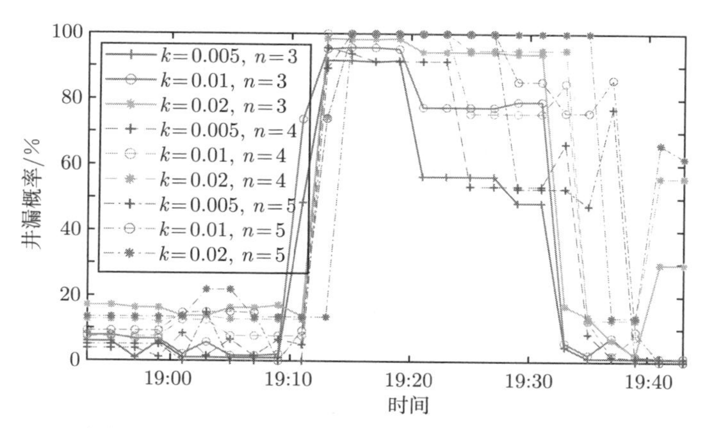

图 7.16 不同 k 值和 n 值下的井漏事故预警结果

表 7.10 井漏报警性能统计分析

性能指标	$k=0.005$			$k=0.01$			$k=0.02$		
	$n=3$	$n=4$	$n=5$	$n=3$	$n=4$	$n=5$	$n=3$	$n=4$	$n=5$
报警延迟	1	1	1	0	1	1	1	1	2
误报数	0	3	4	2	3	5	2	5	6
漏报数	1	1	1	0	1	1	1	1	2

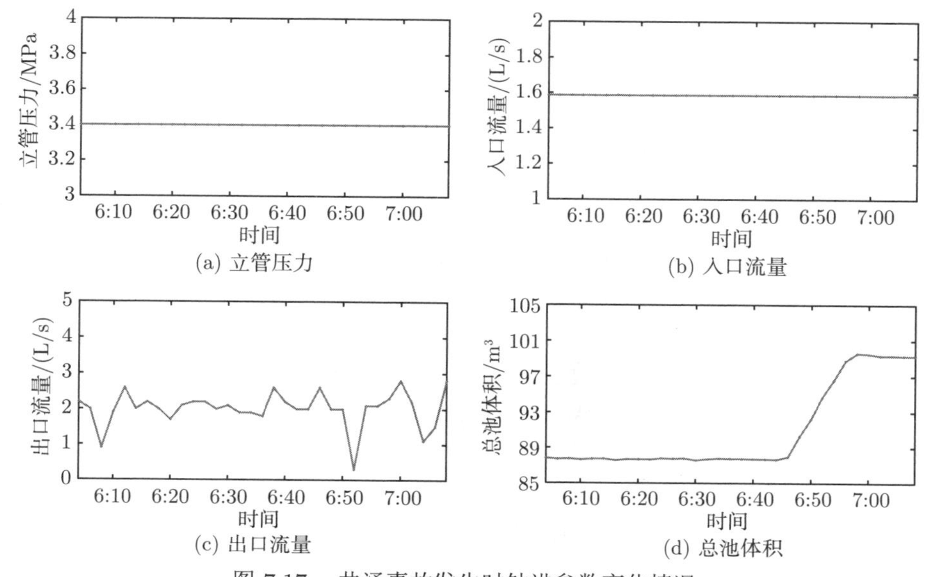

(a) 立管压力 (b) 入口流量

(c) 出口流量 (d) 总池体积

图 7.17 井涌事故发生时钻进参数变化情况

立管压力保持在 3.4MPa 不变。不同 k 值和 n 值下的井涌事故预警结果如图 7.18 所示，井涌报警性能统计分析见表 7.11。通过分析可知，取 $k=0.01$、$n=3$ 和 $k=$

0.02、$n = 3$ 较为合适，可获得较好的报警性能。故针对该井，应选取 $k = 0.01$、$n = 3$ 建立预警模型，可使司钻工人及时发现井漏事故和井涌事故，并针对不同事故采取相应的应对措施。

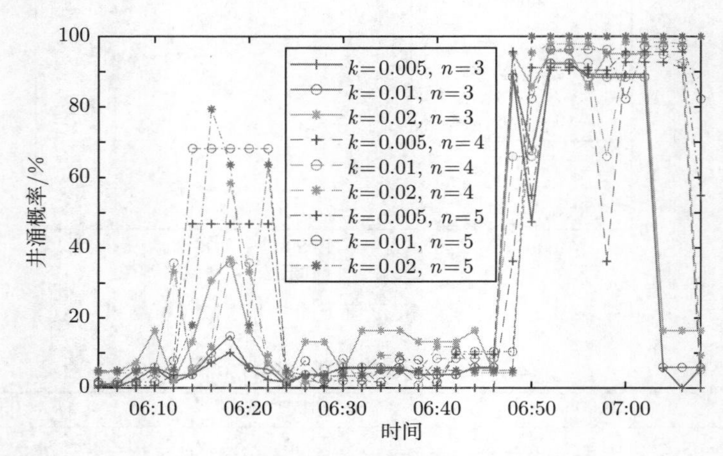

图 7.18　不同 k 值和 n 值下的井涌事故预警结果

表 7.11　井涌报警性能统计分析

性能指标	$k = 0.005$			$k = 0.01$			$k = 0.02$		
	$n = 3$	$n = 4$	$n = 5$	$n = 3$	$n = 4$	$n = 5$	$n = 3$	$n = 4$	$n = 5$
报警延迟	0	1	0	0	0	1	0	1	1
误报数	3	4	6	2	4	11	2	5	9
漏报数	1	2	0	0	0	1	0	1	1

上述实验结果表明，面向井漏事故、井涌事故，本节提出的钻进过程事故井漏、井涌预警模型可进行有效预警。趋势判断界限 k 和滑动窗口宽度 n 的设定会影响预警效果。k 值和 n 值增大，正常趋势所占比例增加，但过大会引起报警延迟增加，导致事故无法及时被发现和处理，影响钻进过程的安全性；k 值和 n 值减小，对钻进参数变化的敏感度变高，但过小容易产生误报和漏报，影响司钻工人正常操作，降低钻进效率。因此，应选择合适的趋势判断界限，以寻求较为平衡的报警性能。

7.3　钻进过程故障诊断

不同的钻进过程故障引起的孔内异常现象各不相同。在检测并预警出钻进过程孔内异常后，应开展钻进过程故障诊断，确定导致孔内异常的具体故障类型，以进行针对性处理。

7.3.1 基于时间序列特征聚类的井漏井涌故障诊断

钻进数据属于时间序列数据，当前时刻数据受之前时刻数据影响，同时井漏井涌事故通常会持续一段时间，而不仅是发生在某个时间点上。由于时间序列的连续性，将其作为整体而不是数据点进行分析效果更好。但目前从时间序列，尤其是时间序列聚类角度开展井漏井涌故障诊断方面的研究仍较少。

1. 井漏井涌故障诊断方案

考虑钻进参数的时间序列相关性，本节提出一种基于时间序列特征聚类的井漏井涌故障诊断方案，具体如图 7.19 所示 [16]。通过距离相关系数分析挖掘钻进参数间的非线性非单调关系，从而进行参数组合，并提取表征各钻进参数时间序列特性的趋势特征和熵特征。在参数组合的基础上，使用基于密度的聚类方法对各个参数组合对应的特征组合进行聚类，并将各参数组合的聚类结果输入朴素贝叶斯分类器得到最终的井漏井涌故障诊断结果。

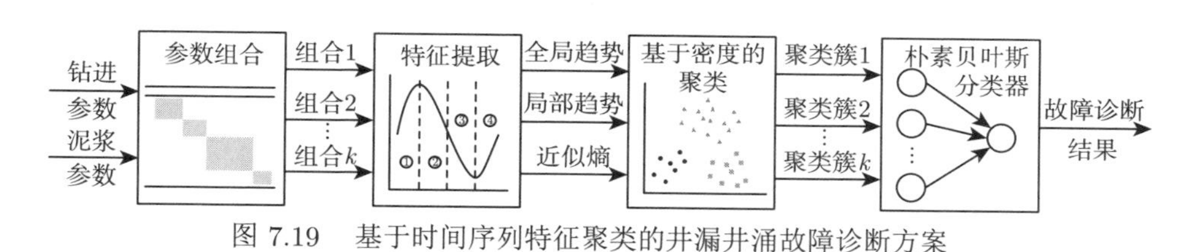

图 7.19　基于时间序列特征聚类的井漏井涌故障诊断方案

1) 钻进过程参数组合

针对钻进过程的不确定性，引入朴素贝叶斯分类器进行故障诊断。若满足条件独立性假设，则朴素贝叶斯分类器将有较好的分类效果。然而，由于钻进过程中复杂的固流热反应，钻进参数之间存在非线性关联。将所有钻进参数直接作为朴素贝叶斯分类器的输入，可能无法满足条件独立性假设，获得较差的诊断性能。为提高朴素贝叶斯分类器的诊断效果，需使输入参数尽可能满足条件独立性假设。参数选择可以改善分类器输入间的依赖性，降低诊断模型的复杂度，但也会丢失一些重要信息。因此，通过相关性分析进行钻进参数组合并聚类，将聚类结果作为朴素贝叶斯分类器的输入，以提高诊断性能。

常用的相关性分析方法有 Pearson 相关性分析方法和 Spearman 相关性分析方法。Pearson 相关性分析方法提供了一个严格的线性相关性度量。Spearman 相关性分析方法不需要线性假设，但只能捕获单调关系。然而，当钻进事故发生时，钻进参数间的单调关系可能会发生变化，例如，在正常钻进时，入口流量和出口流量间存在单调递增关系，但井漏发生时，这种关系将发生改变。因此，上述两种方法不适用于钻进参数的相关性分析。

距离相关性分析方法可用于评估两个随机变量之间是否存在非线性相关性。与传统方法不同，当且仅当两个随机变量独立时，二者的距离相关性等于零。这使得距离相关性能够度量变量间的单调和非单调依赖关系[17]。假设 $a=[a_1,a_2,\cdots,a_n]$ 和 $b=[b_1,b_2,\cdots,b_n]$ 为钻进过程中的两个随机变量，则距离协方差 $d_{\text{cov}}(a,b)$ 定义为

$$d_{\text{cov}}(a,b)=\sqrt{S_1+S_2-2S_3} \tag{7.31}$$

式中，S_1、S_2 和 S_3 分别为

$$S_1=\frac{1}{n^2}\sum_{i=1}^{n}\sum_{j=1}^{n}\|a_i-a_j\|\,\|b_i-b_j\| \tag{7.32}$$

$$S_2=\frac{1}{n^2}\sum_{i=1}^{n}\sum_{j=1}^{n}\|a_i-a_j\|\,\frac{1}{n^2}\sum_{i=1}^{n}\sum_{j=1}^{n}\|b_i-b_j\| \tag{7.33}$$

$$S_3=\frac{1}{n^3}\sum_{i=1}^{n}\sum_{j=1}^{n}\sum_{l=1}^{n}\|a_i-a_l\|\,\|b_j-b_l\| \tag{7.34}$$

式中，$\|a_i-a_j\|$ 为 a 的第 i 个和第 j 个值之间的欧氏距离。

a 与 b 的距离相关性可定义为

$$d_{\text{cor}}(a,b)=\frac{d_{\text{cov}}(a,b)}{\sqrt{d_{\text{cov}}(a,a)d_{\text{cov}}(b,b)}} \tag{7.35}$$

2) 钻进参数时间序列特征提取

在获得钻进过程的参数组合后，针对各钻进参数的时间序列进行特征提取，特征提取是时间序列特征聚类的重要环节。不同的特征从不同的角度描述时间序列数据所蕴含的信息。本次选取的特征主要有时间序列的趋势特征和熵特征。

趋势特征是衡量时间序列变化的重要特征。在不同钻进状态下，钻进参数时间序列的趋势特征呈现不同特点。现场司钻工人也通常基于钻进参数的变化趋势进行钻进状态的判断。例如，出口流量在正常状态下显示出相对稳定的趋势。当发生井漏或井涌故障时，出口流量显示下降或上升趋势。因此，提取钻进参数时间序列的趋势特征对于钻进过程的故障诊断是十分必要的。

为了提取时间序列的趋势特征，引入 Mann-Kendall 趋势检验方法。Mann-Kendall 趋势检验方法能够测试时间序列如何波动并描述趋势变化的程度，优点是时间序列数据不必服从某种分布，并不会受到少数异常值的干扰[18]。对于包含 N 个数据点的钻进过程的时间序列 $X=\{x_1,x_2,\cdots,x_N\}$，Mann-Kendall 趋

势检验方法的统计量 S_X 定义为

$$S_X = \sum_{i=1}^{N-1}\sum_{j=i+1}^{N}\operatorname{sign}(x_j - x_i) \tag{7.36}$$

式中，sign(·) 为符号函数。若 $N>10$，则方差 $\operatorname{Var}(S_X)$ 为

$$\operatorname{Var}(S_X) = \frac{N(N-1)(2N+5)}{18} \tag{7.37}$$

检验统计量 Z_X 的计算公式为

$$Z_X = \begin{cases} (S_X - 1)/\sqrt{\operatorname{Var}(S_X)}, & S_X > 0 \\ 0, & S_X = 0 \\ (S_X + 1)/\sqrt{\operatorname{Var}(S_X)}, & S_X < 0 \end{cases}$$

Z_X 的符号表示趋势的方向，Z_X 的值表示趋势的程度。如果 $Z_X > 0$，则显示出增加的趋势；如果 $Z_X < 0$，则趋势相反。

全局趋势特征可以描述时间序列的总体变化。但当一个时间序列中存在不同的局部趋势特征时，仅使用一个全局趋势特征很难表征时间序列的内部趋势变化。因此，为了更好地描述时间序列的内部趋势变化，需要考虑局部趋势特征。将时间序列分为 M 个部分，通过 Mann-Kendall 趋势检验方法获得 $M+1$ 个趋势特征，包括全局趋势特征 Z_X 和局部趋势特征 $Z_{X1}, Z_{X2}, \cdots, Z_{XM}$。

熵特征用来评价时间序列的复杂性。钻进故障会为钻进过程带来非线性特征，使得钻进参数时间序列复杂性发生变化，这种变化有助于区分钻进故障和正常状态。因此，引入熵特征检测来量化钻进过程的动态变化，判断故障是否发生。考虑到非线性时间序列的复杂性，采用近似熵提取熵特征。对于某序列 $X=\{x_1, x_2, \cdots, x_N\}$，对其进行 m 维空间重构，第 i 个重构向量为

$$X(i) = \{x_i, x_{i+1}, \cdots, x_{i+m-1}\}, \quad i = 1, 2, \cdots, N-m+1 \tag{7.38}$$

式中，m 为预先设定的维数，通常 $m=2$。$X(i)$ 与 $X(j)$ 间的距离 r_{ij} 定义为

$$r_{ij} = \max_{0\leqslant k\leqslant m-1}(|x(i+k) - x(j+k)|) \tag{7.39}$$

对于每个 i，统计 $r_{ij} < r$ 的数量，并计算其与总矢量个数 $N-m+1$ 的比值：

$$C_r^m(i) = \frac{1}{N-m+1}\sum_{j=1, j\neq i}^{N-m+1}\Theta(r_{ij} - r) \tag{7.40}$$

式中，r 为预设阈值，通常取 0.2σ，σ 为原始序列的标准差；Θ 为 Heaviside 函数：

$$\Theta(r_{ij}-r)=\begin{cases}1, & r_{ij}-r\leqslant 0\\ 0, & r_{ij}-r>0\end{cases} \tag{7.41}$$

$\Phi^m(r)$ 可表示为

$$\Phi^m(r)=\frac{1}{N-m+1}\sum_{i=1}^{N-m+1}\ln C_r^m(i) \tag{7.42}$$

将 m 扩增为 $m+1$ 维，并重复上述步骤获得 $C_r^{m+1}(i)$ 和 $\Phi^{m+1}(r)$，则近似熵为

$$A_E=\Phi^m(r)-\Phi^{m+1}(r) \tag{7.43}$$

钻进参数的时间序列通过特征提取成为一组 $M+2$ 维的特征。例如，参数组合的维度是 3，则其对应的特征组合维度为 $3\times(M+2)$。

3) 钻进参数聚类与故障诊断

本节所提方法通过对各参数组合进行时间序列特征聚类，以挖掘钻进参数间的局部相似性，并将聚类结果作为朴素贝叶斯分类器的输入。经典聚类算法，如 K 均值聚类算法和 FCM 算法，需预先指定聚类数目。然而，实际钻进参数的聚类数目通常是难以预先得知的，因此将密度峰值搜索算法应用于特征聚类。密度峰值搜索算法是一种基于密度的聚类算法，能够有效发现任意形状的聚类，并且不需要预先指定聚类数目，通过定位由低密度区域隔开的高密度区域，利用局部密度 ρ 和距其他密度较高点的距离 δ 定位聚类中心 [19]。密度峰值搜索算法的步骤如下：

步骤 1 计算数据点 i 的局部密度 ρ_i。

$$\rho_i=\sum_j \chi(d_{ij}-d_c) \tag{7.44}$$

式中，d_{ij} 为点 i 和 j 之间的欧氏距离；d_c 为截止距离，通常为数据点总数的 1%～2%。$\chi(d)$ 函数定义为

$$\chi(d)=\begin{cases}1, & d<0\\ 0, & d\geqslant 0\end{cases} \tag{7.45}$$

步骤 2 计算点 i 与局部密度高于点 i 的任何其他点之间距离的最小值 δ_i：

$$\delta_i=\begin{cases}\min\limits_{j:\rho_j>\rho_i}(d_{ij}), & \rho_j\neq\max(\rho)\\ \max\limits_j(d_{ij}), & \rho_j=\max(\rho)\end{cases}$$

步骤 3　通过 γ_i 的值选择聚类中心的数量：

$$\gamma_i = \rho_i \times \delta_i \tag{7.46}$$

按降序对 γ_i 排序得到 γ^s，并绘制决策图，可手动设置阈值 $\gamma_{\min}$。如果 $\gamma_i > \gamma_{\min}$，则将选择相应的数据点 i 作为聚类中心，但有时很难通过决策图来选择阈值 $\gamma_{\min}$，因此使用线性拟合方法自动选择阈值。将 γ^s 拟合为长度为 l_f 的线性方程：

$$\gamma_i^s = \alpha_i I_i + \beta_i \tag{7.47}$$

式中，$\gamma_i^s = \left[\gamma_i, \gamma_{i+1}, \cdots, \gamma_{i+l_f-1}\right]$；$I_i = \left[I_i, I_{i+1}, \cdots, I_{i+l_f-1}\right]$。最后一个满足 $\alpha_{\text{idx}} < -1$ 的点 idx 被选为阈值，即 $\gamma_{\min} = \gamma_{\text{idx}}^s$，从而可以确定聚类中心。

考虑到朴素贝叶斯分类器处理不确定性问题的优势，将其用来进行钻进过程的故障诊断。通过参数组合、特征提取和基于密度的聚类，将每个组合的聚类结果作为朴素贝叶斯分类器的输入，以提高诊断性能。k 个参数组合的聚类结果 $C = \{C_1, C_2, \cdots, C_k\}$ 作为朴素贝叶斯的输入，以改进朴素贝叶斯分类器对输入的依赖性。钻进过程存在如下诊断结果：$A = \{A_1, A_2, A_3\}$，A_1、A_2、A_3 分别为井漏、正常、井涌。利用基于密度的聚类结果，根据贝叶斯定理可得 C 属于 A_i $(i = 1, 2, 3)$ 的概率为

$$P(A_i|C) = \frac{P(C|A_i)P(A_i)}{P(C)} \tag{7.48}$$

式中，$P(A_i|C)$ 为后验概率；$P(A_i)$ 为先验概率；$P(C|A_i)$ 为条件概率；$P(C)$ 为用于归一化的证据因子：

$$P(C) = \sum_{i=1}^{3} P(C|A_i)P(A_i) \tag{7.49}$$

先验概率可通过极大似然估计来获得。根据参数化方法，可从训练数据中估计条件概率。一旦对每个类别输入的分布进行了近似，则由条件独立性假设可得条件概率为

$$P(C|A_i) = \prod_{j=1}^{k} P(C_j|A_i) \tag{7.50}$$

朴素贝叶斯分类器通常使用最大后验概率准则作为决策规则，这意味着输入被分类为具有最大条件概率的类别。通过 $P(A_i|C)$ $(i = 1, 2, 3)$ 的计算，选取最大值确定当前状态属于哪一类，可以得到钻进过程的故障诊断结果。例如，如果 $P(A_1|C)$ 为最大值，则钻进过程的状态被诊断为井漏。

2. 实验验证

本节选取松辽盆地的实际钻进过程数据进行验证，采样间隔为 2min。该地区对应地层为砂岩和泥岩，钻井液安全密度窗口较窄，易发生井漏井涌事故。根据泥浆滞后时间的统计分析，时间序列的长度设置为 120min，即每个时间序列包含 60 个数据点。删除与非生产时间相对应的数据，如提钻、下钻和停机等，经过预处理得到 620 组时间序列数据，其中正常状态数据有 429 组，井漏数据有 82 组，井涌数据有 109 组。利用十次十折交叉验证方法进行验证，并通过准确率、误报率和漏报率进行故障诊断性能的比较。

首先进行钻进参数组合，钻进参数间的距离相关性分析结果见表 7.12。根据距离相关性计算结果，将钻进参数划分为 k 个参数组合 $P_1, P_2, \cdots, P_k$。当 $d_{\mathrm{cor}} \geqslant 0.5$ 时，表明参数间存在较强的相关性，将相关性强的参数进行组合以便进一步聚类。表中位于灰色区域的钻进参数具有很强的相关性，可获得四个参数组合，即 $P_1 =${游车高度, 转速, 泥浆电导率}、$P_2 =$ {钻压, 大钩载, 扭矩}、$P_3 =${总池体积, 立管压力, 入口流量, 出口流量, 入口温度, 出口温度}、$P_4 =${泥浆密度 }。

表 7.12　钻进参数间的距离相关性分析结果

参数	BKH	RPM	MC	WOB	HKL	TRQ	MPV	SPP	MFI	MFO	MTI	MTO	MW
BKH	1.00	0.64	0.65	0.29	0.30	0.34	0.80	0.43	0.41	0.39	0.44	0.43	0.39
RPM	0.64	1.00	0.54	0.44	0.44	0.63	0.71	0.58	0.57	0.41	0.44	0.41	0.23
MC	0.65	0.54	1.00	0.32	0.32	0.33	0.68	0.43	0.49	0.46	0.55	0.59	0.31
WOB	0.29	0.44	0.32	1.00	1.00	0.66	0.43	0.58	0.64	0.46	0.43	0.53	0.49
HKL	0.30	0.44	0.32	1.00	1.00	0.66	0.42	0.57	0.64	0.45	0.43	0.53	0.49
TRQ	0.34	0.63	0.33	0.66	0.66	1.00	0.38	0.54	0.64	0.59	0.60	0.62	0.31
MPV	0.80	0.71	0.68	0.43	0.42	0.38	1.00	0.58	0.61	0.50	0.58	0.60	0.35
SPP	0.43	0.58	0.43	0.58	0.57	0.54	0.58	1.00	0.94	0.83	0.77	0.76	0.50
MFI	0.41	0.57	0.49	0.64	0.64	0.64	0.61	0.94	1.00	0.90	0.86	0.86	0.45
MFO	0.39	0.41	0.46	0.46	0.45	0.59	0.50	0.83	0.90	1.00	0.83	0.80	0.40
MTI	0.44	0.44	0.55	0.43	0.43	0.60	0.58	0.77	0.86	0.83	1.00	0.90	0.37
MTO	0.43	0.41	0.59	0.53	0.53	0.62	0.60	0.76	0.86	0.80	0.90	1.00	0.41
MW	0.39	0.23	0.31	0.49	0.49	0.31	0.35	0.50	0.45	0.40	0.37	0.41	1.00

故障诊断结果的比较如表 7.13 所示。由于 Mann-Kendall 趋势检验方法对时间序列长度的要求，局部趋势特征的最大数量为 5 个。所提方法在有五个局部趋势特征时，具有较高的准确率，同时具有较低的误报率和漏报率。随着局部趋势特征数量的增加，时间序列的内部变化得到更有效的刻画，从而有利于诊断性能的提高。相较于其他聚类算法，如数据点聚类算法、形状聚类算法，采用的密度搜索聚类算法无须事先指定聚类数目，避免了人工设定聚类数目的主观性。同时，SVM、PNN、LSTMNN 等方法直接利用原始特征或进行参数选择的方法，未对钻进参数间的局部相似性进行进一步挖掘。所提方法考虑钻进参数的时间序列特

征，通过距离相关性分析进行参数组合，并对各参数组合进行时间序列特征聚类，挖掘各组合钻进参数之间的局部相似性，有利于提高故障诊断性能。

表 7.13　故障诊断结果的比较　(单位:%)

方法		准确率	误报率	漏报率
PNN		94.42	3.26	6.39
SVM		89.52	1.05	26.96
LSTMNN		91.29	3.73	6.28
数据点聚类算法		90.11	4.92	17.38
形状聚类算法		88.87	8.58	9.27
所提方法	M=0	84.63	7.67	20.58
	M=2	87.35	2.10	25.34
	M=3	80.74	12.75	22.88
	M=4	90.52	3.33	9.74
	M=5	95.95	2.40	5.65

注：M 表示局部趋势特征的数量，$M=0$ 表示仅具有全局趋势特征。

7.3.2　基于多时间尺度特征的孔内故障诊断

本节针对常见的井漏、卡钻、钻具刺漏和超拉故障进行分析，采用监督式学习方法建立故障诊断模型 [20]。孔内故障诊断可视为一个多分类学习问题：给定一个标记数据集 $D=\{(x,y):x\in\mathbb{R}^N,y\in\mathcal{C}\}$，其中 N 为样本个数，目标是训练一个分类器 h，使得 $h:x\to y,y\in\mathcal{C}$，其中 $x=[x_1,x_2,\cdots,x_N]^\mathrm{T}$ 为钻进过程变量的样本向量，y 为与 x 相关的故障，$\mathcal{C}=\{c_i:i=0,1,\cdots\}$ 为一系列故障的集合。进一步，利用训练完成的分类器 h 可实现新样本的预测。

1. 多时间尺度框架下的孔内故障诊断方案

针对钻进过程信号呈现出缓慢变化趋势和跳变变化趋势的特性，本节提出多时间尺度框架下的孔内故障诊断方案。主要包括两个步骤：首先，在不同时间尺度分析的基础上，从原始过程信号中提取趋势特征，包括缓变特征和跳变特征；其次，将原始信号和提取特征作为混合输入，建立基于 PNN 的钻进过程孔内故障诊断模型。

1) 钻进过程信号多时间尺度特征提取

通过分析钻进过程信号在不同时间尺度的变化趋势，分别提取长、短时间尺度的缓变特征和跳变特征，实现多时间尺度趋势特征提取。

(1) 短时间尺度内跳变特征提取。在短时间尺度内，将阶跃跳变定义为趋势特征。对于具有跳变特征的变量，利用滑动窗口内数据的一阶差分作为其趋势特征。同时，利用对均值变化的假设检验判断信号是否发生了阶跃跳变。具体的特征提取方法如下：

对于采样周期为 t_τ 的过程信号 $x(t)$，其一阶差分的信号形式为

$$\Delta x(t) = x(t) - x(t - t_\tau) \tag{7.51}$$

对于时间窗口 $[t-w,t]$，为判断信号是否出现跳变，给出如下假设：

$$\begin{cases} \mathcal{H}_0: & \mu_0 = \mu_1 \\ \mathcal{H}_1: & \mu_0 \neq \mu_1 \end{cases} \tag{7.52}$$

式中，μ_0 为时间窗口 $[t-w,t]$ 中 $\Delta x(t)$ 信号的均值；μ_1 为相邻窗口 $[t-w+t_\tau, t+t_\tau]$ 中的信号均值，w 为窗口长度。

原假设 $\mathcal{H}_0$ 为信号均值未发生明显变化，而备择假设 $\mathcal{H}_1$ 表示存在阶跃跳变。如果在一定的置信区间内原假设 $\mathcal{H}_0$ 被拒绝，则确定信号存在阶跃跳变；否则，接受原假设，表明没有阶跃跳变。

针对具有阶跃跳变特征的变量，其阶跃跳变特征向量可表示为

$$e = [e_1(t), e_2(t), \cdots, e_{M_1}(t)]^{\mathrm{T}} \tag{7.53}$$

式中，M_1 为具有阶跃跳变特征的变量个数。

(2) 长时间尺度内缓变特征提取。对于具有缓变趋势特征的变量，通过波动率和最小二乘法提取长时间尺度趋势特征，给定时间窗口 $[t-L,t]$，信号 $x(t)$ 的斜率 $s(t)$ 和波动率 $v(t)$ 分别为

$$s(t) = \frac{x(t) - x(t-L)}{L} \tag{7.54}$$

$$v(t) = \max_{t_1 \in [t-L,t]} s(t_1) - \min_{t_2 \in [t-L,t]} s(t_2) \tag{7.55}$$

式中，L 为滑动窗口长度。利用线性拟合函数提取 $x(t)$ 在 $[t-L,t]$ 内的趋势，即

$$\hat{x}(\tilde{t}) = a(t)\tilde{t} + b(t), \quad \tilde{t} \in [t-L,t] \tag{7.56}$$

式中，$a(t)$ 和 $b(t)$ 分别为当前采样时间 t 的斜率和截距参数，$a(t)$ 和 $b(t)$ 的估计值通过最小化估计误差得到：

$$\min \sum_{\tilde{t} \in \Lambda} \left(x(\tilde{t}) - \hat{x}(\tilde{t}) \right)^2 \tag{7.57}$$

针对具有缓变特征的变量，提取波动率和斜率作为趋势特征，可计算得到两组缓变特征向量：

$$v = [v_1(t), v_2(t), \cdots, v_{M_2}(t)]^{\mathrm{T}} \tag{7.58}$$

$$a = [a_1(t), a_2(t), \cdots, a_{M_2}(t)]^{\mathrm{T}} \tag{7.59}$$

式中，M_2 为具有缓变特征的变量个数。

2) 基于扩展概率神经网络的孔内故障诊断

PNN 是基于径向基神经网络的前馈四层神经网络，通过贝叶斯定理实现多个特征的融合，在解决多特征输入的多类学习问题方面具有优势。PNN 用于孔内故障诊断有以下两个原因：①钻进孔内故障诊断框架涉及不同类型的输入特征；②实时故障诊断需要及时的计算和决策，而 PNN 与许多其他方法 (如反向传播网络) 相比具有显著的速度优势，满足在线监测的要求。

然而，经典的 PNN 结构只实现了输入到输出的映射，没有考虑从输入数据中提取的特征。为此，受宽度学习思想的启发，提出宽度概率神经网络结构来解决孔内故障诊断问题。如图 7.20 所示，与经典 PNN 结构相比，添加了增强分量以扩展输入数据的维度。宽度 PNN 的原始输入为 M 维向量，特征提取后，得到由特征向量组成的增强分量。除输入层外，模式层、求和层和输出层的结构与经典 PNN 相同。

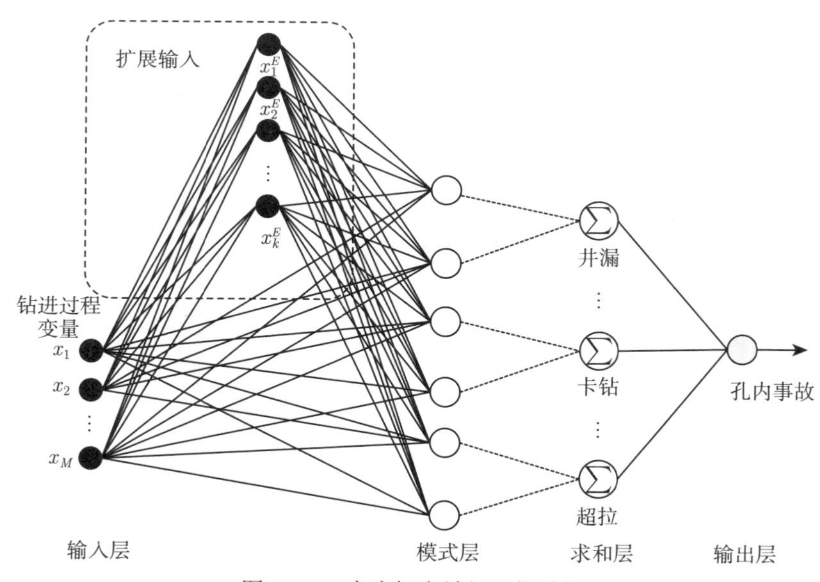

图 7.20 宽度概率神经网络结构

该结构相当于在输入矩阵中增加了一些新的列,新的输入矩阵由 x、e、v 和 a 组成，包括原始过程变量 x 和所有提取的趋势特征 x_i^E $(i=1,2,\cdots,k)$。模式层是一层隐藏的神经元，求和层计算模式层输出的总和，输出层根据最大似然决策来决定最终类别。增强的输入样本向量 $\tilde{x}$ 由原始过程信号和重建的趋势特征组成。宽度 PNN 的学习过程基于贝叶斯最小风险决策标准和 Parzen 窗口概率密度函数。利用贝叶斯定理，给定 $\tilde{x}$ 的类 $c_j\in\mathcal{C}$ 的条件概率为

$$P\left(c_j|\tilde{x}\right)=\frac{P\left(\tilde{x}|c_j\right)P\left(c_j\right)}{P\left(\tilde{x}\right)},\quad j=0,1,\cdots,|\mathcal{C}| \tag{7.60}$$

式中，$P\left(c_j\right)$ 为 c_j 的先验概率；$P\left(\tilde{x}|c_j\right)$ 为给定 c_j 下 $\tilde{x}$ 的概率；$P\left(\tilde{x}\right)$ 为模型证据。

朴素贝叶斯分类器本质上是一个函数，由式 (7.61) 给出：

$$\hat{y}=\underset{c_j\in\mathcal{C}}{\arg\max}\,P\left(c_j|\tilde{x}\right) \tag{7.61}$$

式中，$\hat{y}$ 为基于特征向量 $\tilde{x}$ 的估计类别。

2. 实验验证

利用松辽盆地的实际钻进过程数据说明所提方法的有效性。收集的钻进数据由 175 个样本组成。从归一化的钻进信号中提取趋势特征，包括跳变特征和缓变特征。

图 7.21 (a) 和 (b) 分别给出了在 12min 发生井漏故障情况下立管压力和总池体积的归一化信号，立管压力逐渐上升，总池体积同时开始下降。图 7.21 (c) 和 (d) 分别给出了立管压力和总池体积的波动率。立管压力的波动率在 [13, 34]min 内高于其他时间段，总池体积的波动率在 [13, 34]min 内均处于低位。图 7.21 (e) 和 (f) 分别给出了立管压力和总池体积的斜率信号。在 [13, 23]min 内，立管压力的斜率大于 0，在 [14, 34]min 内，总池体积的斜率小于 0。因此，基于立管压力和总池体积的波动率和斜率变化特征，判断可能存在井漏故障。

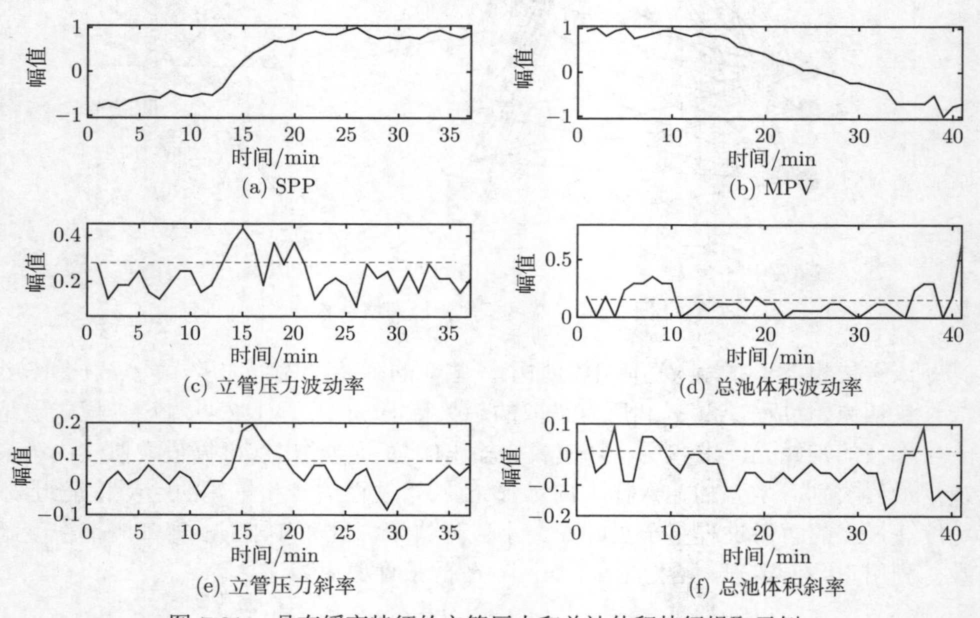

图 7.21　具有缓变特征的立管压力和总池体积特征提取示例

图 7.22 (a) 和 7.22 (b) 分别给出了刺漏故障发生时扭矩和钻压的归一化信号，该故障发生在 15min 左右。扭矩信号在 17min 时开始快速下降，同时钻压在 15min 附近发生了明显变化。分别在 18min 和 16min 检测到两个信号的阶跃跳变，两个阶跃跳变特征如图 7.22 (c) 和 7.22 (d) 所示。

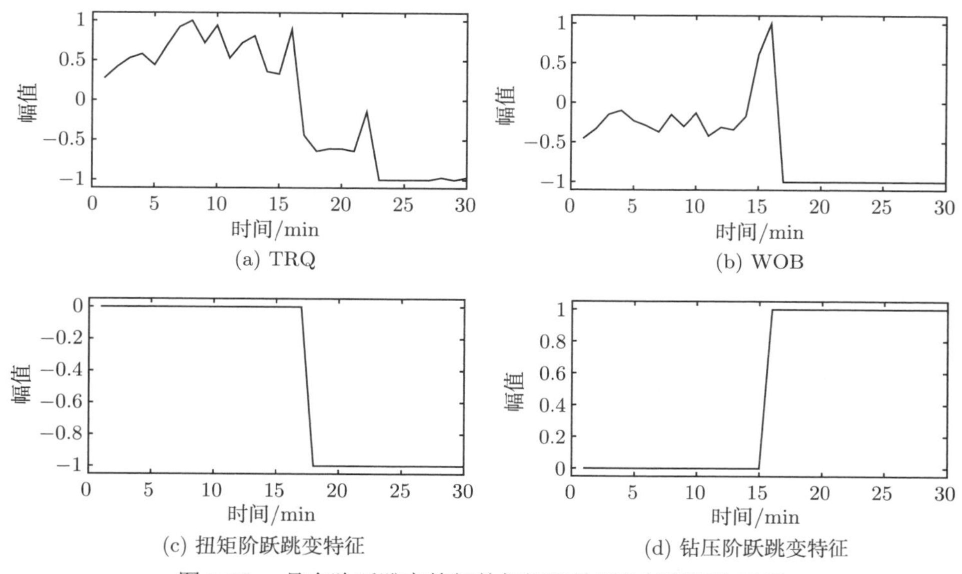

图 7.22　具有阶跃跳变特征的扭矩和钻压的特征提取示例

为进一步研究特征提取对孔内故障诊断结果的影响，本节进行多组对比实验来测试所提方法的性能，其中趋势特征 (trend fecture, TF) 在不同时间尺度进行提取，包括短时间尺度、长时间尺度和多时间尺度。表 7.14 给出了准确率、精度、召回率和 F_1 指标，可看出在多时间尺度下使用原始过程信号 (original process signal, OPS) 和 TF 的方法在四个指标上取得了最佳性能。由于长时间尺度下提取的特征会丢失具有快速变化趋势的变量信息，其性能最差。显然，在多时间尺度下使用 OPS 和 TF 方法在四个指标上均优于其他方法。

表 7.14　不同输入参数下宽度 PNN 方法的故障诊断性能指标　(单位:%)

输入参数	准确率	精度	召回率	F_1
短时间尺度的 OPS 和 TF	92.57	91.87	93.48	92.66
长时间尺度的 OPS 和 TF	92.00	88.96	90.39	89.66
多时间尺度的 OPS 和 TF	93.71	91.99	95.67	93.79

表 7.15 为使用不同分类方法的诊断结果，包括 BP、SVM、ELM、KNN、BayesNet 和本节方法 (TF-PNN)，输入均为原始信号和提取的趋势特征，本节方

法几乎在每个指标上都优于其他方法，尽管精度略低于 BayesNet，但在其他三个指标上更优。根据诊断结果，本节方法与其他经典分类方法相比具有明显的优势。

表 7.15　基于不同分类方法的孔内故障诊断结果　(单位:%)

方法	准确率	精度	召回率	F_1
BP	89.14	86.36	92.33	88.96
SVM	92.00	91.54	93.38	92.27
ELM	89.14	87.36	88.23	87.67
KNN	89.71	86.31	88.14	87.06
BayesNet	88.00	92.03	88.14	89.83
本节方法	93.71	91.99	95.67	93.79

7.4 本章小结

本章通过分析复杂地质钻进过程操作工况和孔内故障特征，研究钻进过程状态监测方法，在工况识别与状态评估的基础上，建立了异常检测与故障预警模型，提出了孔内故障诊断方法，其目的是对钻进系统的运行状态进行实时监测，对可能出现的孔内故障及时预警，从而降低孔内事故发生的风险，保障钻进过程的安全性。

7.1 节针对钻进工况识别与状态评估问题，提出了基于 DTW 和 FCM 的钻进异常数据判别及校正方法，校正由传感器故障、操作失误等外界因素导致的干扰数据，同时保留由钻井事故导致的异常数据。进一步，结合趋势分析与钻进工况作用机理，提出了基于 SVM 的钻进过程智能工况识别方法，设计了钻进过程运行性能评估方案，建立了面向多工况的钻进过程运行性能评价模型。工况识别与性能评估结果为钻进过程控制、优化、故障预警与诊断提供了重要参考。

7.2 节针对钻进过程的异常检测与预警问题，提出了基于 JS 散度和自适应报警阈值的孔内异常检测方法，通过建立多类模式下对应的正常工作区域，实现多模式下的异常状态检测。考虑钻进过程模式切换过程与孔内故障的相似特征，提出了基于幅值变化检测与 TDTW 的孔内故障检测方法。在此基础上，针对井漏、井涌等事故，设计了基于 BayesNet 的钻进事故预警模型，及早发现故障特征。

7.3 节针对钻进过程存在的井漏、井涌、卡钻和断钻具孔内故障，提出了一系列数据驱动的孔内故障诊断方法。针对井漏和井涌事故，利用时间序列分析和密度聚类算法，提出了基于时间序列特征聚类的井漏井涌故障诊断方案。针对不同钻进过程变量具有的不同变化特性，通过提取信号的缓变特征和跳变特征，提出了基于多时间尺度特征的孔内故障诊断方法。上述孔内故障诊断方法有助于辅助技术人员及时判断故障类型，有针对性地进行故障处理，避免造成更为严重的事故。

参 考 文 献

[1] Yang A X, Wu M, Hu J, et al. Discrimination and correction of abnormal data for condition monitoring of drilling process[J]. Neurocomputing, 2021, 433: 275-286.

[2] Breunig M M, Kriegel H P, Ng R T, et al. LOF: Identifying density-based local outliers[C]. Proceedings of the ACM SIGMOD International Conference on Management of Data, New York, 2000: 93-104.

[3] Fu T. A review on time series data mining[J]. Engineering Applications of Artificial Intelligence, 2011, 24: 164-181.

[4] Donald F S. Probabilistic neural networks[J]. Neural Networks, 1990, 3(1): 109-118.

[5] 范海鹏, 吴敏, 曹卫华, 等. 基于贝叶斯网络的钻进过程井漏井涌事故预警 [J]. 探矿工程 (岩土钻掘工程), 2020, 47(4): 106-113.

[6] Fan H P, Wu M, Cao W H, et al. An operating performance assessment strategy with multiple modes based on least squares support vector machines for drilling process[J]. Computers & Industrial Engineering, 2021, 159: 107492.

[7] Abbas A K, Bashikh A A, Abbas H, et al. Intelligent decisions to stop or mitigate lost circulation based on machine learning[J]. Energy, 2019, 183: 1104-1113.

[8] Li Y P, Cao W H, Hu W K, et al. Abnormality detection for drilling processes based on Jensen-Shannon divergence and adaptive alarm limits[J]. IEEE Transactions on Industrial Informatics, 2021, 17(9): 6104-6113.

[9] Chen H T, Jiang B, Ding S X, et al. Probability-relevant incipient fault detection and diagnosis methodology with applications to electric drive systems[J]. IEEE Transactions on Control Systems Technology, 2019, 27(6): 2766-2773.

[10] Li Y P, Cao W H, Hu W K, et al. Detection of downhole incidents for complex geological drilling processes using amplitude change detection and dynamic time warping[J]. Journal of Process Control, 2021, 102: 44-53.

[11] Wang J D, Pang X K, Gao S, et al. Assessment of automatic generation control performance of power generation units based on amplitude changes[J]. International Journal of Electrical Power & Energy Systems, 2019, 108: 19-30.

[12] Du S, Wu M, Chen L F, et al. Operating mode recognition of iron ore sintering process based on the clustering of time series data[J]. Control Engineering Practice, 2020, 96: 104297.

[13] Codetta-Raiteri D, Portinale L. Dynamic Bayesian networks for fault detection, identification, and recovery in autonomous spacecraft[J]. IEEE Transactionson Systems, Man, and Cybernetics: Systems, 2014, 45(1): 13-24.

[14] Zhang H, Zhang Q, Liu J, et al. Fault detection and repairing for intelligent connected vehicles based on dynamic Bayesian network model[J]. IEEE Internet of Things Journal, 2018, 5(4): 2431-2440.

[15] 张正, 赖旭芝, 陆承达, 等. 基于贝叶斯网络的钻进过程井漏井涌事故预警 [J]. 探矿工程 (岩土钻掘工程), 2020, 47(4): 114-121, 144.

[16] Zhang Z, Lai X, Wu M, et al. Fault diagnosis based on feature clustering of time series data for loss and kick of drilling process[J]. Journal of Process Control, 2021, 102: 24-33.

[17] Szekely G J, Rizzo M L, Bakirov N K. Measuring and testing dependence by correlation of distances[J]. The Annuals of Statistics, 2007, 35(6): 2769-2794.

[18] Du S, Wu M, Chen L, et al. A fuzzy control strategy of burn-through point based on the feature extraction of time-series trend for iron ore sintering process[J]. IEEE Transactions on Industrial Informatics, 2020, 16(4): 2357-2368.

[19] Rodriguez A, Laio A. Clustering by fast search and find of density peaks [J]. Science, 2014, 344(6191): 1492-1496.

[20] Li Y P, Cao W H, Hu W K, et al. Diagnosis of downhole incidents for geological drilling processes using multi-time scale feature extraction and probabilistic neural networks[J]. Process Safety and Environmental Protection, 2020, 137: 106-115.

第 8 章　钻进过程智能控制系统与实验系统

面向地质钻进过程控制应用需求，需要形成符合地质钻进过程多井场应用的专有系统，应用数据驱动的地质环境建模、钻进过程协调优化、状态监测和智能控制等技术，提高钻进过程的安全性、稳定性和高效性。本章首先进行钻进过程智能控制系统的设计与实现，开发形成集监测、预警、决策与控制于一体的钻进过程智能控制系统。然后基于现场工艺和技术装备，建立钻进过程智能控制实验系统，有针对性地验证智能建模、优化、控制等技术的有效性和工程适用性。下面将阐述钻进过程智能控制系统设计与实现，以及在钻进过程智能控制实验系统上开展的钻进过程智能控制实验及结果分析。

8.1　钻进过程智能控制系统

钻进过程智能控制系统主要包含两部分：钻进过程现场智能控制系统和钻进过程智能监控云平台。本节具体阐述钻进过程现场智能控制系统架构、系统设计与实现、监控云平台设计，以及钻进过程智能监控云平台网页端和 App 端的设计与功能实现。

8.1.1　系统设计

本节开展钻进过程工况识别、安全预警与故障诊断、钻进参数智能优化、钻压和转速控制等方法的实际工程应用研究，为所提方法的实际工程测试与应用奠定基础，设计并实现一套钻进过程智能控制系统。

1. 系统功能设计

首先对系统的需求进行分析，并进行系统功能设计。如表 8.1 所示，考虑到地质钻进现场缺少有效的数据存储机制，大量监测信息未被充分利用，需要实时记录钻进参数及钻进设备状况等信息，对钻进过程数据进行实时采集、存储和显示，并开展钻进过程工况识别研究。由于钻进过程异常事故频发，司钻工人多依赖经验判断，急需先进安全预警与故障诊断方法，实现钻进安全预警和故障诊断；针对复杂地质条件下钻进效率不高的问题，开展钻进过程钻速实时预测，在线推荐最优钻压、转速等操作参数，为钻进过程提供指导，提高钻进过程效率；在钻进过程中，钻压、转速等波动造成钻进过程不稳定，可能导致严重的钻柱振动，存在安全隐患，需要通过钻压和转速控制实现安全、稳定的钻进；地层倾角、各向异性、岩性软硬交替以及下部钻具受力与弯曲变形等因素，在工程中容易造成钻进轨迹偏斜，需要集成钻进过程垂钻纠偏控制模块，提高钻进效率，节约钻进成本。针对井场地理位置分散，不同地域、不同类型井场的监测手段欠缺等问题，建立钻进过程智能监控云平台，通过个人计算机 (personal computer, PC) 端和手机端对钻进过程的核心参数和功能模块运行效果进行实时监控；这些功能将在钻进过程智能控制系统中进行设计和实现，在后面章节将会进行具体介绍。

表 8.1　钻进过程智能控制系统功能表

模块	需求分析
工况识别	现场数字程度较低、监测信息不全面
安全预警与故障诊断	钻进异常事故频发、司钻工人多依赖经验判断
钻进参数智能优化	复杂地质条件下钻进效率不高
钻压和转速控制	钻压、转速等波动造成钻进过程不稳定
垂钻纠偏控制	地层倾角、各向异性、岩性软硬交替 以及钻具自身等因素造成钻进轨迹偏斜
钻进过程智能监控云平台	不同区域、不同类型井场监控云平台缺少监测手段

在电控房钻进过程智能控制系统实现钻进过程智能决策，智能决策过程主要包括表 8.2 中的功能。表 8.2 为钻进过程智能控制系统模块输入输出表，其中输入是钻进状态测量值和钻进操作参数，输出是工况类型、事故类型、推荐操作参数、绞车电机转速等控制指令。在钻进过程智能控制系统先进优化控制层，通过数据采集分析，以及所提钻进过程建模、监测、优化、控制等方法的应用，实现工况识别、安全预警与故障诊断、钻进参数智能优化、钻压和转速控制、垂钻纠偏控制等功能，提高钻进过程的安全性与效率，降低现场的劳动强度，节约钻进成本。在系统运行过程中，通过钻进过程智能控制系统的工控机组态程序读取可编程逻辑控制器 (programmable logic controller, PLC) 点位数据，计算并下发推

表 8.2　钻进过程智能控制系统输入输出表

功能模块	输入	输出
工况识别	大钩高度、钩载、钻压、 转速、扭矩、立管压力	工况类型：接单根、下钻、提钻、 扩孔、倒划眼、旋转钻进、滑动钻进
安全预警与故障诊断	立管压力、泵量、钻速、出口流量、 扭矩、转速、钻压	事故类型：卡钻、断钻具、井漏
钻进参数智能优化	钻进深度、钻压、转速、钻速	推荐操作参数：钻压、转速
钻压和转速控制	钻压和转速、钻压和转速 (给 定值)、钻速 (测量值)、称重、 绳系数量、钻速和转速限定 值、扭矩、钻机与钻具参数	绞车电机转速
垂钻纠偏控制	井斜角 (顶角)、方位角	井斜角 (每米)、方位角、 (每米)、水平位移 (每米)、 磁工具面向角、导向率

荐操作参数。工况识别模块会对包括起下钻、正常钻进在内的全钻进过程进行处理和分析；安全预警与故障诊断、钻进参数智能优化、钻压和转速控制主要针对正常钻进过程；垂钻纠偏控制主要针对纠偏过程。针对以上系统功能，考虑实际工程需求和现场软硬件情况，进一步进行钻进过程智能控制系统的设计与实现。

2. 系统架构

根据钻进现场系统运行过程和智能化需求，设计基于网络化架构的钻进过程现场智能控制系统架构，采用分层设计策略，包括基础自动化层、先进控制层、全局监控层，如图 8.1 所示。基础自动化层主要是实现钻进过程现场数据的采集和存储、回转电机和进给电机的自动控制等。先进控制层根据实际现场的需求，通过与基础自动化层的双向信息传递，对钻进过程的安全、效率和钻进控制效果三个方面进行评估，实现钻进过程数据分析与处理，进一步实现钻进操作决策，并将采集的数据通过网络传输到全局监控层的远程监控中心。全局监控层主要通过钻进过程智能监控云平台汇聚全国各地井场的运行状态信息，用户根据权限进行钻进过程远程监控和决策。

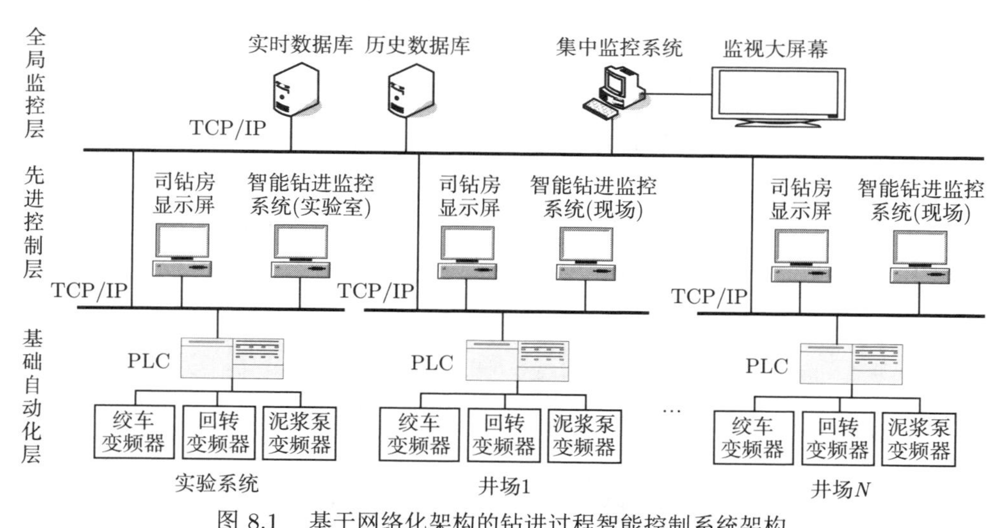

图 8.1　基于网络化架构的钻进过程智能控制系统架构

TCP/IP 表示传输控制协议/网际协议 (transmission control protocol/internet protocol)

1) 基础自动化层

基础自动化层主要实现各井场钻进数据采集、控制指令执行等功能。现场通过绞车变频器、回转变频器、泥浆泵变频器驱动钻进过程，因此可以从现场传感器获得钻进现场的数据，通过现场 PLC 读取现场传感器数据，通过现场工控机组态软件读取现场 PLC 中的实时钻进数据，实现钻进状态实时显示和基本控制等基础自动化功能。

2) 先进控制层

先进控制层通过设计的钻进过程智能控制系统开展现场工程应用。基于钻进现场的应用需求，通过与基础自动化层的信息双向传递，实现钻进过程数据的分析与处理，并进行钻进过程操作决策。搭建钻进过程智能控制实验系统，对所提方法的有效性进行验证，并将所提方法在多个井场进行现场实际工程应用。系统功能实现的同时，将现场采集的数据和现场算法运行结果实时存储到本地数据库，并发送到远程监控中心。

3) 全局监控层

全局监控层主要对全国各地井场的钻进状态进行监控，将从现场发回的数据存储在远程监控中心，通过钻进过程智能监控云平台实现各个井场钻进情况的远程监控。对实时数据进行显示和存储，可查看历史数据和实时钻进情况。工程师和专家根据用户权限在 PC 端和手机端对各井场进行远程监控，可以查看多井场的钻进情况，了解现场发生的事故类型，提前做好预警，并实时掌握钻进现场钻机的运行情况，对钻进现场的操作参数进行远程决策。

3. 现场智能控制系统设计

面向复杂地质钻进过程的自主行为决策、数据处理、在线自诊断和快速响应等智能化需求，进行钻进过程现场智能控制系统硬件设计，其硬件结构如图 8.2 所示。首先通过 PLC 采集现场钻柱系统、钻进轨迹控制系统、钻井液循环系统中绳索绞车、泥浆泵等设备的变频器及其他传感器的数据，获得钻进过程状态信息，然后将数据存储在现场数据服务器中，实现实时钻进状态显示和历史状态查询，根据现场需求实现系统功能，并通过井场远程通信功能传输现场数据。

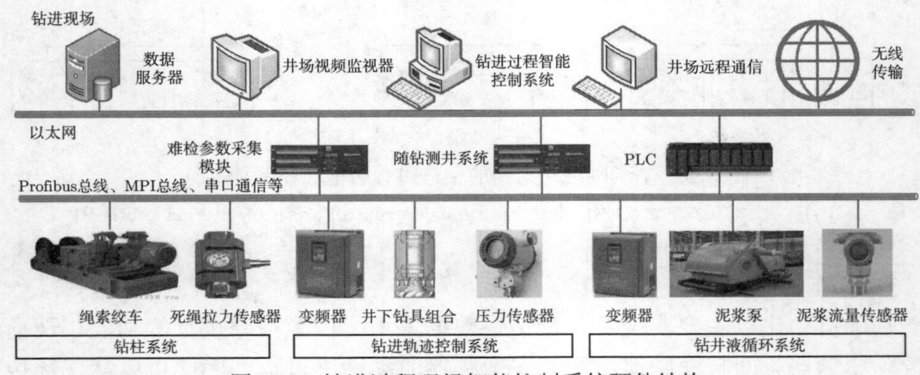

图 8.2　钻进过程现场智能控制系统硬件结构

通过现场 PLC 获取钻进现场传感器采集的数据，通过 Profibus 总线、多点接

口 (multi-point interface, MPI) 总线、串口等通信方式实现 PLC 与工控机的数据传输。利用对象链接与嵌入的过程控制 (object linking and embedding for process control, OPC) 通信协议实现系统软件与 WinCC 组态的数据通信，基于采集的数据实现工况识别、安全预警与故障诊断、钻进参数智能优化、钻压和转速控制等模块功能，然后通过活动数据对象 (active data object, ADO) 技术实现现场数据的实时存储。同时，利用井场远程通信设备，通过网络通信协议将采集到的钻进过程状态数据和现场系统功能运行结果传输到远程监控中心，如图 8.3 所示。

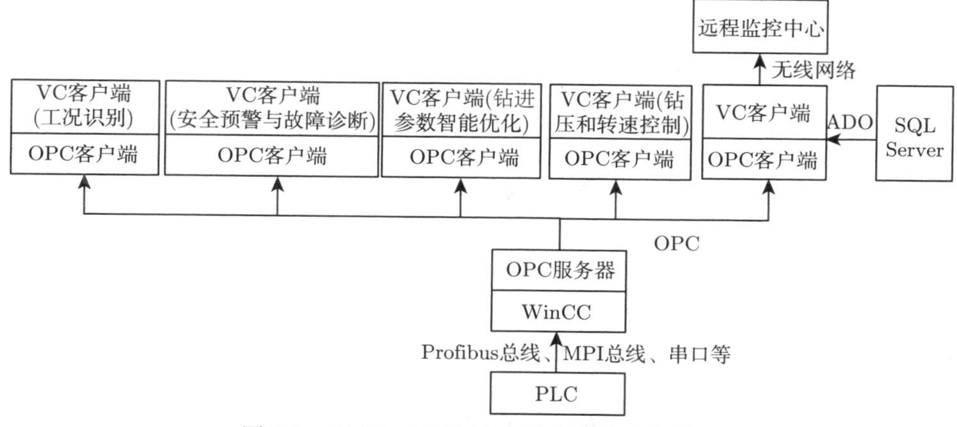

图 8.3 钻进过程现场智能控制系统功能设计

4. 网络与通信

下面首先阐述现有 PLC 通信和远程传输技术，然后针对钻进过程的特点，选取符合现场工程需求的 PLC 和远程通信技术。现场主要采用 Profibus 总线、MPI 总线、串口等通信方式实现工控机与现场 PLC 之间的通信，并通过工业以太网实现钻进数据的远程传输，下面将具体进行介绍。

1) 钻进现场 PLC 通信

在钻进现场，主要通过 PLC 实现钻进过程指令的收发，根据钻进现场 PLC 种类的不同，所用的通信协议也不同。西门子 PLC 根据型号的不同，可以使用 MPI、PPI(point to point interface，点对点接口)、自由通信口协议、Profibus 总线和工业以太网总线等；罗克韦尔的 PLC 可以使用 DF1 协议；三菱 PLC 各个系列都有自己的通信协议，如 FX 系列中就包括通过编程口或 232BD 通信，也可以通过 485BD 等方式通信，其 A 系列和 Q 系列可以通过以太网通信，除此之外，还可以通过 CC-LINK 协议通信；欧姆龙 PLC 主要采用 Host Link 和 Control Link 通信协议；施耐德 (莫迪康) PLC 主要支持 Modbus 和 Modbus Plus 两种通信协议；台达 PLC 主要采用串口和现场总线等多种方式进行通信。

钻进现场多采用西门子、三菱等 PLC 采集现场传感器数据，为了钻进过程智能控制系统界面友好，采用 WinCC 组态软件，因此通常采用 Profibus 总线、MPI 总线、串口等通信方式实现 PLC 和现场工控机的通信。如图 8.4 所示，通过 OPC 通信协议实现钻进过程智能控制系统 VC (Visual C++) 客户端与 WinCC 之间的通信，实现底层数据采集与上层指令下发。基于现场的远程发送设备和数据中心的接收设备，通过远程传输 TCP/IP 协议将钻进过程状态数据和系统运行输出结果传输到远程监控中心，实现钻进过程的远程监控功能。

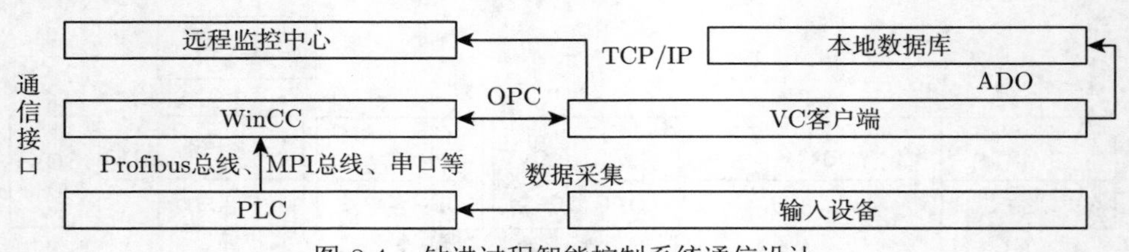

图 8.4 钻进过程智能控制系统通信设计

2) 数据远程传输通信

实现现场功能之后，利用远程通信设备，通过无线传输协议将采集到的钻进过程状态数据和现场系统功能运行结果传输到远程监控中心，实现钻进过程数据的存储、分析和远程监控。现有的远程数据传输通信方式主要有以太网、通用分组无线业务、无线数传电台、Modem 四种。以太网是当今现有局域网采用的最通用的通信协议标准，该标准定义了局域网中采用的电缆类型和信号处理方法；通用分组无线业务是在现有全球移动通信系统上发展出来的一种新的承载业务，为全球移动通信用户提供分组形式的数据业务，特别适用于间断的、突发性的和频繁的、少量的数据传输，也适用于偶尔的大数据量传输；无线数传电台作为一种通信媒介，与光纤、微波、明线一样，有一定的适用范围，它提供某些特殊条件下专网领域中监控信号实时、可靠的数据传输，适合点多且分散、地理环境复杂的场合，在很多专网领域得到了广泛应用；Modem 通信技术通过公共交换电话网络 (public switched telephone network, PSTN) 实现数据的传输功能。

由于以太网通信可实现计算机与计算机之间的远程无线通信，传输速率也较快，根据现场远程通信的需求，设计了如图 8.5 所示的远程通信硬件结构，主要通过网络传输协议，将实际钻进现场的地面和井下状况观测信息实时发送给钻进过程智能监控云平台，在监控云平台、PC 端、手机端等实现井场钻进情况的远程监控。现场监控站点采用无线终端设备数据传输单元 (data transfer unit, DTU)，将串口数据转换为 IP 数据，并通过无线通信网络进行传送。监控中心采用无线路由器，传输协议为 TCP/IP 协议，为实现远程通信功能，现场通过钻进过程智能控制系统实现数据的发送，传输过程中采用动态域名技术，实验室监控站点通过远程监控中心软件接收数据，并进行数据的实时存储和钻进状态监控。

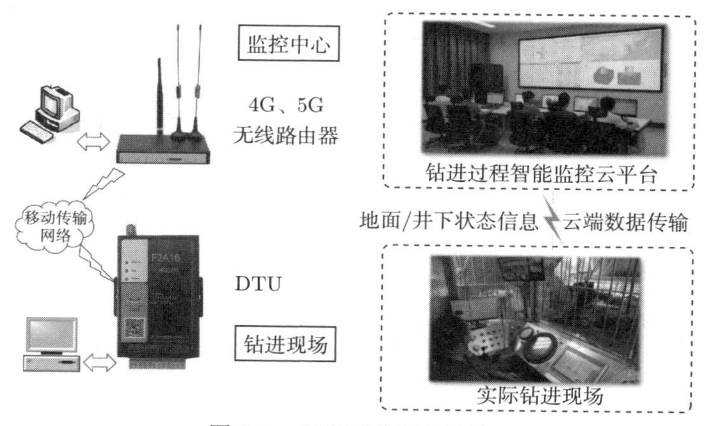

图 8.5　远程通信硬件结构

5. 云监控设计

随着万物互联时代的到来，通过网络将分布于不同地域的井场连接起来成为可能 [1]。钻进现场数据通过远程通信实时发往钻进过程智能监控云平台服务器，进行相应存储计算，并且采用网络方式发布，相关人员根据用户权限可在计算机、手机上远程实时监控钻进过程 [2]。

地质钻进过程容易发生事故，需要对钻进相关参数进行实时远程监测与预警；钻进数据以图表化形式多元呈现，使用户能更直观地观测到数据的变化；钻进数据是时间序列数据，基于智能算法挖掘数据相关性并对其进行参数优化能提高钻进效率、增加安全保障；软件能对多个不同井场的现场数据实时监测，并能根据用户操作实现井场切换；软件需设有不同的用户权限等级，且具备易用的人机交互界面与良好的操作体验。根据实际的地质钻进过程特点，以及充分考虑软件管理、用户需求、交互体验等各方面因素，钻进过程智能监控云平台具体功能框架如图 8.6 所示，主要包括用户管理、井场选择、实时监测、历史曲线趋势分析、安全预警、钻速优化六大类软件功能。

1) 钻进过程智能监控云平台网页端设计

当前钻进过程智能监控云平台前端开发有多个成熟的框架，主要包括 Vue、React、Angular、Bootstrap 和 jQuery[3]，具体技术优势如表 8.3 所示。其中，Bootstrap 采用栅格系统，可根据用户屏幕尺寸调整页面，在各个尺寸上均表现良好。jQuery 非常轻巧，压缩后不到 30kB，几乎允许使用所有从 CSS1 到 CSS3 的选择器，以及 jQuery 独创的选择器，甚至可以编写属于自己的选择器；同时，jQuery 扩展性良好，目前已经有超过几百种官方插件支持，还不断涌现出新的插

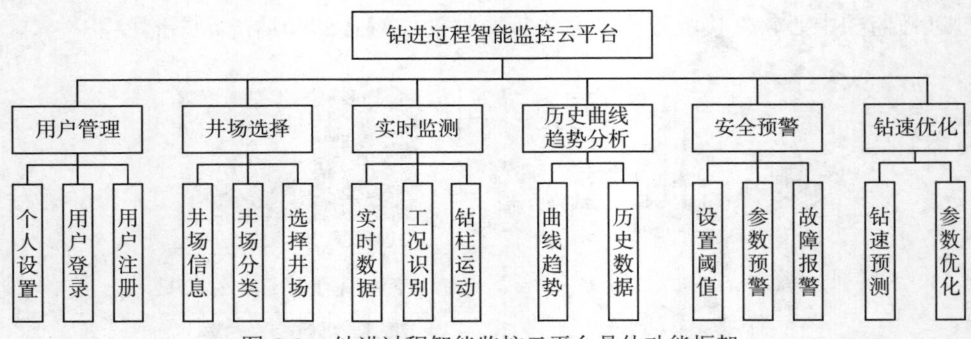

图 8.6　钻进过程智能监控云平台具体功能框架

件。因此，钻进过程智能监控云平台前端采用 Bootstrap 框架和 jQuery 函数库进行开发。

表 8.3　钻进过程智能监控云平台前端开发技术优势

前端技术框架	技术优势
Vue	通过 Vue.component() 自定义组件，组件间通过事件、属性和指令来同步，支持单文件的组件，支持组件样式内嵌，在基于模板的 HTML 声明下，支持双向数据绑定
React	推荐使用 JSX 来创建视图，组件间通过事件、属性和指令来同步，支持组件内嵌样式、双向数据绑定
Angular	基于 TypeScript 的组件可选择与路由集成，组件间通过事件、属性和指令来同步，支持组件内嵌样式、双向数据绑定
Bootstrap 和 jQuery	栅格系统、CSS 模块化，插件使用简单、轻量级，出色的 DOM 操作的封装、丰富的插件支持，可靠的事件处理机制、完善的文档

注：HTML 为超文本标记语言 (hyper text markup language)，CSS 为层叠样式表 (cascading style sheets)，JSX 为 JavaScript 可扩展标记语言 (JavaScript extensible markup language)，DOM 为文档对象模型 (document object model)。

云平台后端的框架主要有 Laravel、CakePHP、Django 和 Spring Boot[4]，具体技术优势如表 8.4 所示。其中，Spring MVC 框架属于 Spring Boot 架构中的一种，是 Spring 提供的一个实现了 Web MVC 设计模式的轻量级网络框架。由于是 Spring 框架的一部分，Spring MVC 可以方便地利用 Spring 所提供的其他功能，灵活性强，易与其他框架集成；提供了一个前端控制器 Dispatcher Servlet，使开发人员不再需要额外开发控制器对象；可自动绑定用户输入，并能正确地转换数据类型；内置了常见的校验器，可以校验用户输入；支持多种视图技术，支持 Java 服务器页面 (Java server pages, JSP)、Velocity 和 Free Marker 等视图技术，使用基于可扩展标记语言的配置文件，在编辑后不需要重新编译应用程序。

因此，钻进过程智能监控云平台后端采用 Spring MVC 框架。

表 8.4　钻进过程智能监控云平台后端技术优势

后端技术框架	技术优势
Laravel	PHP (超文本处理器) 的后端框架，强大的模板系统，语法整洁简单，简单快速的路由引擎
CakePHP	允许快速构建，配置容易，建立在安全的基础
Django	高级 Python 框架，具有高度可定制能力，拥有很强的可扩展能力，广泛的社区和文档
Spring Boot	具有高度可扩展能力，拥有大量的文档，专为大型应用程序而构建的广泛的生态系统

2) 钻进过程智能监控云平台 App 设计

地质钻探工程师和实验室专家可通过智能手机远程查看现场实时的钻进情况，了解现场发生的工况与事故类型，同时可根据历史数据指导钻进作业。钻进过程智能监控云平台 App 针对实际钻探工程的钻进参数进行状态监测，面向对象为地质钻进过程的操作人员，不仅兼顾良好的用户交互体验，而且拥有较强的专业性。

由于钻进过程智能监控云平台 App 能够同时对多个井场的工况进行实时监测，钻进参数数据量大，在软件架构设计时要求软件的数据处理能力强，能较好地解决程序耦合问题，保证软件的运行效率。App 开发框架一般有三种：模型视图控制器 (model view controller, MVC)、模型视图演示器 (model view presenter, MVP) 和模型视图的视图模型 (model view view model, MVVM)，其对比如表 8.5 所示。根据实际需求，遵循“高内聚、低耦合”的设计原则 [5]，本软件采用模型视图演示器 + 模块化的框架模式。

表 8.5　手机端 App 技术

开发架构	MVC	MVP	MVVM
功能特点	视图对模型依赖，视图包含业务逻辑，控制器复杂	MVC 演变模式，视图和模型解耦，适用于中小型软件	MVP 优化模式，双向绑定，适用于大型软件

8.1.2　系统实现

根据 8.1.1 节描述的系统体系结构、系统功能、系统设计、系统通信内容，本节详细介绍钻进过程智能控制系统的具体实现方式，包括软件实现和硬件实现两个方面。

1. 软件实现

本节介绍钻进过程智能控制系统软件实现。本系统结构如图 8.7 所示，通过数据采集分析，实现钻进过程的工况识别、安全预警与故障诊断、钻进参数智能优化、钻压和转速控制、钻进数据实时趋势和历史趋势显示等功能，提高钻进过程的安全性与效率。

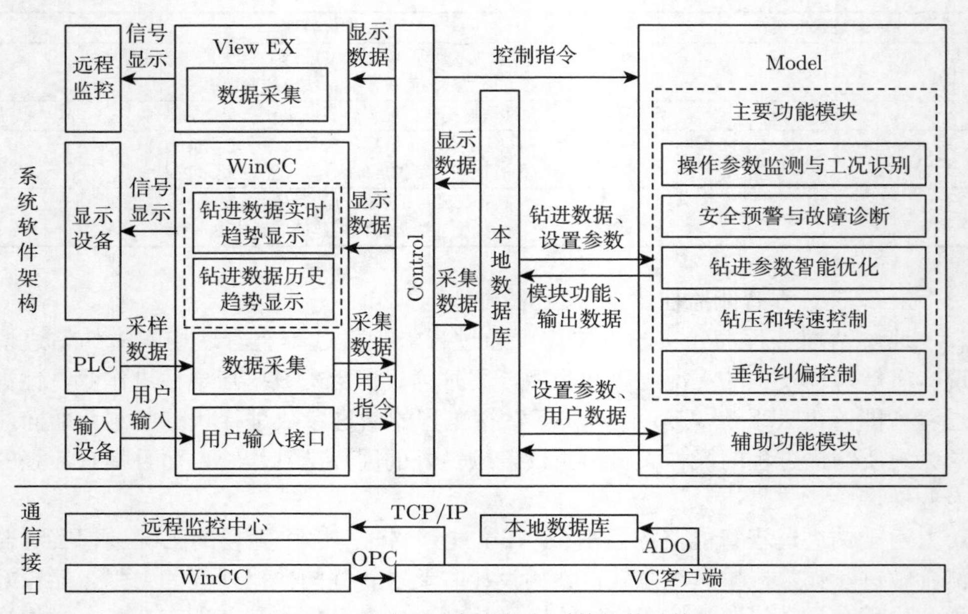

图 8.7　钻进过程智能控制系统软件结构

操作参数监测与工况识别模块会对包括起下钻、正常钻进在内的全钻进过程进行处理和分析；安全预警与故障诊断、钻进参数智能优化、钻压和转速控制模块主要针对正常钻进过程；钻进数据实时趋势和历史趋势显示通过查询钻进过程数据进行显示。通过推荐操作参数或闭环指令下发两种方式实现系统功能。

钻进过程智能控制系统配备高性能工控机与专用工业组态软件 WinCC，实现现场地质勘探、测井和录井等数据的采集与存储；搭载高速算法运算模块，程序采用 MVC 架构，具备复杂逻辑运算和智能优化控制能力，可提供钻进过程的工况识别、安全预警与故障诊断、钻进参数智能优化、钻压和转速控制等功能；具有人性化人机交互界面，保障数据存储安全；系统在点位信息明确、软硬件构成变化不大的情况下，易于扩展和调用测试目标。

钻进过程智能控制系统运行过程首先是采集现场数据，通过现场 PLC 可以获取钻进现场传感器采集的数据，采用 OPC 通信接口实现系统软件与 WinCC 组态软件的数据通信，进而利用 ADO 技术实时存储现场数据。然后通过调用算法功能模块实现现场功能，将算法的实际运行数据存储到数据库中。最后通过串口协议和 DTU 远程通信技术，将数据发送到远程监控中心，进行钻进现场的远程监控。

2. 硬件实现

根据钻进过程智能控制系统软件设计需求，进行钻进过程智能控制系统的硬件实现。如图 8.8 所示，通过现场 PLC 读取钻机主绞车、绞车电机、打捞绞车、泥浆泵、压力、流量计等传感器中的数据，进一步通过现场通信进行数据采集存储与操作指令下发，为实现钻进过程基础自动化功能提供数据基础。

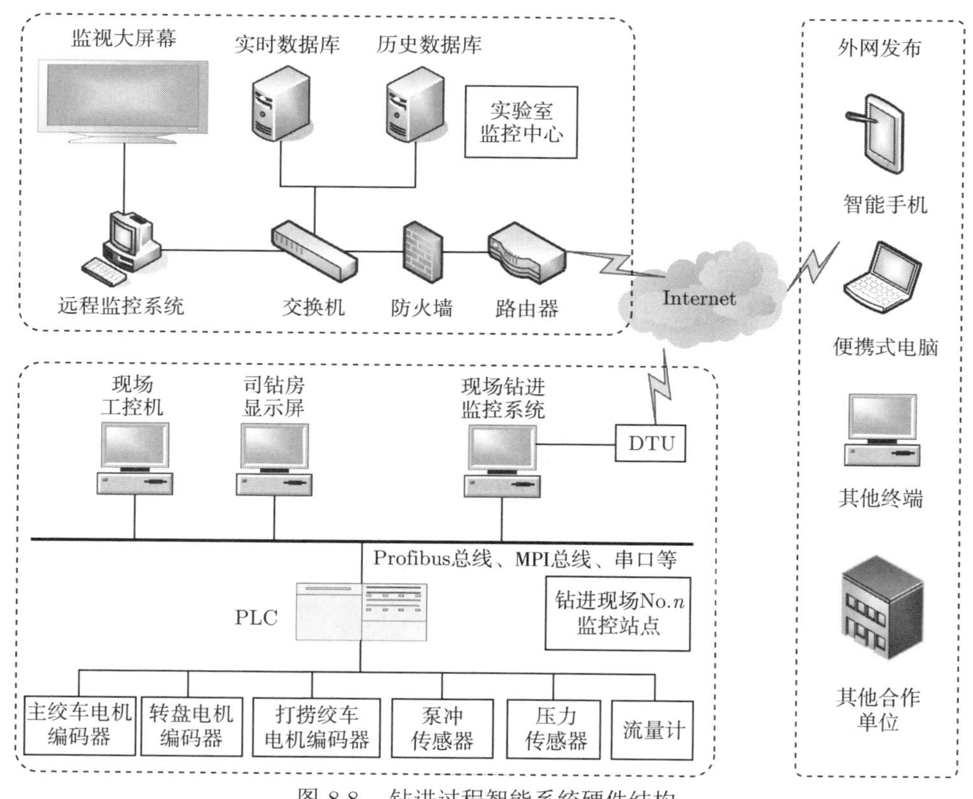

图 8.8　钻进过程智能系统硬件结构

工控机通过 Profibus 总线、MPI 总线、串口等与 PLC 相连，实现现场工控机与硬件设备之间的通信，将采集的现场实钻数据存储在现场工控机中，并通过钻进过程智能控制系统对采集的数据进行分析处理。通过智能化方法实现系统钻进过程的工况识别、安全预警与故障诊断、钻进参数智能优化、钻压和转速控制、钻进数据实时趋势和历史趋势显示等功能，并通过 ADO 技术实现钻进过程实钻数据和功能模块运行结果的存储。

利用 DTU 远程通信设备，通过串口将采集到的钻进过程数据和现场系统功能运行结果转换为 IP 数据，通过 TCP/IP，远程传输到钻进过程智能监控云平台，实现钻进过程数据的存储、分析和远程监控。通过网络发布，其他合作单位可通过智能手机、便携式电脑、其他终端等根据用户权限等级对全国各地井场钻进情况进行查看。

目前，该系统已经在多个井场成功应用，根据不同井场的实际工艺和需求对系统进行了设计，并将研究成果集成在系统中进行实际应用，实现了钻进现场智能化和数字化，通过远程监控中心监控各个井场，系统运行效果良好，后面章节将会进行详细介绍。

8.1.3 智能监控云平台

本节主要介绍钻进过程智能监控云平台的实现及具备的功能。该系统数据来源于钻进过程现场智能控制系统，通过 TCP/IP 接收现场发送的数据，存储现场的钻进状态参数和功能模块运行结果，根据用户权限等级可以从桌面端、手机网页端和 App 端对全国各地井场实现远程监控，提高了钻进过程智能化和信息化水平，下面将进行具体介绍。

1. 监控云平台桌面网页版

钻进过程智能监控云平台采用 DTU 将现场数据实时发送至实验室服务器。钻进过程智能云平台软件运行于 Windows 10 环境下，其中网页版的桌面端和移动端采用 B/S(browser/server，浏览器/服务器) 架构，可以实现各井场钻进过程钻进参数的远程监控。

钻进过程智能监控云平台网页版总体结构分为三层，分别为浏览器、中间件和数据层，囊括前端、后端与数据库，其中数据库采用关系型数据库 SQL Server，具有较高的易用性、适合分布式组织的可伸缩性、用于决策支持的数据仓库功能和与许多其他服务器软件紧密关联的集成性。云平台网站网页版实现如图 8.9 所示。

前端采用超文本标记语言 (hyper text markup language, HTML)、层叠样式表 (cascading style sheets, CSS)、JavaScript 等技术，向后端发送业务逻辑请求后，解析后端返回数据并展示给用户。中间件由业务逻辑服务器和地图服务器组成，发布在轻量级服务器 Tomcat 上。后端接收前端请求后，从数据库获取相应数据并处理，然后返还给前端。地图服务器由 AGS(ArcGIS Server, 地理信息系统服务)、Geoserver 等组成，从地图文件中获取地图信息，用户可直观地选择和查看全国各地井场信息。

1) 云平台网站网页版

云平台网站网页版前端采用 HTML、CSS、JavaScript 语言，基于 Bootstrap 框架进行编写。前端利用 leaflet 地图组件实现了全国各井场的位置显示，并且可以显示井场的详细信息，利用 echart 图表库实现实时显示工况识别、安全预警与故障诊断、钻进参数智能优化等功能，利用仪表盘和曲线图的形式实时显示井深、钻位、钻压等井场钻进参数功能。

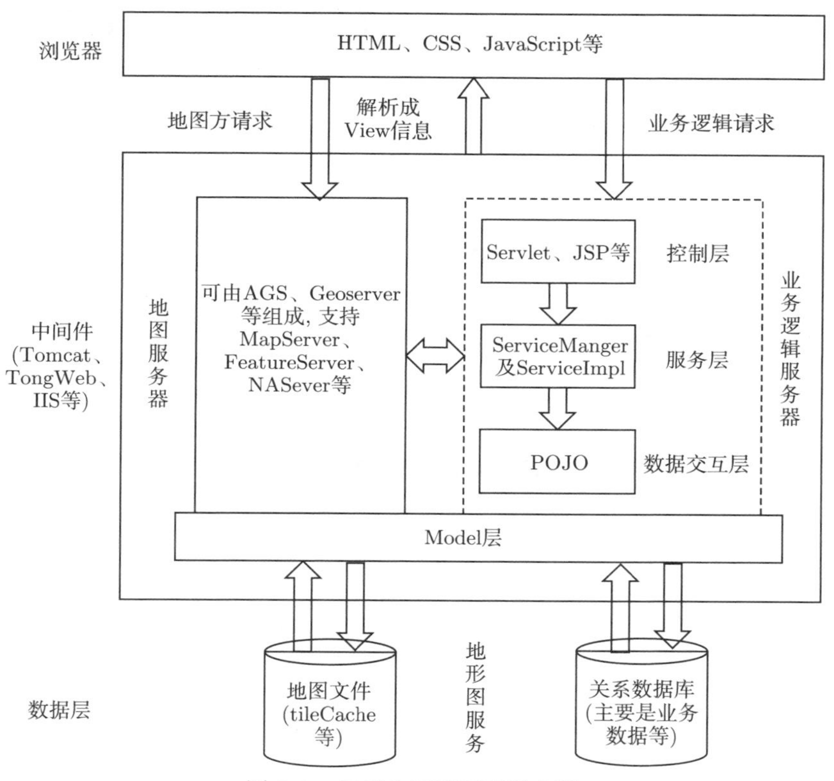

图 8.9　云平台网站网页版实现

POJO 为简单 Java 对象 (plain ordinary Java object); IIS 为互联网信息服务 (Internet information services)

桌面端首页为软件井场选择界面，可看到井场详细信息。点击左侧菜单栏可以进行各井场的切换选择，点击“查看详情”链接可以查看各井场的详细信息，具体界面如图 8.10 所示。不同的井场设置有不同的权限，高级管理员可以查看所有井场信息，而各个井场工程师和专家可根据用户权限查看所在井场的信息，具有良好的保密性。

进入具体数据页面后，可查看井场的工况识别、安全预警与故障诊断、钻进参数智能优化等参数，核心钻进参数以仪表盘和曲线图的形式显示出来，具体界面如图 8.11 所示。这些界面的数据与实际井场实时关联，数据来源于各井场，各个模块功能的显示量来源于现场智能化模块的输出或者状态显示，网页界面采用通俗易懂的仪表盘或者图标，人机交互友好。点击底部栏的“实时曲线”链接，可看到核心地质参数随时间变化的趋势，工程师通过观察曲线图可以更好地监视钻进现场的状态，根据经验提前预测一些钻进情况的发生。在界面的右侧显示参数的滚动信息，数字化与曲线图的结合，使得界面更加直观友好。

图 8.10　云平台桌面端井场选择界面

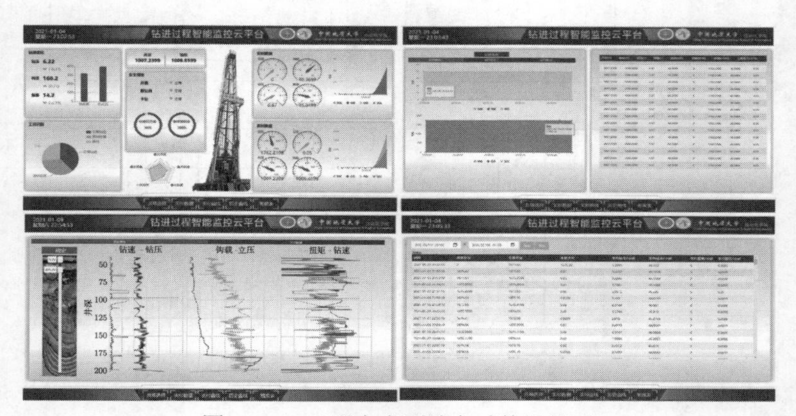

图 8.11　云平台桌面端实时数据界面

网页端还具备历史信息查询功能，点击底部栏的“历史曲线”链接可以以井深为查询条件，显示核心钻进过程参数的历史曲线；点击“历史数据”链接可以显示历史数据并下载下来，这个功能为本书的研究奠定了数据基础，可以通过曲线筛选出想要的数据段用于研究。通过历史曲线的分析，也可以判断出井场发生的历史工况以及事故情况。班报表以时间为查询条件，查询对应井场的班报表信息，可保存为 Excel 文件，并提供下载功能。

2) 监控云平台手机网页版

网页版采用 B/S 架构，可远程监控钻进现场的核心参数、功能模块运行过程参数和输出结果，工程师和专家可以通过智能手机实时查看现场的钻进情况。移动端网页版界面如图 8.12 所示。

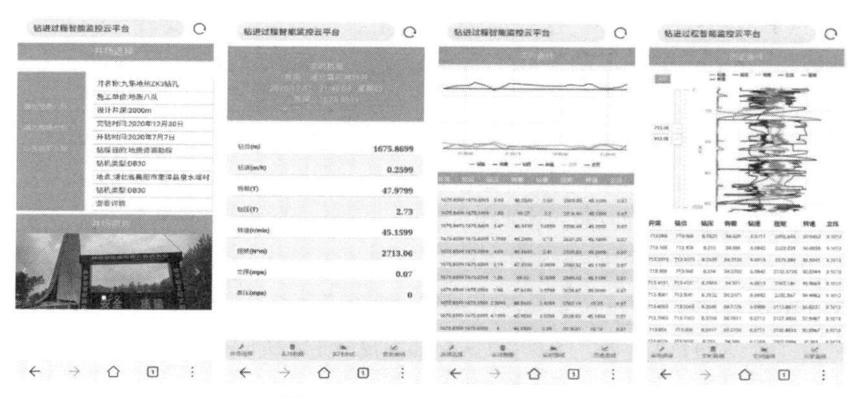

图 8.12　移动端网页版界面

监控云平台手机网页版与桌面端具有相同功能。用户在界面首页可以看到井场的详细信息，点击左侧的菜单栏可以进行各井场的切换选择。点击“查看详情”链接可以查看各井场的实时核心钻进参数的详细信息；点击底部栏“实时曲线”链接可以看到核心地质参数随时间变化的趋势，并且在界面的底部显示参数的滚动信息；点击底部栏“历史曲线”链接可以以井深为查询条件，显示核心地质参数的历史曲线，界面友好，可直观地显示钻进状态。与桌面端相比，通过智能手机随时随地观察井场钻进信息，使用更加方便。

2. 监控云平台 App

通过云平台 App，可远程监控钻进现场的核心参数、功能模块运行过程参数和输出结果，实时查看现场的钻进情况，通过 App 端的交流平台，工程师和专家可以对现场钻进情况、钻进技术、智能化装备等进行讨论。

MVP 三层框架分为 View 层、Model 层和 Presenter 层，如图 8.13 所示。View 层是视图层，本软件采用“少 Activity 界面多 Fragment 界面”的形式进行开发，主要利用 Fragment 组件充当 View 层负责对数据进行多元化展示；Model 层也是数据层，负责对数据的存取操作以及对网络上的数据发起请求；Presenter 层是连接 View 层与 Model 层的桥梁，主要负责业务逻辑的处理。

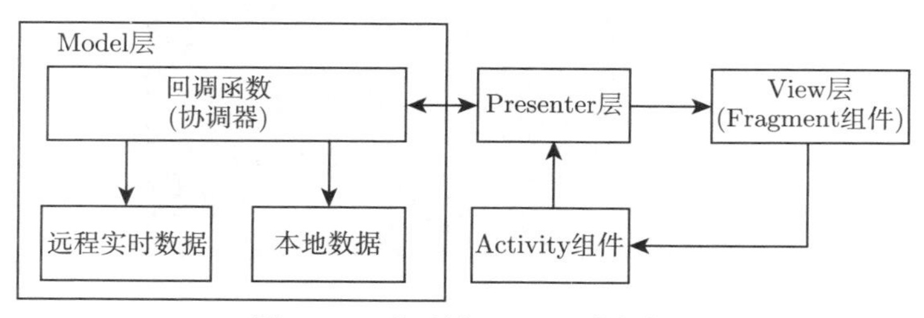

图 8.13　移动端 App 开发框架

在 MVP 架构中，View 层与 Model 层无法直接交互，Presenter 层通过 Callback 函数从 Model 层获得所需要的数据，转交给 View 层进行显示。通过 Presenter 层作为接口将 View 层与 Model 层进行隔离，使得 View 层与 Model 层没有直接关联，这样能很好地解决软件常见的程序耦合问题 [6]。由于每秒接收的实时数据量是非常大的，需要提高数据存放的效率，此处借助 Fastjson 插件 [7] 实现快速实体类定义、序列化以及反序列化，提高了 JSON(Java Script object notation JavaScript 对象简谱) 数据解析的速度。

通信模式采用 C/S(client/server，客户/服务器) 架构，客户端请求访问服务器，服务器负责数据的管理，客户端负责完成与用户的交互任务。钻进过程客户端先发起获取数据的请求，以超文本传输协议 (hyper text transfer protocol, HTTP) 作为传输协议，服务器在接收到请求信号后以 TCP/IP 方式向远程数据库发起访问请求获取数据。数据库端处理请求后输出数据给服务器，服务器以 JSON 格式返回到客户端。

经框架、通信模式、软件功能、用户界面 (user interface，UI) 等的设计，通过借助 Fastjson、MP Android Chart 等插件，利用图形设计和编辑软件，最终实现如图 8.14 所示的 App 功能界面，其中包括登录与注册界面、井场选择界面、

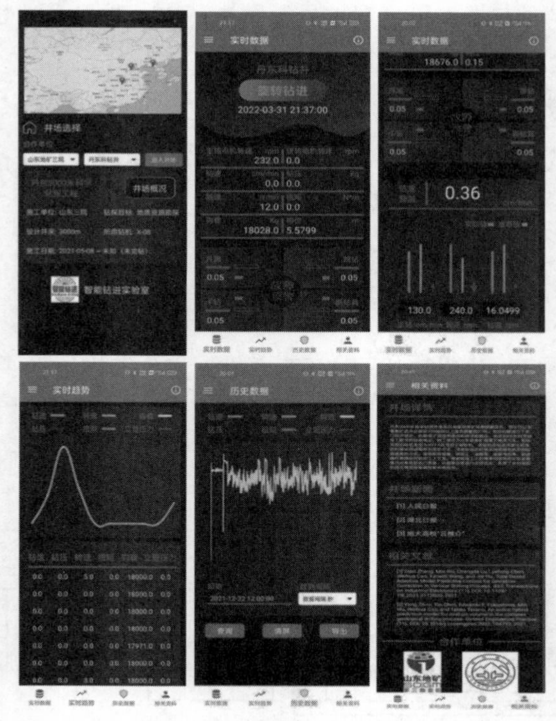

图 8.14　移动端 App 界面

实时数据界面、实时趋势界面、历史数据界面、相关资料界面以及用户主页。

智能监控云平台 App 端的功能与桌面端基本相同，具有实时数据、实时趋势、历史趋势、相关信息四个底部导航栏功能。实时数据功能含有工况识别、数据监测、故障预警、钻速预测、参数优化五个子功能，实现了对钻进现场的全面监测，确保了地质钻进过程的安全与高效作业。实时趋势与历史趋势功能是通过一定时间的参数变化趋势协助专家进行分析，借助 MP Android Chart 图表，实现对五个钻进相关参数的动态可视化渲染。相关信息功能主要是对现场井场以及远程监控中心信息的描述，为用户提供相关的链接通道，方便用户查询。App 还提供用户交流平台，方便地质钻进工程师和专家进行技术交流。

8.2　钻进过程智能控制实验系统

为验证所提钻进过程智能控制系统的有效性，模拟实际钻进过程，本节在实验室建立钻进过程智能控制实验系统，可进行钻进过程轨迹优化实验、钻进参数智能优化实验、钻压和转速控制实验、垂钻纠偏控制实验。

8.2.1　实验系统设计

图 8.15 为基于网络化架构的钻进过程智能控制实验系统架构，其作为钻进过程智能控制系统架构的一部分，采用与钻进过程智能控制系统相同的架构。

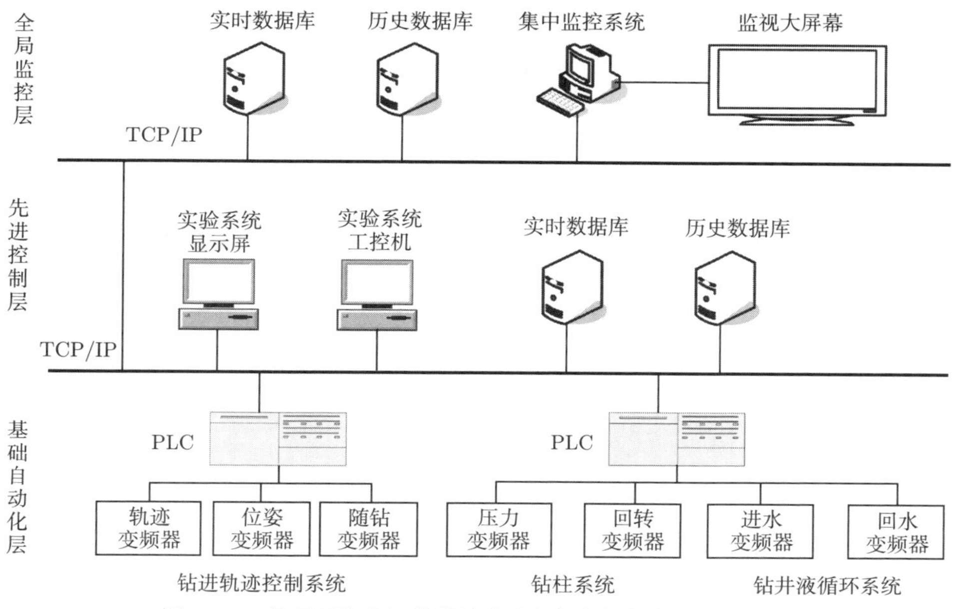

图 8.15　基于网络化架构的钻进过程智能控制实验系统架构

为模拟实际钻进过程，实验室根据现场工艺中的钻柱系统、钻进轨迹控制系统、钻井液循环系统三大系统，设计了钻进过程智能控制实验系统，进行钻进过程智能控制实验系统硬件设计，如图 8.16 所示，建立的钻进过程智能控制实验系统由智能监控云平台、实验系统控制柜、微型钻进控制系统、随钻测斜系统、钻具姿态控制系统和钻进轨迹控制系统组成。通过该系统可开展钻进过程智能控制实验，对实验结果进行分析，并将实验状态和结果发送到远程监控中心，供专家和工程师查看分析。

图 8.16　钻进过程智能控制实验系统

1-智能监控云平台; 2-实验系统控制柜; 3-微型钻进控制系统
4-随钻测斜系统; 5-钻具姿态控制系统; 6-钻进轨迹控制系统

开展的钻进过程轨迹优化、钻进参数智能优化、钻压和转速控制、垂钻纠偏控制等实验通过钻进过程智能控制系统集成，实现实验系统各个部分的协同控制，达到与现场一致的整体运行效果。同时，实验系统状态信息和功能模块的实验结果传输到远程监控中心，通过智能监控云平台显示，为技术人员和现场司钻工人提供指导意见。

8.2.2　实验系统实现

本节建立的钻进过程智能控制实验系统需要符合钻进现场实际工艺需求，根据井场实际控制方式进行搭建，因此首先需要对现场系统进行分析。

实际钻机控制系统主要分布在司钻房与电控房，其中司钻房控制系统主要负责数据监视及人机交互，电控房 PLC 主要负责控制变频器和采集传感器数据。司钻房一般放置在钻机平台上，其中主要包括数据交换机、工控机和 PLC。司钻工人主要通过工控机查看钻机各项参数，同时完成钻机的基础控制，包括对转盘和井底钻具组合的综合调控。电控房的核心器件是 PLC，电控房中的 PLC 主要通过数据线与数据交换机相连接，从而获得司钻工人设定的钻机钻进参数，然后依据这些参数调节变频器输出功率。电控房中的 PLC 还负责采集钻机上各种传感器的测量值，综合后返送至工控机进行显示。

各个系统之间的数据需要相互流通，且能协同完成整个钻进过程。基于现场钻进过程的实现方式，搭建钻进过程智能控制实验系统，该系统各个部分相互配合，完成系统各项功能，如图 8.17 所示。

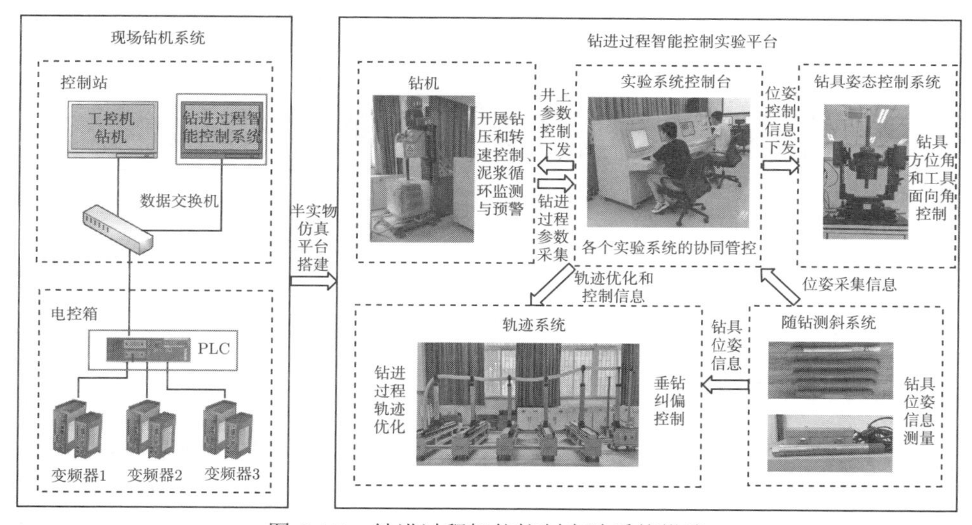

图 8.17　钻进过程智能控制实验系统搭建

各系统之间相互协调配合，共同实现实验系统功能。实验系统控制台作为控制中心，可以实现实验系统各个部分之间的协同控制；钻具姿态控制系统接收来自控制台的控制指令，对钻进过程钻具方位角和工具面向角进行控制，随钻测斜系统对钻具位姿信息进行测量，并将位姿信息传递给轨迹系统；轨迹系统和钻具姿态系统接收控制台指令，实现钻进过程的垂钻纠偏和轨迹优化的相关实验；基于开发的控制算法，根据控制台下发的设定值和实际采集的测量值，实现钻压和转速控制，促进安全和稳定钻进。实验系统根据现场工艺实现，对钻进过程智能控制提供指导。

钻进过程智能控制实验系统的软件实现与现场钻进过程智能控制系统架构保持一致，如图 8.18 所示，通过实验室 PLC 可以获取各个系统实验设备的传感器数据，通过 OPC 通信接口实现软件与 WinCC 组态软件的数据通信，在 WinCC 界面实现实验室设备状态的实时显示；通过调用算法功能模块，实现算法的调用，并进行现场设备操作指令的下发；实验系统运行过程的钻进信息和实验结果可通过 ADO 技术实现实时存储，在 WinCC 组态中也可以查看实验系统运行的历史状态。实验系统主要实现钻进过程轨迹优化、钻进参数智能优化、钻压和转速控制、垂钻纠偏控制和相关辅助功能，各个功能模块之间可实现数据的共享和协调控制。

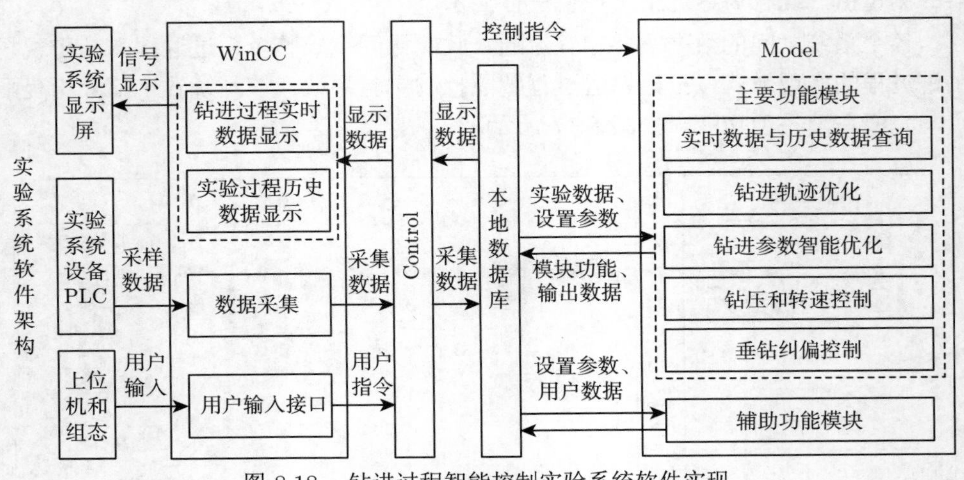

图 8.18　钻进过程智能控制实验系统软件实现

8.2.3　实验结果与分析

钻进过程智能控制实验系统可进行钻进过程轨迹优化、钻进参数智能优化、钻压和转速控制、垂钻纠偏控制等半实物仿真实验。实验室的仿真环境为现场工程应用提供了有效依据，在进行工程实践应用之前，先在钻进过程智能控制实验系统上进行室内实验，结合现场工艺和现场钻进实钻数据分析，进行模型参数调整，完成实际工程应用验证。

1. 钻进过程轨迹优化实验

复杂地质钻进过程中存在较多的不确定性因素，定向钻进中存在纠偏、侧钻等情况，需要根据当前位置和目标靶点的井斜角、方位角和空间坐标重新设计钻进轨迹。为了验证本书所提出的钻进轨迹优化与决策方法的实用性，利用钻进过程智能控制实验系统设计钻进轨迹优化实验。钻进过程智能控制实验系统将获取到的轨迹当前测点和目标靶点的信息传递到钻进轨迹优化模块，如图 8.19 所示，将钻进轨迹优化模块输出的轨迹设计方案进行显示和下发到轨迹系统进行演示。钻进轨迹优化模块中的算法用 MATLAB 实现，通过动态链接库的形式调用，利用当前测点和目标靶点信息，计算得到目标函数和约束函数，通过轨迹优化算法得到解集，然后通过轨迹设计方案决策方法得到最终轨迹设计方案的决策变量，经过轨迹参数计算后得到轨迹设计方案的井斜角、方位角、井深和空间坐标。

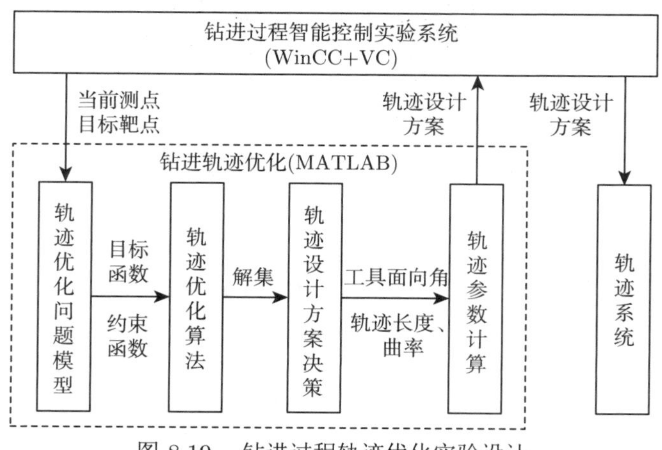

图 8.19　钻进过程轨迹优化实验设计

面向纠偏、侧钻等指定入靶方向的轨迹设计需求，采用本书第 3 章提出的 APF-MOEA/D 进行钻进轨迹优化实验，以及第 3 章建立的 CE/MFE 方法 [8] 进行钻进轨迹优化设计方案决策，在 APF-MOEA/D 产生的多个非劣解中选择最优方案。考虑到整个钻进过程实验系统的数据刷新周期较短，需要固定 APF-MOEA/D 和 CE/MFE 方法中的一些特定参数，从而保证轨迹优化过程可以在一个数据刷新周期内完成。APF-MOEA/D 的种群规模设置为 500，CE/MFE 方法的模糊评价矩阵权重向量设置为 $W = [1/3, 1/3, 1/3]$。

如图 8.20 所示，钻进轨迹优化程序运行流程如下：用户根据测井数据，在人

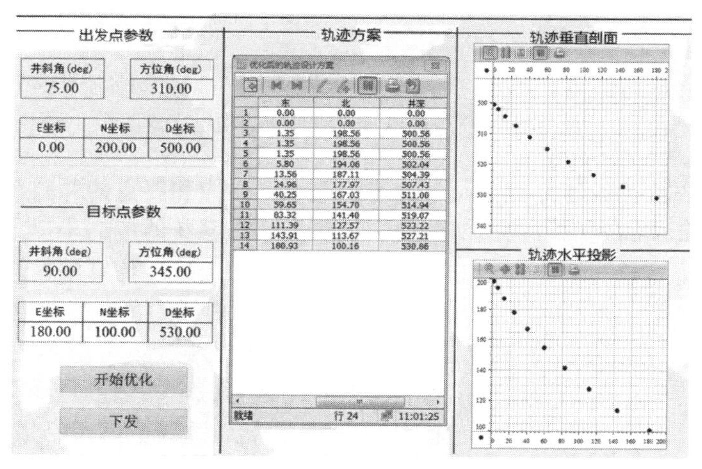

图 8.20　钻进轨迹优化设计实验界面

机交互界面中输入当前测点和目标点信息，程序将其存储在数据库中。单击“开始优化”按钮，内置的钻进轨迹优化程序从数据库获取当前测点和目标点信息，经过轨迹优化与决策得到最终轨迹设计方案中轨迹上各点的井斜角、方位角、空间坐标；程序将轨迹上各点的井斜角、方位角、空间坐标作为轨迹设计方案传回数据库，显示到人机交互界面。在需要进行轨迹优化演示时，单击“下发”按钮，程序将当前的轨迹设计方案换算成轨迹系统的运动坐标，通过 OPC 服务器下发到轨迹系统中，轨迹系统的电机按照给定的坐标运动，演示当前轨迹。

输入轨迹起点信息：井斜角 75°、方位角 310°、空间坐标 (0, 200, 500)，目标靶点信息：井斜角 90°、方位角 345°、空间坐标 (180, 100, 530)，轨迹优化设计算法和设计方案决策方法分别为 APF-MOEA/D 和 CE/MFE 方法。开始轨迹优化实验后，输出轨迹优化关键点处的井斜角、方位角和空间坐标，绘制垂直剖面图和水平投影图。当选择表 3.2 中的权重向量 $W = [1/3, 1/3, 1/3]$ 时，CE/MFE 方法选择的轨迹设计方案作为最优方案，即井斜角变化率 $k_{\alpha,1} = 1.9°/30\text{m}$、$k_{\alpha,2} = 6.4°/30\text{m}$，方位角变化率 $k_{\varphi,1} = 2.5°/30\text{m}$、$k_{\varphi,2} = 2.5°/30\text{m}$，所设计轨迹的垂直剖面图和水平投影图如图 8.21所示。

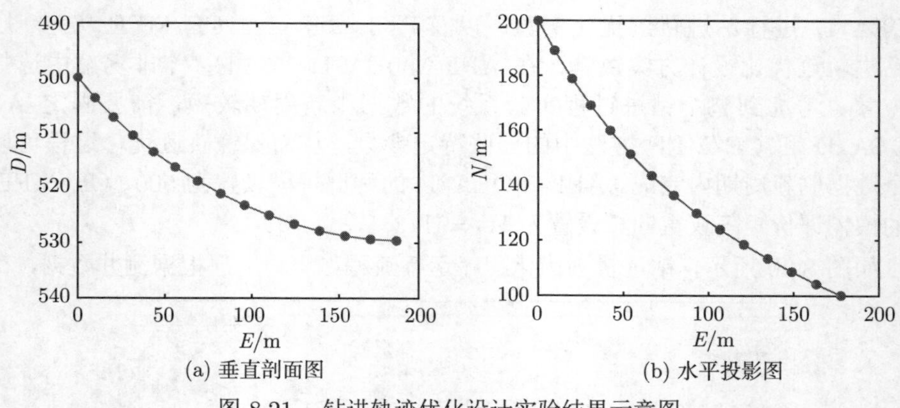

(a) 垂直剖面图　　(b) 水平投影图

图 8.21　钻进轨迹优化设计实验结果示意图

将得到的轨迹设计方案中两个井段的起点、中点和终点的井斜角、方位角保持不变，将其空间坐标点按比例缩放，换算成轨迹系统的运动坐标。将空间坐标点下发，轨迹系统对轨迹设计方案进行演示。在轨迹优化仿真中每 3m 一个测点绘制轨迹垂直剖面图。用前三个测点计算垂直剖面曲线的角度变化约为 21.6°；用东坐标第 60m 处相邻三个测点计算得到角度变化约为 18.4°；用东坐标第 80m 处相邻三个测点计算得到角度变化约为 6.1°；用最后三个相邻测点计算得到角度变化约为 0.2°。由此可知，角度变化逐渐平稳，与轨迹系统的演示结果 (图 8.22) 一致。轨迹优化程序得到的结果与轨迹优化仿真得到的结果一致，为后续的轨迹跟踪控制奠定基础。

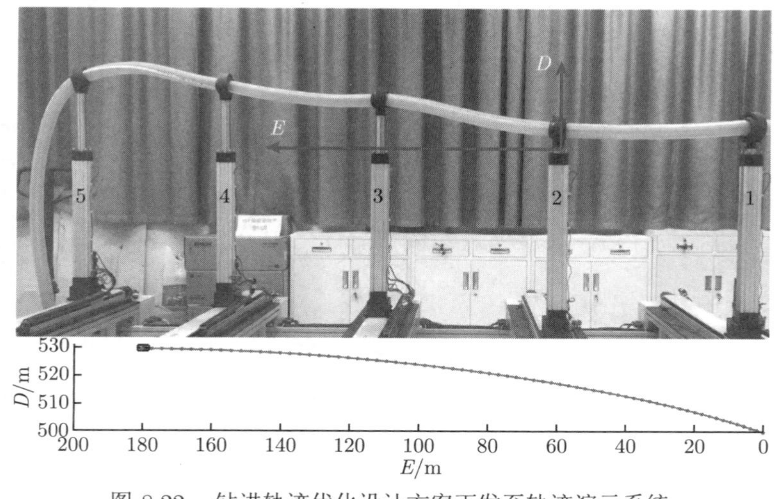

图 8.22　钻进轨迹优化设计方案下发至轨迹演示系统

2. 钻进参数智能优化实验

钻速是决定钻进效率的关键指标，钻速优化是提高钻进效率的重要手段。目前，钻进过程主要依靠人工经验设置钻进参数 (钻压、转速)，受地层环境与钻进干扰的影响，人工经验法难以确定最佳钻进参数组合，不利于高效钻探。钻进参数智能优化实验可以推荐或下发合适的钻压与转速，实现钻速优化。传统钻速优化算法大多为基于离线钻速模型的静态优化算法，缺少对时变地层环境和非线性钻进约束的考虑，很难有效实现钻速动态优化。因此，本节设计一种钻速在线优化策略，结构如图 8.23 所示。

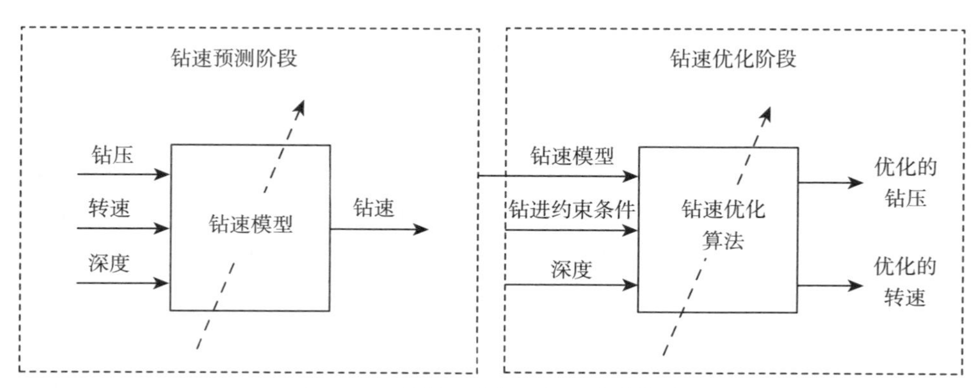

图 8.23　钻进参数智能优化实验设计

钻速在线优化策略分为钻速预测阶段和钻速优化阶段，分别运用滑动窗口方法实现钻速建模和钻速优化，有利于动态跟踪钻速变化并通过及时调整钻进参数，有效提升钻速。在钻速预测阶段，以三种钻进参数 (钻压、转速、深度) 作为模型输入，钻速作为模型输出，采用滑动窗口结合极限学习机算法建立上述三种参数与钻速之间的关系模型，实现钻速精准预测 [9]。在钻速优化阶段，引入钻速预测阶段建立好的钻速模型、钻进约束条件以及深度，运用滑动窗口结合混合蝙蝠优化算法对钻进参数 (钻压、转速) 进行动态优化，进而提升钻进效率 [10]。值得注意的是，在滑动窗口的作用下每钻进一定距离就会自动优化一次钻压和转速。在完成钻压、转速的在线优化设计后，开展钻进参数智能优化实验，实验结果如图 8.24 所示。

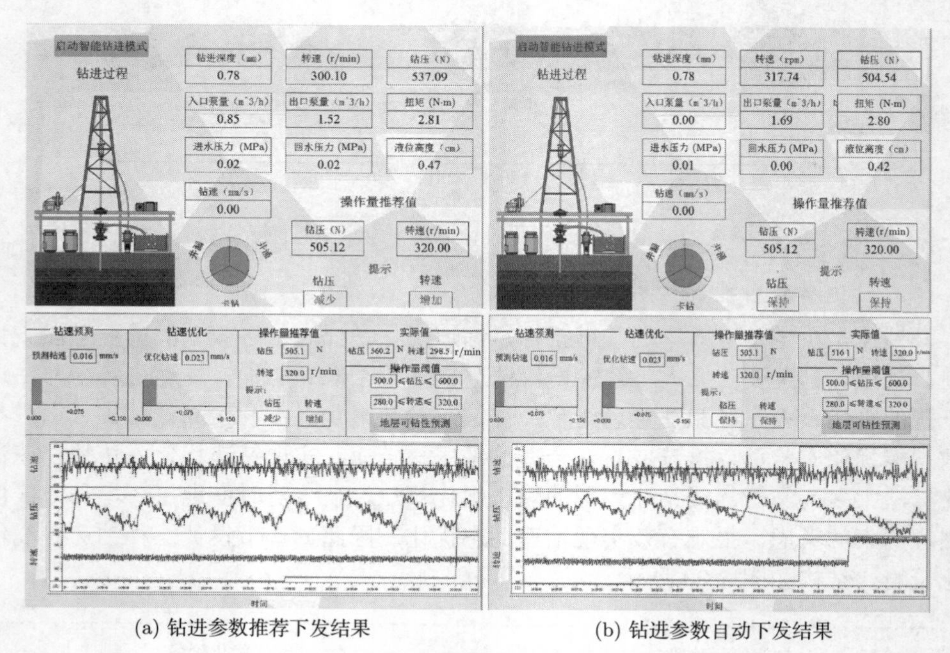

(a) 钻进参数推荐下发结果　　(b) 钻进参数自动下发结果

图 8.24　钻进参数智能优化实验结果

将所提模型输出的钻速预测值、钻进参数优化值 (钻压优化值、转速优化值) 和钻速优化值传输到钻速优化界面进行动态显示。根据钻进参数变化情况约束优化值的范围。在钻进参数主界面启动智能钻进模式，组态软件会自动将优化的钻压和转速下发到执行机构，调整送钻电机与主轴电机施加的钻压和转速，实现钻进参数智能优化控制。

在钻进过程数据的基础上验证钻进参数智能优化实验的效果，具体如图 8.25 所示。钻进参数智能优化实验过程分为人工操作阶段与算法应用阶段两个阶段，其中人工操作阶段的钻速主要集中在 [0, 0.5]mm/s 区间，其数值在前期和后期波动较大且时常发生跳钻现象，这可能也是钻速出现负值的重要原因。经测试可知，人工操作阶段的平均钻速为 0.069mm/s。人工操作阶段 11min 后进入算法应用阶段，在优化过程中发现该阶段的钻压与转速相较于前一阶段有明显提升，导致钻速在一定程度上高于人工操作时的钻速，跳钻情况也相对偏少。经测试可知，算法应用后的平均钻速为 0.093mm/s。

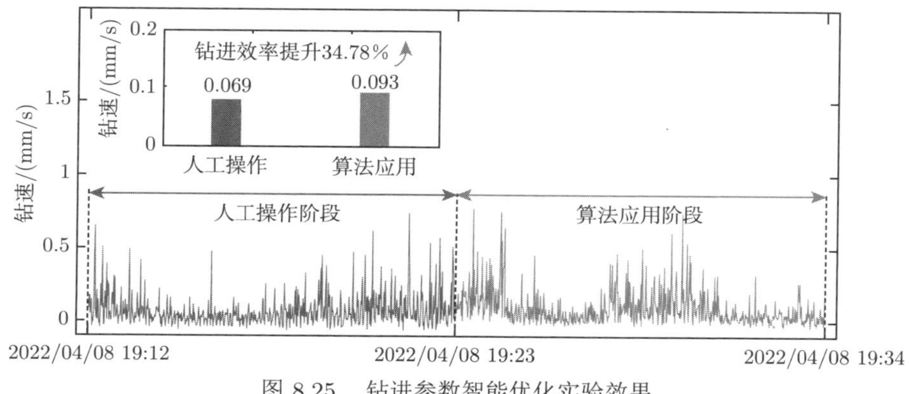

图 8.25　钻进参数智能优化实验效果

最终，通过分析对比人工操作阶段与算法应用阶段的平均钻速后发现，钻进效率提升了 34.78%，有效验证了所提钻进参数智能优化算法的性能，能够满足实际钻进需求，为后续工程应用奠定重要基础。

3. 钻压控制实验

钻压控制实验用于测试系统跟踪设定钻压大小的能力。利用钻压控制实验系统可以事先在实验室对钻压控制系统的数据流、控制性能和监视效果进行测试，为系统在现场进行实际工程应用奠定基础。

钻压控制实验系统的系统结构和工程应用现场保持高度一致，系统利用 WinCC 组态软件实现过程监控；利用 VC 程序实现控制算法，通过 OPC 服务器和 PLC 进行通信，实现对送钻电机的控制。钻进过程钻压控制实验系统框图如图 8.26 所示。

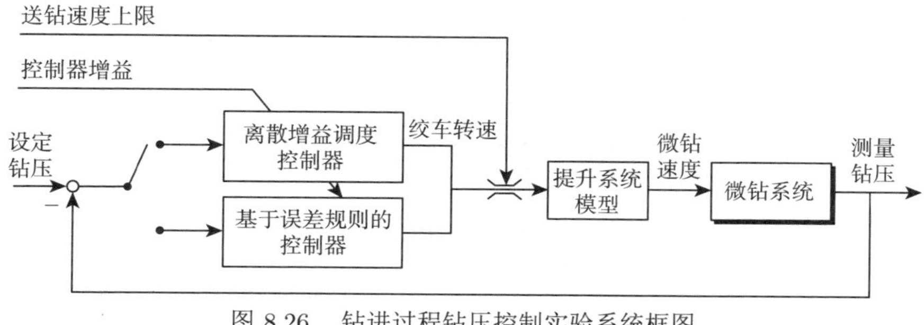

图 8.26　钻进过程钻压控制实验系统框图

首先通过对微钻系统进行建模，获得送钻电机转速和钻压之间的动态关系，并基于模型设计离散增益调度控制器；系统通过实际送钻速度和测量钻压大小，实时辨识所钻岩样的软硬程度，自动调整控制器增益，保证闭环系统的控制性能；同时采用钻压控制系统内置的另一种专家控制策略，应对复杂破碎地层环境钻进。控制系统根据钻压误差大小计算合适的送钻电机转速，维持钻压在期望值大小，实现恒钻压钻进。在完成钻压控制系统算法参数设计后，利用钻进过程智能控制实验系统进行钻压控制实验。钻进过程钻压控制组态界面如图 8.27 所示。

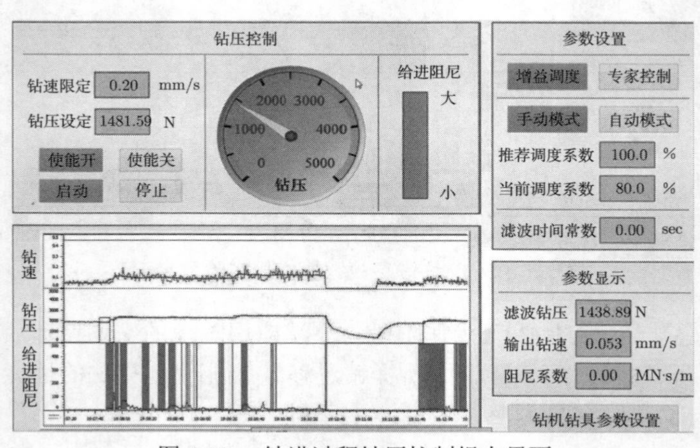

图 8.27　钻进过程钻压控制组态界面

在钻压控制组态界面中设置好控制模式为增益调度或者专家控制，在钻速限定中设定好需要的送钻电机转速上限值，在钻压设定中设定好期望钻压大小，期望钻压大小也可以由钻速优化模块实时给定；完成初步参数设定后，单击“使能开”按钮，开启送钻电机使能；最后单击“启动”按钮即可启动钻压控制系统，送钻电机转速由 PLC 下发至伺服电机实时跟踪控制。

实验过程中采用的岩样为花岗岩，钻头为直径 60mm 的金刚石取心钻头，以 170r/min 的转速进行旋转破岩。控制系统中增益调度控制方法和基于误差规则的控制方法的实验结果如图 8.28 所示。

对钻压控制实验结果进行分析，由图 8.28 (a) 显示的送钻电机转速和钻压曲线可以看出，钻压控制系统可以通过调节送钻电机转速保证钻压能够实时跟踪给定的期望钻压大小。在第 85s 系统启动后，系统开始以设定的最大转速进行送钻，在此过程中钻压逐渐增加至设定值。在达到设定值之后，控制系统能够连续调节送钻电机转速大小使钻压稳定在设定值左右，控制误差在 ±50kg 以内。同时，采用所提方法进行送钻能够有效减小谐振频率附近的控制作用能量，避免钻压波动。图 8.28 (b) 展示了系统中基于误差规则的控制器，该控制器与现场普遍采用的 Bang-Bang 控制器类似 [11]，通过引入 ±100kg 的调节死区来避免过激的控制作用切换。采用基于误差规则的控制器能更好地保障破碎地层中钻进的安全性，而在完整地层中钻进时，该控制器相对保守。

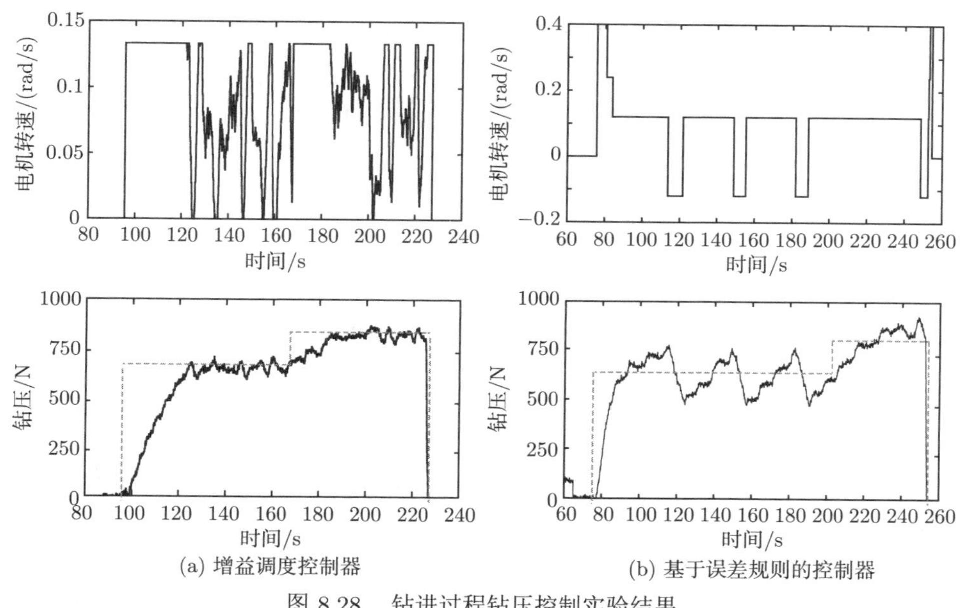

(a) 增益调度控制器　　(b) 基于误差规则的控制器

图 8.28　钻进过程钻压控制实验结果

实际运行过程中，控制器的选择应基于运行数据和当前地层的判断，在完整地层时使用增益调度控制器提高控制精度，而在破碎地层时则使用基于误差规则的控制器，保障地质钻进过程的安全性。由于实验系统采用与现场完全一致的控制系统结构，根据现场钻进过程数据和工艺分析调整参数后，所提方法的实验效果良好，能够满足系统在实际工程现场应用的需求。

4. 钻柱黏滑振动抑制实验

为了实际检验钻柱黏滑振动模型与钻柱黏滑振动抑制方法的正确性与有效性，有必要进行钻柱黏滑振动抑制实验。首先在实验室中进行钻柱黏滑振动抑制实验，用于模拟实际钻进过程，以验证所提方法的可行性。然后在钻进现场的工控机上采用已验证的模型与控制方法进行实验分析，以验证所提方法的实用性。

钻柱黏滑振动抑制实验主要通过数据点位与 PLC 进行数据交互，在工程应用中，只需依照实际钻机系统中 PLC 点位信息更新 WinCC 的点位信息表，即可实现控制系统的移植。需要说明的是，受钻进过程智能控制实验系统钻杆长度的限制，无法模拟钻杆的极大长径比带来的物理特性，岩样也存在单一、各向均质的特点，因此现有钻进过程智能控制实验系统只用于模拟钻头-岩石作用。通过控制电机驱动钻杆转动，结合仿真程序模拟钻进现场存在的外部扰动，验证所设计控制方法的有效性。钻柱黏滑振动抑制实验的设计方式与钻压控制基本相同，钻柱黏滑振动抑制实验系统结构如图 8.29 所示。

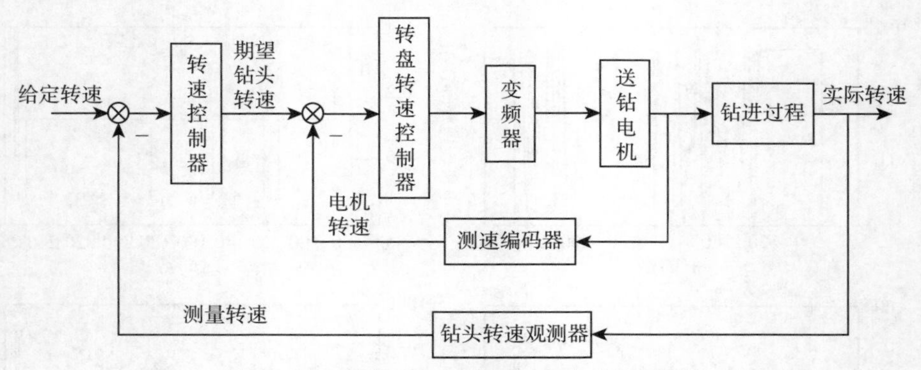

图 8.29　钻柱黏滑振动抑制实验系统结构

钻柱黏滑振动抑制实验主要负责测试控制系统通过调节主轴电机控制钻头转速的能力 [12,13]。利用实验系统可以事先在实验室对钻柱黏滑振动抑制系统的数据流、控制性能和监视效果进行测试，为系统在钻进现场进行工程应用奠定基础。

实验用到的岩石样品质地均匀，无法模拟实际钻进过程中地层多变的情况，导致图 8.30 (a) 中只存在较为明显的转速和扭矩波动，没有剧烈的黏滑振动现象；在对钻进过程智能控制实验系统的主轴电机施加控制之后，可以从图 8.30 (b) 明显看到钻进过程智能控制实验系统的主轴转速上升时间缩短，转速和扭矩超调量显著降低；稳态时无控制器作用的转速波动幅度约为 16r/min，稳态时有控制器作用的转速波动幅度约为 5r/min，转速波动幅度有所下降；控制器对系统的控制作用显著，转速能够快速、准确地跟踪给定值，实验结果验证了所使用控制方法的可行性，对现场应用提供了很好的依据。

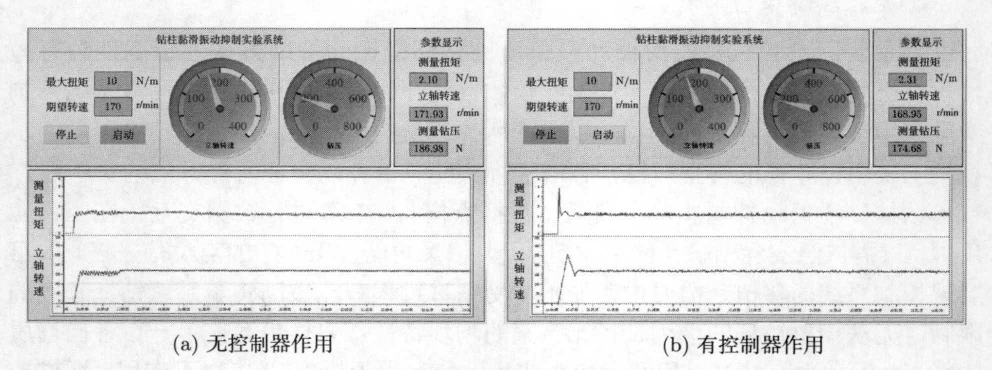

(a) 无控制器作用　　(b) 有控制器作用

图 8.30　有无控制器微钻实验对比图

5. 垂钻纠偏控制实验

为了验证本书第 5 章所提垂钻纠偏控制方法的有效性，本节基于建立的钻进过程智能控制实验系统，开展钻进过程垂钻纠偏控制实验。根据定向纠偏工艺，设计垂钻纠偏控制实验的软件系统如图 8.31 所示。实验过程可描述为：利用智能控制实验系统中的 WinCC 和 VC 计算应下发的控制量，将该控制量下发至工控机；使用 Simulink 开发工控机中的纠偏控制软件，并集成垂钻轨迹延伸模型，负责计算当前轨迹状态量，将其转换为电机指令下发至微钻与轨迹实验系统；最后使用测斜仪对轨迹实验系统中的轨迹进行定点测量，获得最新的井斜角与方位角，分别下发给三轴转台与定向纠偏控制系统，至此完成一次轨迹纠偏控制。

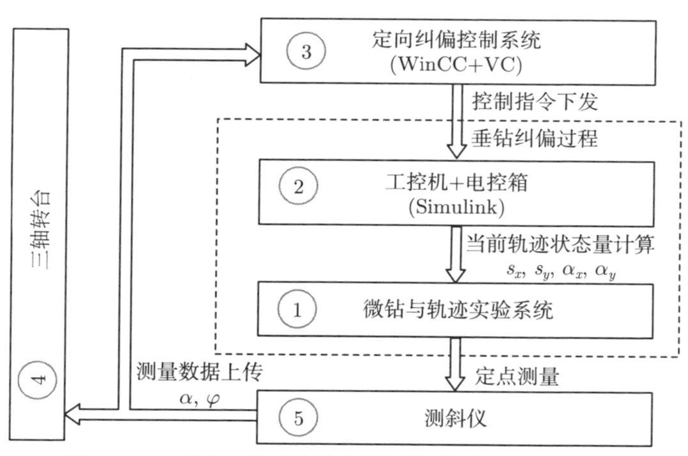

图 8.31　钻进过程垂钻纠偏控制实验的软件系统设计

进一步开展具有外加干扰的钻进轨迹纠偏控制实验，与上一纠偏控制实验的区别在于模型参数和干扰类型的选择，通过调整这些参数模拟实际纠偏过程中遇到的不同钻进情况。实验流程如下：设定模型参数，确定模拟的钻进过程类型和干扰类型；使用测斜仪测量轨迹参数，通过 WinCC 界面上的对话框输入测得的轨迹参数；单击“纠偏计算”按钮，系统会通过相应的纠偏控制算法计算下一井段的控制量，包括导向率与工具面向角；系统根据所计算控制量与垂钻轨迹延伸模型模拟实际钻进过程，计算下一井段轨迹的参数，通过实际微钻与轨迹实验系统复现钻成轨迹；反复重复以上过程，直至纠偏结束。

本书所提基于粒子滤波器的垂钻纠偏模型预测控制方法 [14] 主要针对具有较大测量噪声的纠偏控制问题，提出一套合理有效的解决方案。为验证该方案的工程适用性，分别在模型部分和测量部分加入过程噪声与测量噪声，设计纠偏实验。本节实验主要参数设定如表 8.6 所示。同时在垂钻过程中，为保证轨迹质量，需保持钻进井斜角小于 $\alpha_{\max}$，一旦超过 $\alpha_{\max}$，钻进系统应优先降低井斜角，以保证钻进轨迹的质量。本节设定额定造斜率 r 为 6°/30m，井斜角约束 $\alpha_{\max}$ 为 3°。

表 8.6　钻进过程纠偏控制实验参数

参数	数值
R	$\mathrm{diag}(50000, 50000, \cdots)$
Q	$\mathrm{diag}\left(0.1, \dfrac{1000}{1+\mathrm{e}^{-5(\hat{\alpha}-3)}}+5, 0.1, \dfrac{1000}{1+\mathrm{e}^{-5(\hat{\alpha}-3)}}+5, \cdots\right)$
μ_x、μ_y	$0.5\times(\Gamma_x-6)/6\ \Gamma_x \sim(3,2)$
$\nu_{\alpha,x}$、$\nu_{\alpha,y}$	$N(0,0.64)$

在仿真中需要模拟存在测量噪声的垂钻纠偏控制过程，这类问题一般需要在深井高温高压环境下进行实验。在所构建的实验系统中难以复现井下高温高压环境，因此主要通过计算机在测量数据中添加一个随机误差，该误差依据前述分析，主要服从正态分布，改变其均值与标准差可以模拟不同钻进环境下的测量误差。

基于 MPC 方法的纠偏控制实验结果如图 8.32 所示。由图可知，整个纠偏过程钻深为 720m，共经历 90 次纠偏计算，在水平偏移测量值为 450m 时，可将偏斜轨迹纠正至参考轨迹附近，然而垂钻轨迹的井斜角波动较大，有不少部分超过了角度约束，最大井斜角超过 5°。尽管从测量数据角度最终纠正了偏斜轨迹，然而从轨迹系统中导出的实际轨迹可以看出，并没有完成轨迹纠偏。在 450m 处，测量轨迹显示被校正了，然而实际轨迹偏差从这点开始逐渐增加，到最终阶段，轨迹偏差已经十分明显。导致这一结果的主要原因是，测斜时存在测量噪声，所获得的井斜角与方位角误差较大，最终测算获得的轨迹参数也不准确，尽管从测量数据角度来看垂钻轨迹得到校正，但实际轨迹与参考轨迹仍有一定偏差。

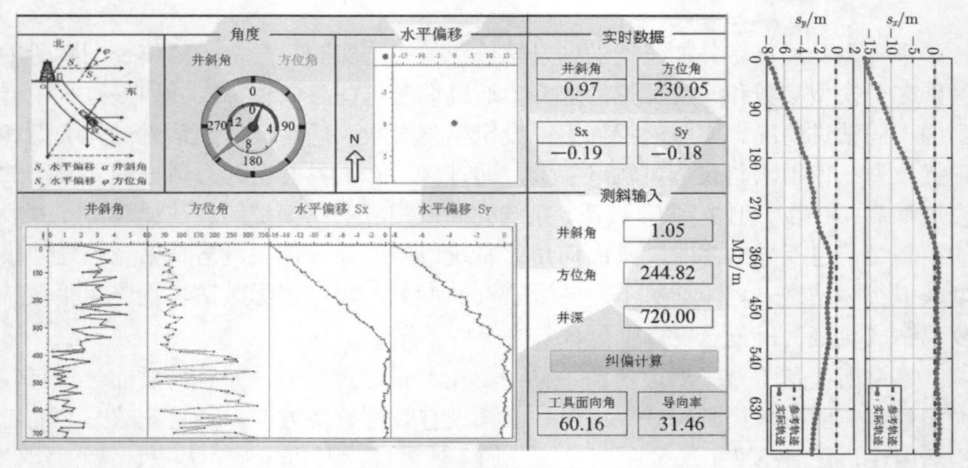

图 8.32　基于 MPC 方法的纠偏控制实验结果

基于粒子滤波器和 MPC 方法的纠偏控制实验结果如图 8.33 所示。与前述实验一样，整个纠偏过程钻深为 720m，共经历 90 次纠偏计算，从中可以看出，水平偏移在 450m 处，偏斜轨迹纠正至参考轨迹附近，井斜角在控制过程中波动并不大，整体变化较为平稳，最大井斜角不超过 3.5°。从轨迹系统中导出的实际轨迹可以看出，实际轨迹的控制也较为理想，实际轨迹偏差未出现因测量不准而增大的情况。

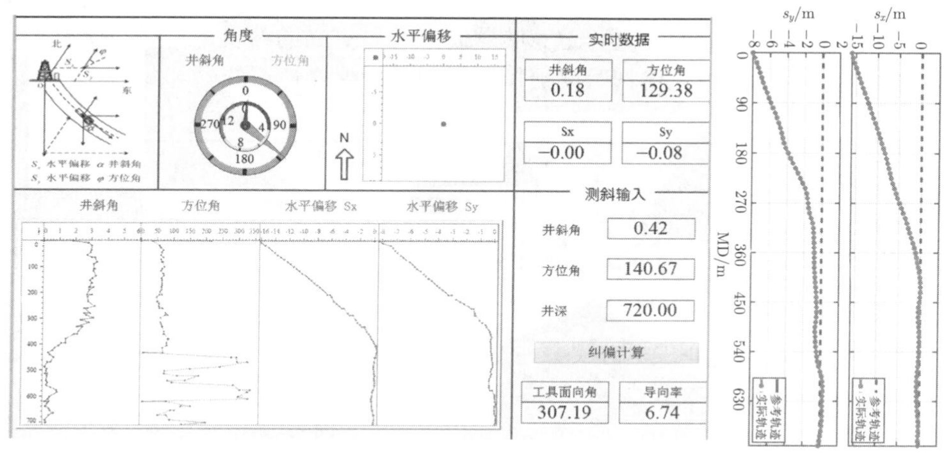

图 8.33 基于粒子滤波器和 MPC 方法的纠偏控制实验结果

本节针对钻进轨迹质量有较高要求的纠偏场景，提出一套自适应管约束鲁棒垂钻纠偏控制方案，主要目标是在保证纠偏精度的同时尽可能提高钻进轨迹质量。基于第 5 章的内容，该纠偏控制实验的主要参数设定如表 8.7 所示，另外，额定造斜率 r 为 6°/30m，最大轨迹井斜角 $\alpha_{\max}$ 为 3°。为显示自适应的优势，这里设定管约束鲁棒模型预测控制方法中默认干扰的最大振幅为 2°/30m。

表 8.7 自适应管约束鲁棒 MPC 方法的垂钻纠偏控制实验参数

参数	数值
R_x、R_y	diag(50000, $\cdots$)
Q_x、Q_y	diag(0.1,10, $\cdots$)
$\tilde{W}_{\min}$	[−0.1719°/30m, 0.1719°/30m]
$\tilde{A}_{\min x}\oplus Z$、$\tilde{A}_{\min y}\oplus Z$	[−2.1213°, 2.1213°]
$s_{r\max}$	5m
$\tilde{\Delta}_x$、$\tilde{\Delta}_y$ 的最大振幅	1°/30m

管约束鲁棒 MPC 方法 [15] 的纠偏控制实验结果如图 8.34(a) 所示。由图可知，整个纠偏过程钻深 720m，共经历 90 次纠偏计算，钻进轨迹的水平偏移在 720m 时被校正至参考轨迹附近，而垂钻轨迹的井斜角虽然在角度约束范围内，但是在纠偏过程中所控制的轨迹井斜角与角度约束量有一定距离，这直接导致垂钻纠偏的

时间被延长，即说明此时控制器保守性较高。这是因为管约束鲁棒 MPC 方法的控制器缺少对外界环境干扰的评估，所以无法依据实钻情况调整管约束大小，导致控制器保守性增加，需要更长的纠偏时间。

自适应管约束鲁棒 MPC 方法 [16] 的纠偏控制实验结果如图 8.34 (b) 所示。整个纠偏过程钻深为 639m，共经历 71 次纠偏计算。钻进轨迹的水平偏移在 639m 时被校正至参考轨迹附近，同时在整个纠偏过程中轨迹井斜角均被控制在约束范围内，且距离角度约束量并不远，这意味着轨迹会以更高的井斜角完成纠偏，且不超过井斜角约束量，纠偏过程时间更短，控制器的保守性更低。

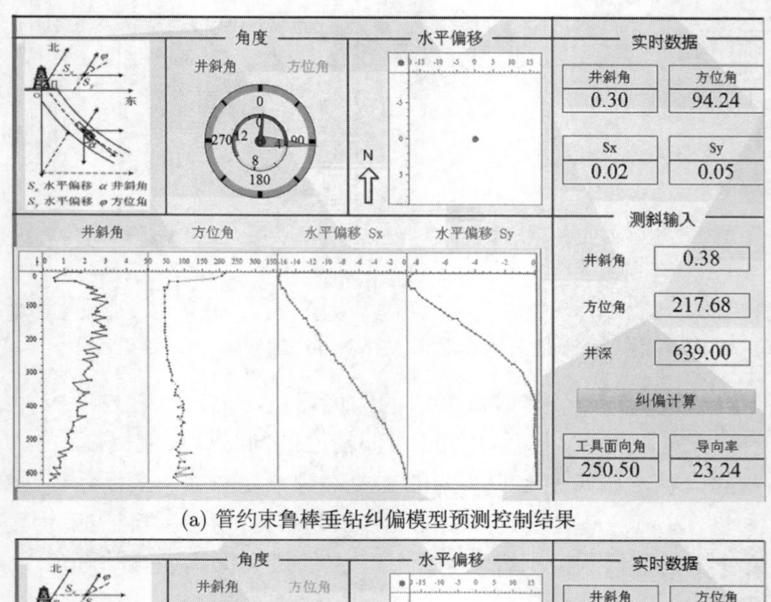

(a) 管约束鲁棒垂钻纠偏模型预测控制结果

(b) 自适应管约束鲁棒垂钻纠偏模型预测控制结果

图 8.34　不同控制方法的纠偏控制实验结果对比

对比管约束鲁棒 MPC 方法和自适应管约束鲁棒 MPC 方法，在满足角度约束的情况下，两种方法都能很好地校正钻进轨迹偏差。然而，管约束鲁棒 MPC 方法中，估算不确定性参数 $\tilde{\Delta}_x$ 和 $\tilde{\Delta}_y$ 的最大取值范围较为保守，鲁棒不变集 Z 的取值范围较大，从而计算所得的最大造斜率 $r_{\max}$ 增加，降低钻井轨迹的质量。同时，鲁棒不变集 Z 的取值范围增大会使 $\tilde{A}_x$ 和 $\tilde{A}_y$ 变小，从而使得实际井斜角与角度约束量之间存在一定距离，这会增加控制器保守性和纠偏过程时间。反观自适应管约束鲁棒 MPC 方法，鲁棒不变集 Z 的取值更符合实际情况，因此相比管约束鲁棒 MPC 方法，所得最大造斜率 $r_{\max}$ 可降低 2.54°/30m，纠偏距离也减小了 81m。钻进过程轨迹纠偏实验为所提方法的实际工程应用提供了很好的参考。

8.3 本章小结

本章针对钻进现场工艺和应用需求，进行了钻进过程智能控制系统的设计与实现；设计了钻进过程智能控制实验系统，并通过智能控制实验验证了所提方法的有效性。

8.1 节根据钻进工程实用性原则，面向复杂地质环境钻进需求，进行钻进过程智能控制系统设计与实现，主要分为钻进过程现场智能控制系统和智能监控云平台。首先阐述钻进过程智能控制系统设计，主要从系统功能设计、系统结构、现场智能控制系统设计、网络与通信、云监控设计五个方面对钻进过程现场智能控制系统进行设计，并从软硬件实现方面说明了钻进过程现场智能控制系统的实现。然后介绍钻进过程智能监控云平台设计与功能实现，主要分为监控云平台网页端和 App 端。

8.2 节为验证前面章节所提钻进过程建模、控制、优化算法的有效性，模拟钻进现场工艺和实际控制情况，设计了钻进过程智能控制实验系统，并从软硬件方面进行了系统功能实现。开展了钻进过程轨迹优化、钻进参数智能优化、钻压和转速控制、垂钻纠偏控制等实验，实验结果验证了所提方法的有效性，也为所提方法的工程应用奠定了基础。

参考文献

[1] 范海鹏, 吴敏, 曹卫华, 等. 基于钻进状态监测的智能工况识别 [J]. 探矿工程 (岩土钻掘工程), 2020, 47(4): 106-113.

[2] 朱珺. 基于的钻孔钻探参数无线监控系统设计 [J]. 电子设计工程, 2018, 26(9): 86-90.

[3] Tang M. Research on mobile data model system for optimizing the performance of computer web front end[C]. IEEE International Conference on Data Science and Computer Application, Dalian, 2021: 692-696.

[4] Gooneratne C P, Magana-Mora A, Contreras W O, et al. Drilling in the fourth industrial revolution-vision and challenges[J]. IEEE Engineering Management Review, 2020, 48(4): 144-159.

[5] 程春蕊, 刘万军. 高内聚低耦合软件架构的构建 [J]. 计算机系统应用, 2009, 18(7): 19-22.

[6] Ojeda-Guerra C N. A simple software development methodology based on MVP for android applications in a classroom context[C]. IEEE International Conference on Computer and Information Technology, Liverpool, 2015: 1429-1434.

[7] 刘东, 詹娟娟, 冯志新. 用 fastJSON 实现安卓手机 APP 与 ASP.NET 系统集成研究 [J]. 软件导刊, 2016, 162(4): 110-112.

[8] Huang W D, Wu M, Chen L F, et al. Multi-objective drilling trajectory optimization using decomposition method with minimum fuzzy entropy-based comprehensive evaluation[J]. Applied Soft Computing, 2021, 107: 107392.

[9] Gan C, Cao W H, Liu K Z, et al. A novel dynamic model for the online prediction of rate of penetration and its industrial application to a drilling process[J]. Journal of Process Control, 2022, 109: 83-92.

[10] Gan C, Cao W H, Liu K Z, et al. A new hybrid bat algorithm and its application to the ROP optimization in drilling processes[J]. IEEE Transactions on Industrial Informatics, 2020, 16(12): 7338-7348.

[11] Ma S K, Wu M, Chen L F, et al. Robust control of weight on bit in unified experimental system combining process model and laboratory drilling rig[C]. 47th Annual Conference of the IEEE Industrial Electronic Society, Toronto, 2021: 1-6.

[12] He Z Q, Lu C D, Wu M, et al. Suppressing stick-slip vibration of drill-string system subject to actuator saturation[C]. 40th Chinese Control Conference, Shanghai, 2021: 1027-1031.

[13] Tian J, Zhou Y, Yang L, et al. Analysis of stick-slip reduction for a new torsional vibration tool based on PID control[J]. Proceedings of the Institution of Mechanical Engineers, Part K: Journal of Multi-body Dynamics, 2020, 234(1): 82-94.

[14] Zhang D, Wu M, Lu C D, et al. Tube-based adaptive model predictive control method for deviation correction in vertical drilling process[J]. IEEE Transactions on Industrial Electronics, 2022, 69(9): 9419-9428.

[15] Zhang D, Wu M, Chen L F, et al. A deviation correction strategy based on particle filtering and improved model predictive control for vertical drilling[J]. ISA Transactions, 2021, 111: 265-274.

[16] Zhang D, Wu M, Chen L F, et al. Model predictive control strategy based on improved trajectory extension model for deviation correction in vertical drilling process[J]. IFAC-PapersOnLine, 2020, 53(2): 11213-11218.

第 9 章　钻进过程智能控制系统工程应用

目前，国内外主要通过钻进过程参数的采集与数据分析进行钻进过程监控，较少采用智能化方法实现钻进故障监测与预警，以及钻进过程智能控制和效率优化。面向钻进过程智能化需求，开展钻进过程工况识别、安全预警与故障诊断、钻进参数智能优化、钻压和转速控制等方法和技术的工程应用，完善现有的钻进过程智能控制系统，形成符合地质钻进过程多井场应用的专有系统。钻进过程智能控制系统根据各个井场实际情况的不同、实际需求的不同，进行系统测试和改进，钻进过程智能监控云平台实现多井场远程监控。目前，该系统已在湖北省襄阳市 2000m 地热资源预可行性勘查项目、辽宁省丹东市 3000m 非煤固体科学钻探项目以及河北省保定市 5000m 地热地质勘查项目进行实际工程应用，集成了钻进过程工况识别、安全预警与故障诊断、钻进参数智能优化、钻压和转速控制等功能。下面将具体介绍钻进过程智能控制系统在这三个井场的工程应用。

9.1　湖北省襄阳市 2000m 地热资源预可行性勘查项目应用

本节主要阐述钻进过程智能控制系统在襄阳地热井中的实际测试和应用情况。首先了解襄阳 2000m 地热井的现场概况，然后根据现场钻进工艺和工程需求完成钻进过程智能控制系统的集成应用。在应用过程中，钻进过程参数采集存储、安全预警与故障诊断、钻进过程效率优化、智能监控云平台运行效果良好。系统应用后提高了钻进效率，减轻了现场工人的劳动强度，节省了钻进成本，保障了钻进过程的稳定性和安全性，对钻进过程智能控制系统在其他井场的实际工程应用具有很好的参考价值，具体情况将在后面进行详细介绍。

9.1.1　襄阳地热井概况

钻进过程智能控制系统在湖北省襄阳市南漳县九集地热资源预可行性勘查项目进行了实际工程应用，如图 9.1 所示。该地热资源勘查井由湖北省地质局第八地质大队承担，设计井深 2000m。预期目标是通过地热井钻探初步查明工作区地温增温率、热储埋藏深度、岩性、厚度及分布，以及地热流体温度、压力和化学成分等，并在成井后进行长期水文观测，包括水位、水温、水质定期观测，为综合研究及开发利用提供资料。钻机采用某款交流变频电传动钻机，钻进之前在周围打探测井提供录井数据，为该井钻进过程提供指导。根据现场实际情况，采用泥浆反循环方式清理出井下岩屑，结合测井数据，进一步促进地质环境综合分析。在襄阳地热井钻进过程中，通过 PLC 实时获取钻进过程绞车、转盘、泥浆泵变频器中的数据，司钻工人可通过司钻组态显示，对钻进状态进行分析和及时调整。

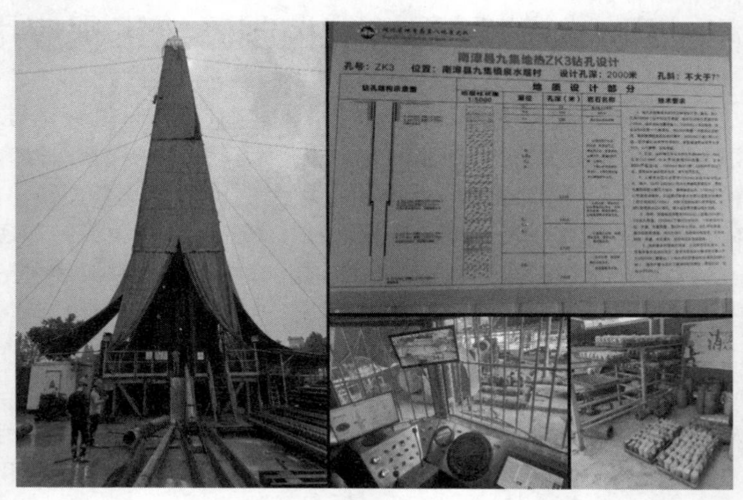

图 9.1　襄阳地热井概况

受限于襄阳地热井软硬件条件，现场钻机原有控制系统缺乏针对钻进状态智能化监测、事故预警以及提高钻进效率的能力，也没有保存现场数据来促进后续的研究和应用。因此，需要在襄阳地热井设计钻进过程智能控制系统，对采集的现场数据进行分析处理，集成算法功能模块，实现钻进过程安全预警与故障诊断，以及效率优化等功能，为襄阳地热井的安全高效钻进提供保障。

9.1.2　襄阳地热井系统应用

本节主要阐述钻进过程智能控制系统在襄阳地热井中的设计与应用，主要包括控制系统体系结构、控制系统软硬件实现、云监控设计。

1. 控制系统体系结构

控制系统在襄阳地热井的应用主要是实现钻进过程状态的实时监测，保存钻进过程的实时数据和历史数据，实现现场操作参数智能推荐功能，并将现场钻进数据和模块运行结果传输到远程监控中心，实现钻进过程的远程监控功能 [1]。

本节设计了襄阳地热井钻进过程智能控制系统体系结构，如图 9.2 所示，该体系结构作为钻进过程智能控制系统体系结构的一部分。基础自动化层主要实现绞车变频器、转盘变频器、泥浆泵变频器等变频器中数据的采集，并通过 PLC 通信协议传输数据和接收指令。先进优化控制层主要由工程师站和钻进过程智能控制系统组成，工程师站实现钻进过程的监测和控制，钻进过程智能控制系统实时存储钻进过程数据，实现钻进过程实时数据和历史数据查询、安全预警与故障诊断、钻进参数智能优化等功能，为司钻人员提供钻进安全提示和推荐操作参数，提高钻进现场的安全性和高效性。全局监控层主要实现襄阳地热井的远程监控，存储和查询实时数据、历史数据，专家和研究人员可根据用户权限的等级，通过 PC 端和移动端进行钻进过程的远程监控。

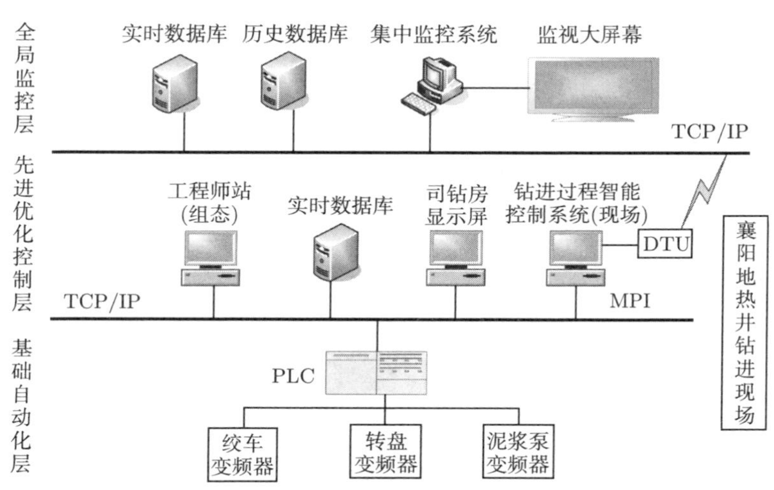

图 9.2　襄阳地热井钻进过程智能控制系统体系结构

2. 控制系统软硬件实现

针对襄阳地热井现场应用需求，需要实现钻进现场数据的可视化和存储；根据钻进现场实钻数据，进行钻进过程状态的诊断和安全预警；开展钻进过程钻速预测和优化，推荐钻进过程控制参数值，提高钻进过程效率；实现襄阳地热井的远程监控。

根据襄阳地热井现场系统功能架构进行钻进过程智能控制系统软件实现，通过 MPI 通信协议实现现场 PLC 与钻进过程智能控制系统工控机的通信，实现钻进过程参数的实时显示和历史趋势查询功能，然后通过 VC 软件中的 OPC 客户端与 WinCC 组态软件自带的 OPC 服务器进行通信，获取钻进过程数据，运行钻进过程智能优化及安全预警与故障诊断算法模块，实现安全预警与事故诊断、钻进过程效率优化功能。通过 ADO 技术将采集到的钻进过程数据和功能模块运行结果存储在 SQL 数据库中，最后通过无线网络传输现场钻进过程状态信息，实现远程监控中心的数据存储和井场实时监控，并将监控信息通过网络端和手机端进行发布。系统功能实现采用 MVC 架构，如图 9.3 所示，模型、显示和控制三个部分分开，具体可参考第 8 章控制系统软件实现。

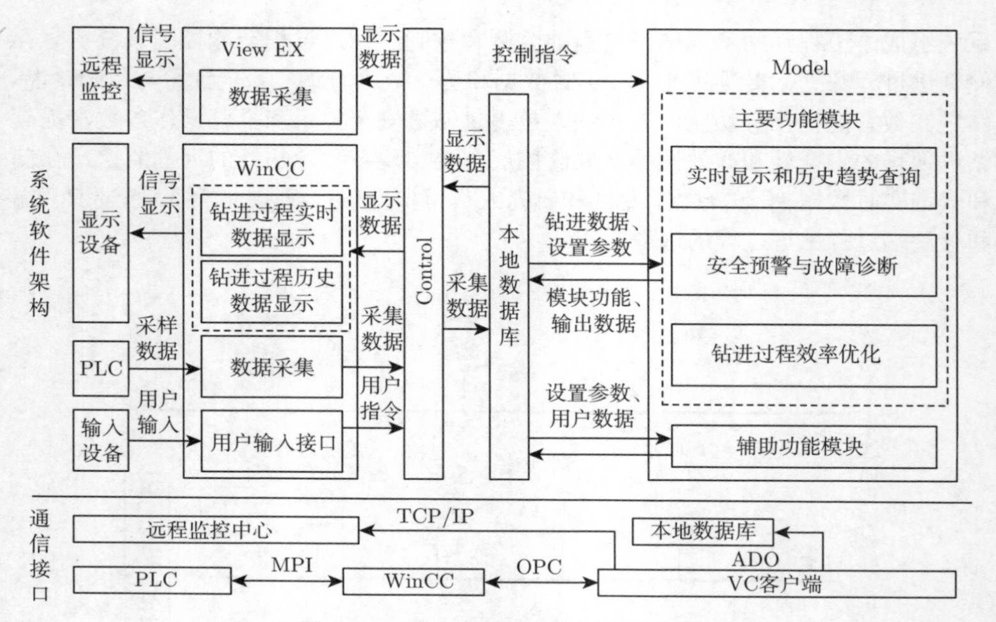

图 9.3　襄阳地热井控制系统软件实现

襄阳地热井设计的软件架构具备复杂逻辑运算和智能优化控制能力，可提供钻进过程数据采集与显示、安全预警与故障诊断、钻进过程效率优化等功能，对钻进过程数据和辅助功能模块的输出结果进行实时存储，并将数据远程传输，实现襄阳地热井的远程监控；系统具有友好的人机交互界面，存储数据过程注重数据的安全性；控制系统软件运行速度快，能够长时间稳定运行，且钻进过程智能控制系统可移植性强，易于在原有基础上集成新的功能，各个功能模块之间协同配合，共同实现系统功能，具体效果将在应用部分进行阐述。

实现现场功能后，通过 TCP/IP 通信协议将襄阳地热井现场数据远程传输到钻进过程智能监控云平台，钻进过程智能控制实验室、湖北省地质局第八地质大队和其他合作单位可根据用户权限对井场进行监控。

结合襄阳地热井现场工艺和硬件设计，实现了现场智能控制系统功能。襄阳地热井系统现场实施方案如图 9.4 所示，钻进过程智能控制系统运行于电控房工控机中，通过高清多媒体接口 (high definition multimedia interface, HDMI) 与司钻房显示器连接。该系统通过钻进过程智能控制系统实现人机交互，并实现钻进过程数据存储显示、安全预警与故障诊断以及钻进参数智能优化等功能。

3. 云监控设计

本钻进过程智能监控云平台通过远程通信获取实时数据，成功将数据集中存放在高性能服务器中，不再分散于各个地方井场。以数字和曲线的形式实时展示钻进参数，使得相关人员无须在钻进现场即可监控钻进过程，大大给予了使用者参考便利。云平台还具有查询历史数据、历史曲线功能，便于相关人员查询历史钻进进度；云平台对钻进过程班报表进行计算与统计，便于相关人员查看施工过程每天的钻进深度、本班进尺、平均钻压、平均钻速等，实现了整个钻进过程的进展统计。

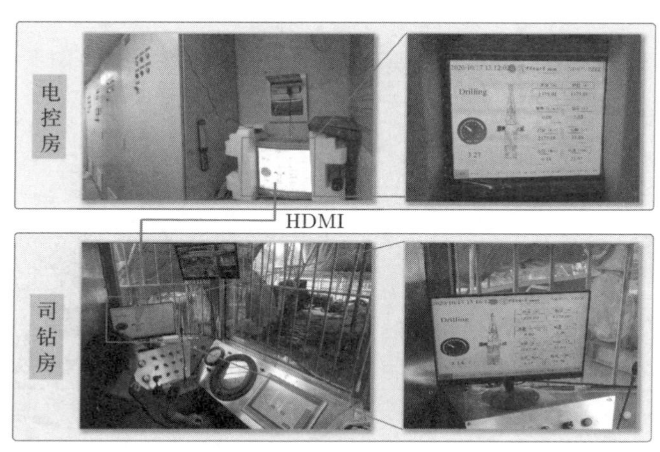

图 9.4　襄阳地热井系统现场实施方案

9.1.3　襄阳地热井系统运行效果

襄阳地热井系统具有钻进过程数据采集、存储及显示模块，安全预警与故障诊断模块、钻进参数智能优化模块、智能监控云平台等，图 9.5 为襄阳地热井实际运行效果，模块功能运行效果良好，界面友好。设计的钻进过程智能控制系统为现场司钻工人提供指导，将系统运行得到的推荐操作参数下发到钻机中，提高了钻进效率，减轻了现场工人的劳动强度，节省了钻进成本，保障了钻进过程的稳定性和安全性。

1. 钻进过程数据采集、存储及显示模块

钻进过程数据采集、存储及显示模块负责钻进核心参数的监测和所有钻进相关数据的存储。通过主界面核心钻进参数的实时显示，司钻工人能够方便、快捷地判断当前钻进状况，另外钻进相关数据的存储可为历史钻进数据查询、钻进过程安全预警与故障诊断、钻进操作参数优化等提供基础。

2. 安全预警与故障诊断模块

不同于通过监测钻机电动和气动设备对钻进工况进行监测和预警 [2,3]，小口径钻孔结构的特殊性使得地质钻探事故处理难度增大，造成的经济损失更严重。

钻进过程安全预警与故障诊断模块根据实时钻进参数判断当前是否有钻进事故发生，包括卡钻、井漏、断钻具三种事故。界面三块扇形分别表示是否有卡钻、井漏、断钻具三种事故发生，当正常钻进工作时，扇形为绿色；当有钻进事故发生时，对应扇形呈现红色，并在下方菜单栏中的“预警”按钮处闪烁红色，以提示现场工人及时处理当前事故，同时提供紧急制动按钮，防止事故进一步恶化，减少工人的生命财产安全损失。

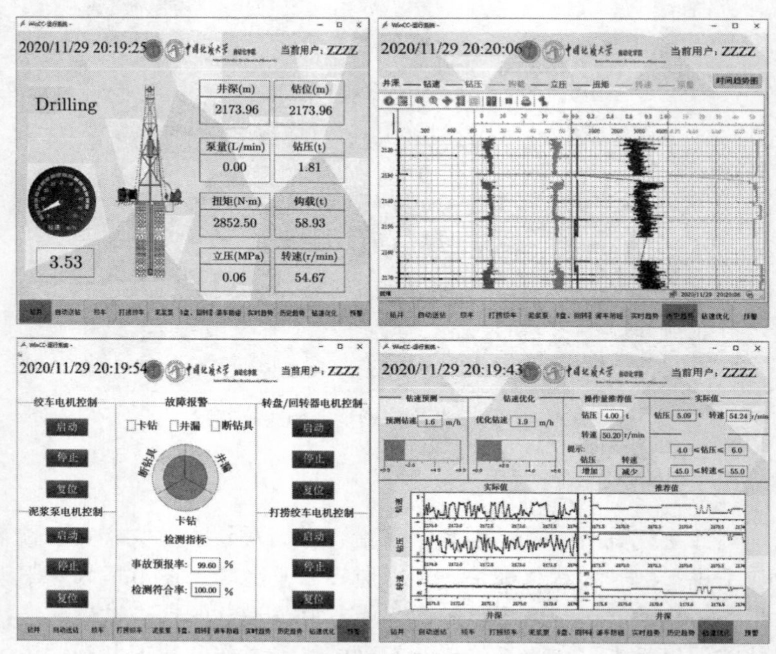

图 9.5　襄阳地热井实际运行效果

钻进过程安全预警与故障诊断模块主要包括三个方面的功能，如图 9.6 所示。对钻进过程数据进行滤波和归一化处理，并判断当前工况是否处于正常钻进状态；考虑到钻进过程数据包括具有缓变特征的数据和具有跳变特征的数据，采用多时

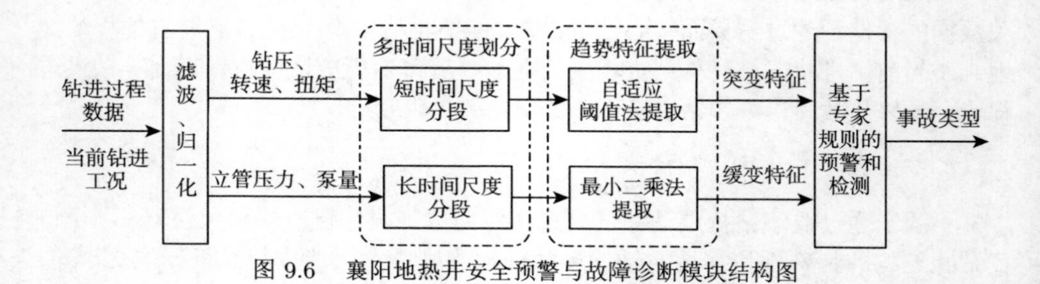

图 9.6　襄阳地热井安全预警与故障诊断模块结构图

间尺度划分后分别提取缓变特征和突变特征，其中具有突变特征的变量包括钻压、转速、扭矩和大钩载，具有缓变特征的变量包括立管压力、泵量、总池体积和出口流量；根据所提取到的所有变量的趋势特征，利用专家规则实现预警和检测，输出为事故类型 [4]。

安全预警与故障诊断模块采用滑动窗口对钻进过程数据进行分割。针对长时间尺度分段数据，采用最小二乘法对滑动窗口中的数据进行拟合，提取缓变特征。滑动窗口的长度和时间序列分段中每段数据的长度由操作人员设置。将长时间尺度分段数据按照上述时间序列进行分段处理，分别得到相应拟合函数的斜率，即提取得到长时间尺度分段数据的长时缓变特征。

为了及时检测数据跳变异常情况，短时突变特征的提取方法为：针对短时间尺度分段数据，采用人工经验判断当前时刻数据与前一时刻数据的差值，若相邻采样点间的差值大于当前时刻数据的 40%(凭经验设置)，则判断数据发生了突变；与缓变特征提取类似，当差值为正时，判断趋势为上升，当差值为负时，判断趋势为下降。钻进数据与故障类型的专家规则如表 9.1 所示。

表 9.1　钻进数据与故障类型的专家规则

钻进参数	井漏	卡钻	断钻具
立管压力	↓	—	↓
泵量	—	—	—
钻压	—	↑↑	↑↑
转速	—	↓↓	↑↑
扭矩	—	↑↑	↓↓

由于异常阈值的选择对异常工况的判断十分重要，异常阈值设置过小容易发生误报，异常阈值设置过大容易使监测失效，导致漏报。所以，本项目实施案例中采用滑动窗口模型，设定自适应阈值作为异常阈值进行短时突变特征提取。在提取到各变量的趋势特征后，与表 9.1 中的专家规则进行对比。其中，↓ 表示下降，↑↑ 表示快速上升，↓↓ 表示快速下降，— 表示无明显关系。如果符合其中一条专家规则，则发出对应的故障预警；若不符合其中任意一条专家规则，则判断为正常工况。

为评估所提方法的性能，将传统单变量阈值方法和多时间尺度方法进行对比。图 9.7 (a) 为传统单变量阈值方法在 108h 周期内的运行情况，误报率为 2.55%，断钻具和卡钻故障的区分度较低，易被误诊断。图 9.7 (b) 给出了多时间尺度方法的预警结果图，由于引入了多时间尺度特征，考虑了多变量之间的关系，误报率降低为 0.4%，在此基础上，增加了钻速作为操作运行判别指标，误报率得到显著降低，有效提升了钻进过程安全监测性能。对比安全预警与故障诊断模块输出和现场实际钻进情况，得到事故预报率为 100%，事故检测符合率大于 96%。

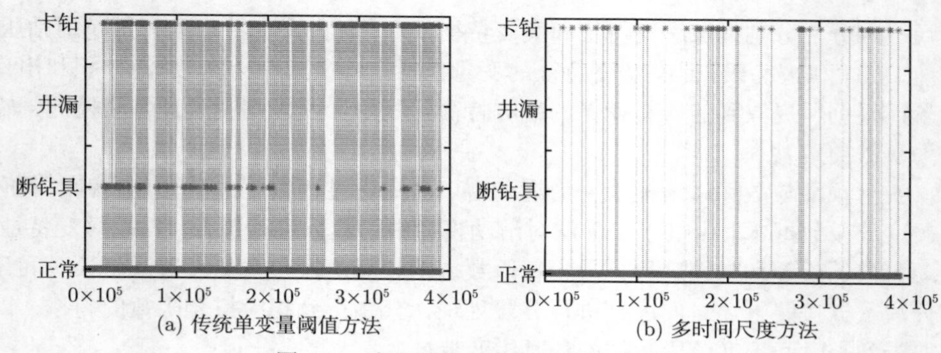

图 9.7 襄阳地热井安全预警仿真结果

3. 钻进参数智能优化模块

襄阳地热井在系统应用之前主要通过司钻工人经验手动控制钻进操作参数 (钻压、转速)，在面对非平稳或不确定地层时，难以做出及时有效的调整。为此，在实钻数据的基础上利用智能优化算法建立合适的钻进过程效率优化模型 [5]，技术路线可参考第 8 章相关内容及框架。

在已建钻进过程效率优化模型的基础上设计相应的钻速优化模块，在该模块中能够实时显示钻速预测值、钻速优化值、钻进操作参数 (钻压、转速) 的实际值与推荐值以及相关参数曲线，并可以限定钻压与转速的阈值大小。同时，现场工人也可根据模块中显示的实际钻进状态与数据变化情况对操作参数推荐值进行合理下发，实现钻进过程效率的有效提升。

钻进过程效率优化模块在襄阳地热井钻进参数智能优化效果如图 9.8 所示。从图中可以看到，测试过程可分为人工操作与算法应用两个阶段，其中人工操作

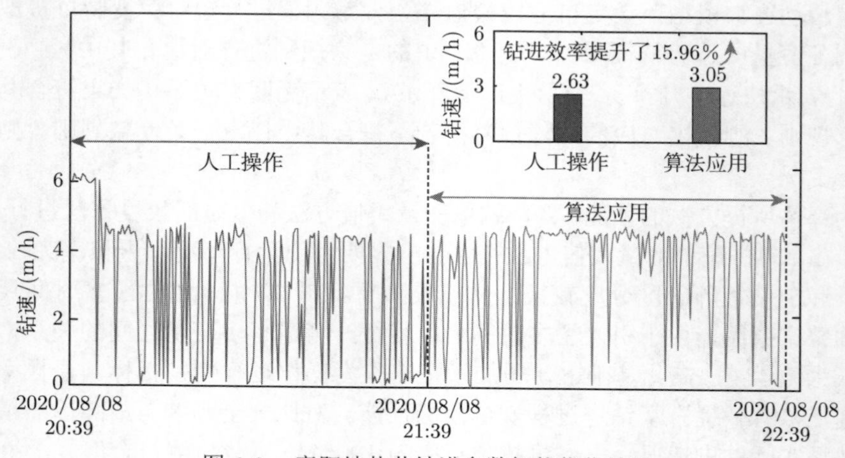

图 9.8 襄阳地热井钻进参数智能优化效果

阶段的钻速主要集中在 [0, 6]m/h 内且存在大幅度频繁波动现象，平均钻速经测试为 2.63m/h；在钻进深度到达 363.1289m 时 (人工操作 1h 后) 开始算法应用，该阶段的钻速主要集中在 [0, 5]m/h 内且波动次数明显少于人工操作阶段，经测试平均钻速为 3.05m/h。

综合对比襄阳地热井在人工操作阶段与算法应用阶段的平均钻速后可知，钻进过程效率提升了 15.96%。一方面从工程应用角度验证了钻进过程效率优化算法的有效性，能够在一定程度上降低钻进周期与运营成本；另一方面也可以保证钻进作业的安全、高效实施，为复杂地质钻进过程智能优化控制提供了新的工程解决方案。

4. 智能监控云平台

通过 DTU 远程传输设备，基于 TCP/IP 通信协议实现本地和钻进过程智能控制实验室的远程数据通信，进行襄阳地热井远程监控。如图 9.9 所示，通过钻进过程智能监控云平台井场选择页面，选择襄阳地热井，可以查看到襄阳地热井的实时钻进状态，主要包括钻进核心参数、现场效率优化和安全预警与故障诊断功能模块结果，对远程专家和工作人员提供了极大方便；通过实时曲线界面，可以查看钻进参数的变化情况，对钻进情况有更好的参考作用；通过历史数据查询页面，可以按照固定井深范围查看历史数据，为后续的钻进提供操作指导。根据用户权限不同，还可以查看其他井场情况。

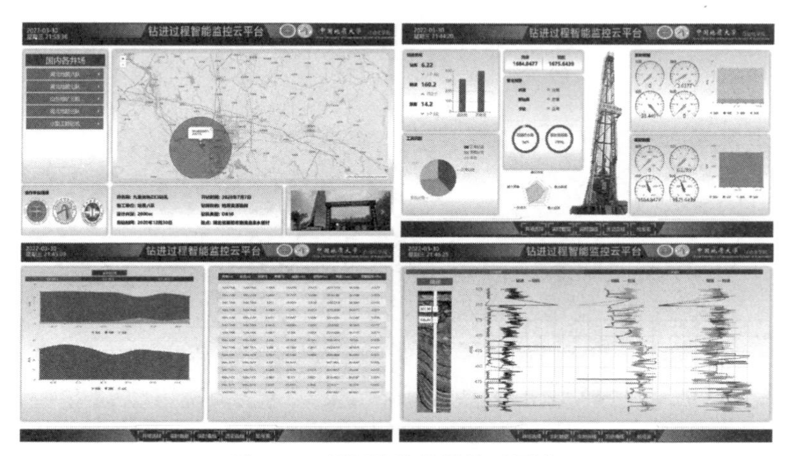

图 9.9　襄阳地热井监控云平台

与国内现有的监控云平台 [6] 相比，该系统除了能分别在 PC 端和手机端实现钻进过程核心参数的实时监测，还返回了现场的工况、预警、控制和决策信息，具有更加全面的井场监控信息，给远程工作人员提供了很好的决策依据。

该系统运行期间，在井深 873.79m 处及时检测到断钻具事故，实现了钻进事故监测，为事故处理争取了时间。在现场测试过程中，对比安全预警与故障诊断模块输出结束和现场实际钻进情况，得到事故预报率为 100%，事故检测符合率大于 96%；测试井段钻速预测误差不大于 18.8%，平均钻速提升了 15.96%。

9.2 辽宁省丹东市 3000m 非煤固体科学钻探项目应用

本节主要阐述钻进过程智能控制系统在丹东市 3000m 科探井中实际的测试和应用情况。首先介绍丹东科探井的现场概况，说明该井场的钻机硬件设备组成和钻进过程的控制方式，然后根据钻进工艺和现场工人的经验，进一步结合工程需求完成钻进过程现场智能控制系统集成，并在该井场进行实际工程应用，测试各个功能模块的运行性能。测试过程中功能模块运行效果良好，提高了钻进效率，减轻了工人劳动强度，保障了钻进过程的安全、稳定进行。

9.2.1 丹东科探井概况

丹东科探井为国家重点研发计划“辽东/胶东矿集区深部矿产勘查与增储示范”项目子课题的核心工程，图 9.10 为现场图片，预计在辽东重要矿区共计探获 333 级别以上金资源量超 27t。施工单位为山东省第三地质矿产勘查院。现场采用某款立轴改电控钻机，该钻机在钻进深度比较浅的时候采用油箱泵加压的方式，深度较深的时候采用变频电机控制钻进速度的方式。现场配有铁钳工、油箱泵、变频电机等，钻进操作参数由司钻工人下发，钻进过程中泥浆泵由液压驱动，促进钻进回路的循环，PLC 实时采集送钻电机变频器和现场传感器中的数据。

图 9.10 丹东科探井概况

丹东科探井项目以辽东为主，胶东为辅，验证区域的成矿模式和分布规律，构建深部资源勘查技术组合，综合评价辽东多金属资源潜力，实施深部钻探验证，力争在辽东取得找矿新突破。项目初期进行了多口探井钻进，在取得周围录井数据和测井数据后，选定该科探井的钻取地点，计划在成矿规律和成矿作用研究方面获得新认识，在钻探技术攻关中取得了重要进步，在深部预测及钻探验证引领中实现找矿新发现。丹东科探井地质钻探环境复杂，需要保障钻进过程安全、稳定、高效进行，因此针对丹东科探井钻探环境和现场工艺设计钻进过程智能控制系统，开展钻进过程工况识别、安全预警与故障诊断、钻进参数智能优化、钻压和转速控制、黏滑振动抑制等方法的实际工程应用。

9.2.2　丹东科探井系统应用

本节主要说明钻进过程智能控制系统在丹东科探井钻进现场的设计与应用实现，主要包括控制系统体系结构、控制系统软硬件实现、云监控设计，下面将进行具体介绍。

1. 控制系统体系结构

钻进过程智能控制系统在丹东科探井的应用主要是实现钻进过程工况识别、安全预警与故障诊断、钻进参数智能优化、钻压和转速控制功能，并将现场钻进数据和模块运行结果远程传输到钻进过程智能监控云平台，对实时数据和历史数据进行存储与查询，实现钻进过程远程监控。

本节设计了丹东科探井钻进过程智能控制系统的三层体系结构，与图 9.2 中的襄阳地热井体系结构基本相同，分为基础自动化层、先进优化控制层、全局监控层。与襄阳地热井不同的是，现场没有泥浆泵传感器，基础自动化层主要实现绞车变频器、转盘变频器和现场传感器中数据的采集，并通过 PLC 通信协议传输数据和接收下发指令。先进优化控制层相比于襄阳地热井集成了更多功能，系统功能更加完善。全局监控层主要实现丹东科探井实时的远程监控，专家和研究人员可根据用户权限的不同通过 PC 端和移动端进行钻进过程远程监控。

2. 控制系统软硬件实现

针对丹东科探井现场应用需求，需要实现钻进现场数据可视化和存储、工况识别、安全预警与故障诊断、钻进参数智能优化、钻压和转速控制等功能。

丹东科探井采取了与襄阳地热井基本相同的软件架构，由于现场硬件和应用需求的不同，采取了不同的现场通信方式，系统功能也在襄阳地热井的基础上进行了丰富。丹东科探井智能控制系统通过易控王 PLC 完成现场传感器数据的读取，如图 9.11 所示，利用 RS485 串口通信实现平台软件与 PLC 的通信，实现 PLC 中数据的读取与指令下发，通过 OPC 服务器实现连接平台软件与 WinCC 之间的通信。丹东科探井智能控制系统功能新增了钻进过程工况识别、钻压和转速控制功能，各个功能模块协同运行，共同实现系统功能。实现系统功能后，通过 TCP/IP 通信协议将丹东科探井现场数据远程传输到钻进过程智能监控云平台，钻进过程智能控制实验室、山东省第三地质矿产勘查院等单位根据用户权限对井场进行实时监控。

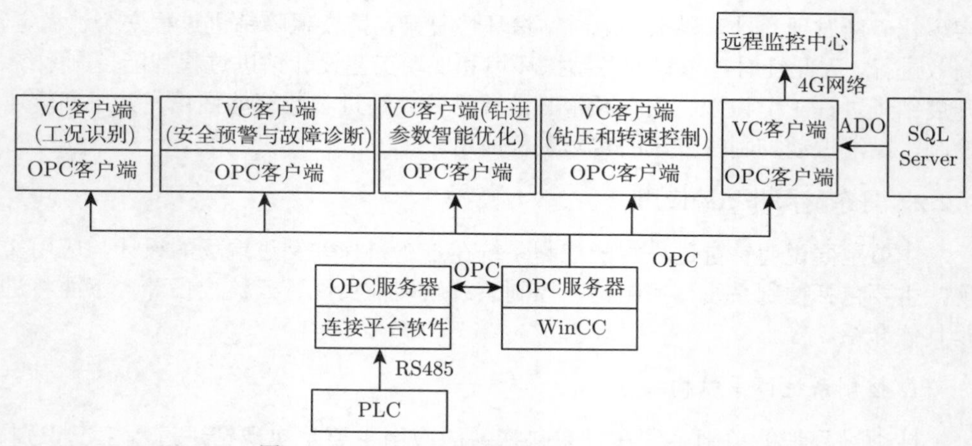

图 9.11 丹东科探井智能控制系统功能结构

为了实现钻进过程现场智能控制系统的实际应用，需要贴合现场的硬件条件进行现场布线设计。该井场控制装置与其他井场布局不同，操作人员在司钻房中进行操作，但是电控 PLC 也位于司钻房的控制柜中，电控房中为主轴电机变频器等执行器装置，且考虑到司钻房和电控房的空间，进行了现场系统的硬件实现。丹东科探井现场实施方案如图 9.12 所示，载有智能控制系统的工控机放置在电控房中，通过 OPC 服务器与 PLC 通信实现数据采集和控制量下发。司钻房中的触摸屏与工控机通过数据传输线实现屏幕共享，司钻工人通过点击触摸屏对钻进过程进行实时监控。

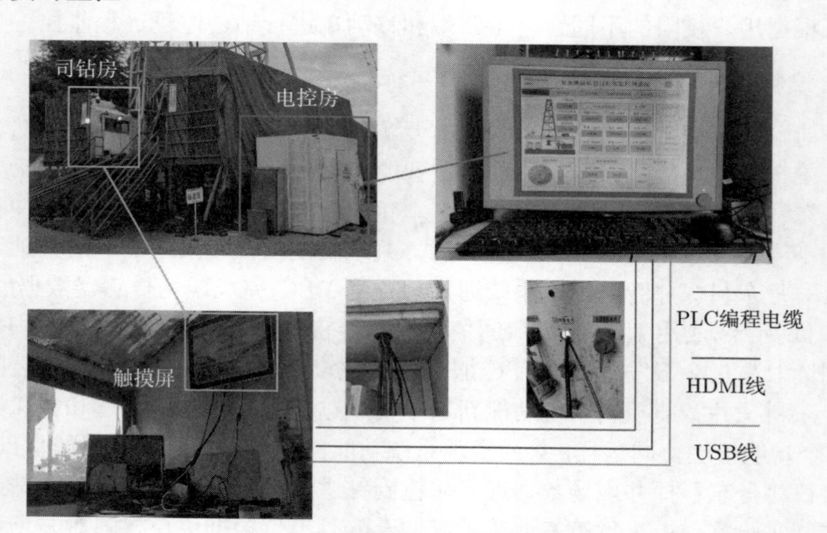

图 9.12 丹东科探井现场实施方案

3. 云监控设计

丹东科探井远程监控在襄阳地热井远程监控的基础上优化了各个模块功能，添加了新的参数展示，包括电机的电流、电压等参数展示，丰富了监测内容，添加了多个统计功能，云平台可以多时间尺度进行参数查询，具体包括对钻压、钻速等核心参数以每月、每日、每小时的尺度查询平均参数，大大优化了相关人员对历史和当前钻进进展的监测。同时，云平台还保留着算法输出展示模块，包括工况识别、安全预警与故障诊断、钻速优化、钻压和转速控制结果。云平台还具有实时参数、实时曲线、历史数据查询、历史曲线和班报表的功能，相关人员可以各种形式监测丹东科探井的当前钻进进度、历史钻进进度。

9.2.3　丹东科探井系统运行效果

根据丹东科探井现场实际情况和需求设计控制系统结构，并进行系统功能的集成与实现，井场比较注重的需求为工况识别、状态预警、效率优化、钻压控制、钻柱黏滑振动抑制 (转速控制) 功能，因此着重在这几个方面实现现场功能。应用过程中模块功能运行良好，有效提高了钻进效率和安全性，减轻了现场工人的劳动强度，如图 9.13 所示。

1. 工况识别模块

钻进工况是钻进系统运行状态的反映，钻进运行性能的改变通常受到不同工况特性的影响，因此开发面向状态监测技术的钻进工况识别模块具有重要的应用价值 [7,8]。根据现场需求，充分考虑现场数字化程度较低、监测信息不全面的问题，开发集成操作参数监测与钻进工况识别的系统模块，该模块作为钻进过程智能控制系统的基础模块，为其他功能模块的实现提供了数据支持。

上述模块是实际钻进过程中司钻工人的主监视界面，为司钻工人提供系统运行状态的全景展示。操作参数监测与工况识别模块作为系统主界面，其显示内容包括工况识别状态、钻进过程数据、主电机参数、钻压控制下发参数、安全预警参数、钻进参数智能优化参数等主要过程参数，该界面能够全面显示系统的运行信息，模块的具体运行情况可在对应模块中进一步查询。

钻进过程包含多种工况，不同工况模式下的运行状态表征出不同特性，因此工况识别是实现钻进状态监测的重要前提。充分考虑井场使用设备和钻进工艺，建立基于专家规则的算法，实现钻进工况识别。该模块能够识别一些常见的钻进工况，如倒划眼、接单根、下钻、提升、旋转钻进等，输出结果可作为钻进参数智能优化与钻压控制模块的调用参考条件，对钻进过程起指导作用。

钻进过程工况识别模块考虑工程现场实际需求，采用 WinCC 组态软件实时采集 PLC 中的数据，并存储钻进过程中的录井、测井和水文地质勘探等数据，

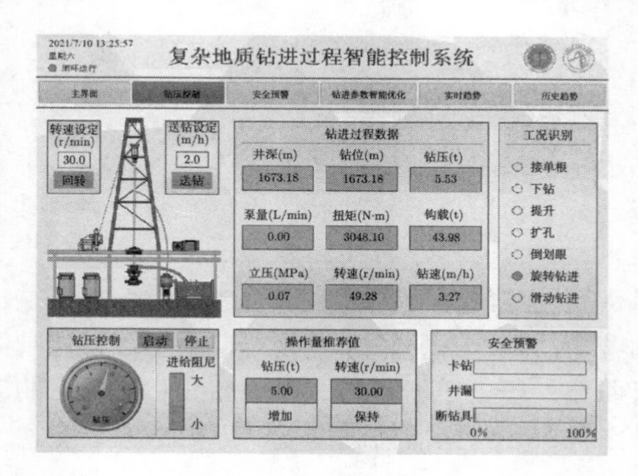

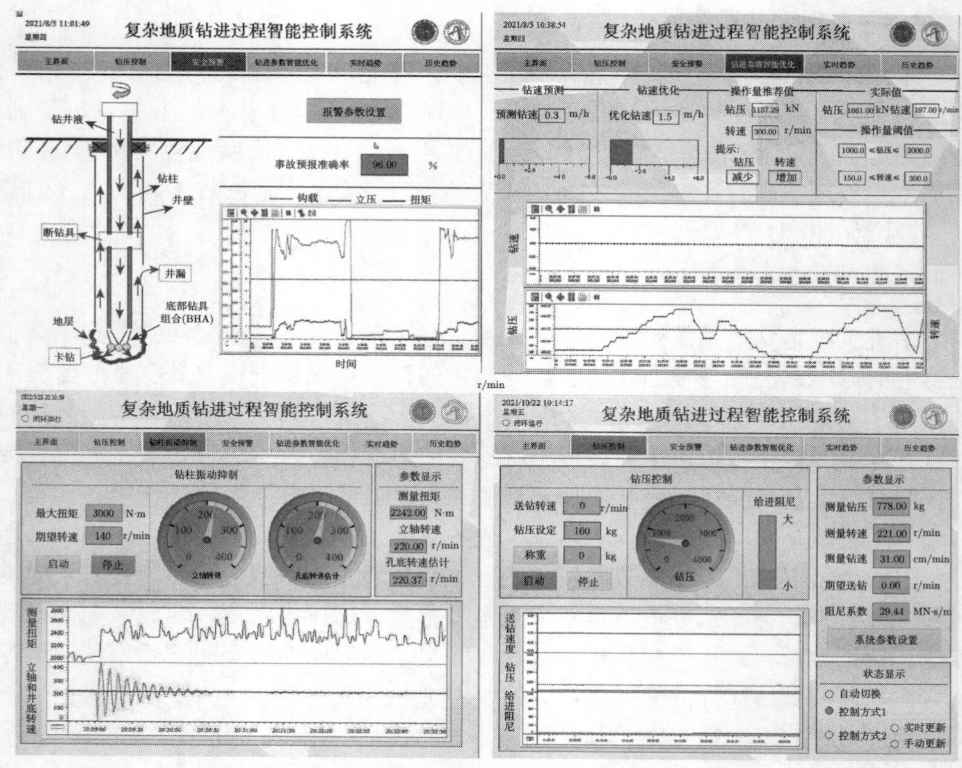

图 9.13　丹东科探井系统运行效果

实现运行过程的状态监控。模块中的工况识别算法基于 VC 程序实现，通过对历史数据的分析与建模，模块可以完成对钻进工况的智能识别。如图 9.14 所示，操作参数监测与工况识别模块实现流程如下：首先，对采集的过程数据进行标准化处理，去除所包含的离群数据与缺失数据；然后，基于标准化数据的趋势特征分析，采用钻压、转速、扭矩、立管压力、泵量五个参数作为工况识别模型的输入，选取常见分类器建立工况识别模型；最后，模型输出工况实时判别结果，包括接单根、下钻、提升、扩孔、倒划眼、旋转钻进和滑动钻进。

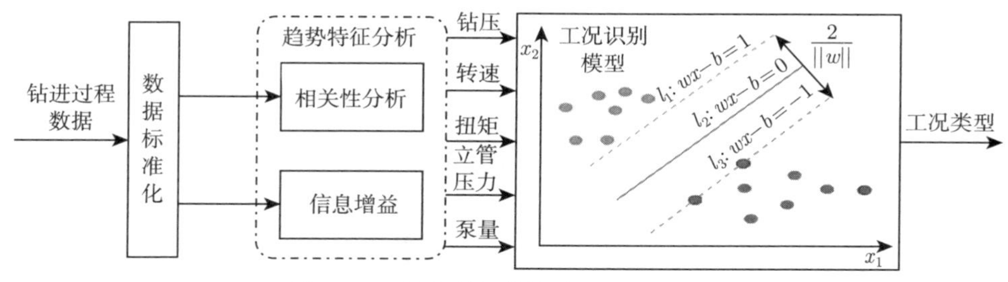

图 9.14 丹东科探井钻进工况识别方案

依托丹东科探井钻探工程，对所设计的系统及其包含的算法模块进行现场应用。如图 9.15 所示，司钻房主监视界面可实时监测井场运行状态与重要检测变量数值。通过对历史数据的记录和分析，不难发现旋转钻进工况为系统正常运行过程的主要操作模式，约占总生产时间的 1/3。从图 9.15 所示的钻速曲线可以看出，由于在现场作业中一般都是采用恒钻压送钻方式，所以在各钻机的进尺单元中，钻速呈现周期性的振荡特征，各周期的钻速趋于平稳。钻进参数监控和工况识别模块可以根据历史资料的趋势，对系统的运行状态进行实时、智能的判别。所使用方法适用于现场钻进情况，验证了开发模块的有效性，可以满足模块在实际工程现场的应用需求。

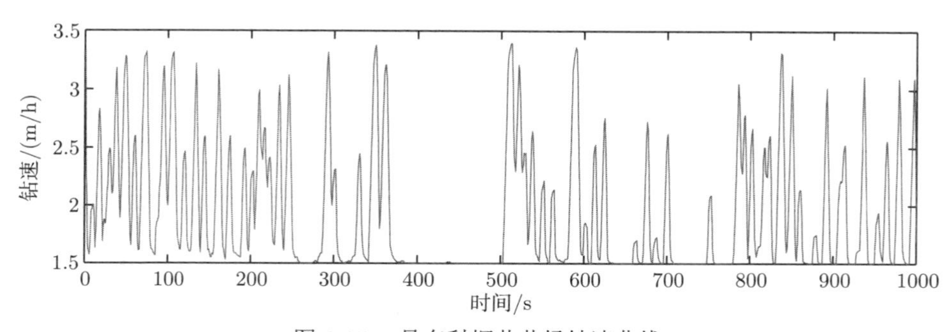

图 9.15 丹东科探井井场钻速曲线

2. 安全预警与故障诊断模块

在襄阳地热井钻进过程安全预警与故障诊断模块的基础上，考虑钻进事故的不确定性，本节引入模糊推理方法进行事故预警 [9]。钻进现场的钻机控制系统通常具备自动送钻的功能，以便降低现场司钻的劳动强度。但实现自动送钻功能的算法较为简单，无法适用于较复杂的地质环境，跳钻、黏滑振动等现象通常无法避免，从而加剧了钻头、钻杆等钻进设备的磨损，降低了钻进设备的寿命，诱发钻头断齿、钻杆断裂等重大钻进事故。同时，现场环境恶劣，传感器失效的情况时有发生，因此有必要综合多个钻进参数进行安全监测，提高钻进事故的预警和诊断的鲁棒性。丹东科探井预警与故障诊断模块算法实现见图 9.16。

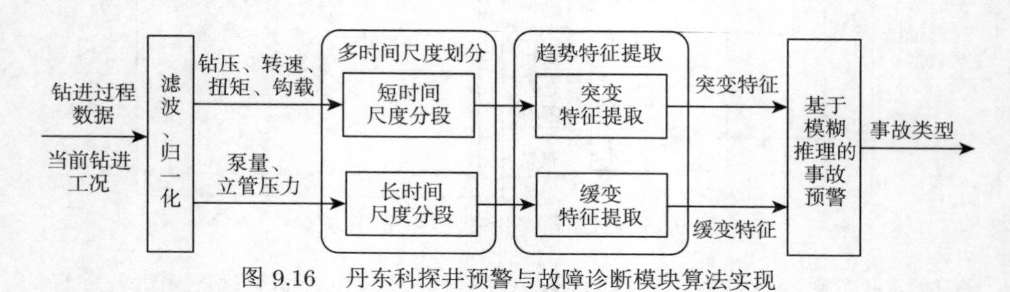

图 9.16　丹东科探井预警与故障诊断模块算法实现

图 9.17 为现场发生一次断钻具事故时安全预警与故障诊断模块对该断钻具事故的诊断结果。当转速从 125r/min 左右调整至 150r/min 左右时，钩载从 21t 左右突降至 14t 左右，可以推断由于钻具老化失效，在增加转速时超过了其现有的应力极限，导致钻具被扭断。因断钻具事故具有突变性，钻进参数的变化较为剧烈，故针对断钻具事故设定了较短的时间窗口和较小的报警系数，使得算法能处理钻进参数的突变并减少误报的情况。本安全预警与故障诊断模块综合考虑了断钻具发生时钩载和扭矩的下降。扭矩传感器故障时，本模块实现了有效预警和诊断，可见对

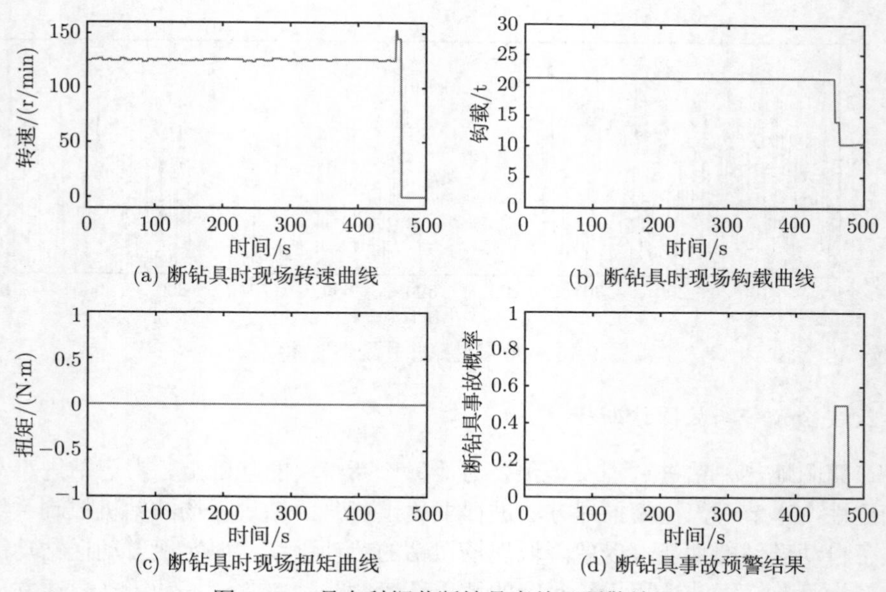

图 9.17　丹东科探井断钻具事故及预警结果

现场传感器故障导致数据缺失情况下的事故预警和诊断具有一定的鲁棒性。

3. 钻进参数智能优化模块

丹东科探井钻进过程中主要依靠司钻工人的经验设定钻压、转速等钻进操作参数，钻进过程效率亟待提升。为此，本节设计一种钻进参数优化算法，技术思路与建模流程可参考 8.2.3 节中的钻进参数智能优化实验相关内容。

在所提钻进参数优化模型与襄阳地热井钻速优化模块的基础上对组态界面进行部分改进，具体可参考图 9.13。一方面，在钻进主界面中加入操作量推荐值模块，可以明显观察到优化后的钻压和转速，为司钻工人提供有效指导意见。另一方面，设计两种模式下发钻进操作参数优化值：一种是由井场工人将优化值手动输入到司钻控制窗口中，实现控制指令的下发；另一种是采用智能钻进模式将操作参数优化值自动下发给执行机构 [10]，两种模式均能在丹东科探井稳定运行。

目前,钻进参数智能优化模块已成功应用在丹东科探井,运行效果如图 9.18 所示。图 9.18 的钻进运行过程分为人工操作、停钻和算法应用三个阶段，其中人工操作阶段前期的钻速相对稳定，后期曾发生过突变，这与所钻区域地层变化相关，经现场数据计算可知，该阶段的平均钻速为 2.79cm/min。人工操作 30min 后停钻 4min，开始第一次算法应用，该阶段可以看到钻速数值高于人工操作时的钻速且优化结果稳定。算法应用 20min 后停钻 13min，开始第二次算法应用，该阶段的钻速数值与第一次算法应用时的钻速数值相近，由现场数据计算可知，两次算法应用的平均钻速为 3.37cm/min。

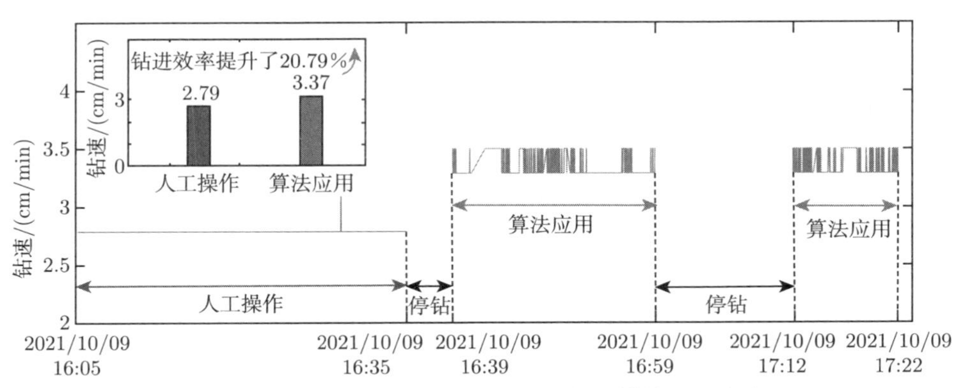

图 9.18　丹东科探井钻进参数智能优化模块运行效果

应用结果表明，丹东科探井的钻进效率提升了 20.79%，不仅将钻进操作参数控制在合理范围内，实现钻速动态优化，也在保障钻进过程稳定运行的条件下有效缩减了钻进周期与钻进成本，为提升钻进过程效率提供了很好的应对方案。

4. 钻压控制模块

在钻进过程中，通过送钻电机驱动绞车下放大钩载使部分钻柱重力作用于钻头，成为钻头破岩的动力，即钻压 [11]。钻压过大会影响钻头寿命，导致钻杆屈曲，而过小则会导致钻进效率低下。因此，钻压控制系统根据钻压误差大小，通过调节送钻电机转速实现不同地层环境下的恒钻压钻进，保障安全高效的钻进过程。本系统的钻压控制，通过辨识地层给进阻尼系数，识别地层软硬程度，自适应地调整钻压控制器增益大小，从而适应不同地层情况下的钻进。丹东科探井钻压控制系统结构框图如图 9.19 所示。系统测量参数包括测量钻压 (kg)、电机转速 (r/min)、绞车转速 (cm/min)、大钩载位置 (m)，输出参数包括期望电机转速 (r/min)，设定参数包括给定钻压 (kg)，设置好参数后将进行钻压控制。

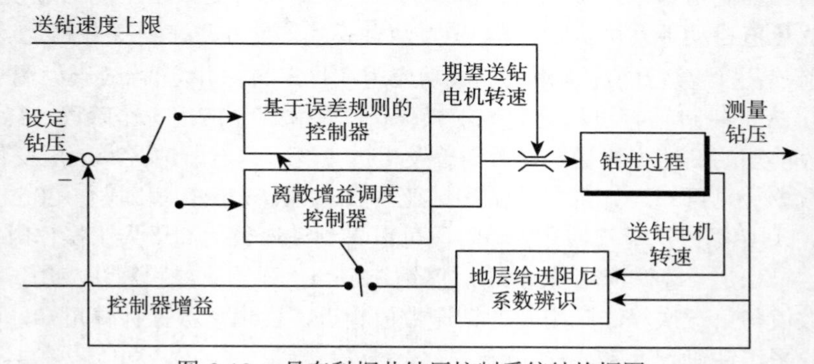

图 9.19　丹东科探井钻压控制系统结构框图

司钻工人在系统组态界面输入合适的钻压和送钻电机转速上限，通过启停按钮即可进行恒钻压钻进。通过送钻速度、钻压和地层阻尼的实时观测，可以准确把握钻机的运行状态。钻进过程中可以自由使用原钻机的操作盘或开发的智能控制系统进行指令的下发。控制系统通过修正数模转换后的模拟量输入数据可以实时调整最终的送钻电机转速，从而实现智能控制系统对送钻电机转速的控制。截取现场 2521.84m 深度的数据，钻进岩性为花岗岩，现场运行情况如图 9.20 所示。

测试过程中分别设置期望钻压为 600kg、1200kg，送钻电机速度保持在司钻要求的 140r/min 以下。待初次达到设定钻压时维持 10min 并更新设定值。测试过程中为稳定完整地层，选择离散增益调度控制器进行钻压控制 [12]。在当前花岗岩岩层钻进情况下，通过闭环控制调控，在设定钻压为 600kg，并稳态时，送钻速度在 30r/min 左右；当设定钻压为 1200kg 时，稳态送钻速度增大为 60r/min。实际控制过程中，钻压控制模块期望钻压为钻进参数智能优化模块给出的钻压值，钻压偏差大小为 ±30kg。相比现场采用恒定送钻转速钻进的方式，采用智能优化结合恒钻压钻进能够大幅度降低司钻工人的劳动强度，司钻工人不再需要不断观察钻压大小，防止钻压超限。同时，稳定的钻压能提高钻孔质量、保障过程安全。

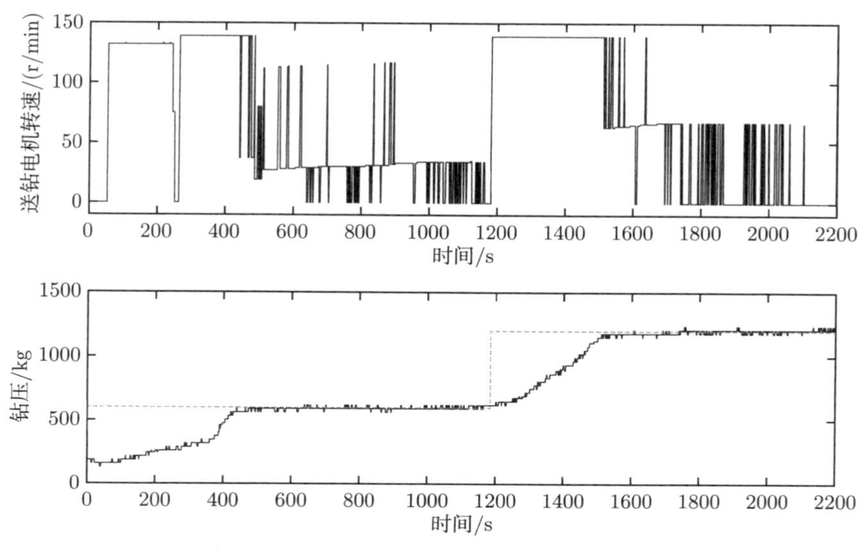

图 9.20　丹东科探井钻压控制系统运行结果

丹东科探井给进阻尼系数辨识结果如图 9.21 所示，硬地层识别给进阻尼系数为 126.59MN·s/m，软地层识别给进阻尼系数为 11.4MN·s/m，基本符合现场数据观测情况。识别结果能够为司钻工人提供地层软硬信息，从而进行相应的操作。由于地层软硬差距大，相比于现场在任何地层情况下采用恒定钻速钻进的方式，采用恒钻压钻进能够在硬地层中提高钻进效率 1 ～ 2 倍，而在软地层中可以提高钻进效率 5 ～ 10 倍，稳定且高效地实现了钻进。

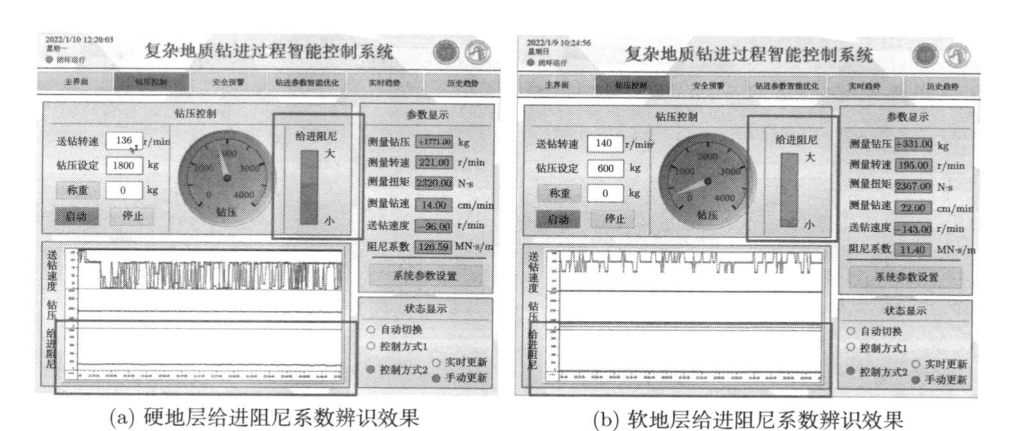

(a) 硬地层给进阻尼系数辨识效果　　(b) 软地层给进阻尼系数辨识效果

图 9.21　丹东科探井给进阻尼系数辨识结果

在应用过程中，钻压控制模块通常与钻进过程参数智能优化模块配合使用，在智能钻进情况下，通过智能控制系统将模块优化推荐参数给定到钻压控制输入，实现钻进过程优化控制。

5. 钻柱黏滑振动抑制模块

由于钻柱极大的长径比，钻柱通过钻头-岩石作用时极易发生振动，这也使得钻柱振动成为地质钻进过程中最普遍、最突出的不利情况。钻柱黏滑振动会加速钻具疲劳失效、过度磨损，导致井眼轨迹恶化、钻速下降，不仅给地质钻进的实施带来极大的阻碍与安全问题，还会增加工程的周期与成本，因此抑制钻柱黏滑振动具有重要意义。钻柱黏滑振动抑制系统可以根据期望顶驱转速值与实际顶驱转速值之差来计算期望顶驱扭矩值，但钻进现场的控制输入为顶驱转速，因此需要将期望顶驱扭矩值转换为期望顶驱转速值 [13]。然后通过 PLC 控制电机转速达到期望顶驱转速，使得实际顶驱扭矩值达到期望顶驱扭矩值，从而实现对钻柱黏滑振动的抑制 [14]。

控制所需的实际顶驱转速值和实际顶驱扭矩值可直接测量得到，钻头转速值无法直接测量，因此需要设计观测器来估计 [15]，其他相关参数根据现场实际情况进行设置。钻柱黏滑振动抑制应用界面如图 9.13 所示，在该界面中首先设置最大扭矩值和期望转速值，通过按钮启动钻柱黏滑振动抑制算法；启动算法后，测量扭矩和立轴转速，估计孔底钻速，通过数值显示、表盘显示和历史趋势图反映实时情况。通过算法计算合适参数反馈给操作人员，在合适的情况下也可以直接通过程序下发操作参数给钻机进行直接控制。由于条件所限，钻柱黏滑振动抑制算法暂时只能使用钻进现场历史数据进行实验分析，为后续实际应用奠定基础。

当前已实现对井底钻头转速的估计，井底钻头转速估计的算法使用丹东科探井实际历史数据进行测试，将顶驱扭矩和顶驱转速的历史数据作为状态观测器的输入估计不能直接测量的井底钻头转速。状态观测器通过缩小顶驱转速估计值和实际顶驱转速测量值之间的误差，使观测器的估计误差趋近于零，从图 9.22 中可以看出，在观测器开始运行的一段时间内，转速估计误差较大；一段时间后观测器的估计误差在 0.5r/min 左右波动，误差波动幅度不超过 3r/min，说明观测器的估计效果良好。钻头转速估计如图 9.22 所示，在测试所用的这段历史数据中，观测到的钻头转速基本保持在 220r/min，未发生剧烈波动。

6. 钻进过程智能监控云平台

通过 DTU 实现本地数据发送，基于 TCP/IP 通信协议实现本地和钻进过程智能控制实验室的远程数据通信，进行丹东科探井远程监控。如图 9.23 所示，通过钻进过程智能控制实验系统井场选择页面，选择丹东科探井，可以查看到丹东科探井的实时钻进状态，主要包括钻进核心参数、工况识别、安全预警与故障诊断、钻进参数智能优化、钻压控制和钻柱黏滑振动抑制功能模块结果，为远程专家和工作人员的分析和研究提供了极大的便利；通过实时曲线界面，可以查看钻进参数变化情况，对钻进情况有更好的参考分析作用；通过历史数据查询页面，可以按照固定井深范围查看历史数据，为后续的钻进提供操作指导。根据用户权限不同，还可以查看其他井场情况。

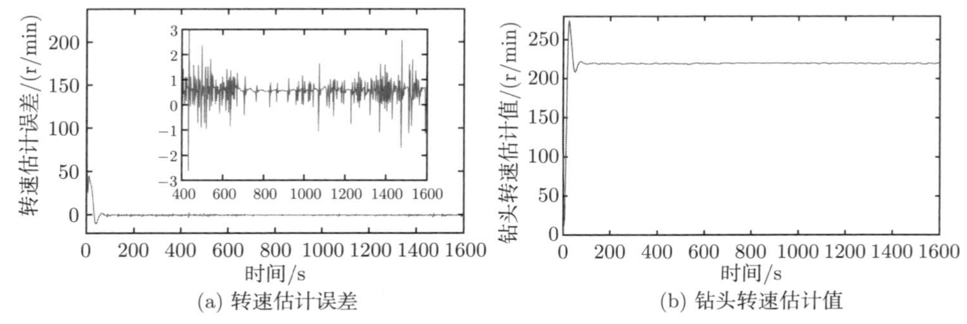

(a) 转速估计误差　　(b) 钻头转速估计值

图 9.22　丹东科探井钻头转速估计算法运行结果

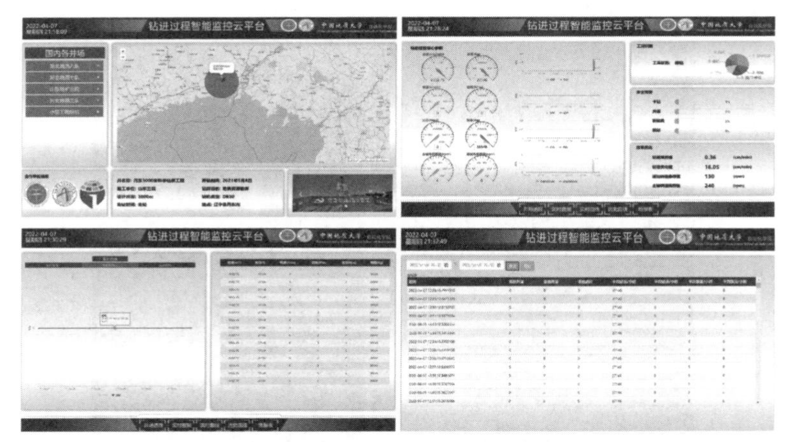

图 9.23　丹东科探井监控云平台

在应用过程中，经测试表明，可识别旋转钻进、下钻杆、提钻、停钻、接单根、倒划眼六类工况，工况识别准确率达到 90%，显著降低了人工成本；安全预警模块可诊断和预测卡钻、井漏、断钻具三类钻进事故，事故预报准确率达到 95%，显著提高了钻进过程的安全性；钻进参数智能优化模块可实时获得包括钻压、转速在内的优化钻进参数，为司钻工人提供指导意见；智能钻进模式下可实现优化参数的指令下发到钻压控制和钻柱黏滑振动抑制，钻速平均提升 20.79%。可见，钻进过程智能控制系统的应用提高了丹东科探井现场钻进效率和安全性，显著降低了现场工人的劳动强度。

9.3 河北省保定市 5000m 地热地质勘查项目应用

本节主要介绍钻进过程智能控制系统在河北省保定市 5000m 地热地质勘查项目中的应用。钻进过程智能控制系统具有钻进过程工况识别、安全预警与故障诊断、钻进参数智能优化、钻压控制以及远程监控等功能。经测试表明，集成钻进过程智能控制系统功能以后，可有效提高钻进操作智能化和信息化水平，有效提升钻进效率和安全性，显著降低劳动强度，具有显著的社会经济效益。

9.3.1 保定勘查井概况

保定勘查井位于河北省保定市博野县，依托国家重点研发计划项目“5000 米智能地质钻探技术装备研发及应用示范”，图 9.24 为井场现场照片。施工单位为河北省地矿局第三水文工程地质大队。期间根据现场工人的需求和现场的实际设备情况对系统的运行界面、功能算法等进行了改进优化。现场钻机为 5000m 智能交流变频电驱地质岩心钻机，采用直升井架，对场地空间要求低，同时井架下部采用人字塔形式，增大了工作面积，配有顶驱、铁钳工、自动猫滑道，可实现加接钻杆自动化作业，大幅度降低了现场工人的劳动强度。

图 9.24 保定勘查井概况

河北省保定市 5000m 地热地质勘查项目主要实现 5000m 地质取芯勘探的突破，由于钻进深度增加，复杂地质环境和司钻操作的不确定性往往会增大井漏、井涌等钻进过程事故发生的风险；新井眼随之形成，而钻进系统的工作环境和运行状态也在不断变化，如果钻进措施不能适应这些新的变化，则造成工作效率降低，钻速下降，经济效益受损；钻进过程机理复杂、孔内环境复杂多变，且各钻进系统间存在复杂的耦合作用，导致钻进过程难以实时、有效地进行决策；地层变化和不确定性导致钻进过程难以安全、稳定地进行。因此，需要根据保定现场钻进情况，设计并实现保定勘查井钻进过程智能控制系统，并集成工况识别、安全预警与故障诊断、钻进参数智能优化、钻压控制等功能。

9.3.2　保定勘查井系统应用

本节主要针对保定勘查井现场工艺，说明钻进过程智能控制系统在保定勘查井的设计与应用，主要包括控制系统体系结构、控制系统软硬件实现、云监控设计，下面将进行具体介绍。

1. 控制系统体系结构

保定勘查井钻进过程智能控制系统采用了与襄阳地热井基本相同的体系结构，主要分为基础自动化层、先进优化控制层、全局监控层。与襄阳地热井、丹东科探井不同，保定勘查井 5000m 智能钻机采用国内某款新型地质勘探设备，在基础自动化层，通过转盘和顶驱驱动两种方式实现钻柱回转运动，并进行绞车变频器、转盘变频器、泥浆泵变频器、顶驱中数据的采集，通过 PLC 通信协议传输数据和接收下发指令。先进优化控制层实现钻进过程的监视和控制，通过监控视频查看井场概况，在功能上更加完善；通信方式采用 Profibus 总线。全局监控层主要实现保定勘查井的远程监控，在襄阳地热井远程监控的基础上丰富了功能，云平台展示更加数字化和信息化，给远程工作人员提供了更多的参考。

2. 控制系统软硬件实现

根据保定勘查井现场系统功能架构进行了钻进过程智能控制系统软件实现，如图 9.25 所示。钻进过程智能控制系统通过西门子 PLC 完成现场传感器数据的读取，利用 Profibus 通信协议实现系统工控机与 PLC 的通信，利用 WinCC 组态软件通过 OPC 协议读取 PLC 数据，系统采用 MVC 架构与襄阳地热井的一

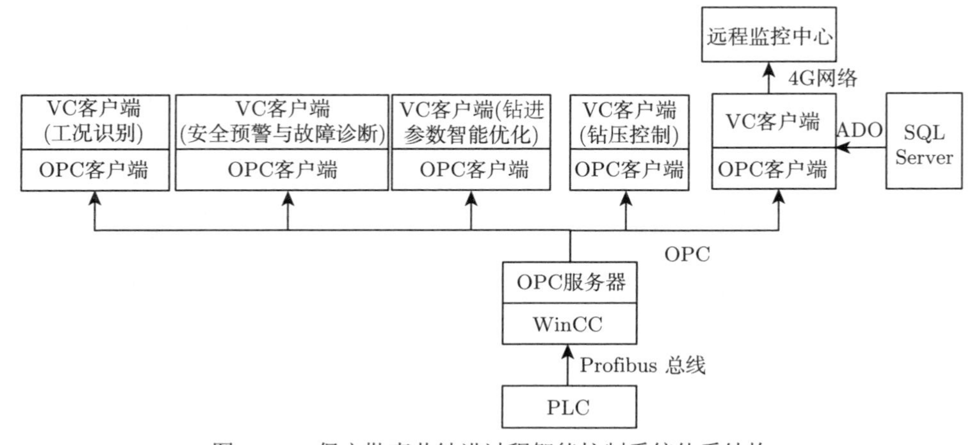

图 9.25　保定勘查井钻进过程智能控制系统体系结构

致，模型、显示和控制三个部分分开，具备复杂逻辑运算和智能优化控制能力，在襄阳地热井系统的基础上丰富了功能，可提供钻进过程数据采集与显示、钻进过程工况识别、安全预警与故障诊断、钻进过程效率优化和钻压控制等功能；并将保定勘查井现场数据远程传输到钻进过程智能监控云平台。

使用单独的工控机作为载体实现，搭载钻进过程智能控制系统的工控机扩展安装在司钻房主司钻座椅上，如图 9.26 所示。钻进过程智能控制系统通过工业互联网与钻机实现实时通信，从而实现钻进过程的监测与控制。正常钻进情况下，系统实现钻进过程监测和操作参数推荐；在智能钻进情况下，通过开发的系统进行智能控制。

图 9.26 保定勘查井系统应用

3. 云监控设计

保定勘查井云监控设计在襄阳地热井钻进过程智能监控云平台设计的基础上优化了各个模块功能，添加了新的参数显示和统计功能，云平台支持多尺度参数查询，优化了相关人员对历史和当前钻进的监测。云平台保留了此前的算法输出展示模块，包括工况识别、安全预警和故障诊断、钻进参数智能优化和钻压控制结果；还具有实时参数、实时曲线、历史数据查询、历史曲线和班报表的功能，相关人员可监测保定勘查井当前的钻进状态，进行历史钻进进度和进展统计。

9.3.3 保定勘查井系统运行效果

保定勘查井系统通过数据采集分析，实现钻进过程工况识别、安全预警与故障诊断、钻进参数智能优化、钻压控制、钻进数据实时趋势和历史趋势显示等功能，提高了钻进过程的安全性与效率，通过操作参数推荐或闭环指令下发两种方式实现系统功能。采集到的参数也在钻进过程智能监控云平台网页端和手机端进行了显示，操作人员和实验室人员可以远程查看钻进状态。系统大部分时间处于并行运行状态，通过钻进过程智能控制系统的工控机组态程序读取 PLC 点位数据，计算推荐操作量并显示，可进行操作指导和实际下发控制。保定勘查井系统运行效果见图 9.27。

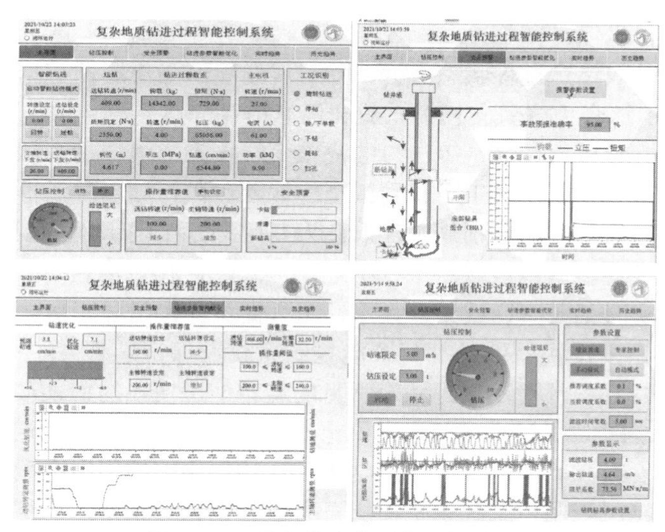

图 9.27　保定勘查井系统运行效果

1. 工况识别模块

过程运行状态监测是实现数字化、智能化钻进的基础 [16,17]。在操作参数监测功能的基础上，考虑现场工艺要求与操作人员意见，结合现场数据检测与采集情况，弥补钻进现场过程操作模式切换频繁、相关操作无法及时跟进的问题，以现场监测变量与现场经验为基础设计基于参数监测的智能工况识别模块。考虑井场实际工艺，该模块针对旋转钻进、停钻、接单根、下钻、提钻、扫孔六种常见工况进行智能识别。通过对比分析现场实际情况与系统输出结果，该模块取得了 90% 以上的识别准确率。上述识别结果为司钻工人监测钻进运行状态、调整钻进参数、优化钻具组合提供了参考与便利。

钻进过程工况识别模块以现场采集的录井、测井和钻进参数为基础，通过选取关键决策变量和设计工况判别专家规则，实现钻进工况智能识别，钻进工况识别方案如图 9.28 所示。在原有系统的基础上，结合保定勘查井的数据特征，对工

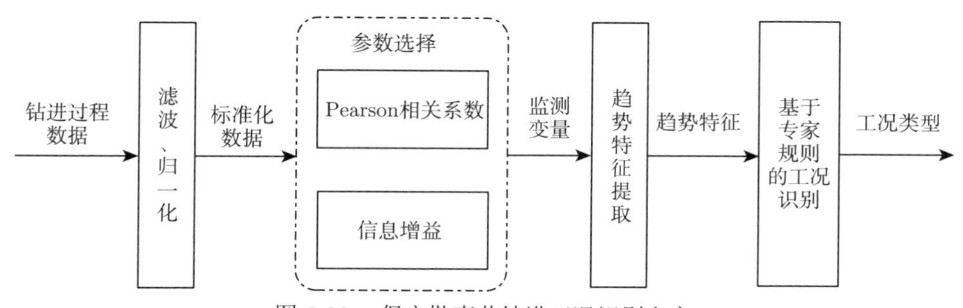

图 9.28　保定勘查井钻进工况识别方案

况识别算法进行优化。

从系统中获取钻进过程状态数据，并对现场能够采集到的数据进行滤波和归一化处理，采用综合 Pearson 相关系数和信息增益的信息论方法，选择包含钻压、转速、扭矩、立管压力、泵量等在内的决策变量作为建模变量空间。采用最小二乘法提取变量趋势特征作为工况识别模型的输入参数，结合现场操作人员经验和数据统计特征，设计工况判别规则，以此为基础构建工况识别模型。最终，钻进过程工况识别模块输出包含接单根、下钻、提升、扩孔、倒划眼、旋转钻进、滑动钻进在内的实时工况判别结果，为司钻工人提供操作指导。

包含工况识别模块的钻进过程智能控制系统在保定勘查井中得到成功应用。其中，在识别过程中，针对钻进过程最常见的旋转钻进模式的识别准确率达到 95% 以上。图 9.29 为实际钻速曲线，由于保定勘查井采用的交流变频钻机破岩能力较强，自动化程度较高，根据系统监测结果，现场在稳定的层段多采用恒压稳定钻速进尺。应用结果表明，工况识别模块可有效识别钻进状态，为操作人员提供有效指导。

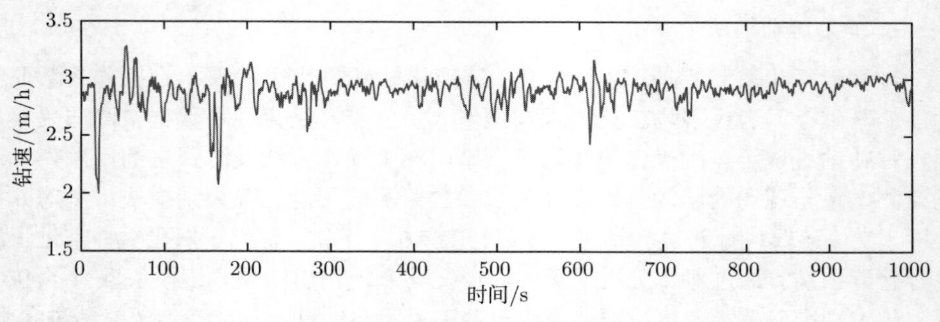

图 9.29　保定勘查井钻速曲线

2. 安全预警与故障诊断模块

在襄阳地热井钻进安全预警与故障诊断模块的基础上，设计了分级预警的报警模式 [9]。将原有扇形设计改进为进度条设计，卡钻、井漏、断钻具等钻进事故分别对应一个进度条。将原有的二元报警形式改进为事故预警概率形式。参考自然灾害、突发公共应急事件等领域的预警分级颜色设计，将进度条分为绿色、蓝色、黄色、橙色、红色五个档位，以便司钻工人把握事故的严重程度。其中，绿色对应的预警概率为 0%~20%，蓝色为 20%~40%，黄色为 40%~60%，橙色为 60%~80%，红色为 80%~100%。考虑不同钻进过程事故的特点，如断钻具、卡钻等事故的突变特性以及井漏等事故的缓变特性，增加针对不同钻进事故选择不同窗口长度的功能，以便设置多种时间尺度提取钻进参数的突变型和缓变型数据特征进行事故预警。图 9.30 为保定勘查井安全预警与故障诊断模块算法实现。

从保定勘查井现场安全预警与故障诊断模块对该井漏事故的诊断结果可以看出，在泵冲基本保持不变的情况下，立管压力由 5.5MPa 左右逐渐下降到 4MPa 左右，整个过程持续了 3 ∼ 4h。因井漏事故通常持续时间较长，钻进参数变化较为缓慢，故针对井漏事故设定了较长的时间窗口和较大的报警系数，使得算法对钻进参数的变化更加敏感。本安全预警与故障诊断模块综合考虑了井漏发生时立管压力的下降和钻井液漏失导致钻杆所受浮力变化从而引起钩载增加的情况，通过长时间尺度下缓变特征提取，结合模糊规则推理，可实现井漏事故的预警 (图 9.31)。

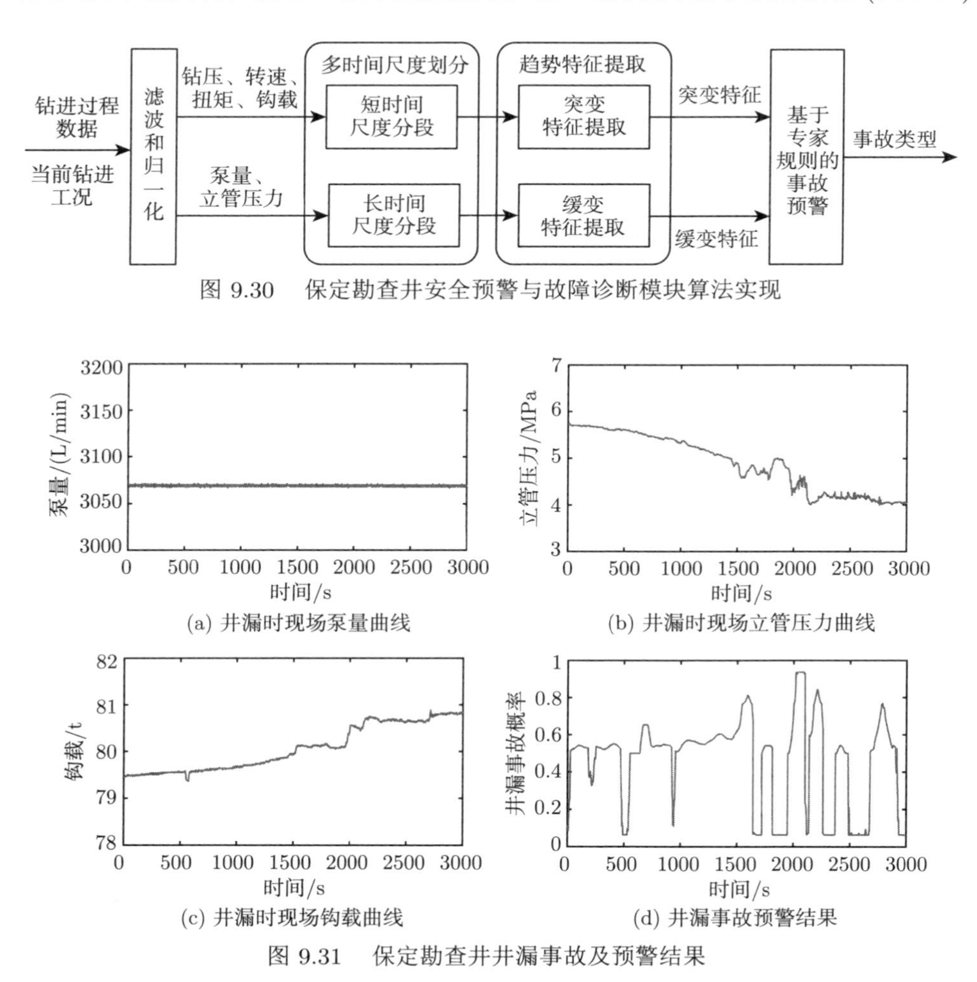

图 9.30　保定勘查井安全预警与故障诊断模块算法实现

(a) 井漏时现场泵量曲线

(b) 井漏时现场立管压力曲线

(c) 井漏时现场钩载曲线

(d) 井漏事故预警结果

图 9.31　保定勘查井井漏事故及预警结果

3. 钻进参数智能优化模块

考虑到复杂地质环境对钻进过程效率的影响，保定勘查井钻压控制系统在襄阳地热井所用钻进过程效率优化模型的基础上将地层因素考虑在内，设计了考虑钻进过程参数与时间序列地层可钻性的钻速动态优化方法。首先，借助岩性识别技术对岩心进行拍照辨识，获取地层可钻性数值。其次，在可钻性信息的基础上建立地层可钻性时间序列预测模型，输出未来时刻的地层可钻性预测值，并通过作差法判断岩性变化情况。最后，将时间间隔与岩性变化分别作为钻进效率优化模型的更新条件，利用在线学习策略实现钻速高精度动态优化。

根据钻进工艺与机理将原先优化的钻压与转速分别改为送钻转速与主轴转速，并整合了钻进过程参数实际值与优化值的测量曲线，便于司钻工人直观看到钻速测量值、钻速优化值、主轴转速测量、送钻转速测量的变化。然后基于钻进操作参数的波动情况调整其阈值范围，将参数优化值推荐给司钻工人。该系统的运行显著提高了钻速，有效提升了钻进过程效率。

4. 钻压控制模块

针对深部复杂破碎地层，系统通过钻压和扭矩波动剧烈程度自动识别当前地层是否为力学不稳定的破碎地层，同时会自动切换为专家控制模式，防止钻速过快发生钻头撞击断齿事故，提高系统稳定性，控制系统结构框图如图 9.32 所示。

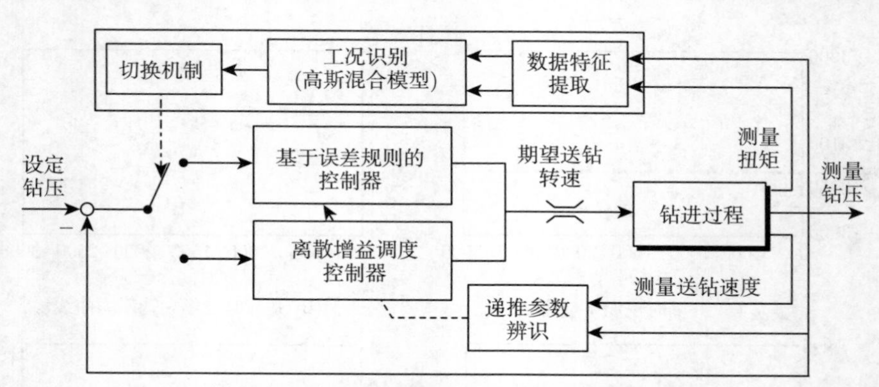

图 9.32　保定勘查井钻压控制系统结构框图

通过前面介绍的有限元方法建立钻柱运动模型。利用实际现场的钻速数据和钻压数据，可对钻柱运动模型进行校准，同时可以进行地层阻尼系数辨识。保定勘查井系统模型与给进阻尼系数辨识如图 9.33 所示。

将钻速数据作为模型输入，将实际现场系统辨识得到的地层给进阻尼系数作为模型参数，输出仿真钻压。图 9.33 中钻压数据显示，仿真钻压和实际钻压有较好的一致性，基于钻柱运动模型和给进阻尼系数辨识建立的控制器能够更好地适应当前地层与钻具进行高精度钻压控制。司钻工人可以直接利用钻压控制系统进行钻压控制，还可以将钻进参数智能优化的钻压和转速值作为钻压控制的给定值，实现钻进过程智能优化控制。

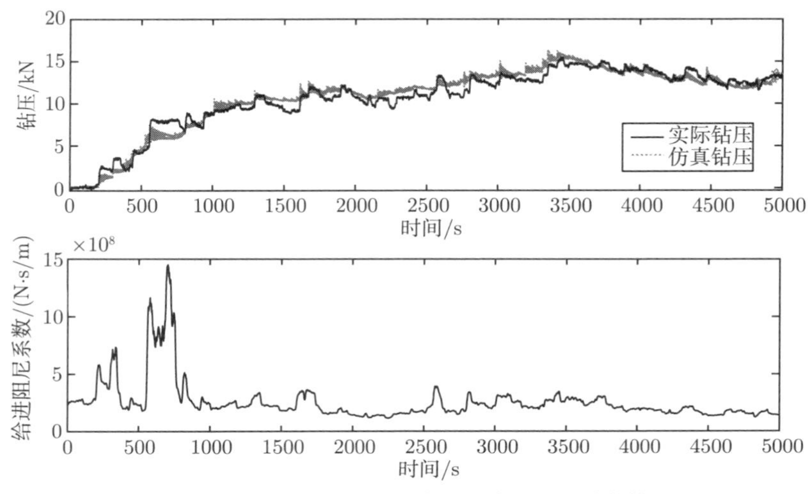

图 9.33　保定勘查井系统模型与给进阻尼系数辨识

5. 钻进过程智能监控云平台

保定勘查井钻进过程智能监控云平台如图 9.34 所示，可以查看保定勘查井实时钻进状态，主要包括钻进核心参数、工况识别、安全预警与故障诊断、钻进参数智能优化和钻压控制结果，对远程专家和工作人员的分析和研究提供了极大的便利；利用更新的实时和历史数据查询页面，可以按照固定井深范围查看历史数据，为后续的钻进提供操作指导。

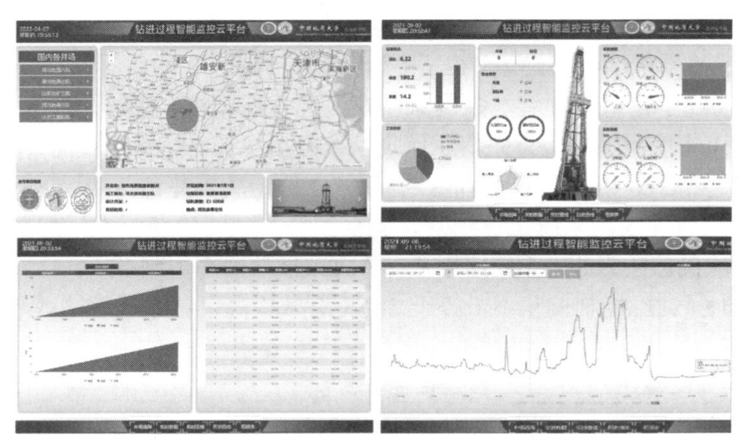

图 9.34　保定勘查井钻进过程智能监控云平台

该系统成功在河北省保定市 5000m 地热地质勘查参数井中得到应用。系统具有钻进过程工况识别、安全预警与故障诊断、钻进参数智能优化、钻压控制以及远程监控等功能，测试运行效果良好，事故预报准确率达到 95%，显著提高了钻进过程安全性，钻压控制偏差小于等于 3kN，有效提高了钻进过程的效率和稳定性，测试数据存储于现场控制系统数据库中，并远程发送到钻进过程智能监控云平台。

9.4 本章小结

本章为了促进钻进过程工况识别、安全预警与故障诊断、钻进参数智能优化、钻压和转速控制的实际工程应用，攻克地质资源与地质工程领域的先进控制与智能化关键技术，在湖北省襄阳市 2000m 地热资源预可行性勘查项目、辽宁省丹东市 3000m 非煤固体科学钻探项目、河北省保定市 5000m 地热地质勘查项目进行了钻进过程智能控制系统的工程测试和应用。

9.1 节阐述了钻进过程智能控制系统在湖北省襄阳市 2000m 地热资源预可行性勘查项目的实际工程应用情况。首先描述襄阳地热井概况，包括钻探目的、钻机类型和勘探单位等。然后陈述钻进过程智能控制系统在襄阳地热井现场的设计和实现，说明钻进过程智能控制系统钻进数据采集、显示、安全预警与故障诊断、效率优化模块的应用效果。系统应用后，事故预报率为 100%，事故检测符合率大于 96%。测试井段钻速预测误差小于等于 18.8%，平均钻速提升了 15.96%。

9.2 节叙述了钻进过程智能控制系统在辽宁省丹东市 3000m 非煤固体科学钻探项目中的实际工程应用情况。首先描述了丹东科探井概况，包括钻探目的、钻机类型和勘探单位等。然后叙述钻进过程智能控制系统在丹东科探井钻探现场的设计和实现，说明钻进过程智能控制系统工况识别、安全预警与故障诊断、钻进参数智能优化、钻压和转速控制模块的应用效果。系统应用后，工况识别准确率达 90%，事故预报准确率达 95%，平均钻速提升了 20.79%。

9.3 节简述了钻进过程智能控制系统在河北省保定市 5000m 地热地质勘查项目中的实际工程应用情况。首先叙述保定勘查井概况，包括钻探目的、钻机类型和勘探单位等。然后说明钻进过程智能控制系统在保定勘查井钻探现场的设计和实现，叙述钻进过程智能控制系统工况识别、安全预警与故障诊断、钻进参数智能优化、钻压控制模块的应用效果。系统应用后，事故预报准确率达到 95%，显著提高了钻进过程安全性，钻压控制偏差小于等于 3kN，有效提高了钻进过程的效率和稳定性。

参考文献

[1] 范海鹏, 吴敏, 曹卫华, 等. 基于钻进状态监测的智能工况识别 [J]. 探矿工程 (岩土钻掘工程), 2020, 47(4): 106-113.

[2] Grigorescu S D, Ghita O M, Potarniche I, et al. Computer added monitoring of drilling rig systems[C]. IEEE Instrumentation and Measurement Technology Conference, Hangzhou, 2011: 1-5.

[3] Grigorescu S D, Cepisca C, Ghita O M, et al. Intelligent control system for monitoring drilling process[C]. 7th WSEAS International Conference on Computational Intelligence Man-Machine Systems and Cybernetics, Cairo, 2008: 1403-1407.

[4] Li Y P, Cao W H, Hu W K, et al. Diagnosis of downhole incidents for geological drilling processes using multi-time scale feature extraction and probabilistic neural networks[J]. Process Safety and Environmental Protection, 2020, 137: 106-115.

[5] Gan C, Cao W H, Liu K Z, et al. A novel dynamic model for the online prediction of rate of penetration and its industrial application to a drilling process[J]. Journal of Process Control, 2022, 109: 83-92.

[6] Lu C H, Wu X, Wang W X, et al. Modern drilling management system based on field data monitoring[J]. Earth Science Informatics, 2018, 11: 403-412.

[7] 薛倩冰, 张金昌. 智能化自动化钻探技术与装备发展概述 [J]. 探矿工程 (岩土钻掘工程), 2020, 47(4): 9-14.

[8] 王茜, 张菲菲, 李紫璇, 等. 基于钻井模型与人工智能相耦合的实时智能钻井监测技术 [J]. 石油钻采工艺, 2020, 42(1): 6-15.

[9] Liang H, Zou J, Li Z, et al. Dynamic evaluation of drilling leakage risk based on fuzzy theory and PSO-SVR algorithm[J]. Future Generation Computer Systems, 2019, 95: 454-466.

[10] Zhou Y, Chen X, Zhao H, et al. A novel rate of penetration prediction model with identified condition for the complex geological drilling process[J]. Journal of Process Control, 2021, 100: 30-40.

[11] 朱江龙. 地质深孔电动顶驱钻进系统的研究与应用 [D]. 北京: 中国地质大学 (北京), 2015.

[12] Ma S K, Wu M, Chen L F, et al. Robust control of weight on bit in unified experimental system combining process model and laboratory drilling rig[C]. 47th Annual Conference of the IEEE Industrial Electronic Society, Toronto, 2021: 1-6.

[13] Tian J, Zhou Y, Yang L, et al. Analysis of stick-slip reduction for a new torsional vibration tool based on PID control[J]. Proceedings of the Institution of Mechanical Engineers, Part K: Journal of Multi-body Dynamics, 2020, 234(1): 82-94.

[14] He Z Q, Lu C D, Wu M, et al. Suppressing stick-slip vibration of drill-string system subject to actuator saturation[C]. 40th Chinese Control Conference, Shanghai, 2021: 1027-1031.

[15] Lu C D, Wu M, Chen L F, et al. An event-triggered approach to torsional vibration control of drill-string system using measurement-while-drilling data[J]. Control Engineering Practice, 2021, 106: 104668.

[16] Cayeux E, Daireaux B, Wolden D E, et al. Advanced drilling simulation environment for testing new drilling automation techniques and practices[J]. SPE Drilling & Completion, 2012, 27(4): 559-573.

[17] 王敏生, 光新军. 智能钻井技术现状与发展方向 [J]. 石油学报, 2020, 41(4): 505-512.

索　引